Johann Fibig, Bernhard Sebastian von Nau

Bibliothek der gesamten Naturgeschichte

Johann Fibig, Bernhard Sebastian von Nau

Bibliothek der gesamten Naturgeschichte

ISBN/EAN: 9783741165771

Hergestellt in Europa, USA, Kanada, Australien, Japan

Cover: Foto ©berggeist007 / pixelio.de

Manufactured and distributed by brebook publishing software
(www.brebook.com)

Johann Fibig, Bernhard Sebastian von Nau

Bibliothek der gesamten Naturgeschichte

Bibliothek

der

gesammten

Naturgeschichte.

Herausgegeben

von

J. Fibig und B. Nau.

Erstes Stück.

Frankfurt und Mainz,
bei Varrentrapp und Wenner.
1789.

Si quid novisti rectius istis,
Candidus imperti; si non, his utere mecum.

Horatius.

Der

Gesellschaft

naturforschender Freunde

zu

Berlin

gewidmet

von

den Herausgebern.

Vorbericht.

Die Zeit und Geduld, welche erfodert wird,
alle jedes Jahr neu herauskommende naturhistorische Schriften zu durchlesen, um das Neue
und Merkwürdige zu benutzen, oder ferneren Beobachtungen zu unterwerfen; die vielen Kosten,
welche nöthig sind, sich die sämmtlichen Werke
anzuschaffen, werden die Nützlichkeit unseres Un-
ternehmens um so sicherer zeigen, da selbst jenen
Gelehrten, welche sich mit Naturgeschichte als ihrem einzigen und Hauptfache beschäftigen, manche
wichtige Beobachtungen, weil sie oft in sehr kostbaren Werken zerstreut liegen, zu spät oder gar
nicht bekannt werden. Aerzten und Oekonomen
wird sie aber um so nöthiger seyn, weil diese eine
Uebersicht der neuesten Entdeckungen in der Naturgeschichte,

geschichte, als der Grundlage ihrer Wissenschaften
haben müssen, um selbst nicht in ihren Hauptfächern
zurücke zu bleiben. Daher wird Vollständigkeit,
und das Bestreben, keine nur in einigem Betracht
wichtige naturhistorische Schrift zu übergehen,
eine unserer Hauptabsichten seyn und bleiben. Wir
dürfen uns Hoffnung machen, dieselbe um so mehr
in einem gewissen Grade zu erreichen, da andere
gelehrte Mitarbeiter und Männer von eben so großer
Einsicht als Erfahrung, an unserem Unternehmen
Theil genommen haben, und künftighin noch nehmen werden.

In den genauen und unparteiischen Anzeigen,
die nach Beschaffenheit der Werke selbst oft ausführlich, zuweilen kürzer abgefaßt sind, soll das
Neue und Wichtige in einer gedrängten und verständlichen Kürze, nicht selten mit unsern eigenen
Urtheilen verwebt, unsern Lesern vorgetragen
werden.

Haben wir Meinungen widersprochen, so
suchten wir mit derjenigen Freimüthigkeit, die wir
in diesem Falle dem Publikum schuldig sind, die
angeführten Gründe zu widerlegen; lezteres ge-
schahe

schätze aber sicher mit demjenigen Anstande, welcher von der Beleidigung aufs weiteste entfernt ist.

Ob wir zu viel versprochen, oder Wort gehalten haben, das können nun gleich die in diesem Stücke enthaltenen Anzeigen deutlich zeigen. — Angenehm und ermunternd sollte uns der Beifall der Kenner, und die Versicherung seyn, daß wir das Versprochene geleistet, und unsere Leser befriediget haben.

Wie viele Stücke von unserer Bibliothek das Jahr hindurch herauskommen werden, können wir nicht genau bestimmen; doch gewiß so viele, als uns die mehr oder weniger herauskommenden naturhistorischen Schriften Materialien dazu liefern werden.

Jedes Stück wird in der Bogenzahl diesem gleich bleiben, und zu vier Stücken jederzeit ein besonderer Titel: Bibliothek der gesammten Naturgeschichte I. Band u. s. f. erscheinen.

Mit den Schriften des verflossenen Jahres (1788) haben wir den Anfang gemacht, und fahren nun mit diesen und den neuesten des laufenden Jahres fort; doch haben wir für nöthig ge-

* 4

hal-

halten, jene Werke, welche im Jahr 1787. ihren Anfang genommen und fortgesezt werden, oder ohngeachtet der Wichtigkeit ihres Innhaltes noch größtentheils unbekannt sind, mit in unsern Plan zu ziehen.

Wissenschaftliche Anzeigen und andere in unser Fach einschlagende Nachrichten, werden wir auch in der Folge jedem Hefte anhängen. Nur haben wir dabei die Verfasser oder Einsender zu ersuchen, uns jene, bei welchen es auf baldige Bekanntmachung ankömmt, frühzeitig einzuschicken, damit solche nicht für spätere Hefte zu alt werden.

Die Herausgeber.

Inhalt
des ersten Stücks.

                                                          S.

I. Histoire de la Société royale de Medecine.   1

II. Abhandlungen der böhmischen Gesellschaft der Wissenschaften   9

III. Ungarisches Magazin   20

IV. Borkhausens Naturgeschichte der europäischen Schmetterlinge.   22

V. Ferbers Untersuchungen der Hipothese von Verwandlung der mineralischen Körper in einander.   28

VI. Schranks Verzeichniß der bisher hinlänglich bekannten Eingeweidewürmer   36

X

S.

VII. Obſervations ſur la phyſique, ſur l'hiſtoire
naturelle &c. 40

VIII. Batſch Verſuch einer Anleitung zur
Kenntniß und Geſchichte der Thiere und
Mineralien. 50

IX. Nova Acta Helvetica, phyſico - mathematico - anatomico - botanico - medica 55

X. Blumenbachs Handbuch der Naturgeſchichte. 63

XI. Voyage d'Auvergne. 64

XII. Lundmark de Reſtione : 66

XIII. Abhandlungen der Königl. Schweb. Akademie. 69

XIV. Deſcription phyſique de la contrée de la
Tauride &c. 88

XV. Magazin für die Naturkunde Helvetiens. 85

XVI. Deſſelben 2ter Band. 92

XVIII.

XVIII. Magazin für die Botanik.   S. 99

XIX. Deſſelben drittes Stück.   108

XX. *Caroli a Linné* Syſtema naturae.   112

XXI. Memoirs of the litteraris and philoſophical Socyety of Mancheſter   117

XXII. Langs Verzeichniß der Schmetterlinge um Augsburg   136

XXIII. *P. Artedi* bibliotheca et philoſophia ichtyologica.   144

XXIV. Voigts Magazin für das Neueſte aus der Phiſik und Naturgeſchichte.   146

XXV. Phiſifaliſche Arbeiten der einträchtigen Freunde in Wien.   149

XXVI. *Werneri* vermium inteſtinalium brevis expoſitio.   155

XXVII. Diſſert. botanica de Moraea.   158

XXVIII. Arbor toxicaria macaſſarienſis.   162

XXIX.

S.

XXIX. Botanische Beschreibung der Gräser. 165

XXX. Abr. Gadd Inledning til Sten-Rikets
Kånning. 166

XXXI. Topografia Veneta, Descrizione dello
stato Veneto. 168

Vermischte Nachrichten. 170

I.

I.

Histoire de la Société royale de Medecine
Anné MDCCLXXXII. et Ire partie de
MDCCLXXXIII. avec les mémoires de Medecine et de physique medicale pour les mê-
mes années à Paris chez Th. Barrois le jeune
libraire de la Société royale de Medecine
MDCCLXXXVII pag. 274. Extrait d' une
memoire de M. Cusson sur les plantes ombel-
liferes par M. A. L. de Jussieu. Auszug einer
Abhandlung des Hrn. Küsson über die dolben-
förmige Gewächse von M. A. von Jussieu.

Wir führen diese Schriften hier deswegen an,
weil sie eine Abhandlung enthalten, die zwar
schon etwas alt, aber demohngeachtet noch unge-
druft und unbekannt geblieben ist, und die Abhandlung selbst uns wichtig zu seyn schien.

A

Herr

Herr Küsson demonstrirte 3 Jahre lang in dem
königlichen Garten zu Montpellier die Pflanzen, welches ihm Gelegenheit verschafte, vielfältige Beobachtungen anzustellen. Im Jahre 1773. las er diese
Abhandlung der Gesellschaft der Wissenschaften zu
Montpellier vor; sie blieb aber unter den Papieren
des Autors, ward nach dessen Tode der Gesellschaft
der Aerzte zu Paris, von welcher Herr Küsson Mit-
glied war, von seinem Sohne mitgetheilt; diese
Gesellschaft hielt es für nüzlich, diese Arbeit in einem
Auszuge mitzutheilen.

Die Befruchtungstheile, sagt der Autor, sind der
Grund, auf welchem die Bildung der Gattungen
beruht, und die Quelle ihrer Karaktere: sie haben
aber nicht alle den nämlichen Werth. Die Blumenblätter, und besonders die Frucht, sind die wichtigern
Theile der Dolbengewächse. Die besondern Blu-
mendecken, die Hüllen der Geschlechtstheile der Blumen, und der Blumenstaub kommen nach diesen, der
Griffel, die Narbe, die Staubfäden, der Blumen-
boden sind die minder wichtigern Theile in dieser
Rüksicht.

Die Frucht, fährt er fort, ist derjenige Theil,
von welchem die meisten Gattungskennzeichen hergenommen werden können. Die Botaniker haben
dieselbe bisher nur von ihrer Aussenseite betrachtet,

und

und auch an dieser haben sie nicht alle Besonder=
heiten bemerkt.

Nachdem er kurz, was an dem Aeußern derselben
zu bemerken, und schon bekannt ist, angeführt; hebt
er nun die sehr genaue Beschreibung des Samen=
kornes so an:

Die unmittelbaren Decken der Samen sind nicht
alle häutig: man hat dieses schon bei der Cachrys
bemerkt, allein von dem Crithmum, welches in dem
nämlichen Falle ist, sagte man kein Wort. Man hat
keine Meldung von der äußern harten Haut welche
nämlich eine dünne und gebrechliche Schale bildet,
gethan, welche bei dem Koriander merkwürdig ist,
und einen eignen Gattungskarakter desselben abgiebt.
Man glaubte, daß die zwo Häute der Samen im=
mer und überall dicht einander berührten, und man
begnügte sich nur, zu bemerken, daß die äußere
Haut sich leicht von der innern bei den Samen ge=
wisser Gattungen absöndern ließ; daher kams, daß
kein Botaniker den wahren Karakter von der Astran=
tia angegeben hat, wovon die Samen Rippen haben,
welche von den ausgehölten und runzlichen Falten
der zwoen Häute formirt werden, die also in der
Gegend der besagten Rippen von einander abgesön=
dert, sonst aber überall mit einander vereinigt sind.
Also hat Hr. Kranz sich sehr unbestimmt ausgedrükt,
wenn er sagt, daß die Frucht dieser Gattung mit ei=

ner

ner gefalteten Haut bedekt sei. Dieser Umstand, daß
die zwo Häute von einander abgesondert sind, hätte
Linné bewegen sollen, das Ligusticum alterum Lo-
belii nicht als eine Varietät von seinem Ligusticum
austriacum anzusehen, da es nicht einmal zu der
nämlichen Gattung gehört, sondern eine neue Gattung ist, die ich Physospermum wegen der Wulst
und der Brete, welche sich zwischen den zwo Häuten
befindet, nenne.

Was die Rippen angeht, welche costae, juga,
und uneigentlich striae heißen; so ist es billig, daß
man sie nach den verschiedenen Graden ihrer Dicke
und Erhabenheit, in costas proprie sic dictas, eigentliche Rippen, costulas, Rippchen und erhabene
Linien unterscheide, und die Vertiefungen zwischen
ihnen nach ihrer Breite und Tiefe müssen sulci, striae,
lineae excavatae heißen. Diese Genauigkeit ist
wichtig, und von Folgen. Ich kann versichern,
daß alle Samen der Dolbengewächse an ihrer äußern
Oberfläche der Länge nach 5 Hauptrippen haben,
welche zuweilen bei gewissen, noch grünen Samen
wenig sichtbar, aber immer bei den zeitigen vollkommen zu bemerken sind: ich nenne sie juga primaria:
ihre Zwischenräume formiren vier Vertiefungen,
valleculae, welche meistentheils leer, zuweilen aber
vier andre Rippen haben, juga secundaria, die von
den ersten in Ansehung ihrer Lage, ihres Volumens,

der

der Haare, Borsten, u. s. w. mit welchen sie besetzt sind, verschieden sind, wie bei der Caucalis, dem Daucus, dem Cuminum und einigen andern, welche diese costae secundariae besonders karakterisiren müssen. Dem Mangel dieser Unterscheidung muß man die Ungewißheit dieser Gattungen und andern, die Vermischung zweer Caucalis mit dem Tordylium des Linne u. s. w. zuschreiben.

So geht nun Hr. Küsson die äußern Theile der Samen von den Dolbengewächsen ferner durch, und zeigt, wie wichtig es sei, dieselben genauer zu untersuchen, und bestimmter sich von ihnen auszudrücken, um natürlichere Gattungen, und mehr unterscheidende Karaktere derselben aufzustellen. Alsdenn geht er zur Untersuchung des Innern dieser Samen über, von welchen die Resultate durchaus neu scheinen.

Man weiß, daß der Keim, embrio, in den Samen der Pflanzen, bei den meisten aus dem Würzelchen, radicula, aus der plumula, und aus zween Kotyledonen, welche bestimmt sind, die jungen Pflanzen während dem Keimen zu nähren, zusammengesetzt sei. Bald füllt dieser Keim den ganzen innern Raum des Samenkorns aus, zuweilen befindet sich aber noch ein andrer Körper dabei. Hr. Küsson giebt diesem Körper den Namen periembrium, weil er den embrio umgiebt. Diesen Körper hat er bei mehrern Pflanzenfamilien beobachtet; als bei den gestirnten Nachtschattenarten, den dreifnöpfigs ten, den zapfentragenden, und besonders den dols denförmigen. Diesen Körper hat nun Hr. Küsson sorgfältig untersucht, und macht eine umständliche Beschreibung davon.

Die verschiedene Gestalt dieses Körpers kann neue Kennzeichen abgeben, einige Gattungen der Doldengewächse zu karakterisiren. Er ist offen, periembrium explicatum, nämlich ohne eine an der innern Seite ausgezeichnete Vertiefung; oder nicht offen, hat eine merkliche Grube oder Rinne an der innern Seite. Im ersten Falle ist entweder die innere Seite platt gedrükt (p. complanatum) oder konvex (periembrium utrinque gibbum). Die platte Kommissur ist entweder vollkommen platt, p. planum, oder etwas ausgehölt, p. subconcavum, oder in ihrer Mitte durch eine vorragende Linie getheilt, p. in medio eminenti lineatum. Die Vertiefung an der innern Seite, welche bei dem geschlossenen periembrium merkbar ist, ist entweder rinnenförmig, p. introrsum canaliculatum, oder hat eine Grube, p. introrsum foveatum aut urceolatum, oder seine Ränder sind einwärts gebogen, p. involutum. Der Rücken dieses Körpers ist mehr oder weniger konvex, (p. extus gibbulum, gibboso ventricosum) zuweilen eckig. Wenn man das periembrium in sei

ner

ner größten Dicke quer durchschneidet; so macht dieser Durchschnitt an dem nämlichen Punkt entweder
einen Bogen von einem Zirkel (p. segmentosum)
oder einen vollkommenen, oder im Umkreise etwas
eckigen halben Zirkel (p. hemyciclotomum.) Auf
diese Beobachtungen über die Frucht der Doldengewächse, sowohl ihrer äußern, als innern Theile folgen einige andre wenige über die verschiedenen Theile
der Blume. Hr. Küsson sieht die Blumenblätter für die
nüzlichsten Theile nach der Frucht an zur Aufstellung
der Gattungen. Er unterscheidet die platten Blumenblätter, petala plana, die doppelt gefalteten con-
duplicata, in einem halben Zirkel gerollten involuta,
an der Spiße eingebogenen apice incurva, inflexa,
gekerbten emarginata, herzförmigen cordata, ge-
spaltnen bifida, zweihörnigten bicornia. Linne hat
zwar schon die Bedeutung dieser Benennungen festgesezt; Hr. Küsson wirft demselben aber vor, daß
er in seinen Beschreibungen denselben nicht immer
treu geblieben. Da er von den Hüllen, welche oft
die Dolden umgeben, redet; so bemerkt er, daß
mehrere Botaniker ihnen zu viel, andre zu wenig
Gewicht beigelegt haben. Die ersten, wie z. B.
Linne, haben darnach große Eintheilungen von Klassen
gemacht, andre, wie z. B. Haller, haben sie sogar
nicht einmal unter die generischen Kennzeichen mit
aufgenommen. Hr. Küsson hält das Mittel dieser

 entge-

entgegengeſezten Meinungen. Immer, ſagt er, wenn
bie Hüllen eine beſonbere unb beſtänbige Geſtalt haben, um eine Gattung zu karakteriſiren; ſo iſt ber
Karakter, welchen ſie abgeben, weſentlich; man
ſindet Beweiſe bavon bei ber Echinophora, Aſtran-
tia, Althuſa. Der Autor verſprach an verſchiebenen
Stellen bieſer Abhanblung noch einen zweiten Theil,
in welchen noch genauere Unterſuchungen von jebem
Theile, beſonbers von bem Nuten des Periembriums
in Rükſicht auf bie Beſtimmung ber Gattungen unb
Arten enthalten ſeyn ſollten. Es ſcheint aber nicht,
baß bieſes Werk geenbigt ſei. Nur eine abgekürzte
Tabelle, welche verſchiebene Methoben von Eintheis
lungen ber Doldengewächſe enthält, ſinbet man in
ber Lobrebe auf bieſen Schriftſteller in ber Hiſtoire
de la Société royale de Medecine pag. 140. mit abs
gebrukt. Die meiſten haben bas Periembrium, wels
ches in verſchiebnen Geſichtspunkten betrachtet wirb,
zum Grunbe. Einige Beiſpiele davon:

Semina umbellatarum ſunt:

1) Periembryo explicato marginato
2) —— —— immarginato
3) Periembryo inexplicito
       vel
1) Periembryo explicato meroſtereo extus agono
       ſeu exangulo
2) —— —— extus angulato.
3) —— —— holoſtereo.
       4)

4) Periembryo inexplicito

vel

1) Periembryo explicato
   a) compressissimo
   b) segmentoso
   c) semistereo extrorsum agono
   d)   —   —   angulato
   e) holostereo.

2) Periembryo inexplicito
   a) canaliculato introrsum
   b) involuto
   c) foveato introrsum.

Allein diese Methoden bedürfen noch einer großen Bearbeitung und Entwickelung, welche sich von dem Sohne dieses verdienstvollen Mannes, der die Manuscripte, Pflanzensammlungen in Händen, und selbst viele Kenntnisse hat, erwarten läßt.

II.

Abhandlungen der böhmischen Gesellschaft der Wissenschaften auf das Jahr 1787. oder dritter Theil, nebst der Geschichte derselben. Mit Kupfern. Prag und Dresden 1788. 4.

Von den fremden Aufsätzen gehören hieher:

1) Ueber ein Erdpech aus dem Karpatischen Gebirge, von Anton Groß.

A 5

Dieses

Dieses Erdpech sei, so lange es im Schoosse der Muttererde liege, zart, weich, geschmeidig und biegsam, ohne alle Elastizität, wie ein gelbes Wachs, es werde aber an der Luft hart, spröde, faserigt, und springe, um dessen Sprödigkeit noch mehr zu bestimmen, wie ein Lak. (Hätte uns doch auch der V. mit der Gegend, wo dieses Mineral gefunden worden, und mit der oben von ihm erwähnten Muttererde noch etwas genauer bekannt gemacht!) Aus diesem Erdpeche verfertigte Kerzen brennen hell, ohne zu rinnen, ohne den geringsten Rauch oder Ruß anzusetzen, sparsam und immer sparsamer, jemehr das Pech an der Luft verhärtete. Vorzüge, die über den Werth des Erdpechs vor dem Unschlitt, Oel und Wachs hinreichend entscheiden können.

2) Oryktographie der Gegend von Bilin, von Dr. Fr. A. Reuß.

Die Stadt sei mit Bergen umgeben, unter welchen der Biliner Stein über alle hervorrage, am Gipfel bestehe er größtentheils aus Hornschiefer, doch treffe man nahe am Fuße auch Spuren einer Granit oder Porphyrart an. Gleich bei dem Ausgange aus der Stadt erhebe sich der Pankhofer Berg, der wegen der daselbst dem Biliner Steine gegenüber befindlichen Sauerbrunnenquellen um so merkwürdiger sei; seine Unterlage bestehe aus Gneus. Diesem scheinen die hier hervorkommenden vier Sauerbrun brunnenquellen ihre fixe Luft zu verdanken zu haben. Nur die mittlere und größte werde geschöpft und versandt, die übrigen aber zum allgemeinen Gebrauche Preis gegeben.

Gegen Norden gleich an der Stadt trift man einen Hügel an, welcher aus Basalt besteht; in seiner Nachbarschaft liegen Porzellainjaspise von allerlei Farben. Unter dem Hügel läuft eine große Strecke von Wiesen fort, die der V. nach einigen vorhergegangenen troknen Tagen mit Mineralalkali gleichsam bestreut fand. (welcher Erscheinung von demselben V. schon in den Abhandl. der Böhmischen Gesellschaft aufs Jahr 1786. erwähnt ist.)

In einiger Entfernung von der Stadt weiter gegen Meronitz zu, sei der Boden sandig, im Sande finde man, wenn er gewaschen werde, kleine Hyazinten, Saphire, Topasen, auch zuweilen, doch seltner Rubine, vorzüglich aber Granaten. (Sollten die Rubine nicht ebenfalls Granate von feinerer Textur und mehrerer Durchsichtigkeit seyn?) Das Graben der leztern wäre aber wegen des bei Trziblitz und in der Nachbarschaft befindlichen beträchtlichen Granatbruchs verboten, um durch die geringere Menge derselben ihren Werth zu erhöhen. Die Trziblitzer Granaten finde man in horizontalen Sandschichten einige Lachter unter der Dammerde, von der Größe eines Hirschkorns bis zur Größe einer Erbse,

Erbse, in runden, mit abgestumpften Ecken versehenen Körnern, von einer blutrothen Farbe und durchsichtig.

Ein mäßiger Hügel gegen Südwesten trenne die zwei Dörfer, Seblitz und Saibschütz, die vorzüglichen Geburtsorte des Bitterwassers; dieses riesele aus einem aschgrauen Thone, in dem auch Gypsspat nesterweis angetroffen werde. Wahrscheinlich wäre es, daß der Thon eigentlich das Bittersalz in kristallinischer und kompakter Form enthalte, welches von dem zufließenden Wasser aufgelößt, und mit andern Theilen geschwängert das Bitterwasser liefere; da man Kristalle von verschiedner Größe bis zur Länge einiger Zolle in dem Thone zerstreut antreffe, und der Thon ausgelaugt Bittersalz hergebe. Merkwürdig sei es, daß viele Bittersalzquellen, alle aus Thon entstünden, merkwürdig, daß unter den Bittersalzquellen gewöhnlich Steinkohlen strichen.

Weiter gegen Westen befinde sich der Serpiasumpf, der einen beträchtlichen Salzgehalt habe; Bittersalz- und Glaubersalzkristallen von der Höhe einiger Zolle schießen im Frühlinge, wenn das ausgetretene Wasser die Wiesen verlasse, an. Die Kristallen werden von den Bauern gesammelt, wie auch aus dem Sumpfe selbst Salz gesotten, und alsdenn verführt.

In

In dieser Gegend trinken die Menschen das Bitterwasser aus Mangel süßen Wassers, in eben so häufiger Menge, als gewöhnliches, ohne daß es sie purgire, oder irgend einen nachtheiligen Einfluß auf die Gesundheit habe.

3) Ueber ein natürliches Mineralalkali, von ebendemselben.

Hier werden die Versuche mit dem Mineralalkali erzählt, wovon er schon oben Erwähnung gethan, und welches er auf Wiesen unweit Bilin fand. Es habe nur wenige Kalkerde, etwas Bittererde und Extraktivstoff in seiner Mischung.

4) Beitrag zur Geschichte der Basalten, von ebendemselben.

Die Entstehungsart der Basalte gehört itzt noch zu den wichtigern Aufgaben der Naturgeschichte, deren adäquate Auflösung meiner Meinung nach nur von mehrern gesammelten Beobachtungen zu erwarten ist; und worunter diese hier gelieferten gewiß ein schätzbarer Beitrag sind, indem sie eine Bestätigung derjenigen Beobachtungen enthalten, welche schon andre Naturkündiger von andern Gegenden lieferten. Zu weitläuftig wäre es, dieselben hier auch nur in einem Auszuge darzustellen, daher wollen wir lieber die Schlüsse hersetzen, die der Verf. für eine oder die andere Theorie daraus zog. Es gäbe 1) außer den Basaltgebirgen noch andre Gebirgsarten,

arten, die säulen= und pfeilerförmig gebildet seien.
2) Es bleibe immer merkwürdig, daß Aggregate
von Basaltsäulen im Gneusgebirge eingekeilt seien,
und einen beträchtlichen Gang in einer uranfängs
lichen Gebirgsart bildeten. 3) Daß der Basalt ganze
Züge aneinander hängender Hügel mache, und da=
durch einem Flözgebirge ähnlich werde. 4) Daß man
aus den (V. VI.) angeführten Phönomenen eine
frühere oder spätere Einwirkung des Wassers nicht
verkennen könne. 5) Daß es schwer zu entscheiden
sei, ob die Erklärung, wenn man die Entstehung
der verschiedenen parallelen Lagen des (VII.) tafel=
förmigen oder blättrigen Basalts von eben so vielen,
zu verschiednen Zeiten geschmolzenen Laven herleitet,
richtiger ist, oder ob man mit mehr Wahrscheinlich=
keit diese Erscheinung der Wirkung des Wassers
beimessen kann. 6) Daß die (VIII. IX.) angeführte
Beobachtungen mehr für die nasse, als durchs Feuer
bewirkte Entstehung des Basalts zu seyn scheinen.
7) Daß man dem Porzellainjaspis und die Laven
(ein in Fluß gerathenen Porzellainjaepis jenem zu
Dutweiler ähnlich) bei Bilin wohl mehr für ein
Produkt des in Brand gerathenen Steinkohlenbruchs,
deren viele itzt noch in hiesiger Gegend brennen, hal=
ten könne.

5) Blumenkalender für Böhmen im Jahr 1786.
von Thaddäus Haenke.

Der

Der Leitfaden bei dieser vortreflichen Arbeit war
des unsterblichen Linne Calendarium Florae im
Jahre 1757. in Schweden zu Upsala. Bei den Be-
obachtungen über das Pflanzenreich ist nicht nur die
Blütezeit, sondern auch bei vielen Pflanzen das
Ausbrechen und Wiederabfallen ihrer Blätter, die
Zeit der Reife der Früchte und Samen angegeben.
Außerdem sind die der Zeit nach vorfallende Veränderungen im Thierreiche beigefügt, als z. B. die
Ankunft und das Auswandern der Vögel und der
Insekten, so wie auch die Verwandlung der leztern
u. dgl. Alles das, was aber hier gesagt wird, be-
zieht sich blos auf den wärmern und flächern Theil
Böhmens, und vorzüglich auf die Gegend von Prag
und die nahen herumliegenden Bezirke, die Ufer der
Moldau, und der benachbarten Elbe, die für Freunde
der Botanik sehr merkwürdigen Gegenden um Karl-
stein, St. Ivan, Königsaal, Kuchelbaab, Stern
nebst vielen andern.

6) Ueber das böhmische Salzwesen von Fr.
W. H.

Diese Abhandlung entstand bei Gelegenheit der
von der Gesellschaft ausgesezten Preisaufgabe auf
das Jahr 1786.

Woher hat Böhmen in ältern Zeiten sein Kochsalz genommen? Sind die Nachrichten von
in Böhmen vorhanden seyn sollenden Salzquellen

len gegründet? Und ist Hoffnung, daß es einst eignes Kochsalz erzeugen könne?

Da der V. fest überzeugt ist, daß ehemals Soole vorhanden gewesen, daß man Steinsalz finde, und daß die Soole als zu Erlebach, Schlan, Bilina und im Dorfe Aussowitz versotten worden; so hält er auch für gewiß, behaupten zu können, Böhmen kann sein eignes Salz sieden. Uebrigens hat diese Abhandlung die Frage der Gesellschaft doch nicht völlig erschöpft.

Abhandlungen zur Naturlehre und Naturgeschichte.

1) Ueber die böhmischen Gallmeiarten, die grüne Erde der Mineralogen, die Chrysolithen von Thein, und die Steinart von Kuchel, vom Professor Joseph Mayer.

Gallmei oder Zink in kalkichter Gestalt werde zwar an verschiedenen Orten in Böhmen gefunden, aber man habe es kaum der Mühe werth geachtet, seine Aufmerksamkeit darauf zu wenden. Das Bedürfniß des Zinks habe man mit den vorhandenen häufigen Blendenarten ersetzt, und nur sehr wenig von den verschiedenen Mixern desselben werde benutzt, um es in metallischer Gestalt zu erhalten.

Bei Tscheren breche 1) weißer getraufter Gallmei sehr löchericht, halb hart. Margraf erwähne (chemische Schriften 1r Th. S. 267.) einer Gallmeiart

art

art unter dem Namen Comothauer Gallmeistein, welches vermuthlich dieser seyn solle, da in der Gegend von Comothau kein Gallmeibruch sei. 2) Grauer erhärteter Gallmei, mit gelben und schwarzen Flecken, etwas abfärbend, im Bruche ungleich. 3) Gelber harter Gallmei mit schwarzen Flecken, im Bruche etwas schimmernd. — Bei Lipshausen im Leutmeritzer Kreise breche 1) dunkler, schwarzgelber Gallmei, mürb, zerreiblich, abfärbend. 2) Graugelber Gallmei, getrauft mit ungleicher Oberfläche, nicht abfärbend, hart, im Bruche rauh. f) Grauer, theils gelber, mit schwarzen Flecken gefärbter Gallmei, hart, im Bruche schimmernd, abfärbend. —

Die grüne Erde wurde in Böhmen niemals in mächtigen Lagen gefunden, meistens eingesprengt, dabei sind ihre äußerlichen Kennzeichen: daß sie von erdigtem Bruche, und in den Bruchstücken unbestimmt, eckig und etwas körnig ist; dabei oft sehr hart, manchmal weich, hängt gar nicht an der Zunge. Sie ist schwer, und saugt, wenn sie nicht sehr erhärtet ist, zwar das Wasser in sich, aber ohne zu zerfallen. Aus den chemischen Versuchen zeigt sich, daß sie größtentheils aus Alaunerde, etwas Eisen, Braunstein und Kieselerde bestehe.

Chrisoliten von Thein. Die böhmischen Chrisoliten lassen sich nach ihrem Verhalten im Feuer in zwei verschiedene Sorten abtheilen; jene von Schätzenhofen haben die Härte der böhmischen Topase, verlieren im Feuer ihre Farbe, lassen sich allein nicht in Fluß bringen, schmelzen aber mit feuerfestem Laugensalze in eine weißgelbe Glasmasse. Vielleicht könnte diese Art den Topasen untergeordnet werden, und blos grüne Topase heißen. Die übrigen böhmischen Chrisolite, die in einem Lava ähnlichen Gesteine brechen, sind viel weicher, als die vorigen, verlieren im Feuer ihre Farbe nicht, fließen aber vor sich ohne Beimischung eines andern Körpers vor dem Gebläse, und dürften zu den Schörlarten gerechnet werden. Eben dahin gehören auch die in der Gestalt von runden Kieseln in der Gegend von Thein befindlichen Stücke einer grünen glasigten Masse, welche für Chrisolite verkauft werden.

Steinart von Kuchel. Hr. Dr. Mayer hat diese Steinart schon untersucht, und für eine eigne Gebirgsart erklärt, die größtentheils aus Hornblende mit Feldspat und Thon verbunden besteht; auch findet man eine Abänderung von ihr, bei welcher sichtbare dunkelgrüne Glimmertheile zwischen der Hornblende eingemengt sind, die aber größtentheils in einen grünen Spekstein aufgelößt erscheinen. Uebrigens gehört diese Steinart unter die Grünsteine von Kronstadt.

2) Ueber

2) Ueber zwei merkwürdige Fischarten, von Hrn. Dr. Bloch.

Der erste wurde dem Verfasser vom Hrn. Garnis sonsprebiger Chemnitz überschikt. Seine zehn Stacheln, womit der Rücken statt der Rückenflosse besetzt ist, unterscheiden ihn von allen bisher bekannten Fischgattungen, und wird daher von Hrn. Bloch *Natacanthus* Chemnizii genennt.

Der zweite ist eine Art von Wels, Silurus militaris *L.*, welcher sich durch die zwei Hörner vorn am Kopfe von den übrigen Welsenarten unterscheidet, und daher hier nach diesen Silurus cornubus duobus ad maxillam superiorem bestimmt ist. Die Abbildungen dieser beiden Fische sind zwar wohl gerathen, kommen aber jenen in Blochs eignem Werke nicht gleich.

4) Botanische Beobachtungen von Dr. Joh. Mayer.

Sie sind für den Botaniker wichtig. Eine neue Art von Boksdorn vom Riesengebirge, Astragalus caulescens erectus ramosus pedunculis spicatis longis, spicis laxis. Fig. I.

Wike, vicia pedunculis multifloris, racemosis, foliolis ellipticis rigidis, stipulis integris, Fig. II. a. b. Böhmisch nannten einige bei Prag diese Pflanze Kauczi Sub.

 Eine

Eine Nelkenart, Dianthus floribus solitariis, squamis ovato obtusis, corollis profunde multifidis, foliis filiformibus subulatis.

Eine Art von Melde, Chenopodium foliis ovalibus sinuatis, racemis foliolis simplicibus.

Blütenkalender vom Jahre 1786. derer Gegenden in Zbirow, Tocznik, Königshof und Beraun; von Johann Jirasek.

Die hier angeführten Gewächse sind nach den Monaten und unter diesen nach dem Standorte aufgezeichnet.

Die vortreflichen Abhandlungen dieses und der vorhergehenden Theile aus dem Fache der Naturgeschichte können nicht anders, als den Wunsch aller Naturforscher erregen, daß die Gesellschaft die Herausgabe der folgenden Bände, so viel als möglich ist, beschleunigen möge.

III.

Ungarisches Magazin, oder Beiträge zur Ungarischen Geschichte, Geographie, Naturwissenschaft, und der dahin einschlagenden Litteratur. Vierten Bandes drittes Stück. Preßburg 1788. 8 Bogen in gr. 8.

Außer der ersten Abhandlung: Abermalige Reise in die Karpatischen Gebirge, und die angränzenden

zenden Gespannschaften, von Jakob Buchholz,
finden wir nichts, was in unser Gebiet einschlüge.
Im ersten Stücke (von 1787.) dieses Bandes ist von
demselben Verfasser die vorhergehende Reise beschrieben, welche er in Gesellschaft mehrerer Sachkundi-
ger Männer anstellte.

Bei Haschowa finden sich große Steine voll der
schönsten Granaten, und außerdem eine so reiche
Granatader, daß man mit diesen Steinen ganz Europa versehen könnte. Bei Abbaß kommen zuweilen
nach Regengüssen Aquamarine vor. Zwischen Novi-
grob und Szokal zeigen sich in einem Bruche Granaten und kleine Rubinen. Bei Wäßen auf dem
Großberge findet sich schwarzer Achat, versteinertes
Holz, Alabaster, Fraueneis, Markasit und Mercu-
rius sublimatus nativus in schwarzem Schiefer. Bei
Tokay im Teißflusse ungeheure petrifizirte Wallfisch-
zähne von bräunlicher Farbe; bei Tallya gelblicht-
weiße Calzedone, Jaspise, Karniole und Achate; auf
dem Wege nach Tolcsva Onyxe und grasgrüne durchsichtige Achate, bei dem Bergstädtchen Bolza —
Baupa Gold, Silber, Blei und Quecksilber; bei
Zay-Ugroß kleine grünliche Chrisoliten; bei Teplitz
ein Schwefelbad; im Herrengrund das berühmte
Zementwasser; bei Neusol Silber- und Kupferbergs-
werke; bei Brieß kleine Rubinen; bei Szurdok-Puß-
pök blauliche Saphire; eine Stunde von Chisna ein

ein silberhaltiger Antimonialgang; bei Kaisersmark
auf dem Jerusalemsberge Gagat; bei Oberrauschen-
bach ein warmes Bad; und der sogenannte Gift-
brunn, von dessen Wasser die Schafe sterben, und
Vögel, welche darüber fliegen, todt niederfallen.
Bei Saros-Patak Opale in Kalkstein, bei Soovar
ein Salzbergwerk.

So weit gehen die Beobachtungen des Hrn.
Buchholz, welche eben nicht mit den richtigsten
Versuchen begleitet zu seyn scheinen, sonst würde er
schwerlich S. 267. auf Weintrauben Goldkörner,
und S. 264. petrifizirte Abrikosen gefunden haben.
Sollten wohl die von ihm gefundene Rubine und
Saphire wirklich diese Edelgesteine seyn?

IV.

Naturgeschichte der Europäischen Schmetterlinge,
   nach sistematischer Ordnung, von Moriz Balthasar Borkhausen. Erster Theil. Tagschmetterlinge. Mit einer ausgemalten Kupfertafel.
   Frankfurt 1788. bei Varrentrapp und Wenner.
   8. 288. S.-

Ein Buch, das alles dasjenige kurz zusammenfaßt,
was bisher in unsrer innländischen Entomologie entdeckt ist, welches dem angehenden Sammler zu einem
Leit-

Leitfaden dienen könnte, wie er sein Kabinet einzu-
richten habe, zu welcher Zeit er am meisten auf dieses oder jenes Insekt, sowol in seinem niedern, als
vollkommenern Zustande acht geben müsse, bei welchem die ganze Naturgeschichte, vom Ei an bis in
seinen letzten Zustand, vollkommen entdekt, und wo
noch was zu entdecken übrig sei, worauf er am meisten sein Augenmerk zu richten habe; ein solches
Buch müßte gewiß jedem Kenner und Liebhaber höchst
willkommen seyn, und der Nutzen, den ein solches
stiften kann, ist augenscheinlich. Wir freuen uns,
das in gegenwärtigem in Absicht auf die Naturges
schichte der Tagschmetterlinge von Hrn. Borkhausen
geleistet zu finden. Hr. Borkhausen kennt nicht nur
die vorzüglichsten Schriften, welche in sein Fach einschlagen, und weiß also genau, was seine Vorgänger schon geleistet, hat also die wichtigsten ihrer
Entdeckungen gesammelt, und sie in ein Ganzes gebracht; sondern an sehr vielen Stellen findet man
auch eigne Beobachtungen, die einen wahren Kenner
und Forscher verrathen.

Er hat sämtliche Tagschmetterlinge in sechs
Phalangen oder Horden getheilt.

1te Horde, Nimphalen, hat folgende Kennzeichen: a) Hinterflügel, welche den Leib gleichsam
in einer Scheibe umschließen. b) Zwei Paar voll-

B 4

kommene

kommene Füße. Das dritte oder vordere Paar ist
zur Unterstützung des Körpers gar nicht geschikt:
sie gleichen mehr den Fühlspitzen der Insekten, als
wahren Füßen. Diese sind wieder in vier Familien
untergetheilt.

1te Najaden, 2) Dryaden, 3) Hamadryaden,
4) Oreaden.

2te Horde oder Phalanx: Ritter: ihre Kennzeichen sind: a) sechs vollkommene Füße. b) Hinterflügel, welche nicht nur den Leib umschließen, sondern glatt abgeschnitten sind, oder hohe Ausschnitte
haben. c) Sie entstehen aus Raupen, welche in der
Mitte ziemlich dick sind; sie haben hinter dem Kopfe
zwei tentacula, welche sie ausstrecken und einziehen
können. Wenn sie sich verwandeln wollen, befestigen
sie sich mit dem Hintern an ein Klümpchen Seide,
und spinnen sich einen Faden über den Rücken.
Diese sind wieder in zwei Familien untergetheilt:
α) mit Vorderflügeln, die, von ihrer äußersten Spitze
zur untersten gemessen, breiter sind, als von dieser
nach der Einlenkung zu (die eigentlichen Ritter des
Linne); β) mit schmalen Vorderflügeln ꝛc. (die Par-
naßier des Fabrizius.)

Die 3te Horde oder Phalanx: Helikonier:
ihre Kennzeichen sind: a) sehr schmale Flügel, welche
in ihrem Umriß ganz ungezähnt sind, b) sehr kurze
Hinterflügel, c) länglich gebildete Vorderflügel,

d) sechs

d) sechs vollkommene Füße. Diese Horde ist klein, und enthält keinen einzigen Europäer.

Die 4te Horde oder Phalanx: Danaiden, Glattflügler, Rundflügler. Ihre Kennzeichen sind: a) sechs vollkommene Füße, b) ganz glatte zugerundete Flügel ohne Zähne und Einschnitte, c) sie entstehen aus Raupen, welche weder Dornen, noch Afterspitzen haben, sondern mit feinen, fast nicht merklichen Härchen besezt sind ꝛc. Nur Linnees *danai candidi* gehören hieher.

Die 5te Horde oder Phalanx: Bauern, *Plebeji rurales*, Schildraupenfalter: ihre Kennzeichen sind folgende: a) sie haben sechs vollkommene Füße, b) sie weichen in dem Baue ihrer Flügel, in dem ganzen habitu von den vorhergehenden Horden ab; c) sie haben entweder an ihren Hinterflügeln kleine Schwänzchen, oder die ganze Unterfläche ist mit sehr vielen kleinen Augenflecken bedekt; d) sie entstehen aus sogenannten Schildraupen, welche eine kellerwurmähnliche runde Gestalt, und einen kleinen eingezogenen Kopf haben ꝛc. Sie lassen sich in drei Familien eintheilen: 1) Kleingeschwänzte Falter, 2) goldglänzende, 3) vieläugige, Argusse.

Die 6te Horde oder Phalanx: Bürger, *Plebeji urbicolae*, Dickköpfe. Der ganze Bau dieser Schmetterlinge hat viel eignes, und von den übrigen abweichendes. a) Der Kopf ist besonders dick; b) die

B 5

Fühl-

Fühlhörner kurz, haben eine dicke Kolbe, an welcher
sie sich öfters zuspitzen, oder einen Haken bilden;
c) Brust und Leib sind besonders stark und breit, und
nähern sich dem Leibe der Phalänen; d) ihre Flügel
haben einen ganz eignen Schnitt. Im Sitzen schließen
die vordern nur mit den Spitzen aneinander, und die
hintern stehen ganz von einander ab; e) ihr Flug ist
schwer und schwirrend, und nähert sich dem Fluge
der Sphinxe; f) sie entstehen aus länglichen, fast
cilindrischen Raupen mit hervorstehendem Kopfe,
welche von der Art, wie sie sich verwandeln, After-
wikelraupen genennt werden ic. Beschrieben sind
aus der ersten Familie der ersten Horde, oder Najaden 23 Arten, nebst verschiedenen Abänderungen,
aus der 2ten Familie oder Dryaden 22, aus der
3ten Hamadryaden 15, aus der 4ten Oreaden 52,
aus der 2ten Horde oder Ritter und dessen erster
Familie 3 Arten, aus der 2ten ebenfalls 3; (da die
3te Phalanx keine Europäer enthält; so gehört sie
nicht hieher) aus der 4ten Phalanx (oder Danaiden)
22 Arten, aus der 5ten Horde (oder Bauern) dessen
erster Familie (Kleingeschwänzte) 8, aus der 2ten
Familie (Goldglänzende, pap. rutili) 11, aus der
3ten (vieläugigte) erster Linie mit einem rothgelben
Querbande 20, zwote Linie ohne rothgelbes Querband 11 Arten. Aus der 6ten Horde (Bürger,
Dickköpfe) 16 Arten, zusammen 206 Arten. Es
sind

sind aber nicht nur die Schmetterlinge selbst, sondern auch die Raupen und Puppen derselben genau
und sorgfältig beschrieben, auch die Zeit, in welcher
die Raupe erscheint, die Pflanzen, welche ihr zur
Nahrung dienen, die Art ihrer Verwandlung, die
Zeit, welche der Schmetterling in der Puppe zubringt, wann und wo er fliegt, bestimmt, so, daß
diese Schrift wahrhaft eine Naturgeschichte der
Schmetterlinge verdient genennt zu werden. Am
Ende ist noch ein Anhang unter dem Titel: Nomenklatur und Litteratur zu der Beschreibung der
Schmetterlinge, wo bei jedem Schmetterlinge diejenigen Schriftsteller, die denselben beschrieben, die
verschiednen Benennungen, und die vorzüglichsten
Abbildungen angeführt sind. Wir empfehlen diese
nützliche und wohlgerathene Schrift allen Liebhabern
und Anfängern der Entomologie bestens, und sehen
der Fortsetzung derselben mit vieler Sehnsucht entgegen, wovon der zweite Theil wirklich unter der
Presse ist.

V. Hrn.

V.

Hrn. J. J. Ferbers, Königl. Preußisch. Oberberg-
raths, Mitgliebs der Akademien zu Berlin,
St. Petersburg, Stockholm ꝛc. Untersuchung
der Hipothese von der Verwandlung der mineralischen Körper in einander.   Aus den Akten
der Kaiserlichen Akademie der Wissenschaften
zu St. Petersburg übersezt, mit einigen Anmerkungen vermehrt, und herausgegeben von
der Gesellschaft naturforschender Freunde in
Berlin, 8. 72 S. Berlin bei Friedr. Maurer.
1788.

Diese Abhandlung des um die Mineralogie so verdienten, und durch viele Schriften mineralogischen
Inhalts bekannten und berühmten Verfassers ist im
zweiten Theile des vierten Bandes der Akten der
rußisch-kaiserlichen Akademie der Wissenschaften für
das Jahr 1780. in lateinischer Sprache herausgekommen.   Da nun dieses Werk in Deutschland sehr
selten und kostbar ist; so hat die Gesellschaft naturforschender Freunde in Berlin sie ins Deutsche zu
übersetzen, und sie also desto gemeinnütziger zu machen für gut gefunden: bei dieser Gelegenheit äußert
die Gesellschaft auch den Wunsch, daß sich doch ein

gelehr-

gelehrter Mineralog, und ein billiger Verleger zusammenfinden möchten, welche die in großen akademischen Werken, periodischen und andern Schriften
zerstreuten, und in die Mineralogie, metallurgische
Chemie, Oryktologie und Geognosie einschlagenden
Aufsätze zusammensammelten, und in unsrer Muttersprache herausgäben, wodurch ein Magazin für die
Mineralogie, wie dergleichen ähnliche Werke und
Archive für die Insektologie, Botanik, Chemie u. s. w.
sind, entstehen würde. — Sie zeigt den Nutzen eines solchen Werks an, giebt den Wink zur Einrückung origineller Aufsätze, wie auch zur Anzeige
der neuesten mineralogischen Litteratur, und erbietet
sich, dieses nützliche Unternehmen mit Rath und That
zu unterstützen. Aufmunterung genug, irgend einem
gelehrten Mineralogen zu diesem Unternehmen zu
bewegen.

§. 1. Von der Verwandschaft und dem fetten,
ähnlichen Zusammenhange der Körper überhaupt,
und der Mineralien insbesondere. Thon, Jaspis,
Edelgesteine, Glimmer, Schörl, Zeolith und Feldspat kommen in ihrer Zusammensetzung so ziemlich
überein. (Nicht so sehr, als man sonst geglaubt hat;
nach neueren Zergliederungen sind die Bestandtheile dieser Mineralien sehr verschieden; wie man
aus Bergmanns und Kirwans Schriften, u. a. sehen
kann.)

§. 2.

§. 2. Verschiedne Ausfälle auf die Vertheidiger der Verwandlungshipothese. Sie beruhte auf sehr schlüpfrigen und falsch erklärten Beobachtungen.

§. 3. Werden sie mit den Goldmachern verglichen. Die chemische Prüfung wurde meistens von diesen Herren vernachläßigt.

§. 4. Alle Steine und Erden lassen sich auf fünf Hauptgattungen einschränken. Diese müssen für einfach gehalten werden, bis den Nachkommen vielleicht ein Mittel, sie weiter zu zerlegen, bekannt würde. Viele behaupten, alle diese Erden, oder wenigstens einige derselben, wären im Grunde einerlei, bestünden aus demselben Stoffe, und wären nur durch eine allmählige Umänderung derselben unter sich verschieben, und könnten theils durch Kunst, theils durch die Natur ineinander verwandelt werden. Dieses kann nicht anders bewiesen werden, als wenn 1) aus jeder Umbildung, oder Abänderung dieser Erden ein allen gemeiner, feinerer Stoff ausgeschieden, und dargestellt wird. 2) Wenn nicht jene besondre Wesen, welche den gemeinschaftlichen Stoff verändern und umbilden sollen, aus jeder Erdart abgeschieden werden, und wenn nicht 3) aus diesen abgeschiedenen Theilen, wenn man sie mit dem allgemeinen Grundstoffe wieder vereiniget, jene verschiedene Erdarten wieder hergestellt werden. (Was den letzten Umstand angeht; so wird jeder Chemist eingestehen müssen,

wie

wie ohnmächtig die Kunst sei, wenn sie auch alle die
Bestandtheile, welche sie aus einem Foßil geschieben, wieder zusammensezt, das nämliche wieder
hervorzubringen oder herzustellen. Welchem Chemisten ist es je gelungen, aus den Bestandtheilen, die
er z. B. aus dem Alabaster geschieden, eben solchen,
wie ihn die Natur hervorbringt, aus denselben wieder herzustellen? Der regenerirte Flußspat, Schwerspat u. dgl. der Chemisten sieht ganz anders aus,
als ihn die Natur hervorbringt, und so könnten unzählige Beispiele dieser Art angeführt werden, aus
welchen deutlich erhellet, daß die Natur auf eine
uns noch ganz unbekannte Art diese gemischte Körper erzeuge. Was aber die Einfachheit der sogenannten Grunderden angeht; so ist doch aus chemischen Versuchen, besonders jenen von Hrn. Gerhard, so viel bewiesen, daß die alkalische Erden, besonders die Kalkerde zusammengesezter sei, als die
Kieselerde, da auch die reinste Kalkerde Phlogiston
enthält, welches man von der Kieselerde nicht behaupten kann. Am Ende dieses Sphi heißt es: da
nun nicht allein die Erdarten, sondern auch die
laugenartigen Salze sowohl, als die metallischen
Kalke in allen möglichen Verbindungen allemal etwas eigenthümliches zeigen, und sich deutlich von
einander unterscheiden; so sind die Meinungen oder
Hipothesen von den wechselseitigen Verwandlungen
der

der mineralischen Körper in einander leere und uns
gegründete Hipothesen.

Nun beleuchtet Hr. Ferber die Hipothesen von
Verwandlung mineralischer Körper in einander etwas näher, und bringt sie alle auf drei Haupt-
gründe zurück. Der erste beruht auf Analogie, §. 6.
Da es nämlich bekannt ist, daß die Natur immer von
dem Einfachen zu dem Zusammengesezten allmählig
fortschreitet; so wird von einigen für wahrscheinlich
gehalten, daß der erste Stoff aller Körper, also auch
jener der Mineralien, nur ein einziger sei, aus welchem
durch eine stufenmäßige Verwandlung und Ausbildung
alle übrige Körper erzeugt würden. Das Resultat des
Räsonnements des Verfassers geht im Wesentlichen
dahinaus, daß wir die ersten Urstoffe und die uranfänglichen Elemente der Körper gar nicht kennen,
und mithin weder im Stande sind, von verborgenen
Dingen etwas gründliches zu sagen, noch weniger
etwas gewisses darüber zu entscheiden, daß wir im
Gegentheile gewisse Arten der Salze, Erden und
metallischen Kalke, die noch keine Kunst in einfachere
Stoffe zerlegen konnte, kennen, welche so lange,
als wesentlich verschieden angesehen werden müssen,
bis dereinst ihre nächsten und entfernteren Grundstoffe in Erkenntniß gebracht werden mögen. Es
giebt zwar (heißt es S. 16.) in der Natur einen
Umlauf, vermittelst dessen der Untergang des einen

der

der Ursprung eines andern Körpers wird. Aber alle daraus fließende Umänderungen der Körper beruhen auf Zuthun oder Wegnehmung eines oder mehrerer Bestandtheile auf Veränderung des Zusammenhangs, des Gewebes, der äußerlichen Gestalt, und andrer oberflächlichen Eigenschaften. Es ist wahrlich (S. 17.) was ganz anders, wenn ich sage: ein weicher, sehr eisenschüßiger Thon mit vieler Kieselerde gemischt, erhärtet zu Jaspis, so, daß der allmählige Uebergang in unterschiedenen Stellen zunimmt und sichtbar wird, als wenn ich daraus schließen wollte, daß reiner Thon oder Alaunerde in Kieselerde verwandelt werde. Sobald nämlich der reine Thon einen starken Zusatz von Eisen und Kieselerde bekömmt; so ist er ja nicht mehr ein reiner Thon, sondern eine gemischte Erde, die mit den oben angeführten Theilen verunreinigt, keinesweges aber verwandelt ist. (Was läßt sich aber nach dieser Erklärungsart zu des berühmten Pallas Beobachtungen sagen; dieser fand am Moskuaflusse Thon, der häufig von dem Heftwurm durchlöchert war, und er fand auch Feuersteine, Jaspis, in denen sich eben dergleichen Löcher, und noch dazu öfters eins dicht an dem andern zeigten; er fand Kiesel und Jaspis in verschiedenen Graden der Verhärtung; sollte man wohl hier denken können, die Alaunerde aus dem Thon sei aufgelößt, und die zurükbleibende

C   Kiesel-

Kieselerde in dieser Steinart erhärtet worden, und doch wären die von dem angeführten Insekte in dem ehemaligen Thone gemachte Kanäle geblieben?)

Der zweite Grund besteht darinn: daß einige Naturforscher durch aufmerksame Beobachtung solcher Stufen und Gebirgslagen, welche mehrere Gattungen und Arten von Steinen zu gleicher Zeit enthalten, wahrzunehmen glauben, daß eine Erd- und Steinart in die andre verwandelt werde. Darauf antwortet der Verfasser: man müsse nicht dem bloßen sehr trüglichen Augenscheine trauen, sondern chemische Untersuchung zu Hülfe nehmen, und man werde dann nie nöthig haben, zur Erklärung derselben eine Verwandlung zu muthmaßen. Hier werden nun eine Menge Beispiele von Verwandlungshipothesen angeführt; allein, statt bei den wichtigsten derselben tiefer in die Gründe ihrer Entstehung einzubringen, genauer die Gründe dafür und darwider zu prüfen, heißt es (46.): Alle diese Meinungen sind leicht zu beurtheilen, alle jene Erscheinungen, worauf sie sich beziehen, können leicht erklärt und begriffen werden; alle jene gordische Knoten, welche einigen Schriftstellern so viele Schwierigkeit machen, lassen sich leicht auflösen, wenn nur die Bestandtheile der Körper richtig geprüft, und ihre Untersuchung mit wahren mineralogischen Beobachtungen verknüpft wird, solche müssen und können nur von

Min-

Männern angestellt werden, die in der Kunst, die
verstekten Wirkungen der Natur zu erforschen und
zu erklären, unterrichtet und geübt sind, keineswegs
aber dürfen sie auf Vorurtheilen, Voraussetzungen,
schwankenden Erdichtungen, wenn sie noch so witzig
wären, oder auf flüchtigen Blicken beruhen. — Uns
that es sehr leid, in der Anzahl der Gelehrten, auf
welche sich diese Stelle bezieht, auch einen Charpentier, Gerhard und Hamilton zu finden.

Der dritte Grund stützt sich auf jene chemische
Versuche, mit Hülfe deren sich einige Schriftsteller
bemühten, einen oder den andern mineralischen Körper durch sinthetische Handgriffe aus andern Körpern, z. B. Erde aus Wasser hervorzubringen, oder
ihren gemeinschaftlichen Ursprung, z. B. den der
Säuren zu beweisen. Hr. Ferber führt hier wieder
eine Menge Hipothesen an, macht zugleich die Anzeige, welche davon auf unzuverläßige Versuche gegründet, schon von andern Scheidekünstlern widerlegt worden sind, und findet bei der Untersuchung
der übrigen, daß bis jezt noch keine solche Verwandlung, wiewohl er ihre Möglichkeit hier nicht untersuchen, bezweifeln oder bestreiten wolle, gründlich
bewiesen sei. Obschon hier noch sehr viel zu erinnern wäre; so wollen wir es doch bei dem Gesagten
bewenden lassen, und verweisen nur den Leser auf
Charp:ntiers Schriften, wo sehr vieles sich findet,

                besons

besonders wo dieser wahrhaft große und philosophische Mineralog von der Entstehung der Gänge
und der Erzeugung der Erze redet, das hieher gehört, und noch lange vom Hrn. Ferber nicht ent-
kräftet worden ist: denn vorzüglich auf eine kleine,
im vorigen Jahre erschienene sehr gründliche Schrift:
Gerhards Abhandlung über die Umwandlung,
und über den Uebergang einer Erd- und Steinart in die andre. Berlin bei Wilh. Vieweg
dem jüngern. 129 S. 1788. (1787.).

VI.

Verzeichniß der bisher hinlänglich bekannten Eingeweidewürmer, nebst einer Abhandlung über
ihre Anverwandschaften. Von Franz von Paula
Schrank, Professor zu Ingolstadt. München
1788. 116 S. in 8.

Dieses Verzeichniß der bisher bekannten Eingeweidewürmer entwarf der schon durch andere naturhistorische Schriften sehr verdienstvolle Hr. Verfasser
zur Bequemlichkeit derer, welche sich mit diesem
wichtigen Zweige der Naturgeschichte beschäftigen
wollen, und verdient um desto mehr Dank, je nützlicher und zweckmäßiger diese Arbeit ausgefallen ist.
Nur mußten itzt noch einige Arten eingetragen werden.

ben. Hierher gehört der Finnenwurm des Hrn. Goeze, und der Pleurorinchus, welcher im vierten Stücke des 7ten Bandes der Schriften der Berliner Gesellschaft, S. 471. t. 7. zu finden ist. Der walzenförmige Kratzer S. 22. wohnt auch in der Mistelbdroffel (niederrhein. Monatsschrift, St. 4. S. 379); der gesellige Blasenbandwurm S. 56. gehört zu den wiederkäuenden Thieren — In Rüksicht der Benennungen sind im Deutschen wie im Lateinischen diejenigen beibehalten, welche Otto Friedrich Müller im 22sten Stück des Naturforschers angegeben, nur ist diesen der Goezische Flügelwurm mit der lateinischen Benennung Alaria beigesezt worden. Der Nelkenwurm, welchen Müller mit keinem lateinischen Namen belegte, Bloch aber Caryophillus heißt, wird hier Caryophillinus genennt, weil wir schon einen Naturkörper (die Gewürznelken) besitzen, dem man die erste Benennung zu geben für nöthig fand. Es sei schiklicher, diejenigen Würmer, die Müller mit dem lateinischen Namen Fasciola benannte, nach Blochs Meinung Doppellöcher, als Egelwürmer zu nennen, weil der Hirudo lezterer Namen besser zukomme, und mit Hinweglassung des unnöthigen Zusazes Wurm wirklich üblich sei. Müller habe die Blochische Benennung darum nicht schiflich finden können, weil er in diese Gattung Arten aufnahm, die nur ein Loch, das am Vorderende, aber keines

an

an der Seite haben. Es sei der Natur gemäßer, die so verschieden gebauten Arten zu trennen, und leßtere unter eine neue Gattung zusammenzustellen, die hier den Namen Festucaria, Splitterwurm erhalten hat.

Ueber die Verwandschaften der Eingeweidewürmer unter sich und mit den übrigen Thieren anzugeben, ist um so schwerer, je weniger noch in der Naturgeschichte dieser Thiere selbst gethan worden. — Die Würmer lassen sich nach O. F. Müllers Beobachtungen in sechs Abtheilungen bringen. I. Infuforia, Aufgußthierchen, zu welchen hier auch jene Thierchen gezählt werden, die man in dem Darmschleime gewisser größerer Geschöpfe häufig genug antrift, und überhaupt die größte Aehnlichkeit mit den gemeinen Aufgußthierchen haben; seien die Saamenthierchen wirklich organische Wesen; so müsse man sie auch hierher zählen. II. Helminthica, Gemeinwürmer. III. Inteftina, Eingeweidewürmer. IV. Mollufca, Gliederwürmer. V. Teftacea, Schalthiere. VI. Cellulana, Röhrenthiere. Leßtere seien Pflanzen, deren Mark thierisch sei und Willkühr habe. —

Mit den Gemeinwürmern grenzten die Eingeweidewürmer durch den Zwirnwurm so enge zusammen, daß es äußerst schwer falle, die Grenzlinie genau abzustecken. So einfach der Bau des Zwirnwurms

auch

auch seyn möge, so stehe er doch in einer dreifachen
Verbindung, nämlich mit den Gattungen des Rie-
menwurms, des Haarwurms und des Rundwurms.
An die Rundwürmer schließe sich der Kappenwurm
aus dem Aaale sehr natürlich an; der Flügelwurm
aber ist in Ansehung seines sonderbaren Baues mit
den vorhergehenden in keine Verwandschaft zu bringen; Goeze wolle ihn unter seine Planarien mit
doppelter Oefnung aufnehmen.   Müller setze den
Stiefelwurm mit unzureichenden Gründen unter die
Kappenwürmer, so wie Goeze den Cuculanus asca-
roides larviformis, aber letzterer könnte eigentlich
unter den Bandwürmern stehen, oder im Falle er
eine eigene Gattung ausmachen müßte, sollte sich
doch diese genau an die Bandwürmer anschließen;
dafür spricht der gegliederte Bau des Körpers, und
was nicht einmal eine nothwendige Eigenschaft dieser Gattung ist, die beiden Seitenhaken am Kopfe.
Man dürfe keinen Hakenkranz erwarten, da er eine
Fischtänie sei, die gewöhnlich wehrlos sind, gleichwohl habe er zween Haken am Kopfe, und sollte in
dieser Hinsicht in einer Methode seine Stelle zwischen
denen mit Hakenkränzen und den wehrlosen behaupten.   Aber alle wehrlose Tänien haben wenigstens
zwo Säugöfnungen, den Hammerbandwurm ausgenommen, der gar keine hat, und auf diese Weise
müßte man die Bandwürmer in folgende Familien
theilen:

C 4

40

I. Viermündige, bewafnete. Die meisten aus warmblutigen Thieren.

II. Viermündige, wehrlose. Der geperlte Bandwurm.

III. Dreimündige. Der gemündete Bandwurm.

IV. Zweimündige. Die meisten Fischbandwürmer.

V. Einmündige. Der Kappenwurmförmige Bandwurm.

VI. Mundlose. Der Hammerbandwurm.

Die dem Werke angehängte Tabelle, über die Verwandschaften der Eingeweidewürmer untereinander, giebt eine leichtere Uebersicht des Ganzen; übrigens können wir dieses Werk mit Zuversicht jedem Naturforscher empfehlen, wenn ihm nicht schon die vortreflichen vorhergegangenen Werke des Hrn. Prof. Schrank Bürge seyn sollten, daß auch dieses Werk im nämlichen Geiste verfaßt wäre.

VII.

Observations sur la physique, sur l'histoire naturelle, et sur les arts avec des planches en taille douce &c. par M. l'Abbé Rozier &c. et par M. de la Métherie &c. Tome XXXII. à Paris au bureau du journal de physique, rue et hotel serpente M. DCC. LXXXVIII. avec privilége du Roi, 400 S. 4.

Die

Die Einrichtung dieser nützlichen periodischen
Schrift mag zwar den meisten unsern Lesern schon
bekannt seyn, wir wollen sie aber doch für jene,
welche sie etwa noch nicht kennen sollten, hier kurz
anzeigen. Monatlich erscheint ein Heft meistens
von 10 Bogen, wovon 6 einen Band ausmachen.
Zu Anfange eines jeden Bandes ist eine Vorrede
von Hrn. de la Metherie, worinn er der im verflossenen Jahre gemachten neuen Entdeckungen und Fort-
schritte in der Physik, in der Naturgeschichte, Chemie,
Ackerbau u. s. w. kurz erwähnt. In jedem Hefte
sind theils eigne Abhandlungen aus den erwähnten
Wissenschaften von verschiednen Gelehrten, Abhandlungen, welche in der Akademie der Wissenschaften
zu Paris, oder sonst vorgelesen worden. Briefe oder
Auszüge aus solchen an die Herausgeber von litte-
rärischen Gegenständen, welche in besagte Wissenschaften einschlagen, Uebersetzungen von wichtigen
Abhandlungen aus andern Sprachen, litterärische
Neuigkeiten, Rezensionen neuer Schriften, Preiß-
fragen u. s. w.

 Pag. 81. *Fevrier Extrait d'un Memoire lu à*
  l'academie royale des sciences, sur une pierre
  filicée, calcaire alumineuse, ferreuse, mag-
  nesienne de couleur verte, en masse lamel-
  leuse, demi transparente, dont la surface est
  cristallisée en faisceau. Par Hassenfratz. (Aus-

zug einer bei der Versammlung der Akademie
der Wissenschaften vorgelesenen Abhandlung —
von einem aus Kieselerde, Kalkerde, Alaunerde,
Eisen und Braunstein bestehenden Steine von
grüner Farbe, blättrigem Gewebe, halbdurchsichtig, auf der Oberfläche büschelförmig kristallisirt.

Das Wesentlichste dieser Abhandlung meldet
schon die Aufschrift. Erwähnter Stein war von
der Gräfin be la Mark, die aber nicht wußte, woher
sie ihn bekommen. Der Abbe Rochon aber hat vom
Vorgebirge der guten Hofnung einige Stücke eines
diesem fast ähnlichen Steines mitgebracht.

Aus der Beschreibung der chemischen Analyse,
und den Versuchen, welche der Verfasser mit diesem
Steine vorgenommen, folgt, daß dieser Stein in
Ansehung des blättrigen Gewebes seiner Kristallen
sich den Schörlen in Ansehung der spezifiken Schwere
dem derben Schörle des Hrn. Desmarest, und in
Ansehung seiner Bestandtheile beiden nahe komme,
daß er aber vom Schörle in Rüksicht seiner eigenthümlichen Schwere, von dem derben schwarzen Basalte aber durch seine Farbe, und das Verhältniß
seiner Bestandtheile verschieden sei, also eine Mittelart zwischen diesen zween Körpern ausmache.

Pag.

Pag. 115. Voyages mineralogiques faits en Auvergne dans les années 1772. 1784. et 1785. Par M. Monnet. (Mineralogische Reisen nach Auvernien, angestellt in den Jahren 1772, 1784. und 1785. von Monnet.)

Das merkwürdigste und auffallendste dieses Landes ist so lange verborgen geblieben, bis Quettard im Jahre 1752. dahin kam, welcher bemerkte, daß fast diese ganze Provinz an ihrer Oberfläche durch eine erstaunliche Menge von Vulkanen gleichsam umgewendet worden sei.

Wenn man zu Riom, einer der schönsten und angenehmsten Städte der ganzen Provinz ist; so sieht man zur Rechten eine ununterbrochene Kette von Gebirgen, welche immer bis über Klermont an Höhe zunehmen, wo der Berg Puys de Dôme majestätisch vorragt; zur Linken erblikt man eine der weitesten und fruchtbarsten Ebenen von Europa, meistens bis auf 20 Schuhe Tiefe mit Erbschichten, die von den Abfällen der ursprünglichen und vulkanischen Gebirgen gebildet sind, bedekt. Diese Ebene wird gegen Klermont zu allmählig schmäler, und bildet ein mit vielen Bergen, welche man die Berge von Limagnen nennt, umgebenes Thal.

Alle große Gebäude und Städte von dem niedrigen Auvernien von Riom, z. B. Mont Ferrand, Klermont sind aus dichten Laven gebaut, aus welchen

chen

chen der Berg (volvic genannt,) besteht, wo vielleicht der schröklichste und größte Haufen von Laven in der Welt ist. Diese nämliche Gebirgskette zur Rechten hat alle Kennzeichen ihrer ursprünglichen Bildung. Ihre Basis ist Granit, auf diesem liegt der sandige Kalkstein und Mergel, und in diesen ungeheuren Bänken sind die Vulkane entstanden, als dieser Theil des Königreichs noch unter Wasser stand. Der größte Theil des erwähnten Mergels und Sandes ist durch das Feuer verändert; sehr selten findet man Fluß- oder Meermuscheln darinn.

Der Berg, auf welchem Klermont liegt, besteht aus Granit, aus Sand und tuffartigen Steinen, und aus Laven. Aus diesem entstanden sonst drei Quellen von mineralischen Wässern, deren Bestandtheile Eisentheile, mineralisches Alkali, absorbirende Erden und fixe Luft sind. Merkwürdig sind die mineralischen Wässer von St. Markus, welche bei Roya unmittelbar aus dem Granit entspringen, sie sind etwas warm, enthalten viel fixe Luft, und etwas Eisentheile. Der Berg Gergovia, welcher sich von Klermont in Gestalt eines Zuckerhuts erhebt, ist ein ungeheurer Vulkan, der mit Laven bedekt ist. ꝛc.

Pag.

Pag. 179. *Second voyage mineralogique fait en Auvergne par M. Monnet.*

Zuerſt durch das Thal von Talenbres und Saint: Amand. Hier findet man die beträchtlichſte Lage von Laven, die in den Thälern vom niebern Auver: nien iſt, und zwar bis auf einige hundert Toiſen unter Talenbres. Dieſes Dorf iſt auf ſelbige ge: baut. Je mehr man ſich Saint: Amand nähert, deſto bicker wird der Lavaſtrom, dieſe kleine Stabt iſt ebenfalls barauf gebaut. Bei Saint Saturnia iſt der Lavaſtrom bei 30 Schuhe bick. Dieſe vul: kaniſche Maſſe erhebt ſich noch mehr an dem Orte ſelbſt, wo Saint Saturnin liegt, und dieſes Dorf liegt auf der ungeheuerſten Maſſe von Lave, die nicht zur in Auvernien, ſondern vielleicht in ganz Europa iſt. Aulon liegt am Fuße eines kegelför: mig geſtalteten Vulkanen, welcher ganz mit ſehr harten, feſten, baſaltartigen Laven bedekt iſt. Sie: ſind zum Theile bläulich, und ſehr regelmäßig ſäu: lenförmig geſtaltet. Nun folgt eine Beſchreibung bes Mont d'or, welche ziemlich weitläuftig iſt. Auf keinem Berge findet man da ſäulenförmige Baſalte; die meiſten Steine ſind da Granite, ober halb geſchmolzene Stücke bavon. Einige ſind ſehr wenig verändert, in einigen ſieht man die quarzigen Theile verwittert und faſt in Erbe aufgelöſt. Der Umfang, welchen in dieſer Gegend die Lava ein:

nimmt,

nimmt, ist ungeheuer groß, und erstrekt sich über
20 Meilen weit; wenn man nun noch die verschiedenen vulkanischen Berge in dieser Gegend betrachtet, die über 900 Fuß hoch, und mit geflossener
Lave bedekt sind; so muß man auf die Vermuthung
kommen, daß dort in dem Mittelpunkte dieser Masse
einer der schröflichsten Vulkane müsse gewütet
haben.

Pag. 241. *Lettres de M. Proust à M. d'Ariet.*

Hr. Proust beschreibt hier einen Stein, dessen
Hauptbestandtheile Kalkerde und Phosphorsäure
sind. Er hat viel Aehnlichkeit mit einem blättrigen
Feldspate; von Säuren scheint er nicht sichtbar an-
gegriffen zu werden. Er ist von Farbe weißlich,
gleichförmig, ziemlich dicht, aber nicht hart genug,
um am Stahle gerieben Feuer zu geben. Er zeigt
sich in Lagen, die öfters von Quarzlagen unterbrochen
sind. Diese immer auf Quarz horizontal aufliegen-
den Lagen haben deutlich das Gepräge einer aus
dem Wasser und durch Kristallisation erfolgten jüngern Entstehung an sich. Man findet diesen Stein
in ganzen Hügeln in der Gegend des Dorfs Logro-
san in der Provinz Estramadoure. Schon Bowles
und Dawila haben davon Nachricht gegeben. An
besagtem Orte sind die Häuser und Mauern davon
gebaut. Auf Kohlen geworfen zerspringt er nicht,
sondern leuchtet mit einem herrlichen grünen Lichte,

wel-

welches ihn durchdringt, und nur langsam ver=
schwindet. Nach den Versuchen, die Hr. Pr. im
Kleinen anstellte, ist nebst der Kalkerde und der
Phosphorsäure noch 1/16 Kieselerde enthalten. Er
vermuthet, daß vielleicht noch andre Bestandtheile
darinn enthalten seien, die er aber aus Mangel ei=
nes chemischen Laboratoriums nicht darstellen konnte.

Ueber den Salpeter von Madrid.

Dieser bedarf keiner weitern Reinigung, seine
Kristallen sind nicht von erdigem Mittelsalze verun=
reinigt, wie der Salpeter von andern Orten; seine
Mutterlaugen enthalten nur das Fiebervertreibende
Salz des Sylvius, und vitriolisirten Weinstein ꝛc.

Ueber den Braunsteinvitriol.

In Andalusien wittert der Braunstein Salpeter
und Vitriol aus den Steinen. Zu Madrid bedecken
diese Salze unten die Mauern; sonderbar ist es,
daß beide Salze aus den nämlichen Steinen aus=
wittern.

*Pag. 368. Lettres de M. Schreiber, Directeur
des Mines de Monsieur à M. de la Métherie,
sur une Mine d'argent.*

Das besondere Silbererz, wovon in diesem Briefe
die Rede ist, ist ein natürlicher, durch Kochsalzsäure
bewirkter Silberniederschlag. Es ist eine weisse,
erdige

erbige Subſtanz, deſſen Farbe auf der Oberfläche
ins Violette ſpielt. Wenn man die weiſſe Farbe
dieſer Subſtanz erhalten will; ſo muß man ſie wohl
vor der Sonne und vor dem Lichte bewahren. Dieſes Erz bricht in den Silbergruben zu Allemont auf
Kalkſpat, der mit gediegenem Silber und Silberglaserz bedekt, und davon durchbrungen iſt.

 Pag. 380. *Suite des extraits du porte - feuille de
  l’Abbé Dicquemare de diverſes academies de
  l’un et l’autre continent.*

 Singularités dans la génération de quelques
animaux. (Beobachtungen von der Vermehrung
und Fortpflanzung einer Meeranemone.)

 Hr. Dicquemare hatte ſie ſchon zwei Jahre lang
beobachtet, und doch hatte ſie nur einen Zoll im
Durchmeſſer, ſie riß ſich vier Lappen von dem Rande
ihres Ueberzugs, und von der Baſis deſſelben weg,
welches im Ganzen eine Wunde ausmachte, die den
4ten Theil des ganzen Umfangs betrug. Dieſe in
Anſehung ihrer Dicke ungleichen Lappen wurden zu
vier der vorigen ganz ähnlichen kleinen Meerane-
monen. Die Wunde der alten war in kurzer Zeit
vernarbet. Ehe dieſe Anemone ſich vermehrt hat,
hat ſie öfters ihren Standort verändert, und überhaupt ſehr ſonderbare Bewegungen gemacht. Was
ferner mit den jungen Anemonen vorgegangen, ihre
Geſtalt, ihr Wachsthum ſind hier ausführlich be-
             ſchrieben,

ſchrieben, und einige Beobachtungen über dieſe Fort-
pflanzungsart beigefügt.

*Pag. 462. Extrait d'un Memoire lu à l'acade-
mie des sciences sur les parties de la bouche des
insectes par N. Olivier Docteur en Med. &c.*

Eine ſehr deutliche und ausführliche Beſchreibung aller Theile, welche bei den Inſekten den
Mund ausmachen, oder um denſelben ſich befinden.
Man kann leicht aus der Betrachtung des Munds
(ſagt Hr. Olivier) eines Inſekts ſeine Lebensart erkennen; davon führt er nun häufige Beiſpiele an.
Das Siſtem des Hrn. Fabrizius wird zum Theil
gelobt, auf der andern Seite aber macht ihm der
Verf. den Vorwurf, daß er ſowohl in Anſchung
aller Theile ihres Körpers, als beſonders jener ihres
Mundes ſehr verſchiedne Inſekten in eine Klaſſe gebracht, und im Gegentheile andre, die in dieſer
Rükſicht faſt keine Verſchiedenheit zeigen, in verſchiedne Klaſſen geſezt habe, wovon verſchiedne
Beiſpiele angeführt werden.

Hr. Ol. glaubt, daß die Kennzeichen der Klaſſen
nicht von den Theilen des Mundes ſollten hergenommen werden; wenn ein Inſekt nicht drei Linien
wenigſtens groß iſt; ſo iſt es ſehr beſchwerlich, ſie
alle deutlich zu erkennen. Der günſtigſte Zeitpunkt,
ſie zu beobachten, iſt dann, wenn ſie ſo eben ſterben,

D

oder

ober wenn man sie durch den Dampf von warmem Waſſer erweicht hat.

Nun werden die verſchiednen Theile des Muns des nacheinander angeführt, erklärt, und durch 11 Abbildungen auf zwo Kupfertafeln erläutert.

VIII.

Verſuch einer Anleitung zur Kenntniß und Geſchichte der Thiere und Mineralien, für akademiſche Vorleſungen entworfen, und mit den nöthigen Abbildungen verſehen von D. Auguſt Joh. Georg Karl Batſch. Erſter Theil. Allgemeine Geſchichte der Natur; beſondere der Säugethiere, Vögel, Amphibien und Fiſche. Mit fünf Kupfertafeln. Jena, in der akademiſchen Buchhandlung. 1788. 528 S. in gr. 8.

Herr Batſch hat ſich ſchon durch ſeine Anfangsgründe der Botanik allgemeinen Beifall erworben, und liefert hier in der nämlichen ſchönen Schreibart das Thier= und Mineralreich bearbeitet, wovon wir aber izt nur den erſten Theil vor uns liegen haben.

Die allgemeine Geſchichte der Natur fängt im erſten Kapitel mit Betrachtung der Weltkörper und

ihrer

ihrer Verhältnisse an, darauf folgen S. 4. die Ar-
ten der Weltkörper nach Luft und Bewegung, S. 6.
Sisteme der Weltkörper, S. 8. Hauptkräfte der
Natur, S. 11. Schiefe der Ekliptik, S. 12. Ober-
fläche des Dunstkreises der Erde, S. 14. Verände-
rungen der Oberfläche, S. 21. Veränderungen des
Dunstkreises, S. 25. Entstehung der Weltkörper.
(Aus diesem Innhalte sieht man, daß die hier abgehandelten Materien größtentheils zur eigentlichen
Phisik gehören, welche doch gewiß mit Grund von
der Naturgeschichte abzusöndern ist). Zweites Kap.
Von organischen und unorganischen Körpern überhaupt. Drittes Kap. Vom Thierreiche und der
Phisiologie der Thiere. Viertes Kap. Von den
Klaßen der Thiere; sie laßen sich S. 80. in vollkommene und unvollkommene abtheilen, wovon
erstere ungleich mehr zusammengesetzt, und nach einer gewissen Regel gebaut sind; sie haben einen gegliederten Rumpf, und an dessen Vorderende einen
Kopf, welcher die Nahrungsmündung, den Ursprung
des Empfindungsorgans, und vorzüglich die Augen
enthält. Die unvollkommenen Thiere unterscheiden
sich durch den Mangel des gegliederten Rumpfs,
und des deutlichen mit Augen versehenen Kopfs;
jene laßen sich wieder in Knochenthiere und Schalenthiere eintheilen, je nachdem die festere Theile im
Innern des Körpers, oder auf der auswendigen

 Seite

Seite der weichern Theile sich befinden. Die Klassen der Knochenthiere sind I. Säugethiere, II. Vögel, III. Amphibien, IV. Fische. Klasse der Schalenthiere. V. Insekten. Klasse der unvollkommenen Thiere. VI. Würmer.

Bei den Säugethieren hält überhaupt genommen, Hr. Batsch das Linneische Sistem bei, nur mit einiger Abänderung, beinahe so, wie es schon Leske in seinen Anfangsgründen der Naturgeschichte, S. 142. angegeben hat. Da aber so viele Gattungen in einer Reihe in den Linneischen Klassen aufeinander folgen; so sind jene hier wieder in mehrere Familien versammelt, wie es die übereinstimmenden Gestalten, und die näher verwandte Lebensart zuließen. So ist z. B. die Klasse der Wiederkäuer (Pecora L.) in zwei Familien zertheilt; I. Famil. Schafartige Thiere, „sie haben eine krumme und „von oben gedrukte Nase, die Füße sind oft knotig, „und wie der ganze übrige Körperbau stark, und „weniger schlank"; hieher gehören die zwo Gattungen Capra und Camelus. II. Fam. Hirschartige Thiere; „ihre Nase ist vorn abgestuzt, die Füße der „mehresten sind zart, und der ganze Bau des Körpers ist schlank und flüchtig. Die einzige Gattung „des Ochsen, welche leztern Kennzeichen entgegen „ist, konnte ich nicht trennen, und sie geht durch „Mittelarten zu den schlankern über." Die Thiere

dieser

dieser Familie sind Moschus, Antilope, Cervus, Bos. Obschon dergleichen Abtheilungen gewiß zur Erleichterung des Stubiums der Naturgeschichte dienen; so scheint doch diese ebenerwähnte nicht genau mit der Natur anzupassen. Eigenschaften, welche nur einigen Thieren so kleiner Abtheilungen zukommen, können doch wohl nicht für Kennzeichen der ganzen Abtheilung dienen; deßhalb müßte bei der ersten Familie: die Füße sind oft knotig, und bei der zweiten: die Füße der mehresten sind zart, wegbleiben. Sagt der Verf. vom Schafe, die Füße sind stark, und weniger schlank; so muß man gewiß dasselbe auch vom Ochsen behaupten. Die Kennzeichen, welche übrigens von der gedrukten Nase hergenommen sind, scheinen bei vielen Gattungen beider Familien so in einander überzugehen, daß auch bei dem Knochengerüste selbst nicht immer Unterschiede zu machen sind.

Unsrer Meinung nach ist die Eintheilung der Vögel am besten ausgefallen, nur sind wir bei einzelnen Fällen andrer Meinung; daß z. B, S. 297. die Verschiedenheit der Farbe der Federn bei dem Uhu vom Alter herrühre, und daher keine verschiedene Abänderungen zeige; daß S. 336. der Seidenschwanz die Gefangenschaft auch bei sparsamer Fütterung immer ertrage; daß S. 379. die Brandgans, Anus tadornis, auch in Deutschland, und zwar in unsrer

 Gegend

Gegend wohne, so wie die S. 396. angeführte
Strandschnepfe, Scolopax totanus, die sich an san=
digen Seeufern aufhalten soll.

Die Abtheilungen der Amphibien sind S. 437.
I. Schildkröten, II. Froscharten, III. Eidexen, und
IV. Schlangen. Die Eintheilung der Fische hat
wieder viele Veränderung gelitten. In der Phisio=
logie der Fische sollte man S. 481. nach No. 4. und 5.
vermuthen, daß alle Fische eierlegend seien. Der
Bestimmungskarakter der ersten Familie der Fische,
welche die Rochenarten enthält, (wohin Hr. B.
Petromizon, Squalus und Raja zählt) ist unrich=
tig angegeben; es heißt nämlich S. 485. die
Rochenarten haben ihren Mund auf der untern
Seite des Kopfs, und führen in demselben meh=
rere Reihen von Zähnen. Allein Petromizon bran-
chialis hat zuverläßig keine Zähne, und die kleinen
Warzen am Rande des Mundes bei dem Petromizon
Planeri kann man eigentlich auch nicht für Zähne
annehmen. S. 499. kann man vom Stör wohl nicht
sagen, daß die Kiemenöfnung nur eine senkrechte
Spalte sei. — S. 509. verstehen wir nicht, was
Hr. B. damit sagen will, wenn er diejenige Abthei=
lung der Raubfische, welche die Bauchflossen unter
den Brustflossen haben, wieder in solche eintheilt,
a) welche mehr einfache Flossen haben, und b) welche
mit kleinen Nebenflossen und Stacheln versehen sind. —

IX.

IX.

Nova Acta Helvetica, phyſico - mathematico - ana-
tomico-botanico - medica. Tabulis aeneis illu-
ſtrata et in uſus publicos exarata Volumen I.
klein 4. Baſileae typis et ſumtibus Joh. Schweig-
hauſer 1787.

Es ſind nun zehn Jahre verfloſſen, ſeitdem der achte
Band der Schweizer Abhandlungen (Acta Helvetica)
herausgekommen iſt. Daher finden ſie es für gut,
den erſten Titel in gegenwärtigen Nova Acta umzu-
ändern, wovon dann dies der erſte Band wieder iſt,
welchem wahrſcheinlich bald mehrere folgen werden.
Die Abhandlungen ſind nicht alle in lateiniſcher Sprache, ſondern auch einige in franzöſiſcher geſchrieben,
wovon folgende in unſer Gebiet gehören.

P. 33. *Lacerta vivipara obſervatio Joh. Fran-
ciſci de Jacquin Nicol. Joſ. Fil.*

Damalen, als der Verfaſſer dieſe Beobachtung
einſchikte, war er erſt 11 Jahre alt. Die Erwartung,
die man ſchon damalen von ſeinen Talenten hatte,
wird ohne Zweifel vollkommen erfüllt werden; denn
ſchon wandert er voll Enthuſiasmus und Kenntniſſe
auf der nämlichen ruhmvollen Bahn, welche ſein
vortreflicher Vater mit ſo vielem Ruhme und zum
Nutzen und Vervollkommnung der Wiſſenſchaften be-

tre-

treten. Vorbereitet und ausgestattet mit vielen Kenntnissen in der Naturgeschichte, besonders in der Kräuterkunde und Chemie, ist er nun auf gelehrten Reisen,
von welchen wir sehnsuchtsvoll die Früchte erwarten.
Schon in dem erwähnten zarten Alter machte Herr
Jacquin mit seinem Herrn Vater eine botanische
Reise auf die Alpen, und fand auf dem Schneeberge
eine schwangere Eidexe, welche er in einer Büchse ver-
wahrte; als er diese nach zwei Tagen öfnete, fand
er sechs junge Eidexen, und keine Spur von Eiern
darinn. Diese Eidexe mit einem Jungen ist Tab. 1.
abgebildet. Bei Linne ist dieselbe nicht beschrieben,
es scheint also eine neue Art zu seyn, welche aber
doch hier nicht beschrieben ist.

*Pag. 34. Ejusdem tria genera plantarum nova ex
horto botanico Vienensi.*

Die erste Gattung, von welcher die Kennzeichen
vollständig angegeben werden, gehört nach dem Linneischen Sisteme in die 19te Klasse (mit verwachsenen
Staubbülchen, in die 3te Ordnung mit fruchtbaren
Zwittern, und geschlechtslosen Blümchen) sie ist von
allen Gattungen dieser Ordnung durch ihren nakten
Boden (receptaculum) und den Mangel der Sa-
menkrone verschieden; sie ist in dem Garten unter
dem Namen Sclerocarpus africanus, wovon die
erste Benennung sich auf die Härte des fruchttra-
genden

genben Kelchs, die lezte auf ihr Vaterland bezieht.
Auf der 2ten Tafel ist sie abgebildet.

Die zwote Gattung gehört zur 5ten Klasse mit
fünf Staubfäden, 1te Ordnung mit einem Staubwege, und ist ein Baum, die Frucht ist eine Steinfrucht, welche zween Kerne enthält, die wie Man-
deln schmecken. Diese hat viel Aehnlichkeit mit der
Frucht der *Bontia dophnoides*, für welche sie auch
der ältere Jacquin so lange hielt, bis die Untersuchung der Blume ihn eines andern belehrte. Sie
hat nun den Namen *Elaeadendron orientale*. Ist
aus Ostindien. Auf der 2ten Tafel findet man eine
Abbildung von der ganzen Frucht, dann von der
Nuß, von der zerschnittenen Steinfrucht, von einem
vergrößerten Staubbeutel, und einem vergrößerten
blühenden Blumenstiel.

Die dritte gehört in die 6te Klasse erste Ordnung,
ist ein Zwiebelgewächs aus Afrika, hat das Ansehen
vom Hyazint. Nach dem wesentlichen Karakter,
welchen Linne von der *Burmannia* angiebt, scheint
diese Pflanze zu dieser Gattung zu gehören, obschon
der Kelch dieser Pflanze keine häutige Kanten hat.
Nach Burmanns Beschreibung gehört sie aber nicht
hieher. Dem ersten Ansehen nach hat sie Aehnlichkeit mit dem Phormium des Forsters 24te Gatt.
sie hat aber einen wahren, und zwar einblättrigen
Kelch. Herr J. nennt sie *Lachenalia tricolor*. Der

D 5

Gat-

Gattungsname ist von dem berühmten Botaniker, von Lachenal, der Trivialname von der dreifärs bigen Blumenkrone hergenommen. Auf der zweiten Tafel ist eine Blume, ein Kelchlappen, ein Blumens blatt mit anhängendem Staubfaden, und der Stems pel abgebildet. Am Ende folgt die Beschreibung ei ner Pflanze, welche zu der Gattung *Sterculia* ges hört. Die Gattungskennzeichen sind ausführlich hier angegeben; ob die Sterculia foetida Linn. dieselben Blumen habe, weiß der Verfasser nicht, weil er diese Pflanze noch nicht in der Blüte gesehen hat.

Pag. 238. Observations et recherches sur la na-
ture des quelques montagnes du Canton de Berne
par le Cte de Razaumowsky.

Die Abhandlung ist in vier Abschnitte eingetheilt. Der erste hat die Untersuchung der Steine, welche die Gebirge und Felsen des Mühlithals bilden, der zweite die verschiedenen Steinsubstanzen, welche den Scheideck ausmachen, der dritte jene, aus welchen die Gebirge des Grindelwaldes, und das zwischen dem Grindelwalde und Lauterbrunn gelegene Land bestehen, und der vierte die Untersuchung der Steine, welche die Felsen und Gebirge von Lauterbrunn auss machen, zum Gegenstande. Der größte Theil der Felsen des Mühlithals ist bis zur beträchtlichsten Höhe ein graulicher Kalkstein, welcher auf dem Granit ruht. Auf dem Blanblatten sieht man hie und da

einen

einen schwarzen schiefrigen Stein, welcher nichts
anders, als der nämliche schiefrig und bituminös
gewordene Kalkstein ist, heraussehen. Das liegende
des in dem Blanblatten brechenden Eisenerzes ist
Horn=und Glimmerschiefer (Saxum corneomicaceum
Wall). Die Gangart dieses Eisenerzes ist ein Horn=
kalkstein, oder ein Stein, welcher den Uebergang
von den thonigten zu den kalkartigen Steinen macht.
Das Eisenerz von Blanblatten ist ein schwarzer, aus
runden Körnern, die zuweilen wie ein Spat glän=
zen, zusammengesezter Stein.   Dieses Eisenerz
scheint aus dem vorigen Steine entstanden zu seyn,
es ist zum Theil kalkartig, denn es braußt mit Säuern
auf, es wird vom Magnet gezogen, nur die sehr
verwitterten und ocherartigen Stücke nicht. Herr
R. besizt ein Stück davon, in welchem Spuren von
Meergeschöpfen zu sehen sind.

Die Basis vom Scheideck auf der Seite von Hasli
zu ist noch kalkartig, dann folgt so, wie man weiter
hinauf kömmt, 1) ein blättriger, eisengrauer Horn=
fels, der zuweilen glimmrig und wellenförmig, und
innigst mit grauem Quarze gemischt ist. 2) Der näm=
liche Stein, wo aber die Vereinigung der thonarti=
gen, hornartigen und quarzigen Theile noch inniger
ist. Etwas weiter davon ist dieser graue Fels fast
ganz reiner Quarz. 3) Ein aus sehr dicht auf ein=
ander liegenden Blättern, die man nur auf dem
Bruche

Bruche wahrnimmt, bestehender Fels, auf der Oberfläche brausen diese Blätter entweder wenig oder
gar nicht mit Säuren, aber in dem Innern dieses
Steines sind viele weisse Punkte, welche lebhaft auf-
brausen. Etwas weiter davon ist erwähnter, noch
blättriger Stein fast ganz kalkartig.

4) Ein ähnlicher Stein nur mit dem Unterschied,
daß die glänzenden Punkte zerstreuter sind, und daß
Quarzadern durchgehen. 5) Felsen von Hornschiefer
in großen, eckigen unregelmäßigen Massen, zuweilen
von Kalkspatadern durchschnitten, braußt in der
Nachbarschaft dieser Kalkspatadern mit Säuern auf.
6) Hornschiefer von grauer Farbe mit Quarzblätt-
chen abwechselnd. Der Fels, welcher sich 15 bis
20 Schuhe über Breitenbober erhebt, ist 7) ein eisengrauer, mit Quarzadern durchschnittener Hornstein. Dieser Fels ist auch sehr dunkelgrau und deutlich blättrig, zwischen diesen Blättern wittert natürliches Bittersalz, unter der Gestalt eines weissen Pulvers, oder hie und da zerstreuten Flocken aus. 8) Unter den abgerissenen Steinstücken, welche auf dem
Gipfel des Scheidecks liegen, findet man wahren
grauen und schön schwarzen Trapp. 9) Indem man
vom Scheideck herabsteigt; so findet man nahe an
der Seite am Grindelwalde einen Felsen von Hornschiefer von dunkeleisengrauer Farbe, zwischen dessen

Blät-

Blättern zuweilen Alaun in Gestalt eines weißen
Pulvers auswittert.

Da keine der so verschiedenen Steinarten dieses
Gebirgs Meergeschöpfe enthält, und man keine Spur
darinn von andern, als rein mineralischen Körpern
entdekt: so muß man sie alle als gleichzeitige und
uranfängliche Stoffe ansehen. Die Gebirge des
Grindelwaldes sind an ihren höchsten Stellen zum
Theil aus reinem Hornsteine, öfters aber aus diesen mit Kalkstein vermischt, zusammengesetzt. Gegen den Gipfel des Steinberg-Alps findet man einen
aus sehr dünnen Blättchen von grünem Specksteine,
aus Blättern, zuweilen kleinen Lagen von Schwerspat und Quarz zusammengesetzten Felsstein. Der
schwarze Stein, welchen man auf dem Gipfel des
Steinbergs antrift, ist ein Kalkstein, oder Marmor.
Ein andrer grauröthlicher fester Stein findet sich
eben da, welcher sehr kleine, oft nur mit einem Vergrößerungsglase zu unterscheidende achtseitig kristallisirte, schwarze glänzende Eisenkörnchen hie und da
zerstreut enthält. Aus seinen Untersuchungen und
Beobachtungen zieht er nun folgende Schlüsse:

1) Daß der Kalkstein der Berner Alpen nicht auf
dem uranfänglichen Thonschiefer aufliege, sondern
unmittelbar auf Granit.

2) Daß die thon-horn-glimmerartigen Schiefer, die man für ursprünglich ansieht, statt dem
Kalk-

Kalksteine, wie man anderwärts beobachtet hat, zur Basis zu dienen, im Gegentheile auf diesem Steine aufliegen.

3) Daß erwähnter Kalkstein eben sehr alt, und sein Ursprung mit jenen, der ihm benachbarten thonartigen Steine gleichzeitig seyn müsse.

Auch paßt das nicht auf die Schweizer Gebirge, was Waller zu allgemein behauptet: daß überall, wo hornsteinartige Steine häufig wären, der Kalkstein eine Seltenheit sei.

Pag. 270. *Werneri de Lachenal emendationum, et auctariorum ad ill. Halleri Historiam stirpium helveticarum specimen primum.*

Ein vortreflicher Beitrag und eine Erläuterung über des unsterblichen Hallers Geschichte der Schweizergewächse. Hier wird nur von Pflanzen mit zusammengesezten, aus lauter zungenförmigen Blümchen bestehenden Blumen gehandelt. Von der *Hypochaeris Hall. Rhagadiolus, Prenanthes, Picris, Crepis, Hieracium, Taraxacum.* Wer die Beschwernisse kennt, die Arten von den Varietäten dieser Pflanzengattungen richtig zu unterscheiden, die wahren Sinonimien und Beschreibungen von verschiednen Kräuterkundigen richtig anzuführen, der wird die Verdienste des Herrn von Lachenal zu schätzen wissen, welche er um die Naturgeschichte dieser Pflanzen hat, am meisten Mühe hat ihm die

Gat

Gattung *Crepis* und *Hieracium* gemacht. Er gedenkt
diese Arbeit fortzusetzen, auch eine *Enumeratio Stirpium helveticarum* in 8vo nach Linnes Methode
von Thunberg verbessert herauszugeben, eine Arbeit,
die allen Liebhabern der Kräuterkunde höchst willkommen und angenehm seyn wird.

X.

D. Joh. Friedr. Blumenbachs, der Med. Prof.
ord. zu Göttingen Handbuch der Naturgeschichte.
Mit Kupfern. Dritte sehr verbesserte Ausgabe.
Göttingen, bei J. C. Dieterich 1788. 715 S.
in 8.

Die zwote Auflage betrug bis an das Register
561, diese eben so weit 680 Seiten, daraus sieht
man schon, wie beträchtlich die Vermehrung seyn
muß; aber außerdem ist noch manches der vorigen
Auflage hier entweder ganz weggeblieben, oder noch
kürzer gesagt.

Bei jedem Abschnitte sind die wichtigsten Schriftsteller über die abgehandelte Materie angeführt. Im
Thierreiche ist manche nützliche Bemerkung aus der
anatome comparata beigebracht, übrigens aber die
Ordnung im Ganzen nicht viel geändert, nur daß
die dachsartigen Thiere, die man sonst bald zu den
Bären,

Bären, bald zu den viverris zog, S. 94. in eine
eigne Gattung zusammengestellt worden, und die
Linneischen Nantes, welche in der vorigen Ausgabe
unter den Amphibien standen, hier den Fischen beigesezt sind, die weissen Ameisen stehen von den Pa-
pierläusen abgesondert, und leztere unter dem Namen vermiculus in einer besondern Gattung. Die
Kupfertafel, welche zum Thierreiche gehört, enthält nun größtentheils Abbildungen von Eingewei-
dewürmern. Der Abschnitt von der Phisiologie
und dem Nutzen der Gewächse ist ebenfalls erweitert,
das Mineralreich hat aber wohl die beträchtlichsten
Zusätze erhalten, und der Abschnitt von Versteinerungen ist in Ansehung des Ganzen ziemlich groß,
wer aber die Petrefaktenkunde aus dem rechten Gesichtspunkte ansieht, und von ihr die wichtigste Auf-
klärung über Cosmogenie, und folglich über die allgemeine Mineralogie fodert, der wird Herrn Hofrath
Blumenbach auch für diesen Abschnitt danken.

XI.

Voyage d'Auvergne par M. le Grand d'Aussy.
Paris bei E. Onfroy 1788. fff. S. in 8.

Der Verfasser giebt hier sowohl von der politi-
schen, als phisischen Lage von Auvergne Nachrichten, und wenn wir beide mit einander vergleichen
sollen,

sollen, so sind wohl erstere ungleich besser ausgefallen, als leztere. Demohngeachtet müssen wir jene hier übergehen, und nur von diesen handlen.

Die Gebirge dieses Landes sind meistens vulkanisch, und Klermont, welches 1600 Schuhe über dem Meere liegt, hat ein betrübtes Ansehen wegen der dunkeln Farbe der Laven, wovon diese Stadt erbauet ist. Ein großer Theil der Laven hat Puzzolanerde, welche eben nicht aus zerrütteter Lave entstanden sei. Unter die übrigen Vulkane gehören: Pavin von 300 Schuhen Höhe, und mehr als einer Meile Umfangs, Chavade, der aus dem Meere entstand. Viele deutliche Krater z. B. in der Gegend des Puy de dome, bei Chalusset, und der des Pavien. Mineralwasser bei Klermont, und warme Quellen bei Bourbaule. Das Holz ist im Lande theuer, dagegen hat die Natur für andre Brennmittel gesorgt, Kohlengruben finden sich in Menge, auch Torf. Im Puy de la Pege und seiner Nachbarschaft hat man Erdpech entdeckt, und bei Vernet vortrefliche Amethisten.

E   XII. Re-

XII.

Reſtio, quem diſſertatione botanica Praeſide Car.
 Petr. Thunberg etc. etc. publico examini ſubji-
 cit Petr. Lundmark, nericus MDCCLXXXVIII.
 Upſaliae Litt. directorial. Joh. Edman. 22 S.
 mit einer Kupfertafel.

§. I. Von den Gräſern überhaupt.

Die Kennzeichen der natürlichen Ordnung der
Gräſer.

§. II. Die Pflanzengattung *reſtio* iſt unter den
Gräſern erſt in dieſem Jahrhunderte, und zwar noch
nicht gar lange auf dem Vorgebirge der guten Hofnung entdekt worden, und ſeine Arten haben ſich
allmälig vermehrt. Zuvor war zwar ſchon bei Linne
Elegia (Rutſchen) eine eigne Gattung: allein dieſe
kam unter die Gattung *reſtio*, und hieß *reſtio elegia*,
da aber der Kelch der elegia von jenem des reſtio
ſehr unterſchieden iſt, ſo ſcheint es rathſamer zu
ſeyn, jene wieder zu einer eignen Gattung zu machen.
Eine andre und zwar neue Grasgattung, welche
dem reſtio am nächſten kömmt, und zwiſchen reſtio
und elegia gleichſam in der Mitte ſteht, *Wildeno-
via* iſt von unſerm durch den vielblättrigen Kelch,
die ſechsblättrige Krone, und die Steinfrucht verſchieden. In den neuern Zeiten iſt zwar die Gattung

reſtio

festio genauer von Linne, Bergius und Rottböll beschrieben, und die besten Abbildungen davon beigefügt worden.   Thunberg hat aber sehr viele neue
Arten dieser Gattung auf dem Vorgebirge der guten
Hofnung gesammelt; die Absicht des Verfassers dieser Streitschrift ist also, die vorhin bekannten und
neuen Arten dieser Gattung genau zu beschreiben.

§. III. Gattungskennzeichen. Blüten von getrenntem Geschlechte auf 2 Pflanzen, in einen Zapfen
zusammengehäuft. Ein eiförmiger, länglicher, viel-
blättriger Zapfen (Strobilus).

Dann folgt eine ausführliche Beschreibung aller
Fruktifikationstheile.

Diese Gattung ist mit jener des Knopfgrases
(Schoenus) verwandt, hat aber immer Blüten von
getrenntem Geschlechte, und ein verschiedenes Ansehen.

§. IV. Eintheilung der Arten in jene (mit einem
einfachen Helme, der blätterlos ist.) 1) R. *imbricatus.* 2) R. *vaginatus.* 3) R. *aristatus.* 4) R.
cernuus. 5) R. *umbellatus.* 6) R. *spicigerus.* 7) R.
tectorum. 8) R. *acuminatus.* 9) R. *parviflorus.*
10) R. *erectus.* 11) R. *argenteus.* 12) R. *scariosus.*
13) R. *thamnochortus.* 14) R. *fruticosus.* 15) R.
simplex. 16) R. *triflorus* mit ästigem Halme ohne
Blätter. 17) R. *tetragonus.* 18) R. *triticeus.* 19) R.
glomeratus. 20) R. *incurvatus.* 21) R. *digitatus.*
E 2   22) R.

22) R. *verticillaris.* mit blättrigem Halme. 23)R. *scopa.* 24) R. *virgatus.* 25) R. *paniculatus.* 26)R. *dichotomus.* Meistens neue Arten.

§. V. Beschreibung der Arten: diese werden nun nach der Reihe ausführlich beschrieben.

§. VI. Synonimien. *Restio tectorum* ist *chondropetalum deustum* bei. Rottboll pag. 10. tab. 3. fig. 2. R. *acuminatus chondropetalum nudum* Rottb. gram. pag. 11. tab. 3. fig. 32.

R. *Scariosus, thamnochortus fruticosus* Berg. plant. capens. pag. 353. tab. 5. fig. 8.

R. *Thamnochortus, Restio dichotomus* Rottb. gramin. p. 2. tab. 1.

R. *Dichotomus* Schoenus capensis Linn. spec. plant. pag. 64. R. *Dichotomus.* Linn syst. veget. XIV. pag. 881. R. vimineus Rottb. gram. p. 4. tab. 2. f. 1.

§. VII. Alle Arten wachsen auf dem Vorgebirge der guten Hofnung (eine ausgenommen, die Forster in Neuseeland gefunden. 2c.)

§. VIII. Gebrauch. Die meisten sträuchigen Arten bedecken die sandigen Gegenden, und dienen den Thieren zu Zufluchtsörtern. R. tectorum dient zur Bedeckung der Dächer 2c.

XIII. Der

XIII.

Der Königl. Schwedischen Akademie der Wissenschaften neue Abhandlungen aus der Naturlehre,
Haushaltungskunst und Mechanik auf das Jahr
1787. aus dem Schwedischen übersezt von Abrah.
Gotth. Kästner ꝛc. und. Dr. Brandis, Achter
Band, erste und zwote Hälfte. Leipzig bei Hein-
sius 1788. Mit einem Register und Kupfern.
303 S.

Abhandlungen aus der Naturgeschichte sind folgende: 8. Olof Swarts zwölf neue Arten der
Gattung *urtica* aus Westindien. S. 54. Es sind
folgende:

1) *Urtica laxa* wächst an schattigen, strauchigen
Plätzen an Bächen auf Hispaniola, blüht im Frühjahre.

2) U. *betulaefolia* wächst auf steinigten schattigen Plätzen an Quellen auf den Bergen von Domingo, blüht im May und Junius.

3) U. *ruffa* wächst auf den Bergen von Jamaika
an steinigten Plätzen, blüht im Frühjahre.

4) U. *rugofa* wächst an steinigten Plätzen an den
Ufern der Flüsse, oder an etwas feuchten Orten auf
Hispaniola. Eine Frühlingspflanze.

E 3   5) U.

5) U. *repens* an sandigen Ufern und Bächen von Hispaniola, eine Frühlingspflanze, auf der ersten Tafel abgebildet.

6) U. *stolonifera* an den Ufern der Flüsse, auf Steinen zwischen den Moosen auf Hispaniola.

7) U. *numularifolia* in Bergwäldern von Jamaika, zwischen den Steinritzen, sieht der numularia ähnlich.

8) U. *depressa* an schattigen Grasplätzen an dem Rande der Aecker des innern Jamaika.

9) U. *herniarioides* auf der 2ten Tafel abgebildet, wächst auf den Steinen der Bäche und Flüsse von Domingo.

10) U. *serrulata* auf Kalkfelsen des innern Jamaika.

11) U. *microphylla*, parietaria microphylla Linn.

Es ist keine Art von der parietaria, weil die Blüte nicht polygamisch, und der Griffel anders, als bei der pariet. gebildet ist. Sie ist sehr gemein in Westindien in den Ritzen der Mauern an sumpfigen, wässerigen Orten.

12) U. *trianthemoides* an steinigen, schattigen Plätzen an Bächen auf Hispaniola.

Von allen diesen Arten sind nicht nur die spezifische Karaktere angegeben, sondern alle sind auch ziemlich vollständig beschrieben.

S. 91.

S. 91. *p.* Adr. Gadd Untersuchung, wie und
was Insekten und Zoophyten zu Steinverhärtungen beitragen.

Herr Gadd hat an der Küste von Björanborg
mehrmalen beobachtet, daß Sandschiefer und Sand-
steinbrüche, da von Pholaden durchbohrt waren,
und daß diese Thierchen im Sandsteine todt und
halb verfault lagen, da dann der Stein um sie allemal härter gewesen ist, als in seiner übrigen Zusammenfügung. An den Seeküsten bei St. Petersburg
werden Klippen und Felsen auch so vom Mytilus
Lythophagus verzehrt, wie sich denn auch diese Muscheln da manchmal versteinert finden. Auf Oeland
und Gothland bemerkt man in Ocherarten und Kalk-
flötzen nicht selten Spuren eben solcher Wirkungen
der Helix Laxiciba. Zu Steinverhärtungen tragen
Zoophyten und Insekten bei. 1) Wenn nach ihrem
Tode und Fäulniß gewisse Erdarten von ihnen phlo-
gistisirt werden. 2) Wenn einige Insekten und derselben Larve, nebst Zoophyten mit ihrer mucilaginö-
sen und gelatinösen Materie Erde und Sand verbinden, und steinhart vereinigen. 3) Auch haben einige Zoophyten eine Art Steinleim in ihrem Körper,
davon schon allein was steinigtes entstehen kann ꝛc.

S. 109. Olof Swarts *Cinchona angustifolia*,
ein unbekanntes Gewächs aus Westindien.

Das wesentliche Merkmal der Gattung Cinchona

 besteht

besteht in einem Samenbehältnisse, das sich in
zween Theile theilt, welche sich innwendig an ihren
Scheidewänden öfnen; (das ihm verwandte Macro-
cnemum hat eine zweifächrige Kapsel, die Klappen
derselben öfnen sich aber auswendig, die Rondele-
tia hat eine zweifächrige, zweitheiligte Kapsel ohne
Scheidewände; Manettia, eine Gattung, die unter
die Klasse der Pfl. mit 4 langen und 2 kürzern Staubfäden gehört, hat ein Samenbehältniß, das jener
der Cinchona vollkommen gleich ist, unterscheidet
sich aber durch den achtblättrigen Kelch, die Krone
u. s. w.) das Merkmal von der Blume zu nehmen,
wie vor diesem, ist unsicher: dann man sieht nun,
daß sie sich auf allerlei Art abändert. Doch scheint
es dienlich, von der ganzen Gattung zwo Abtheilungen zu machen, nämlich: a) *corollis tubo bre-*
viore, wohin cinchona officinalis. b) Corollis tubo
elongato, wo sich cinchona caribaea racemosa,
und die neue bringen läßt, die Herr Sw. nennt
und bestimmt. c) Angustifolia foliis lanceolatis
pubescentibus floribus paniculatis; nun folgt eine
weitläuftige und vollständige Beschreibung derselben,
sie wächst an den Ufern der Flüsse auf der Insel Domingo. Herr Sw. fand sie das erstemal 1782. Die
Rinde von diesem Baume schmekt unerträglich herb,
dabei süßlich, und ein wenig aromatisch, dem Ver-
muten des Verf. nach giebt sie an Stärke wenigstens

der

der gemeinen nichts nach, eine sehr kleine Gabe, die
er versuchte, erfüllte schon seine Wünsche, doch
hatte er nicht Gelegenheit, mehrere Versuche damit
anzustellen.

S. 115. Von einigen seltnen und unbekann=
ten Eidexen von C. P. Thunberg.

1) *Lacerta japonica* cauda compressa longa, plantis muticis, linea dorsali alba auf der 4ten Tafel Fig.
1. abgebildet. Im Kaiserthume Japan auf der größ=
ten der Inseln, Nipon genannt, an steinigten Stel=
len des Fakoniebergs, wird in Japan für den Stin-
cus marinus gehalten, und als ein aphrodisiacum
gebraucht.

2) L. *lateralis*, cauda terete attenuata medio-
cri, palmis plantisque pentadactylis, linea laterali
fusca auf der 4ten Tafel. Fig. 2. hat was ähnliches
mit der L. aurata auf der Insel Java.

3) L. *abdominalis*, cylindrica, pedibus remo-
tissimis, cauda brevissima, palmis plantisque pentadactylis. Tab. IV. Fig. 4. Findet sich auf Java
und Amboina. Alle drei Arten sind ausführlich be=
schrieben.

S. 171. Beschreibung dreier Schildkröten von
C. P. Thunberg.

T. *japonica* pedibus pinniformibus uni ungui-
culatis, testa carinata, crenula, postice quadri-
loba. Tab. VII. Fig. I.

E 5

In

Ju kleinern Seen und Gewäſſern des Kaiſer=
thums Japan, dient zur Speiſe.

T. *roſtrata* pedibus palmatis, teſta integra,
carinata, elevato-ſtriata. T. VII. F. 2. 3. Das
Vaterland derſelben iſt unbekannt, ſie befindet ſich
in Weingeiſt in der Sammlung der Akad. zu Upſula.

T. *areolata* pedibus digitatis, teſta gibboſa,
scutellis elevatis ſubquadrangulis ſtriatis medio
depreſſis ſcabris.

Eine Landſchildkröte, die Hr. Thunb. in Indien
bekommen, ohne daß er ihre Heimat weiß. Im
Naturſiſtem iſt ſie nicht, bei Seba aber ſcheint ſie
abgezeichnet. Theſ. II. Tab. 80. Fig. 6.

S. 174. **Eine neue Gattung, und fünfzig neue
Arten Inſekten beſchrieben von Nils. S.
Swederus.**

Die neue Gattung, die hier beſchrieben wird,
kömmt den Wanzen des R. Linnes am nächſten. Sw.
nennt ſie *Macrocephalus*, ſie iſt auf der 8ten Tafel
1. Fig. A. B. abgebildet. Die Gattungskennzeichen
ſind folgende:

Das Maul hat eine Schnautze, keine Kinnla=
ben, und Fühlfäden.

Die Schnautze iſt verlängert, eingebogen.

Die Scheibe iſt einklappig, unter der Spitze des
Kopfs eingefügt, gerad, hornartig, etwas ſpitzig,
aus drei Gliedern beſtehend: Die Glieder ſind zylin=

driſch,

drisch, ungleich. Das erste ist das längste und dikste, das dritte oder lezte sehr kurz und schmal, etwas spizig. Drei fadenförmige, fast gleiche Borsten. Keine Lippen.

Die Fühlhörner, antennae, an der Spize des Kopfs sehr kurz, bestehen aus vier fast wie Rosenkranzkörner gestalteten Körnern, sind keilförmig: der Keil ist kugelförmig, eiförmig, ungetheilt. Der Kopf ist länglich, oben zylindrisch. Das Schild von der Länge des Bauchs ist niedergedrukt, fast häutig. Ihre Metamorphose und Lebensart sind verborgen.

Durch erwähnte Kennzeichen ist diese Gattung von der *Cimex* Linn. *Acanthia, Cimex* und *Reduvius* des Fabricius unterschieden. Der spez. Karakter ist folgender: *Macrocephalus cimicioides:* griseo, ferrugineus, Scutello cinerascente macula coleoptera flava: alis purpurascenti violaceis: tibiis anticis incrassatis. Ist in Georgien zu Hause. Nun folgen Beschreibungen der neuen Arten, die wir nur dem Namen nach anführen können.

1) *Lucanus tarandus* Tab. VIII. f. 2. 2) L. *antilopus* Tab. VIII. f. 3. 3) L. *bubalus* T. VIII. f. 4. 4) *Scarabaeus Leei.* 5) Sc. *bivittatus* (beide bei Fabricius unter dem Namen Sc. melolontha) 6) Sc. *pulcher.* 7) Sc. *trivittatus* 8) Sc. *subfasciatus.* 9) Sc. *scabriusculus* (alle vier bei Fabr. Sc. cetonia.) 10) Sc. *longipes* (trichius Fabr.) 11) *Cassida*

san-

sanguinolenta (ist in Rio Janeiro zu Hause). 12) *Casp. arcuata.* 13) *Curculio Daviesii* (auf der 8ten Tafel Fig. 5. abgebildet aus Neu-York). 14) C. *zonatus.* 15) *Cerambyx Daviesii*, (Lamia Fabr.) 16) C. quadriguttatus (Stenocorus Fabr. auf der 8ten Taf. Fig. 7. 17) Cer. tripunctatus, (Saperda Fabr.) 18) Leptura lunulata (vom Vorgebirge der guten Hofnung). 19) *Leptura bicolor* (aus dem nördlichen Amerika). 20) L. vittata (ebendaher). 21) *Cuculus* (Fabr. *rufus*) (aus Sumatra). 22) Cuc. maculatus (aus Neu-York). 23) Elater *limbellus* (vom Kap.) 24) Carabus cicindeloides (ebendaher). 25) Phalaena sparmanniana. (Der Schluß folgt S. 266.).

S. 193. Einige Untersuchungen und Bemerkungen über den Auerhahn in seinem wilden und zahmen Zustande, von E. G. Adlerberg, Lieutenant.

Je seltener die Gelegenheit ist, die Sitten und Lebensart wilder Thiere genau zu beobachten, was bei öfters manchfältige und unüberwindliche Hindernisse vorfallen, desto willkommener müssen solche dem Naturkündiger seyn, wenn es einem gelungen ist, die Natur gleichsam in ihrer Wildheit zu belauschen.

Hr. A. zog einen jungen Auerhahn männlichen Geschlechts auf, welcher durch beständigen Umgang

mit

mit den Hausleuten so zahm ward, als sonst ein
Hausvogel. Er bemerkte, daß dieser zahme Auerhahn alle Jahrszeiten und Stunden des Tags pfalzte,
da die wilden doch dieß nur im Frühjahre zur Paa-
rungszeit, oder zufälligerweis im Herbste thun.
Ferner bemerkte er, daß der Vogel während des
Pfalzens die Augenlieder nicht zuschließt, sondern
das Aug nur in die Höhe richtet; es ist also falsch,
daß der wilde Auerhahn während dem Pfalzen nicht
sehe, weil er aber das Aug in die Höhe richtet, so
kann er den Jäger, der sich ihm nähert, nicht bemerken. Der Zorn scheint ihre Liebesgrillen zu
vermindern, daher hört man das sogenannte Rap-
peln nicht selten, zumal wenn die Auerhähne hören,
daß andre in den Gipfeln der Bäume schnalzen, besonders hört man diesen Laut von den alten Hahnen.
Die Auerhühner werden oft zur Paarszeit auf der
Erde liegend in der Stellung gefunden, die sie gewöhnlich haben, wenn sie sich treten lassen, und
dann lassen sie sich leicht lebendig fangen. Ein auf
diese Art gefangenes Huhn paarte sich mit dem erwähnten zahmen Hahne, und legte zwei Eier, die
man aber zerbrochen fand, der Vogel, der im Legen
auf einer Stange saß, ließ sie auf den Boden fallen.
Als die Stangen aus dem Zimmer waren, so blieben zwar die Eier ganz, allein obschon allerlei Sachen, die zum Baue eines Nestes dienen konnten,

und

unb ein schon zugerichtetes Nest hineingelegt wurden;
so bediente sich doch dieses Huhn weder dieser Sachen
zum Nestmachen, noch des Nestes selbst. Durch
diese Erfahrung bestätigt es sich, daß die gefangenen
Waldvögel weder Nester bauen, noch Neigung zum
Ausbrüten hegen, die Sorgfalt für Ausbrüten und
Auffüttern sezt Freiheit zum voraus. Nun legte
Hr. Ab. 9 Eier unter eine gewöhnliche Henne. Als
am 30 Tag noch kein Ausbrüten vollendet war, fand
man in einem geöfneten Eie zwar ein ganz vollkommnes, aber todtes Junges. Hr. Ab. bemerkte,
daß die Schalen ungewöhnlich dick und hart waren.
Wahrscheinlich also brechen die Auerhühner die
Schalen selbst auf, wozu sie aus Naturtrieb die
rechte Zeit wissen, und befreien so den Jungen von
seiner Gefangenschaft. Der Auerhahn ist sehr zärt-
lich aufzufüttern. Die Jungen sind am Kopfe sehr
empfindlich, und können die Kälte nicht, noch weniger Nässe vertragen. Ihre erste Nahrung waren
Insekten, besonders Eier schwarzer Ameisen, die sie
sehr lieben. Nachdem haben sie sich gewöhnt, Erdbeeren, Heidelbeeren, Wachholderbeeren u. dgl. zu
genießen. Auch rothe Johannesbeere sind ihnen
angenehm. Die erwachsenen Auerhähne fütterte
Hr. Ab. mit allerlei Getraide. Oft nehmen sie mit
Tannen- und Fichtennadeln, mit Wachholdern, Knospen von Erlen, Birken, Haseln u. dgl. vorlieb.

S. 237-

S. 237. Afzelius Anmerkungen über die Kenntniß schwedischer Gewächse. Erstes Stück.

Eigentlich ein Beitrag zu Linnee's Flora Suecica. Es werden hier mehrere in Schweden einheimische Pflanzen, deren Linne in besagter Schrift nicht erwähnt, nicht nur angeführt, sondern auch ausführlich beschrieben, und sehr lehrreiche Anmerkungen beigefügt.

Auch die merkwürdige Valisneria spiralis, die sich häufig in den Wassergräben um Pisa findet, wächst in Westgothland bei Alingsas in einem Graben. Diese schwedische Valisneria ist der italienischen vollkommen, auch an Größe gleich.

S. 266. Fortsetzung der Beschreibung von 50 neuen Arten Insekten von Swederus

26) *Phalaena tort. Afzeliana* (aus England). 27) *Phal. tortr. lathamiana* (ebendaher). 28) *Ph. tinia fabricella* (aus Ostinbien). 29) *Ph. t. vitella.* 30) *Panorpa americana* (aus Georgien). 31) *P. lugubris* (ebendaher). 32) *Ichneumon agrestorius* (von der Insel Othaheiti). 33) Ichn. ferrugator (aus dem nördlichen Amerika). 34) Ichn. assimilator (ebendaher). 35) Sphex bifasciata (Scolia Fabr.) (von New-York). 36) Scolia Fabr. vespiformis (aus China). 37) Apis tranquebarorum. 38) Apis morio (aus Brasilien). 39) Mutilla spinosa

(aus

(aus Rio Janeiro). 40) M. cephalotes (aus Georgien). 41, 42) Mutilla bifasciata (aus Neu-York). 43) M. sexpunctata (aus Afrika). 44) M. sexmaculata (aus Ostindien). 45) Tinula costalis. 46) Musca monoculus (Syrphus Fabr.) (aus dem nördlichen Amerika). 47) M. depressa (Syrphus Fabr.) (aus Kamtschatka). 48) M. americana (Syrphus Fabr.) (aus dem nördlichen Amerika). 49) M. quadrimaculata (aus Neuseeland). 50) M. lupina (ebendaher). 51) M. bimaculata (aus Neuholland).

S. 288. *Solandra* eine neue Pflanzengattung aus Westindien von Olof Swarz Dr.

Die Pflanze, von welcher hier die Rede ist, ist aus Jamaika, und kam von da nach England. Linne sah sie in London, und wollte sie dem berühmten Solander zu Ehren Solandra nennen, und beschreiben; allein er starb kurz darauf. Diese Gattung ist bis hieher noch nicht beschrieben, und ihre Merkmale nicht allgemein bekannt worden. Hr. Swarz, der sie an ihrem Geburtsorte gesehen, giebt hier diese Kennzeichen an.

Der wesentliche Karakter ist eine vierfächrige vielsamige Beere. Der Kelch zerreißt; die Staubfäden sind eingeneigt, die Krone ist sehr groß. In natürlicher Ordnung scheint sie unter die personatas zwischen Pesleria und Gerardia zu gehören. Nach

Lin

kinnes Sexualſiſtem gehört ſie in die 5te Klaſſe iſte Ordnung Tab. XI.   Iſt ein Zweig mit Blumen und Blättern, Samenbehältniſſen und Samen abgebildet.

S. 294. Beſchreibung einer neuen Schlange aus Java von Alas Fr. Hornſtedt.

Eine der größten Schlangen Indiens hat ſich bisher noch den Unterſuchungen der Naturforſcher entzogen.   Hr. Hornſtedt fand ſie in einem großen Pfefferwalde bei Tanagran.   Ihr fehlten nicht nur die Schilder unter dem Bauche und Schwanze, ſondern auch die Ringe und Falten.   Statt daß die Schlangen eine glatte ſchlüpfrige Haut haben, war dieſe überall mit rauhen Warzen bekleidet, die die obere und untere Seite bedeckten.   Sie macht alſo eine beſondre Gattung aus.   Hr. Hornſt. nennt ſie Acrochordus.   Gattungskarakter: Warzen an dem Rumpfe und am Schwanze.   Trivialname: Iavanicus auf der 12. Tafel abgebildet und ausführlich beſchrieben.

S. 297. Sitten und Lebensart der Mandelkrähe (*Coracia garrula Linn.*) von L. N. Hellenius.

Die beiden Geſchlechter, Mann und Weib, finden ſich bei der Mandelkrähe durch äußre ſichre Merkmale verſchieden; daher die Verſchiedenheit in den

F   Be

Beschreibungen dieses Vogels bei verschiednen
Schriftstellern. Bei Willugby, Edward und mehrern findet man den Mann, bei Linne, Brisson und
andern das Weib geschildert. Diese Vögel sind
Zugvögel, sie kommen zwischen dem 10ten und 20ten
May, um eben die Zeit, da sich die Schwalbe zuerst zeigt, nach Schweden. Dieß ist auch ihre Paa-
rungszeit. Zum Neste wählen sie Hölungen, die sie
etwa vom bunten Spechte ausgehakt, oder die in
alten Birken und Espen von Fäulniß entstanden sind.
Das Nest selbst ist von trofnen Halmen, sie beklei-
den es innwendig mit weichen Federn, nicht von
den ihrigen. Die Eier sind ganz weiß, ohne Flecken,
so groß, wie Taubeneier. Die Zahl richtet sich nach
dem Alter des Weibes, sie übertrift nie sieben, und
nimmt jährlich ab, bis auf drei. Innerhalb drei
Wochen sind die Jungen ausgebrütet. Die Aeltern
sammeln für ihre Jungen in dem zartesten Alter
allerlei schalenlose Insekten mit derselben Larven,
wenn sie aber stärker geworden, so fressen sie auch
schalige Insekten, die sie mit ihren Schnäbeln zer-
quetschen. Die Jungen haben, sobald sie mit Federn versehen sind, gleich die schönen Farben ihrer
Aeltern. Alle Versuche sind bisher fruchtlos gewesen, die Mandelkrähen zu zähmen ꝛc.

XIV.

XIV.

Description physique de la contrée de la Tauride relativement aux trois regnes de la nature pour servir de suite à l'histoire des decouvertes faites par divers savans voyageurs dans plusieurs contrées de la Perse, publiée en 1779. à Berne et à la Haye traduite du Russe et enrichie des notes. Bei J. R. Cleef 1788. 168 S.

Eine nähere Kenntniß derjenigen Gegenden, die noch so unbekannt sind, und von welchen sich doch der Naturkündiger so vieles versprechen kann, ist gewiß des wärmsten Dankes werth, wenn sie von einer Hand kömmt, die außer der Liebe zur Wahrheit auch eine genaue Beschreibung der natürlichen Körper liefert, und nichts wichtiges aufzuzeichnen vergißt, wenigstens alles aus dem wahren Gesichtspunkte hinlegt. Allein nicht allzeit sind dergleichen Arbeiten von der Art, daß man sich allzeit genau darauf verlassen, oder gar Schlüsse darauf bauen könnte.

Der Herausgeber gegenwärtigen Werks hat dessen innere Mängel zuweilen wohl eingesehen, und sucht durch manche Bemerkung den Verfasser zu verbessern: ob lezteres aber allezeit glüklich ge-

F 2

schehen

schehen sei, wollen wir dem Urtheile des Lesers über,
lassen, wir zweifeln daran.

'Zuerst wird von den Gebirgen und einzelnen Mi,
neralien der ganzen Krimm gesprochen, darauf fol,
gen die dort sowohl von freiem wachsenden, als auch
angebauten Pflanzen mit Linneischen Namen, worauf
denn die Nachrichten aus dem Thierreiche den Be,
schluß machen, welche auch die kürzesten des ganzen
Werks sind. — Die Gebirge der ganzen Krimm
können auf das höchste Alter keinen Anspruch ma,
chen, meistens sind sie vom zweiten und dritten
Range; übrigens scheinen viele der Wuth vulka,
nischer Ausbrüche oder dem Bodensatz des Meeres
ihr Daseyn zu verdanken zu haben.

Mehrere Gebirge bestehen aus Kalkstein, wie
jene bei Carassu Bazare; natürlicher Salpeter be,
findet sich in Hölen bei Inkermane und Manghoupa.
Seifenthon von dunkelgrauer oder olivengrüner Farbe
wird ohnweit des erstern Ortes gefunden, man ver,
schikt ihn bis nach Konstantinopel, wo er von den
Türken zu Bädern, nicht aber zu Tobakspfeifen,
köpfen verbraucht wird. Eisenerze befinden sich an
mehrern Orten, bei Salzhir Eisensumpferz; bei Us,
kuth thonigter Eisenstein; auf der Halbinsel Kertsch
Bohnenerz und Berlinerblau; bei Bouladowa Eisen,
spat. An letztem Orte befinden sich auch noch vie,
lerlei Laven, wovon einige voller Glaskörner sind.

Da

Da aber der Herausgeber bei dieser Gelegenheit von dem Frankfurter sogenannten Müllerischen Glas. redet, so scheint ersteres ebenfalls nichts anders, als ein getropfter Kalzedon zu seyn. — Unter den Pflanzen steht ein Verzeichniß der Weintraubensorten der Krimm, der Terpentinbaum wächst hier wild, wird aber auch mit Fleiß angebaut, Roggen und Waizen finden sich an mehrern Orten, ohne daß sie auf eine künstliche Art dahingekommen wären. Von Thieren finden sich hier wilde Pferde, Kameele, Schafe, Maulthiere, allerhand Arten von Vögeln und Fischen, Bienen, Tausendfüße, Mucken, Skolopandern ꝛc.

XV.

Magazin für die Naturkunde Helvetiens. Herausgegeben von Albrecht Höpfner. Erster Band, mit Tabellen und Kupfern. Zürich, bei Orell, Geßner, Füßli und Compagnie. 1787. 356 S. in 8.

Außer den Meisterstücken eines v. Hallers im botanischen Fache, und den fleißigen Bemühungen eines Füßli im entomologischen, ist noch wenig bedeutendes in Helvetien in Rüksicht seiner Naturgeschichte gesammelt worden. Herr Höpfner verdient deshalb um desto mehr Dank für seinen Fleiß, und für so vortrefliche Abhandlungen, bei deren Durchlesung wir gestehen müssen, daß sie alle von größter Wichtigkeit sind.

Die erste hierher gehörige Abhandlung ist von Hrn. Professor Storr, über die Spuren und Veränderungen, die das Helvetische Alpengebirge durch eine große Naturbegebenheit erlitten zu haben scheint. Wenn man wohl aus Gestalt, Bau, Stoff und den übrigen Beschaffenheiten des Alpengebirgs schließen wollte, so sei wohl eine nordwärts gedrungene und demnach den von Westen nach Osten gerichteten Gebirgszug, durchkreuzende Strömung von dem Scheidel des Alpengebirgs bis nach seinem Fuße hin nicht zu verkennen. Von mehreren Stellen der Mittelkette aus lasse sich diese Revolution bis zum niedrigsten Fuße des Alpengebirgs hin verfolgen. Der Gotthardsberg verläugne seine von jener Zeit an erhaltene Narben nicht. Die Uebergänge des Gebirgs von der Gränze des Gotthardsgebirgs an zu der Gegend um Altorf, zu den Felswänden des Urnersees und der übrigen Aeste des Vierwaldstädtersees; die deutliche Senkungen des Rigi und Ruffibergs; die ungeheuere Granitbrocken, die in den Kalflagern der Gegend zwischen Art und Luzern zerstreut sind, die mannigfaltige Geschiebwacken, deren Kette um die oberen Stuffen der Alpenterrasse, vornemlich dießseits und

jenseits

jenseits Einsiedeln, aus Garzstoffe besteht, weiter=
h:n mehr und mehr kalkartig wird, und in der Folge
losen Geschieben und ganz kalkartigen Geschiebwacken
Plaß macht, die nunmehr überhandnehmende Kalk=
arten und Versteinerungen, die endlich an einigen
Stellen im Wirtembergischen selbst die Grenzen der
Alpen durchbrechen, und in den Schoos eines aus=
wärtigen Flözgebirges vorbringen, geben der Mei=
nung viele Wahrscheinlichkeit — Jene Naturbege=
benheit, welche diese Wirkung veranlasset habe,
sezt der Hr. Verfasser, weil sie den ursprünglichen
Gebirgszug unverrükt ließ, in eine Zeit, da die erste
Bildung des Gebirgs schon vollbracht war.

Chemische Zergliederung des violetten Schörls vom Hrn. Assessor Klaproth in Berlin.

Der violette Schörl findet sich in Dauphiné bei
Allamont, Armentières, Balme d'Auris in Disan,
bei Barrèges, Thum und zu Kongsberg. An erstern
Orten bricht er gewöhnlich in den Kläften eines
grünlichgrauen, durch Verwitterung zum Theil etwas
mürber gewordenen Gneußes, in und auf eitem
Lager, das aus Asbest, Quarz, Bergkristall, grü=
nem Schörl zusammengewachsen oder durch einen
Letten verbunden ist. Er besteht in meistens ein=
zeln aufstehenden Kristallen, deren Grundfigur man
sich wohl als eine vierseitige, aber stark verschobene
F 4

und

und sehr plattgedrükte Säule, oder als ein rauten-
förmiges, scharfkantiges Achteck vorstellen kann.
Diese Kristallisation erleidet aber durch Abstum-
pfungen, Verbrücken und Verwachsen manche Veränderung, und nähert sich oft der tafelartigen Figur.
Nach Decimalbrüchen läßt sich die Angabe der Bestandtheile im glühenden Zustande folgendermasen
bestimmen:

Kieselerde	—	—	—	0,527
Alaunerde	—	—	—	0,256
Kalkerde·	—	—	—	0,094
Eisenerde, mit Inbegrif des Braunsteins				0,096
				0,973.

In den Briefen an den Herausgeber wird von
einem ungenannten Draba pyrenaica S. 238, welche
von Hallers No. 498. angezeigten Pflanze sehr verschieden ist, auf folgende Art beschrieben:

Draba caule nudo, foliis papyraceis, trifidis,
ciliatis. Radix lignosa, multicaulis. Caules
prostrati, breves; rosulas foliorum in terra
formant.

Iam defloruerat. Augusto scilicet. Petioli
pauciflori, 4 aut 5 florum. Sie wohnt auf dem.
hohen Meßmer.

Aeußer-

Aeußerliche Beschreibung und chemische Zergliederung des Bittersteins (*Lapis muriaticus*) oder schweizerischen *Jade*, vom Herausgeber.

Hr. v. Saußüre hat diesen Stein zuerst bekannt gemacht, und in seiner Reisebeschreibung §. 112. Iade genannt. Unter diesem Namen verstehen die Mineralogen und meistens die französischen, das Gestein, so Wallerius Iaspis unicolor particulis subtilissimis, visu et attactu pinguis, durus nennt; allein dieser hier beschriebene Stein ist von jener jaspisartigen Mischung ziemlich verschieden. In der Schweiz findet er sich häufig als Mitbestandtheil der primitiven Gebirgsarten, oft auch in derben Stücken. Sein Hauptbestandtheil ist Bittererde, weshalb ihm Hr. Höpfner obige Benennung beigelegt hat. Die Farbe des Bittersteins ist gemeiniglich lauchgrün sich ins blaue verlierend, nur die hervorragenden Splitter verziehen sich ins bläulich-milchweiße. Seine Oberfläche ist etwas uneben, innwendig matt, doch etwas schimmernd. Im Bruche grob und feinsplittrig, jedoch ohne die geringsten Fasern. Er springt in unbestimmteckige äußerst scharfkantige Bruchstücke, ist an den Kanten durchscheinend, überhaupt äußerst zäh und hart, und sehr kalt. In der Oberfläche fühlt er sich nicht fettig an, welches von seinem splitterigen, oft unebenen Bruche

her-

herkömmt. Polirt scheint er aber settig zu seyn.
Seine Schwere verhält sich wie 3320 bis 3380 zu
1000. Aus chimischen Versuchen erhellet, daß diese
Steinart zwischen den tieselartigen und bittersalz-
artigen zwischen inne stehe, ihre Härte von der
Kieselerde, ihre Zähigkeit aber und fettes Ansehen,
wenn sie pelirt ist, von der Bittersalzerde hernehme.

Versuch einer sistematischen Eintheilung der Helvetischen Gebirgsarten, nebst deren vermuthlichen Entstehung. Vom Herausgeber.

Herr Höpfner nimmt bei seiner Eintheilung vorerst an, daß die Natur bei der Gründung des jetzigen Erdballs die vier Erdarten, als Kiesel - Thon-
Kalk- und Bittersalzerde, in keinem andern Zustande
zuerst dargestellt habe, als wie sie sich jezt in den
Granitarten zeigen, daß keine Erdart, wie einige
Mineralogen vielleicht vergeblich wähnen, eine Mutter der andern, oder in demjenigen reinen Zustande
in den Tiefen des Erdkörpers vorhanden sei, in
welchen der Scheidekünstler sie ausscheidet, sondern
daß diese vier Erdarten also in ihrer gemischten
Form den Stoff zu allen folgenden erdigten Verbindungen gegeben, und wenn sie sich alsdenn unter
einer reinern Gestalt zeigen, dieses die Folge von
neuern, durch die Natur und ihren einfachen Auf-
lösungsmitteln hervorgebrachten Wirkungen sei. —
Daher

Daher zerfallen die Gebirgsarten in drei Haupt=
klaffen: I. Zusammengesezte. Saxa. II. Einfache.
Petrae. III. Durch eine neuere Zerstörung und
neuere Verbindung entstandene Gebirgsarten. Re=
composita. — Gewisse Versuche und Beobachtungen
lehrten den Hrn. Verf. daß die Erdarten in ihren
Auflösungen und bei ihrem Niederschlagen zu einan=
der gewisse Verwandschaften haben, und daher
glaubt er, daß nach geschehener mehr oder weniger
vollkommenen Auflösung der vier Erdarten aus den
primitiven Gebirgsarten, durch eine allmähliche Ab=
setzung und Niederschlagung die Gebirgsarten der
Gebirge zweiter Ordnung (montes secundarii) auf
obige aufgesezt worden, und so die einfachern Thon=
Kalk=und Bittersalzerbigen Gebirge entstanden seyen.
Folgende Stuffenreihe:

Granit

Gneuß – Porphyr

Derbe Thon = und Hornarten

Bittersalz = und Thonschiefer

Mergelschiefer

Kalk = und Bittersalzerde

wäre daher in einem unzerstörten Zustande ohne vor=
gegangene gewaltsame Revolution auf einander ge=
sezt gewesen. Da aber die jetzige Gestalt aller Ge=
birge Helvetiens eine große Revolution höchst wahr=
scheinlich machen, so sucht auch diese Hr. Höpfner
zu

zu erklären, und zwar durch eine vollkommene Dre-
hung der Erde und ihrer daher erfolgten und abge-
änderten Lage gegen die Sonne, wo durch eine außer-
orbentliche Kraft die Erdkugel plözlich ihre beiden
Polen veränderte, solche der Sonne jezt senkelrecht
entgegenstellte, und jezt seine Mittagsseite zu Polar-
zirkeln umschuf.

XVI.

Magazin für die Naturkunde Helvetiens. Herausgegeben von Albrecht Höpfner, der Arzneigelahrtheit Doctor und Apotheker 2c. Zweiter
Band. Zürich bei Orell, Geßner, Füßli und
Comp. 1788. in gr. 8.

Die zeitherigen Mitarbeiter dieses Magazins sind
auf den Rath des Herrn Wyttenbach in eine Privat-
gesellschaft naturforschender Freunde zusammengetre-
ten, um mit mehr vereinigten Kräften und Unter-
terstützung den Plan zu vollenden, ben sie sich zur
Aufnahme der Naturkunde Helvetiens vorgezeichnet
haben. Wer kann nur einige Neigung zur Naturkunde haben, und diesen patriotischen Plan nicht
beloben?

Einige Betrachtungen über den gegenwärtigen Zustand der Naturgeschichte Helvetiens

und insbesondre des Kantons Bern, von J. S. Wyttenbach.

Diese Rede handelt zuerst vom Nußen der Naturgeschichte überhaupt, und der des Schweizerlandes insbesondre, welche Gelehrte sich für leztere im allgemeinen, und insbesondre für die des Kantons Bern verdient gemacht haben.

Betrachtungen über den wilden Ursprung der Hausziege von J. P. Berthout von Berchem.

Büffon glaubt, der Steinbock (bouquetin) sei die ursprüngliche Ziegenart, die Gemse aber von dergleichen Art, so, daß von dieser die weiblichen, so, wie von jenem die männlichen herkämen. Nach Güldenstädt und Pallas sei Kämpfers Pasen, oder (capra aegagrus) der erste ursprüngliche Stamm der Ziegen, der Steinbock und die Gemse hingegen machten zwei unter sich verschiedene und vom aegagrus gesonderte Arten aus. Lezteres sei um so wahrscheinlicher, weil Steinbock und Gemse nie zusammenweiden, oder irgend eine andre Verbindung unter sich hätten. Endlich kommen die Gemse im Winter im Christmonat, der Steinbock aber im Jenner in die Brunst, und dieser Unterschied der Begattungszeiten sei eines mit den specifischen Verschiedenheiten dieser Thiere, und der Grund, weßhalb sie sich in ihrem natürlichen Zustande nicht vermischen. Wenn

sich

sich aber gleichwohl Büffon irre, daß er den Stein,
bock und die Gemse für Thiere einerlei Art ausgebe,
so scheine er doch darinn nicht zu irren, daß er sie
für das ursprüngliche Modell unsrer Hausziegen hal,
te, indem unter dem Steinbocke und dem zahmen
Bocke, außer den Hörnern wenig Verschiedenheit sei.
Auch Capra aegagrus habe mit dem Steinbocke viele
Aehnlichkeit, und der Unterschied ihrer Hörner sei
noch nicht hinlänglich, sie unter besondre Arten zu
bringen, wahrscheinlicher sei ersterer eine Varietät,
oder eine sich selbst gleichbleibende Race dieser Art;
da nun Büffons Capricorne noch eine Varietät oder
Race in der ursprünglichen Art des Steinboks ist,
so scheine es also, daß von den 4 bekannten wilden
Ziegenarten: Steinbock, aegagrus, Capricorne und
Gemse, diese lezte die angränzende Art mache, welc
che die Ziegen mit den Gazellen verbindet, daß hin,
gegen die 3 ersten von einer einzigen und gleichen
Art seien, und den freien Ursprung unsrer Hauszie,
gen mache, daß aber der Steinbock, als die größte
und stärkste, und mit einem Worte vorzüglichste Art
auch als der Originalstamm als das erste Modell
soll betrachtet werden.

Beschreibung von zweierlei Kleearten durch
    Herrn Reynier.

Die große Aehnlichkeit, welche der Rasenklee,
le trêfle gasonant t. 2. f. 1. mit dem kriechenden

Klee,

Art, trifolium repens, habe, sei die Hauptursache,
daß ersterer zeither so unbemerkt geblieben sei, ob er
gleich auf niedern Alpen häufig wachse. Der Klee=
schörler, le trèfle des glaciers, scheine mit trif. Mer=
kri L. am nächsten verwandt zu seyn.

Chymische Untersuchung der Adularia, oder
des durchsichtigen Feldspats, von Bernhard
Friedrich Morell.

Diejenigen Stücke, welche Herr M. zu gegen=
wärtiger Untersuchung wählte, waren weiß, graulicht=
weiß und gelblicht. Nach den damit angestellten Ver=
suchen enthält diese Steinart:

Wasser.	—	Gr.	$1\frac{3}{4}$
Kieselerde.	—	Gr.	$62\frac{78}{111}$
Thonerde.	—	Gr.	$19\frac{54}{111}$
Bittererbe.	—	Gr.	$5\frac{1}{4}$
Selenit.	—	Gr.	$10\cdot\frac{111}{111}$

Summa   100 Gr.

Beiträge zur Naturgeschichte der Gemsen in
Bündten und Veltlin von Karl Ullsses von
Salis=Marschlins.

Von der Gemse (capra rupicapra) könne man
nicht zuverläßig behaupten, daß es Verschiedenhei=
ten gäbe, woraus wirklich besondere Abarten ge=
macht werden können. Es gäbe wohl zuverläßig
nur größere oder kleinere Art, deren Verschiedenhei=
ten

ten aber von der Zeit ihrer Geburt abhiengen. Die
Abänderungen in der Farbe, gefleft oder weiß,
seien zufällig. Nichts zufälliges und mit ebenange-
führten Farbenverschiedenheiten nicht zu verwechseln,
seien die Abänderungen, welche jede Jahrszeit in
ihnen hervorbringe; so seien sie im Frühling weiß-
grau, im Sommer roth, und im Herbste dunkelbraun, oder sammetschwarz. — Dieser Abhandlung ist S. 128. in einer Note eine sehr schöne Beschreibung der Gemsenjagd im Savoyischen von
Herrn von Saußüre angehängt.

Beiträge zur Naturgeschichte der Bären in Bündten und Veltlin von ebendemselben.

Es gebe in diesen Gegenden zwei Arten, nämlich eine schwarze, die größer und sanfter sei, und
mit derjenigen übereinkomme, welche die Schriftsteller Grasbär oder Ameisenbär nennen, und eine
kleinere, rothe, viel grausamere, welche Pferdebär,
oder Honigbär heise. Nach Fleisch seien beide lü-
stern. Im Frühlinge nähren sie sich von Korn und
fettem Grase, dabei bringe die rothe Art öfters in
Viehställe ein, indessen die schwarze Ameisenhaufen
aufsuche, besonders sei leztere ein großer Liebhaber
von Erdbeeren, und es habe sich schon einigemal zu-
getragen, daß sie den Mädchen, so im Sommer
diese Frucht in den Wäldern zum Verkaufe zusam-

men

ren laſſen, dieſelbe aus dem Körbchen neben der Perſon wegfraß.

Unter den Briefen an den Herausgeber unterſucht Hr. Dr. Hirzel der jüngere, die ihm von der landwirthſchaftlichen Kammer aufgegebene Frage: ob und in wie viel Zeit der Torf wieder nachwachſe, und wie dieſer Nachwachs an den ausgegrabenen Stellen zu unterſtützen ſei. Die an verſchiedenen Orten angeſtellten Unterſuchungen ließen aber noch nicht völlig zu, mit Gewißheit behaupten zu können, ob der Torf wieder wachſe oder nicht. — Im zweiten Briefe theilt Herr Reinhold Forſter ſeine Beobachtungen über Schnee und Eis mit, bei Gelegenheit der Frage des Herrn Höpfners an ihn, ob er nicht durch dieſe ſeine Beobachtungen über die Materie der Schweizer Eisgebirge einigen Aufſchluß geben könne? — Herr Berghauptmann Wild vermuthet im folgenden Briefe einen gänzlichen Durchbruch des Kalkgebirgs durch die höchſten urſprünglichen Gebirge. Eine kleine Reiſe in ſeinem Vaterlande will ihn davon überzeugen, und hat ihn zugleich eine außerordentliche Menge Abarten des Kalkſteins ſehen laſſen, von dem zerreiblichen Muſchelkalkſteine bis zum härteſten Kalkſchiefer, der mit dem Stahle Funken gebe, und öfters durch das Aug von dem Granitſchiefer nicht zu unterſcheiden ſei. Wir kennen keinen ſolchen Kalkſchiefer, der von dem Granit-

G
nit-

nitschiefer nicht zu unterscheiden wäre. Sollte hier nicht eine Verwechslung des Wortes statt haben? Im vierten Briefe giebt Herr von Saußüre von seiner gefährlichen und wichtigen Reise auf den Montblanc Nachricht, die er in Gesellschaft von 19 Personen im August 1787. anstellte. Von Prieure in Chamuni bis auf die Spitze des Berges sind es kaum $2\frac{1}{4}$ Stunden Wegs in gerader Linie, gleichwohl hat man wegen den schlimmen Stellen, und der beträchtlichen Höhe von 1920 Klaftern, die zu erklimmen sind, noch immer aufs wenigste 18 Stunden gebraucht. Auf den Gipfel des Berges la Cote 779 Klaftern über Prieure übernachteten sie zum erstenmal; 1455 Klafter über demselben Orte, oder 1995 Klafter über dem Meere (also 90 Klafter höher, als der Gipfel des Pic von Tenerifa) hielten sie zum zweitenmal Nachtlager. Auf dem höchsten Gipfel stand der Barometer 16 Zoll, 1 Linie. Die höchsten Felsen sind von Granit, die gegen der Ostseite hin mit etwas Speckstein vermengt, und jene gegen Mittag und Abend enthalten viel Schörl und etwas Hornschiefer. Außer zwei Schmetterlingen sah man keine Thiere: 1780 Klafter über dem Meere fand sich ein blühender Rasen, und auf den obersten Felsen lichenes tuberculati. — Nun folgen Briefe über den Asphalt von Herrn Dr. Hirzel dem jüngern. Die Gelegenheit dazu gab die Entdeckung des Asphalts im karpati-

schen

schen Gebirge von Herrn Groß, welche in den
Schriften der böhmischen Gesellschaft zu finden ist,
und hier ebenfalls wörtlich eingerükt wurde.

XVIII.

Magazin für die Botanik herausgegeben von Joh.
Jak. Römer und P. Usterie 1787. Erstes
Stück. Zürich, bei Joh. Kasp. Fueßly. 8.
167 S.

Die Einrichtung dieses nüzlichen Werks ist ver=
muthlich allen Liebhabern der Botanik schon bekannt,
sein Werth von Kennern entschieden, hoffentlich ist
es schon in den Händen aller Liebhaber, oder sollte
es wenigstens seyn; wir gestehen, daß wir immer
mit Sehnsucht ein jedes neues Stück erwarten, und
dasselbe nie ohne Nuzen lesen.

Eigene interessante Aufsäze aus allen Theilen
der Kräuterkunde, auch jene, welche zur Litterärge=
schichte, Anatomie, Physiologie, Physik und Kultur
der Gewächse gehören, Auszüge aus wichtigen gros
sen, kostspieligen botanischen Werken, gründliche,
unpartheiische Rezensionen neuer botanischer Werke
und Bücher anzeigen, und am Ende kürzere interes=
sante Nachrichten, Preisfragen, Anstalten zur Auf=
nahme der Botanik, Beförderungen, Todesfälle,

G 2   An=

Ankündigung neuer Bücher, Anfragen nach seltnen Pflanzen, Bücher ꝛc. machen den Innhalt dieses vortrefflichen Magazins aus. Der Vollständigkeit halber zeigen wir auch dieses erste und das zweite im Jahre 1787. erschienene Heft an, und zwar unserm Plane gemäß nur die Originalabhandlungen, derer in diesem Stücke drei sind.

    S. 15. Nachträge und Fortsetzungen der Linneischen Sammlung botanischer Sisteme. Erster Theil.

Unter den vielen von den größten Botanikern, theils vorgeschlagenen, theils ausgeführten Pflanzensistemen findet man nicht eins, das den Namen Natursistem verdiente. Die Kette der Natur, durch die sie die geschaffenen Wesen verbindet, ist nichts weniger, als einfach, sondern von allen Seiten her in einander geflochten. Die haben also eine sehr vergebliche und undankbare Mühe unternommen, die die verschiednen botanischen Sisteme in Rüksicht auf die größere, oder geringere Anzahl von sogenannten natürlichen Klassen, die sie enthalten, untersuchen und prüfen: denn bei denjenigen Sistemen, die nur einen Pflanzentheil zum Grunde ihrer Eintheilungen legen, streitet es wider ihr Wesen, natürliche Klassen, wenn solche auch zu finden wären, zu enthalten. Es bleibt also nichts übrig, als die willkührlichen Sisteme zu Hülfe zu nehmen. Mit so

vielen,

vielen, als möglich, sollte sich der Anfänger in der Wissenschaft bekannt machen, jedes hat seine eigne Vortheile, und durch viele lernt der Anfänger das Pflanzenreich mit gleicher Aufmerksamkeit von allen Seiten anzusehen, jedes wird ihm eigen und neue Affinitäten zeigen, die Untersuchung einer Pflanze nach irgend einem Sisteme macht ihn hauptsächlich nur auf einen besondern Theil der Pflanze aufmerksam, die Untersuchung nach einem zweiten wieder auf einen andern u. s. f. bei diesen Uebungen prägt er sich am allersichersten und leichtesten die Kunstsprache in ihrem ganzen Umfange ein.

Zur Erleichterung solcher Uebungen gab Linne sein schäzbares Werk (Claſſes plantarum Lugd. Batav. 1738. 8. heraus, worinn er die bis auf das Jahr 1738. bekannten Pflanzensisteme, die auf Fruktifikationstheile gegründet waren, nach ihren Klassen, Ordnungen und Gattungsnamen zusammenstellte, das Eigne und Wesentliche jeder Methode entwickelte, und den Gattungen die Sinonimien der Seinigen beifügte.

Es sollen nun in diesem Magazin Nachträge und Fortsetzungen des Linneischen Werks, doch ohne eine chronologische, oder andre Ordnung beizubehalten, stückweis geliefert werden: dieß soll nach Linnes Muster geschehen, und Bemerkungen über jede Me-

 thode

thode beigefügt werden. Gewiß ein sehr nüzliches Unternehmen.

Der Anfang wird mit dem Allionischen Sisteme gemacht. Sein Sistem kömmt dem Rivinschen und Ludwigschen am allernächsten. Die Klassen sind von der Blumenkrone hergenommen, doch zieht Allion die Regularität, oder Irregularität der Krone in keine Betrachtung, wie erwähnte Botaniker. Allion macht in Festsetzung seiner Klassen auf zweierlei Rüksicht: 1) Auf die Anzahl der Blumenblätter, und 2) auf die natürlichen Klassen; diese sucht er, soviel möglich, zu erhalten, auch mit Vernachläßigung dieses ersten Fundaments. Daher stehen bei ihm die cruciatae papilionaceae, und umbelliferae, columniferae bei einander. Seine Ordnungen hat er nicht immer von den gleichen Fruktifikationstheilen hergenommen. Meistens von Samen oder von den Staubfäden, seltner von den Staubwegen, oder vom Geschlechte der Pflanzen, bei den zusammengesezten wegen Erhaltung der Affinitäten von ihrer Gestalt. Den Schlüssel, und die weitere Ausführung dieses Sistems findet man in gegenwärtigem Magazin.

S. 49. *Observationum botanicarum Sylloge prima.*

Beobachtungen, zum Theile auch vollständige Beschreibungen, botanische Kritik über 25 Pflanzen,

die

die man in dem Magazin selbst nachlesen muß, die Fortsetzung folgt.

S. 55. Von einigen monströsen Pflanzen.

Eine planta umbellifera bellidiflora, auf der zweiten Kupfertafel abgebildet. Das Original ist in dem Scheuchzerischen Herbarium.

Die Beschreibung und Abbildung eines ranunculi bellidiflori, der 1762. im Turgauer Gebiete gefunden worden, und sich im Herbario der dortigen physikalischen Gesellschaft befindet, soll nebst dem Nachtrage mehrerer ähnlicher gesammelter Beispiele in einem der nächsten Hefte folgen.

Nun folgt eine Beschreibung des ranunculus bellidiflorus aus Geßners Differtation de ranunculo bellidifloro, et plantis degeneribus (4. Tiguri 1753.)

Dieses Magazins zweites Stück. 1787. 164 S.

S. 3. Verbesserte Einrichtung des botanischen Gartens in Upsal von Murray.

Der König von Schweden schenkte der Akademie zur Anlegung eines neuen botanischen Gartens den königlichen Schloßgarten, und 31360 Quadratellen angränzendes Land. Es wurden aber auch ein dazu gehöriges Wohnhaus, Hörsal und Gewächshäuser gebaut, und alles dieses bestritt der König nicht nur aus seiner eignen Kasse, sondern legte auch am

6ten

6ten August mit eignen Händen den Grundstein zu
den Gebäuden, wobei verschiedene Zeremonien vor-
giengen.

S. 9. Nachricht von der königlichen zu Linnes Ehren nach dessen Tode geprägten
Schaumünze.

Auf der Vorderseite erblikt man das Brustbild,
das vollkommen getroffen ist, von Linne, geziert mit
der Linnea. Die Umschrift ist: Car. Linneus Arch.
reg. Eq. auratus. Die Rükseite stellt die Cybele
trauernd mit dem Schlüssel in der Hand, und umgeben von Thieren, Pflanzen und Gesteinen vor.
Unter den Thieren erwekt ein Bär, auf dessen Rücken
ein Affe Sprünge, und allerlei drolligte Gebärden
macht, eine besondre Aufmerksamkeit. Auf dieser
Seite liest man die Umschrift: Deam luctus angit
amissi, und unten Post obitum Upsaliae d. X. Ian.
MDCCLXXVIII. Rege iubente.

S. 11. Verschiedne Abhandlungen von Hrn.
Roth, der A. Doktor rc.

(Observationes plantarum quarandam.)

Verschiedne nüzliche Bemerkungen über theils
einheimische, theils auch ausländische Pflanzen, zum
Theile auch vollständige Beschreibungen, welche wir
hier nicht anführen können, ohne sie gerade abzu-
schreiben.

S. 27.

§. 27. Einige Versuche von der Reizbarkeit
der Blätter des Sonnenthaues.
(*Drosera rotundifolia et longifolia*).

Der Verfasser hat schon vorhin einige Versuche
mit Ameisen und kleinen Fliegen gemacht, um die
Reizbarkeit dieser Pflanzen zu beweisen. Hier folgt
die Fortsetzung der in dieser Absicht weiter angestellten Versuche. Er reizte ein Blatt der Drosera longifolia mit einer Nadelspitze, nach 10 Minuten
fiengen schon einige Haare des Blatts an, sich zu
krümmen. Als der Reiz wiederholt ward, so waren
nach einer halben Stunde schon mehrere Haare gekrümmt, und das Blatt hatte sich auch mehr einwärts gebogen. Am Abend hatten sich die Haare
des Blattes völlig wieder aufgerichtet, und das Blatt
hatte seine vorige natürliche Gestalt wieder.

Er reizte ferner mit dem obern weichen Theile
einer Schweinsborste ein Blatt der Drosera rotundifolia ohngefähr eine halbe Viertelstunde, und die
Haare des Blatts fiengen schon an, während dem
beigebrachten Reitze sich zu krümmen. Einige Stunden nachher waren alle Haare des Blatts gekrümmt,
und das Blatt selbst hatte sich so einwärts gebogen,
daß die Spitze desselben fast die Basis erreichte. Am
folgenden Morgen waren alle Haare des Blatts wieder aufgerichtet, und das Blatt selbst in seiner natürlichen Stellung. Da nun der Verf. diese Versuche

G 5

mit

mit seinem vorigen, so er mit Ameisen und Fliegen in Rüksicht auf die Reizbarkeit dieser Pflanze gemacht, verglich; so kam er auf den Gedanken, ob der Druck und die Schwere des Insekts eine Ursache abgebe, daß das Blatt nach dem zugefügten Reitze zusammengeklappt, die Haare gekrümmt bleiben, und den Körper verschlossen halten. In dieser Absicht machte er folgenden dritten Versuch. Er reizte das Blatt der Dros. rotund. auf die vorige Art mit einer Schweinsborste, und da die Haare des Blatts anfiengen sich zu krümmen, legte er ein Stükchen Holz auf die Mitte des Blatts, und sezte den Reitz fort. Am folgenden Morgen war das Blatt noch zusammengeklappt, und hielt das Stükchen Holz verschlossen. So blieb das Blatt mehrere Tage nach einander, bis die Pflanze zu Grunde gieng. Dieser lezte Versuch beweißt zwar, daß die Schwere oder der Druck eines Körpers dem Reitze zu Hülfe kommen müsse, ob aber nothwendig ein anhaltender Reitz vorhergehen müsse, oder ob vielleicht die Schwere und Druck eines Körpers allein im Stande sei, das Blatt mit seinen Haaren verschlossen zu erhalten, will der Verf. durch fernere Versuche bestimmen.

S. 31. Einige Anmerkungen über den Honigartigen Saft (*nectar succus melliferus*) in der Blume.

Linne

Linne nimmt bei denjenigen Blumen kein nectarium an, in welchen dasselbe nicht deutlich in die
Augen fällt, obschon in demselben ein wahrer Honig-
saft zugegen ist, wie z. B. bei den meisten röhren-
förmigen einblättrigen Blumen: man entdekt auf
dem Boden derselben, oder an den Befruchtungstheilen oft mit bloßen Augen glänzende Erhöhungen oder Vertiefungen, welche diesen honigartigen
Saft ausschwitzen.   Bei den Blumen dieser Art
vertritt die Röhre der Krone, oder der Boden derselben die Stelle des Honigbehältnisses. Wahrscheinlich sind alle Blumen mit einem honigartigen
Safte versehen. Die nectaria und der honigartige
Saft befinden sich durchgängig in der Nachbarschaft
der Befruchtungstheile. Der honigartige Saft wird
alsdenn erst vom nectario abgesondert, wenn die
Blume den höchsten Grad ihrer Vollkommenheit erreicht hat, und ihre Theile zum Befruchtungswerke
hinlänglich geschikt sind: nach vollendeter Befruchtung aber verliert sich derselbe wieder. Der Verf.
schließt hieraus, daß der honigartige Saft zur Nahrung der Befruchtungstheile und der zarten Frucht,
und derselben ihre erforderliche Schlüpfrigkeit zu
verschaffen diene.

XIX.

XIX.

Magazin für die Botanik ꝛc. 3tes Stück. 1788. 158 S.

S. 4. 1) Ueber das schlängliche Gewebe, welches organische Körper unter der Vergrös-
serung im Sonnenlichte zeigen, von A. G.
C. Batsch, Prof. zu Jena.

Als Hr. Batsch einige Scheibchen von den rothen
Knöpfen des lichen cocciferi mit einem Wassertropfen unter ein zusammengesetztes Mikroskop brachte, beobachtete er, als die Sonne auf den Spiegel
schien, eine Menge kleiner, gleichförmig verweb-
ter, schlangenförmiger Linien, die selbst in den
kleinen abgerissenen Stücken der Masse vorhanden
waren, das nämliche bemerkte er an allen Pflanzen-
theilen, von welchen er Stücke auf die angeführte
Art unter sein Mikroskop brachte, und war anfangs
der Meinung, daß jene Struktur dem Gewächs-
reiche zugehörte; allein gar bald überzeugte sich Hr.
Batsch, daß dieser Bau auch bei den Thieren so allgemein sei, wie bei den Gewächsen. Zuerst bemerkte
er ihn an einem Infusionsthierchen, dann an Haaren, Federn, Knochen, Konchilienschalen u. s. w.
Auf Gips, Kalk, Quarzkristallen, Spaten, war
nichts von diesem Gewebe wahrzunehmen, also ist
es nur den organisirten Körpern eigen, und diese

Er-

Erscheinung nennt Hr. Betsch den ursprünglichen Organismus, und zieht folgende Resultate aus seinen übrigen in dieser Absicht angestellten Beobachtungen.

1) Das schlangenförmige Gewebe ist allgemein in den organischen Körpern.

2) Die Schlängelchen dieses Gewebes haben keine vielfach verschiedne Größe, wenn sie gleich in vielfach verschiednen Körpern befindlich sind: man findet etwa nur zweierlei Gewebe, deren Schlängelchen in der Größe verschieden sind.

Das Infusionsthier, und das Staubkörnchen aus der Blume hatte eben so große Schlängelchen, als das Blumenblatt, die Holzfaser und die Darmhaut. In den Knochen- und Schalengehäusen waren die Schlängelchen kleiner, und das Gewebe war gedrängter.

3) Das schlängliche Gewebe der organischen Körper ist unzerstörbar durch chemische, und wahrscheinlich auch durch mechanische Gewalt.

Versteinerte Körper, Muschelschalen, die mit Säuren aufgebraußt hatten, zeigten noch immer dieses Gewebe.

4) In den abgeschiednen Säften des organ. Körpers ist kein schlängliches Gewebe.

5) Nur

5) Nur einige thierische ernährende Säfte zeigen den Organismus sehr häufig, und sogar in einer starken Bewegung.

Vorzüglich Blut, Milch, Butter ꝛc. weniger die Galle.

6) Die mineralischen Körper haben kein schlängliches Gewebe; es hängt ihnen allenfalls nur oberflächlich und zufällig an.

Die Beobachtungen, die diesen Satz beweisen, verdienen vorzüglich von scharfsinnigen Naturforschern erwogen zu werden. Staniol, Goldblättchen, gebiegenes Silber, überhaupt metallisch glänzende Körper, Salmiak und Küchensalz zeigen auch dieses Gewebe. Hr. Batsch sucht nun aus verschiednen deßhalb angestellten Versuchen und Beobachtungen zu beweisen, daß besagtes Gewebe diesen Körpern nur zufällig und oberflächlich anhänge.

7) Man erblikt den ursprünglichen Organismus nur durch eine große Beleuchtung, welche der stärksten Sonnenhellung nahe, oder gleichkömmt.

8) Das schlängliche Gewebe muß einen eignen Zweck haben. Da es so allgemein und unter bestimmten Regeln bei den meisten Körpern, bei andern aber gar nicht angetroffen wird.

S. 137.

S. 137. **Sind Schwämme Pflanzen?** oder sind sie Insektenwohnungen, und entstehen sie von Insekten? von G. F. Märklin dem jüngern.

Der Verfasser dieser Abhandlung trägt hier eine sehr seltsame und paradoxe Meinung von der Entstehung der Schwämme vor.

Nachdem er die Meinungen derjenigen Naturforscher, welche behaupten, die Schwämme gehörten ins Thierreich, und würden von Insekten hervorgebracht, widerlegt hat, stellt er eine eben so seltsame und uns noch unwahrscheinlichere Hipothese von ihrer Entstehung auf. Er behauptet nämlich: die Schwämme seien die zweite oder lezte Vegetation einiger Pflanzensäfte.

Ohne uns in die Widerlegung der Beweise, die der Hr. Verf. für seine Meinung anführt, weitläufig einzulassen, und den Ungrund derselben zu zeigen, welches eben nicht schwer wäre, merken wir nur das einzige hier an, daß der Verfasser zuerst hätte beweisen sollen, daß Micheli, Gledisch, Batarra und v. Gleichen sich betrogen hätten, indem diese vortreflichen Männer in ihren Schriften behaupten, die Fruktifikationstheile derselben durch Vergrößerungsgläser deutlich beobachtet zu haben. Noch einen wichtigern Gegner hat er aber an Schäffer, der sich so sehr um die Geschichte der Schwämme verdien.

verdient gemacht hat, und von welchem man schwer⸗
lich behaupten wird, daß ihn seine Beobachtungen
sollen betrogen haben, (man sehe dessen Schrift:
vorläufige Beobachtungen der Schwämme um
Regenspurg 1759) der durch vielfältige, oft wieder⸗
holte unleugbare Beobachtungen, und nach den streng⸗
sten logischen Regeln daraus gezogenen Schlüssen be⸗
weißt, daß sich die Schwämme, wie andre Ge⸗
wächse durch gewisse Theile fortpflanzen, und also
keine Naturspiele, keine durch eine Gährung ent⸗
standene Körper seien, wie der Verfasser dieser
Abhandlung meint.

XX.

Caroli a Linné Syſtema naturae per regna tria
naturae, secundum claſſes, ordines, genera,
ſpecies, cum characteribus differen iis, ſyno⸗
nymis, locis. Tomus I Editio decima tertia,
aucta reformata. Cura Io. Frid. Gmelin,
Prof. p. o. in Georgia Auguſta &c. Lipſiae
impenſis Georg Emanuel Beer. 1788. 500 S.
in gr. 8.

Die vielen seit der lezten Ausgabe des Linneiſchen
Naturſiſtems bis hieher gemachten Entdeckungen
waren es wohl werth, daß ein Gelehrter, wie Hr.
Prof.

Prof. Gmelin eine neue Ausgabe zu veranstalten,
unternahm. Dieser erste Band enthält die Säugethiere und die Vögel bis an die Colibrits einschließ-
lich, und ist, wie schon die Seitenzahlen anzeigen,
sehr vermehrt. Auch die Einleitung hat einige Verbesserungen erhalten; so haben z. B. nicht alle Amphibien ein doppeltes Zeugungsglied, und nicht
allen Fischen fehlt dasselbe. Bei den Menschen heißt
es S. 19. Situs erectus, hymen et menstrua foe-
minarum, und nicht mehr, wie in der vorhergehenden Ausgabe nosce te ipsum. Das Nashorn, welches zuvor hinter dem Schweine in der sechsten
Ordnung folgte, steht hier gleich nach dem Elephan-
ten in der zweiten Ordnung. Den Gattungen (genera) der Nagthiere (glires) sind noch Cavia, Aro-
tymus, Myoxus, Dipus, Hyrox, und den wiederkäuenden (pecora) Giraffa und Antilope beigesezt;
bei der sechsten Ordnung (Belluae) macht der Tapir eine eigne Gattung aus.

Die Varietäten des Menschen sind zwar nach
Linnes Eintheilung im Texte stehen geblieben, nach
Hrn. Prof. Gmelins Eintheilung aber sind sie albus,
badius, niger, cupreus, fuscus, so wie sie schon
Hr. Prof. Blumenbach in seinem Handbuche zur Naturgeschichte bestimmte. Homo droglodytes ist hier
weggeblieben, und zu den Affenarten übergesezt, so
wie bei diesen noch Lar, Marmon, Porcaria, Cy-

H

no-

noſuros, Aethiops Sinica, Nemacus, Mona, R
bra, Talapoin, Petauriſta, Maura, Roloway, A
gentata hinzukamen, welche theils ſchon in Erxlebe
Syſtema regni animalis eingetragen ſind, theils e
durch Neuere beſchrieben worden. Bei Lemur ſteh
noch L. Indri, Potto, Murinus, Bicolor, Ianige
bei Vespertilio, Haſtatus, Soricinus, Leporinu
Noctula, Serotinus, Pipiſtrellus, Barbaſtellu
Hiſpidus, Pictus, Nigrita, Moloſſus, Cephalote
Lepturus, Ferrum equinum, Noveboracenſi
Laſcopterus, Laſiurus, die wir ſchon durch Büffo
Schreber, Pallas und andre kennen; bei Myrme
cophaga, der durch Pallas beſchriebene Capenſis
bei Daſypus Büffons 18cinctus und octocinctus
Bei Rhinoceros iſt das mit zwei Hörnern na
Sparrmann zu einer beſondern Art gemacht, da e
zuvor nur als Abänderung angezeigt war; zu Tri
checus kam noch Büffons Dugong oder Pennant
Indian Wallrus; bei Trich. Monatus ſtehen zw
Abarten, auſtralis und borealis. Zu den drei Arte
von Phoca iſt außer den bei Erxleben ſchon beſchrie
benen noch P. Monachus hinzugekommen, und z
den ebenfalls ſchon von Erxleben eingetragene
Hundsarten noch canis cerdo, welchen Skiöldebrant
beſchrieb. Die Katzenarten ſind aus Büffon und
andern ſehr vermehrt, indem noch den Linneiſchen
folgende beigeſezt worden: F. Uncia, Leopardus,
Iubata,

Iubata, Difcolor, Concolor, Tigrina, Capenfis, Manul, Serval, Chaus, Caracal, Rufa. Unter den Stinkthieren stehen in der ältern Ausgabe sechs Arten, Erxleben hat sie mit noch einmal so viel vermehrt, und hier sind 26 Arten angegeben, welche wir Sparrmanns und Sonnerats Entdeckungen zu verdanken haben. Unter Muftela stehen sechs neue Arten, und den Otter, (Lutra) welchen Erxleben von dieser Gattung trennt, hat Hr. Gmelin mit Recht dabei stehen lassen.

Urfus ist noch mit Maritimus, Americanus, Labradorius und Gulo vermehrt, so wie Didelpis, mit Cayopollen, Cancrivora, Brachyura, Orientalis, Brunii, Gigantea, Macrotarfus. Von Talpa europaea sind vier Abarten genauer beschrieben, und noch als Arten T. longicaudata und Rubra beigesezt. Bei Sorex ist außer den von Erxleben schon näher bestimmten noch Surinamenfis hinzugekommen, und die S. 130. unbestimmt angegebene Arten hier genauer bestimmt. Zu Erinaceus kamen drei neue Arten. In der vierten Ordnung blieb die erste Gattung Hyftrix unverändert, darauf folgt Cavia mit 6, Caftor mit 2, und Mus mit 42 Arten, die meisten zur lezten Gattung hinzugefügten Arten sind uns durch Pallas, die übrigen durch Molina hift. nat. Chil. erst bekannt geworden. Einige Arten der ältern Ausgabe sind aber hier weggeblieben,

und

unb unter die Gattung Arctomys verſetzt worder
Sciurus iſt mit 19 Arten vermehrt, unb dem G
ſchlechtscharakter: Dentes primores II , ſuperiore
cuneati, inferiores acuti (compreſſi) ſetzte Hr. C
noch folgende Kennzeichen bei: molares ad utrum
que latus ſuperiores V, inferiores IV, clavicula
perfectae, cauda diſticha, myſtaces longae; da
gegen ſind Mus avellararius, M. quercinus, un
Sciurus glis nebſt einigen andern unter die Gattung
von Myoxus gebracht. Dipus enthält 5, Lepus 12
Hyrax 2, Camelus 7, Moſchus 6, Cervus 12, Ca
meleopardus 1, Antilope 27, Capra 3 Arten. Der
6 Abarten von Ovis aries ſind noch 4 neue beige
ſetzt. Die Ochſengattung hat viele Veränderung
gelitten; den Arten von Equus iſt noch Hemionus,
Quagga und Molinas Biſulcus angehängt. Hippo-
potamus hat 1, Tapir 1, Sus 6, Monodon 1, Balaena 6, Phyſeter unb Delphinus 4 Arten.

Bei den Vögeln hat Hr. Gmelin verſchiedne Gattungen eingeſchaltet in der zweiten Ordnung: Glau-
cophis in der dritten: Aplenodyſta in der vierten:
Corriza, Vaginalis, Scopus, Glarcola in der fünften: Penelope in der ſechſten: Colius, Phytotoma.
Uebrigens können wir Hrn. Gmelin verſichern, daß
Falco fulfus zuverläßig eine eigne im Mainziſchen
nicht ſehr ſeltne Art ausmache, unb nicht das
Weibchen von F. Melancti iſt. — Ohngeachtet die

Gattung

Gattung Lanius mit fremden Arten sehr vermehrt worden, so ist doch Lanius Erytrocephalus, welcher bei Frisch t. 61. und im Recueil de cent trente trois Oiseaux t. 82. f. 1. abgebildet ist, auch in dieser Ausgabe vergessen. Lanius rufus ist als eine Abart von L. Collurio ausgegeben, den wir nicht dafür halten wollten. — Hier können wir unmöglich alles dasjenige anzeigen, was durch den rastlosen Fleiß des Hr. Prof. Gmelin zur Vollständigkeit dieser neuen Auflage gesammelt worden, nur wünschen wir die Folge desto eher, je nöthiger sie allen Naturforschern ist.

XXI.

Memoirs of the litterary and philosophical Society of Manchester. Vol. I. II. Warrington 1785. in 8. (Phisikalische und philosophische Abhandlungen der Gesellschaft der Wissenschaften zu Manchester. Erster Theil. Aus dem Engl. Mit Kupfertafeln. Leipzig in der Weidmannischen Buchhandlung. 1. und 2ter Theil. 1788. in 8.

S. 23. Lasens Gedanken über die Kristallisation.

Was hier im Allgemeinen von dieser Erscheinung gesagt wird, ist schon bekannt. Daß aber alle Edel-

 gesteine

gesteine aus einer durch Feuer geschmolzenen Masse
entstehen sollen, ist eine sehr ungegründete Hipothese
die der Verfasser auch nicht einmal mit einem einzigen
Scheingrunde beweißt. Er fragt nur: Sollte nicht
die unermeßliche Glut der Feuerspeienden Berge stark
genug seyn, die reinste Kieselerde in Fluß zu bringen, sollte also nicht auch die Entstehung der Edelgesteine aus geschmolzenen Massen möglich seyn?
Beim Diamant fällt ohnehin alles weg; denn dieser
verfliegt in einem starken Feuer gänzlich, zudem
findet man fast alle Edelgesteine an solchen Orten,
wo keine Spuren von vulkanischen Produkten, also
keine Vermuthung von dieser Entstehungsart statt
haben kann. Es fehlt auch nicht an sehr wahr-
scheinlichen Beweisen, daß die Kristallisation der
Edelgesteine auf nassem Wege vorgegangen ist.

Eben so falsch ist es, was hier angegeben wird,
daß die Farbe aller Edelgesteine von Metalltheilen
herrühren, einige verlieren ihre Farbe im Feuer,
und der brennbare Stoff ist offenbar die Ursache ihrer
Farbe. Daß die eckige Basaltsäulen immer durch
eine Kristallisation nach vorgegangener Schmelzung
entstanden seien, ist ebenfalls unwahrscheinlich.

S. 140. James Masseys Abhandlung vom
Salpeter.

Die Meinung dieses Schriftstellers von der Erzeugung des natürlichen Salpeters ist folgende:

Der

Der Zutritt der Luft sei nicht nöthig, wohl aber
hinlängliche Feuchtigkeit und Fäulniß; durch diese
entstünde aus der Säure der thierischen und Pflan-
zenkörper die Salpetersäure u. s. w. Diese Meinung
ist in Webers Abhandlung vom Salpeter, und der
Erzeugung desselben, Tübingen 1779. durch über-
zeugende Gründe und Erfahrungen widerlegt.

S. 361. Whits Bemerkungen zur Naturgeschichte der Kuhe, besonders in Rüksicht
der Milch, und die Nutzung derselben.

Nur wenige und sehr gemeine Bemerkungen:
Dieses Thier hat größere und geräumigere Euter,
längere und dickere Zitzen, als die größten uns bekannten Thiere; auch ist es mit vier Zitzen versehen,
da doch alle andre Thiere von der nämlichen Klasse
deren nur zwei haben. Die Kuh giebt ihre Milch
beim Melken sehr leicht, da andre, wenigstens wie-
derkäuende, Thiere nur ihren Jungen Milch geben,
und sich entweder gar nicht, oder doch nur dann,
wenn zugleich ein Junges an ihnen saugt, melken
lassen. Ueberhaupt scheint die Fähigkeit, Milch
ohne Beihülfe säugender Jungen zu geben, blos auf
die wiederkäuenden gehörnten Thiere mit gespaltenen
Klauen, vier Magen, langen Därmen, ohne Schnei-
dezähne in der obern Kinnlade eingeschränkt zu seyn.
Dahin gehören Kühe, Schafe, Ziegen, Rennthiere
und Hirsche: die Kuh aber besitzt jene Fähigkeit in

 vor-

vorzüglich hohem Grade ꝛc. Man hat alſo allerdings Urſache, anzunehmen, daß die Kuh Schöpfer vorzüglich dazu beſtimmt ſei, Milch Gebrauche des Menſchen zu geben.

S. 265. Thom. Henry von der Natur dem Urſprunge der Bitterſalzerde, b dere derjenigen, welche mit dem Meer und dem Salpeter vereinigt iſt ꝛc.

Es iſt wohl wahr, ſagt Hr. Henry, die D tionen der Natur ſind, im Ganzen genommen, fach, aber man kann auch in der Vereinfachung ſelben zu weit gehen, und wer Siſteme erri will, ſollte ſich billig hüten, daß Einbildungs und Muthmaßung ihn nicht über die Gr der Verſuche und ſinnlichen Erfahrungen hin führen. Dieſe Wahrheit hätte Hr. H. beherz ſollen, da er S. 371. ſagt: Lewis hat die (welche nach der Einäſcherung vegetabiliſcher (ſtanzen, und nach dem Auslaugen ihrer Aſche ꝛ bleibt, für Bitterſalzerde erklärt. In der Th es auch nicht unwahrſcheinlich, daß eben ſo, die Kalkerde aus Ueberbleibſeln zerſtörter Sch thiere entſteht, die Bitterſalzerde aus verrott und durch beſondre Naturkräfte umgewandt Pflanzenkörpern ſich bilde. Durch Fäulniß we die Pflanzen in einen feinen ſchwärzlichen M verwandelt, und dieſer geht dann vielleicht ꝛ

und nach durch eine uns unbekannte Verarbeitung
in Bittersalzerde über. (Wir zweifeln sehr an der
Zuverläßigkeit des Lemernschen Versuchs, gewiß ist
der geringste Theil der Erde, der nach der Einäsche-
rung und Auslaugung der Asche übrig bleibt, Bittersalzerde, und wenn das auch wäre, wie folgt nun
daraus, oder aus der hier angeführten Analogie,
daß durch die Fäulniß, oder gar durch eine andre
uns noch unbekannte Kraft aus dem Moder der
Pflanzen Bittersalzerde erzeugt werde?)

Wir wollen aber den Verfasser weiter hören: die
Entstehung der Bittersalzerde ist mit der Bildung
des Kochsalzes, welchem sie immer beigemischt ist,
so genau verbunden, daß man die Betrachtung dieser
beiden Substanzen nicht wohl von einander trennen
kann, da sie vermuthlich beide unter gleichen Umständen, und zu gleicher Zeit gebildet werden. (Diese
Schlußfolge sehen wir nicht ein. Es ist wohl wahr,
daß in dem See- und Salzquellenwasser nebst dem
Kochsalze auch Bittersalzerde, ferner auch Kalkerde,
und noch zuweilen andre Salz- und Erdstoffe enthalten sind, allein auf der andern Seite findet man
die Bittersalzerde im Mineralreiche so häufig, wie
dann der Verfasser selbst die meisten Fossilien angeführt hat, in welche sie als ein Bestandtheil enthalten ist, und an solchen Orten, wo man ohnmöglich vermuthen kann, daß sie auch unter gleichen

H 5

Um-

Umständen, wie das Kochsalz, sollte erzeugt worden seyn.) Die Natur hat abwechselnde Zerstörung und Wiederherstellung zum ewigen unwandelbaren Gesetze aller ihrer Werke gemacht, in ihrer großen Werkstatt gehen täglich Proceße vor, welche nachzuahmen die Kunst unfähig ist zc.

Man darf daher nicht glauben, daß das Salz im Meere von Anbeginn der Dinge an bis auf diese Zeiten immerfort dasselbe gewesen sei. Das Wasser dünstet beständig aus, bildet Wolken, kömmt aus der Atmosphäre wieder als Regen herab, fließt durch die Quellen den großen Strömen zu, und in diesen zum Meere zurück. Das Seesalz wird durch mäßige Hitze mit dem Wasserdunste zugleich in die Höhe geführt, und durch Stürme oft mit fortgetrieben. (Schwerlich wird das Seesalz mit den Wasserdünsten sehr hoch, oder weit von der See weggeführt, nur die benachbarten Bäume und Pflanzen findet man an der See ganz weiß von Seesalz, wie mit einem Reife überzogen.)

Die See ist mit Thieren und Pflanzen angefüllt. Die Zerstörung und Fäulniß derselben liefert viele Stoffe, die zur Erzeugung salziger Stoffe geschikt sind; viele Erde, viel Brennbares und viel Luft. Man kennt aber genau die Salze, die nach der Fäulniß thierischer und vegetabilischer Substanzen zum Vorschein kommen, Erde wird durch die Fäulniß

nicht

nicht erzeugt, sondern nur mehr oder weniger rein
von andern Stoffen geschieden.) Durch die Fäulniß
solcher Substanzen wird, wenn sie mit Kalkerde vermischt, nut Wasser angefeuchtet, und der Einwirkung der freien Luft ausgesezt sind, Salpeter erzeugt. (Weber hat aber durch Erfahrungen bewiesen,
daß zur Erzeugung des Salpeters die Fäulniß nicht
nur allein nicht nothwendig sei, sondern auch nichts
beitrage.) Könnten nicht eben diese Stoffe unter
andern Umständen, wenn sie vom Meere bedekt, und
dadurch vom unmittelbaren Zutritte der Luft ausgeschlossen seien, Kochsalz erzeugen? (Diese Erzeugung läßt sich wenigstens aus Gründen nicht denken.)
Ein neuerer berühmter Chemist, Fougeroux, hat
entdekt, daß die oben angezeigten Stoffe zwar, wenn
sie der Luft ausgesezt sind, Salpeter erzeugen, aber
hingegen, wenn die Luft keinen Zutritt findet,
Schwefel, nicht Salpeter geben. (Hr. Fougeroux
fand unter dem Schutte eines alten Hauses, das
an einem sehr schmutzigen Orte gestanden hatte,
Schwefel, der zum Theile soll kristallisirt gewesen
seyn, und den 3ten Theil der Erde ausgemacht haben,
mit welcher er vermischt war. Wenn wir auch die
Wahrheit dieser Beobachtung nicht bezweifeln wollen; wie kann Hr. Fougeroux daraus beweisen, daß
hier der Schwefel aus den Stoffen, welche Salpeter
geliefert hätten, sei erzeugt worden; wer hat je eine
ähn-

ähnliche Beobachtung gemacht, oder so daraus ge
schlossen? Sind nicht dergleichen Stoffe sehr häufig
und kommen nicht die nämlichen Umstände ebenfall
häufig vor, kann der Schwefel an besagtem Ort
nicht auf eine andre Art entstanden seyn?) D
drei Mineralsäuren scheinen daher einerlei Ursprun
zu haben, und nicht ohne Grund hat man sie fü
Modifikationen eines und desselben Grundstoffes au
gegeben. (Die alte Meinung von Stahl, welche
viele Chemisten anhiengen, diejenigen aber verlie
sen, welche nur das annahmen, was sie aus ge
nauen oft wiederholten Versuchen schließen konnten
daß die Vitriolsäure die allgemeine Säure der A
mosphäre, und die übrigen nur Modifikationen die
ser Säure seien, glaubt man jetzt nicht mehr.)

Die Aehnlichkeit in der Erzeugung des Kochsal
zes und des Salpeters ist in der That sehr auffallend;
denn indem Salpeter in den Salpeterhaufen sich
erzeugt, wird zugleich, wie es scheint, eine Menge
Kochsalz gebildet. Dieses sezt sich beim Einsieden
der Salpeterlauge in so großer Menge zu Boden,
daß man unmöglich annehmen kann, es sei vorher
schon als solches seiner ganzen Masse nach in dem
Harne und andern thierischen Substanzen, die zu
den Salpeterhaufen genommen werden, vorhanden
gewesen. Man muß vielmehr glauben, daß es, zum
Theile wenigstens, ein Produkt sei. (Eine ziemlich

unwahrscheinliche Hipothese, das mineralische Laugensalz soll mit der Kochsalzsäure in den Salpeterhaufen erzeugt werden.)

Die Analogie bleibt hiebei nicht stehen. Nebst dem Salpeter, welcher in den Haufen erzeugt wird, und nebst dem Kochsalze, welches im Meere sich bildet, wird immer noch ein andres, aus Salzsäure und Bittersalzerde bestehendes Salz gebildet, oder ist wenigstens immer mit jenen beiden ersten Salzen vermischt, nach deren Kristallisation es in der Mutterlauge zurükbleibt. (Es ist wahr, nach Margrafs Versuchen bleibt dieses erdige Mittelsalz in flüßiger Gestalt in der Mutterlauge der Salzsole zurück.) Es ist daher sehr wahrscheinlich, daß die Natur aus Bestandtheilen thierischer und vegetabilischer Substanzen zu gleicher Zeit nicht blos saure und Laugensalze, sondern auch die geschmaklose Bittersalzerde bilde, und daß diese aus der Zersetzung der Pflanzen entstehe, deren übrige Theile in Verbindung mit thierischen Stoffen, und unter Einwirkung der Luft, des Wassers und der Wärme die Laugensalze und Säuren, welche zur Bildung des Kochsalzes und Salpeters gehören, hervorbringen.

Hier wird nun eine Stelle aus Baumes Experimentalchemie angeführt, welcher Kalkerde, Wasser und Brennbares als die Grundbestandtheile des feuerbeständigen Laugensalzes annimmt, und sich

auf

auf einen Versuch stüzt, wo er dieses Salz b
Kalzinirung einer Mischung von gleichen The
gepülverten Marmors, und Kohlen von Hirschh
öl bereitet haben will. Woburch er dann die (
stehung des Laugenfalzes in dem Meere, und n
verschiedner andrer Salze erklären will; allein
Baume hat sich in feinen Versuchen mehrmal
tregen, wie z. B. in jenen mit feiner Thonerde, (
von andern Chemiften ist die Zuverläßigkeit des
wähnten Versuches nicht bestätigt worden.

Abhandlungen naturhistorischen Innhalts
zweiten Theile sind folgende:

   S. 48. No. VI. Thomas Percivals Betracht
      gen über das Empfindungsvermögen
      Pflanzen.

Der Verfasser sucht es wahrscheinlich zu mack
daß die Pflanzen eben so wohl, als die Thiere
Empfindungsvermögen und Fähigkeiten zum Ge
begabt seien, und zwar aus folgenden Gründ
1) Die Struktur der Pflanzen hat eine große Ae
lichkeit mit jener der Thiere. Ein solcher Bau k
unmöglich der leblosen Materie zukommen. (Daß
Pflanzen lebende Geschöpfe sind, ist ein in der Nat
geschichte allgemein angenommener Satz, wenn
ders der Begriff von Leben allgemein genug gene
men wird). Der Begriff von Leben schließt all

                                 ei

einen gewissen Grad von Empfindungsvermögen in sich, (diese Folge ist nicht einleuchtend) und wo dieses ist, da muß auch Fähigkeit zum Genuß in höherm oder geringerm Grade vorhanden seyn. So gering aber diese Fähigkeit in jeder einzelnen Pflanze, oder Baume seyn mag, so entsteht doch immer daher in Ansehung des ganzen Gewächsreiches eine Summe von Glükseligkeit, welche unsre kühnsten Vorstellungen übersteigt. (Mehr hier gesagt, als noch bewiesen ist.)

2) Die Pflanzen haben Instinkt: Stekt man das Samenkorn verkehrt in die Erde, so wird demungeachtet jeder Theil die Richtung, zu welcher er bestimmt ist, annehmen. Eine Hopfenpflanze, welche an eine Stange gebunden ist, folgt in ihren Windungen der Sonne von Süden gegen Westen, und stirbt bald ab, wenn man sie zwingt, eine entgegengesezte Richtung anzunehmen. Wird das Hinderniß gehoben, so fängt sie sehr bald wieder an, der Sonne, so wie vorhin, zu folgen u. s. w. Die Erscheinungen, welche man bei der dionaea muscipula bemerkt, die der Verfasser hier anführt, übergehen wir, da sie in Ellis Beschreibung von dieser Pflanze ausführlich angegeben sind. Nun schließt er

3) Wenn die hier angeführten Thatsachen wirklich beweisen, daß die Pflanzen mit Instinkte begabt sind; (dieß beweisen sie aber noch nicht einleuchtend) so

so wird man ihnen auch unmöglich eine selbstständige Kraft absprechen können. Unter den Ruinen eines alten Klosters zu Galloway stand ehedem ein zwanzig Fuß hoher Ahornbaum auf der obern Fläche einer alten Mauer. Da es diesem Baume an seinem Standorte an hinreichender Nahrung gebrach, so trieb er längst der Mauer Wurzeln abwärts, bis sie in einer Länge von zehen Schuhen den Boden erreichten. Durch diese Wurzeln erhielt er nunmehr reichliche Nahrung, und hat seit dieser Zeit eine Menge neuer Aeste angesezt. Anfänglich bestanden diese Wurzeln vom Gipfel der Mauer bis auf den Boden herab aus lauter einzelnen Fasern, jezt aber sind sie mit einander verwachsen, und bilden eine ziemlich dicke Pfahlwurzel. (Alle diese Erscheinungen lassen sich erklären, ohne einen Instinkt anzunehmen.)

4) Miller erwähnt in einer Nachricht von Sumatra einer Korallenart, welche die Einwohner der Insel irriger Weise für eine Pflanze halten, oder Seegras nennen. Dieses Geschöpf wird in seichten Buchten am Meere gefunden. Es hat das Ansehen eines Stecken, wenn man es aber anrührt, so weicht es aus, und verliert sich im Sande. Wenn nun eine solche eigenmächtige Bewegungskraft ein Kennzeichen des Lebens und Empfindungsvermögens ist, wird man dieses wohl Pflanzen absprechen dürfen, die jene Bewegungskraft zum Theile in eben so hohem,

hem, oder noch höherem Grade besitzen? (Man kann von ähnlichen Erscheinungen oder Wirkungen nicht auf eine und eben dieselbe Ursache schließen: denn verschiedene Ursachen können einerlei Wirkungen hervorbringen. Auch haben die Naturforscher dadurch das Empfindungsvermögen der Polypen noch nicht dargethan, daß sie beobachtet haben, daß sie sich beim Berühren bewegten. Eine Muskelfaser bewegt sich, wenn sie gereizt wird; diese Bewegung kommt aber nicht von Empfindungskraft her).

Nun führt der Verfasser die Erscheinungen an, die man beobachtet, wenn auf was immer für eine Art die mimosa sensitiva oder pudica gereizt wird, und schließt daraus, daß diese Pflanze ihr Empfindungsvermögen auf eine sehr deutliche Art verrathe. Er merkt noch an: da auch chemische Reizmittel eine Zusammenziehung der Fasern dieser Pflanze bewirken können, so möchte man vielleicht hiedurch veranlaßt werden, die Bewegungen der Reizbarkeit zuzuschreiben. Diese Kraft soll nach der gewöhnlichen Meinung gewisser Theile der organisirten Körper (bei den Thieren der Muskelfasern, bei den Pflanzen der Staubbeutel) und von dem Empfindungsvermögen ganz unabhängig seyn. Allein diese Behauptung beruhet auf einem Trugschlusse, und widerspricht sich selbst: denn Reizbarkeit kann nur durch Reizung erkannt werden, und der Begriff der Reizung

J schließt

schließt den Begriff eines erregten Gefühls in sich. (Der Verf. hat den erwähnten Trugschluß und Widerspruch gar nicht dargethan, noch vielweniger durch das, was er zulezt anführt, etwas bewiesen.)

Die Blätter des hedysarum gyrans bewegen sich von selbst, und zwar den ganzen Tag über bald auf= bald niederwärts, auch an einem abgeschnittenen Zweige, den man in Wasser sezt, dauert die abwechselnde Bewegung noch vier und zwanzig Stunden fort. Wird sie durch irgend ein Hinderniß unterbrochen, so erfolgt sie nachher, wenn das Hinderniß weggeräumt ist, mit vermehrter Geschwindigkeit. (Es ist wahr, die Bewegung der Blätter, die bei dieser Pflanze von selbst, ohne daß man eine auf sie wirkende Ursache davon angeben könne, erfolgt, ist höchst merkwürdig, und verdient von scharfsinnigen Naturkundigern genau beobachtet zu werden, nur Schade, daß die Pflanze sehr leicht in unsern Treibhäusern zu Grunde geht, wie wir davon die traurige Erfahrung haben, indessen wäre es doch sehr übereilt geschlossen, wenn man behaupten wollte, diese Bewegung sei eine freiwillige Bewegung.)

S. 241. XV. Bells Phisiologie der Pflanzen.

Wenn man im ersten Frühjahre Einschnitte in den Stamm und die Zweige verschiedener Bäume

bis

bis aufs Mark macht, so findet man immer, daß
mehr Feuchtigkeit am obern, als am untern Rande
des Einschnitts herausfließt. Dieser Umstand ver-
anlaßte zu der Meinung, daß zu Anfange des Früh-
jahres eine große Menge Feuchtigkeit aus der Atmosphäre von den Bäumen angesaugt werde, und
daher der Ueberfluß an Saft rühre. Dieser Schluß
widerspricht den Erscheinungen in der wirklichen
Natur, welches Bell durch folgende zwei Versuche
beweißt: Erstens machte er bei verschiebnen Pflanzen
Einschnitte in den Stamm in verschiebnen Höhen,
und szte ihre Wurzeln in einen Absud von Brasilien-
holz. Diese saugten die gefärbte Flüßigkeit an,
welche endlich nicht durch den untern, sondern durch
den obern Rand des gemachten Einschnitts auszu-
fließen begann; auch hatte sich die gefärbte Flüßigkeit nicht weit über den Einschnitt hinauf verbreitet.
Zweitens im ersten Frühjahre, wo die Weinreben
thränen, machte Hr. B. einen tiefen Einschnitt in
einen jungen Weinstock. Der meiste Saft floß am
obern Rande des Einschnitts heraus. Da er aber
den abgeschnittenen Schößling umbeugte, so floß der
häufigste Saft am entgegengesezten Rande des Einschnitts, und also zunächst an der Wurzel heraus.
Viele Versuche beweisen aber gleichwohl, daß der
Saft im Frühjahre von der Wurzel gegen die Aeste
emporsteigt ꝛc. Daß aber der Saft, der aus der

Wur-

Wurzel emporsteigt, in größerer Menge aus dem
obern Rande der Einschnitte ausfließt, davon kann
man folgenden Grund angeben. Der Einschnitt
zerstört, oder schwächt die Energie der Saftgefäße
am untern Theile des Baums, und daher wird der
Saft nicht aufwärts gegen sein eignes Gewicht
emporgetrieben, der Druck der Atmosphäre kann
also nunmehr frei wirken, er bringt also seitwärts,
weil in jeder Richtung Saftgefäße durchgehen in
die unverlezten, und oberhalb dem Einschnitte wieder in die durchschnittenen, wo er dann vermöge
seiner eignen Schwere zum obern Rande des Einschnitts herausfließt.

Um die Richtung, nach welcher der eigenthümliche Saft der Pflanzen bewegt wird, zu bestimmen,
machte Hr. Bell folgenden Versuch: er brachte einen
Fichtenzweig in horizontale Richtung, einen andern
beugte er dergestalt zurück, daß seine Spitzen gegen
die Erde gekehrt waren. Von beiden schnitt er
hierauf etwas Rinde und Holz ab, und sahe, daß
in beiden Fällen der eigenthümliche Saft des Baums
an dem Rande des Einschnitts herausfloß, welcher
am weitesten von der Wurzel entfernt war. Hieraus ergiebt sich, daß sich dieser Saft in seinen Gefäßen nie von den Wurzeln gegen die Aeste, sondern in entgegengesezter Richtung bewege. Indem
Hr. Bell von den Luftgefäßen der Pflanzen handelt,

er-

erwähnt er gar nichts von den Versuchen und Be=
obachtungen deutscher Naturforscher, welche doch
unlä[u]gbar darthun, daß diese Gefäße auch Flüßig=
keiten enthalten, wenigstens enthalten können. Es
ist wahrscheinlich, sagt er, daß die Luft durch die
Hautgefäße in die Luftgefäße übergehn. Solcher=
gestalt dehnt die gelinde Wärme im ersten Frühlinge
die Oefnungen der Hautgefäße aus, welche die
Winterkälte vorhin zusammengezogen hatte. In
sie bringt die äußere Luft ein, und bewegt sich ab=
wärts gegen die Wurzeln, welchen sie Kraft und
Thätigkeit giebt, und durch ihren Druck vielleicht
das Emporsteigen der Säfte befördert. Es scheint
eine Art von Kreislauf der Luft in den Pflanzen
statt zu finden. Bei den Pflanzen sowohl, als bei
Thieren sind die Hindernisse des Athemholens der
Bewegung der Flüßigkeiten hinderlich, und ganz
unterbrochenes Athemholen hemmt dieselben gänz=
lich. Diese Theorie bestätigen folgende zwo Beob=
achtungen. Hr. Bell überstrich im Winter ver=
schiedne junge Bäume mit Firniß, und umwickelte
sie noch überdies mit Wachstuch so, daß nur die
Spitzen der Aeste der freien Luft ausgesetzt blieben.
In diesem Zustande blieben sie den ganzen folgenden
Sommer. Einige von ihnen lebten fort, blieben
aber kränklich, und trieben nur sehr wenige Blät=
ter; andre, welche noch sorgfältiger von allem Zu=

I 3

tritte

tritte der Luft verwahrt worden, giengen insgesamt ein. Zweitens, Bäume, die mit vielem Moose bewachsen sind, treiben nur schwache Schößlinge, und wenig Blätter, und setzen keine Früchte an.

In den Pflanzen ist eine lebendige Kraft, welche die Bewegung der Flüßigkeiten bewirkt. Das Herabsteigen der Säfte, oder ihr Zurückkehren von den Aesten gegen die Wurzel kann, ohne eine lebendige Kraft anzunehmen, nicht erklärt werden. Durch Haarröhrchen kann keine Flüßigkeit sich bewegen, wenn nicht der Widerstand an dem einen Ende derselben vermindert ist. Hieraus kann man sich wohl das Aufsteigen des Safts, wenn die Blätter der Wärme ausgesetzt sind, nicht aber das Niedersteigen desselben unter den nämlichen Umständen erklären, nämlich, wenn die Atmosphäre wärmer, als die Erde ist. Dieses Niedersteigen findet aber immer statt in Ansehung des eigenthümlichen Safts. Nimmt man an, daß die flüßigen Theile der Pflanzen blos durch Anziehung in Haarröhrchen bewegt werden, wie geschieht es denn, daß der Saft vom Weinstocke nur im Frühjahre, nicht aber im Sommer, aus einer angeschnittenen Stelle herausfließt. Haarröhrchen, welche eine Flüßigkeit enthalten, lassen dieselbe nicht ausfließen, wenn man sie zerbricht. Durchschneidet man aber im Frühlinge eine Weinrebe, so fließt eine Menge Saft heraus. Von der

Ab-

Abſönderung, Secretio, in den Pflanzen hat der Verf. ſonderbare Meinungen. Wo ein feſter Stoff abgeſöndert werden ſoll, heißt es, da ſind die Gefäße gewunden, um die Gährung der Säfte und die Wiederanſaugung der dünnſten Theile zu begünſtigen. (Dieß iſt eine bloße Hipotheſe. Gährung kann in lebenden Körpern in vollen Gefäßen, bei mangelndem Zutritte der Luft nicht ſtatt finden: auch läßt ſich nicht einſehen, wie ſie durch die Krümmungen der Gefäße befördert werden ſollte.) In den Pflanzen iſt ſo, wie in den Thieren ein Kreislauf der Säfte; denn der allgemeine Saft ſteigt in jenen aus den Wurzeln empor, hingegen der eigenthümliche zu den Wurzeln herab. Die Pflanzen haben ein Empfindungsvermögen, wie die Thiere, und Lebenskraft: dieß ſucht der Verfaſſer durch Beiſpiele verſchiedner Pflanzen, der Sinnpflanzen, des Hedyſarum gyrans, Dionaea muſcipula zu beweiſen.

Was die Ueberſetzung dieſes Werks überhaupt betrift, ſo iſt dieſelbe gut gerathen, und die Anmerkungen ganz zwekmäßig. Einige Abhandlungen hat der Ueberſetzer ausgelaſſen, die aber auch in unſer Gebiet nicht gehören.

XXII.

Heinrich Gottlob Langs Verzeichniß seiner Schmetterlinge in der Gegend um Augsburg gesammelt, und nach dem Wiener sistematischen Verzeichnisse eingetheilt, mit den Linneischen, auch deutschen und französischen Namen und Anführung derjenigen Werke, worinn sie mit Farben abgebildet sind. Zweite verbesserte und stark vermehrte Auflage. Augsburg bei Eberhard Kletts sel. Wittwe und Frank, 225 S. ohne Zuschrift, Einleitung ꝛc. in 8.

Dieses Werkchen ist, wie schon der Titel zu erkennen giebt, eine vermehrte Auflage des im Jahre 1782. von dem Verfasser bekannt gemachten Verzeichnisses seiner Schmetterlingssammlung, und hat vor der ersten Ausgabe das Vorzügliche, daß bei den Unterabtheilungen das Schiefermüllersche Sistem, oder das sogenannte Wiener sistematische Verzeichniß, mit jedesmaliger Vorausschickung der karakteristischen Kennzeichen der Familien, zur Richtschnur genommen, und eine nicht unbeträchtliche Anzahl neuer Arten, mit denen Hr. L. erst in der Folge seine Sammlung vermehrt hat, beigefügt worden ist.

Be=

Betrachtet man dieses Verzeichniß nun von jener Seite, daß der Verfaſſer dadurch die Schmetterlinge seines Vaterlandes bekannter machen, und eine entomologische Fauna der Augsburger Gegend liefern wollte, so verdient dieses Unternehmen allerdings Dank und Aufmunterung, so, wie daſſelbe im Gegentheile, wenn man es nur für einen trofnen Katalogen über die Sammlung des Hrn. L. betrachten wollte, wenig Intereſſe für den naturforschenden Entomologen haben möchte.

Ungeachtet der Titel nur von Schmetterlingen spricht, welche in der Gegend um Augsburg sollen gesammelt worden seyn, so kommen doch darinn mehrere österreichische, auch sogar verschiedne exotische Falter vor, deren Anzahl beiläufig ein Drittel des Verzeichniſſes beträgt. Die deutschen Namen sind größtentheils aus dem Wiener siſtematischen Verzeichniſſe entlehnt, doch finden sich auch mehrere von des Hrn. L. eigner Ueberſetzung darunter, die faſt durchaus gut gerathen sind; nur iſt Rezenſent mit einigen unzufrieden; so gefällt ihm z. B. die Verdeutschung des Pap. Aceris nro 224. durch **Tagfalter** *Aceris*, der Bomb. Everia nro 811. durch **Everinachtfalter**, der Noct. Iota nro. 960. durch **Iotnachtfalter**, und der Noct. cruda nro. 694. durch **Crudnachtfalter** ꝛc. nicht. Den ersten Schmetterling würde er lieber mit Hrn. **Esper** den **Ahornfalter,**

J 5

falter,

falter, und den zweiten mit Hrn. Knoch den Woll=
träger Spinner genennt haben; der dritte war
leicht durch Ochsenkopf Spinner (denn Nachtfal=
ter ist auch zu unbestimmt) zu übersetzen, und die
zwei leztern hatten ja schon von Schiefermüller Be=
nennungen erhalten, die Hr. L. gar wohl hätte bei=
behalten können, wenigstens hat er sie durch seine
Uebersetzung nicht verbessert. Die Sinonimie ist gut
gewählt, sie bestehet aus Linne, Schiefermüller,
Esper, Bergsträßer, Knoch, Sulzer, dem Archive
der Insektengeschichte, Naturfoscher, Sepp, Sar=
ris, Wilkes, Drury, Rösel, Kleemann, Hübner,
und dem bekannten Pariser Schmetterlingswerke;
ungern vermißt aber Rezenf. hierunter den Fabri=
zius, besonders die Mantisse, und eben so ungern
bemerket er auch unter so vielen vortreflichen Schrif=
ten Gladbachs Sudelei. Ueber die Anordnung der
Sinonimie ließe sich hier und da manches erinnern,
welches Hr. L. selbst eingesehen zu haben scheinet,
da er sich in seiner Vorrede hierüber vorläufig als
einen Illiteraten entschuldiget. Freilich würde Hr. L.
in Rüksicht auf die Anführungen des Wiener Ver=
zeichnisses mit mehr Präzision haben zu Werke schrei=
ten können, wenn er im Stand gewesen wäre, die
Fabriziusische Mantisse zu benuzen, worüber sich R.
begnüget, unter andern nur die Phalänen anacho=
reta, reclusa und curtula als Beispiele anzuführen;

allein

allein es finden sich doch auch zuweilen Unrichtig:
keiten vor, die sogar ein Illiterat hätte vermeiden
können; hierher gehöret z. B. Sulzers Zitat bei dem
Sph. culiciformis, nro 585, und die Versetzung der
Phal. noct. argentea, der silberfleckigten Eule unter
die Fam. Z. der reichen Eulen, wo sie doch unter
die Fam. I. der kappenhalsigten gehöret, und auch
schon von Schiefermüller selbst pag. 312. unter dem
Namen der Phal. artemisiae oder Beifuß Eule dort
eingerücket worden ist, ꝛc.

Hr. L. fragt Seite 133. bei der Phal. noct. texta
nro. 974. in der Note, ob dieß nicht der Wiener
linogrisea sei? — Sie ist es nicht, das neue ento:
mologische Magazin und Fabrizius besagen es ganz
klar; Esper hat diese Eule unter ihrem wahren Na:
men tab. 29. noct. fig. 3. abgebildet. Ein gleiches
gilt auch von der Anfrage bei der Phal. latifolia nro.
1032. (noct. arundinis Fabr.), auch diese ist die
Phal. nervosa der Wiener nicht, wie aus der Karak:
teristik derselben bei Fabrizius zu ersehen ist. — Die
Phal. cubicularis nro 925. wird wohl auch der ächte
Wienerische Schmetterling dieses Namens nicht seyn,
man vergleiche ebenfalls Fabrizius. Dann zweifelt
N. auch mit Grunde, ob die Phal. tin. viridella,
nro. 1448. Sulzers Scabiosella sei; er besitzet sowohl
den Sulzerschen, als auch einen andern langhörnig:
ten Schaben, den er für die viridella der Wiener
hält,

hält, denn er stimmt mit der Skopolischen Beschreibung, auf welche sich das Sistem bezieht, ganz genau überein, er ward ihm noch immer aus Wäldern zugebracht, wo man ihn auf den Blättern der Buche (Fagus silvatica L.) antraf; da er hingegen ersteren nirgends anderswo, als auf Wiesenpflanzen fieng. — Sulzers marmoraria ist nicht der Wiener hispidaria, sondern, wie wir schon lange aus dem entomologischen Magazine wissen, die prodromaria; eben so sind auch in dem von dem Verfasser angehängten Verzeichnisse neuer europäischen Schmetterlinge, welche sich in dem sistematischen Verzeichnisse nicht befinden sollen, verschiedne Arten begriffen, von denen wir ebenfalls, theils aus dem Magazine, theils aus Fabrizius mit Gewißheit wissen, daß sie in gedachtem Werke vorfindlich sind. Hierher gehören zum Beispiele:

Pap. Cyllarus, n. 483. w. s. v. Fam. N. pag. 183. nro 7. *Pap. Damoetas.*

Sph. lonicerae, nro 60. w. s. v, Fam. G. pag. 45. nro. 3. *Sph. Loti.*

Bomb. Everia, nro 811. w. s. v. Fam. L. pag. 57. nro 3. *Bomb. Catax.*

Noct. alni, nro 889. w. s. v. Fam. E. pag. 69. nro 4. *Noct. Degener.*

Noct. argentea, nro 1126. w. s. v. Fam. I. p. 312. nro 9. *Noct. artemisiae.*

Noct.

Noct. policula, nro 1134. w. ſ. v. Fam. A. a. pag.
94. nro 7. *Noct. heliaca.*

Geom. sesquiſtriataria, nro 1223. w. ſ. v. Fam. B.
pag. 97. *Geom. bupleuraria.*

Geom. artemiſaria, nro 1269. w. ſ. v. Fam. G.
pag. 105. *Geom. Atomaria.*

Die Zahl der Arten, welche Hr. L. aufgezeichnet hat, erſtrecket ſich beiläufig auf ſechshundert und etliche dreißig, worunter ſich vierhundert und etliche ſechzig Arten Augsburger Schmetterlinge befinden. Die Nummern beziehen ſich nicht auf die Zahl der Arten, ſondern auf die Anzahl der Exemplare, welche Hr. L. von denſelben beſitzet, ſo, daß ſein Verzeichs niß zwar aus 1505 Nummern beſtehet, und doch nur ſechshundert und etliche dreißig Arten enthält. Bei einigen Arten der weniger bekannten Schmetterlinge, beſonders bei verſchiednen des w. Siſtems hat Hr. L. eine kurze Karakteriſtik hinzugefügt, welche den Liebhabern, die kein Latein verſtehen, und folglich die Fabriziuſiſche Mantiſſe nicht benutzen können, allerdings ſehr willkommen ſeyn muß; auch macht Hr. L. folgende neue Arten Augsburger Schmetters linge bekannt, als:

Nro. 1065. Phal. noct. Flammea. Der (die) Flammennachtfalter (Eule). Blaßgoldfarbigte roths gewäſſerte Eule.

.Hr.

Hr. L. beschreibt sie folgendergestalt:

„Sie hat nicht gar die Größe der Vorhergehenden
„(Phal. derasa), auf den obern Flügeln zeigt
„sich ein Oo. Die Unterflügel sind gelbröthlich
„mit einer breiten Binde, an welcher ein röth-
„lichter Saum ist. — Um Augsburg, also nicht
„die Wienerische Flammea, Fam. F. pag. 87.
nro 3?

Nro 1128. Phal. noct. argentula. Der (die)
silberstrichigte Nachtfalter (Eule), olivengrün, mit
drei schrägen silbernen Querstreifen auf den Oberflügeln. Die Unterflügel sind grauglänzend. — Um
Augsburg.

Nro 1136. Phal. noct. purpurina. Der (die)
Purpurnachtfalter (Eule). Die Oberflügel vom
Außenrande bis zum Schwungrande, hell purpur-
roth. Die Unterflügel graulechtbraun. Die Unter-
fläche der vier Flügel graulecht glänzend. — Um
Augsburg.

Sollte dieß nicht der Wiener noct. purpurina
Fam. T. pag. 88. nro 9. seyn? Man vergleiche Fabrizius.

Nro 1255. Phal. geom. liguftraria. Der Hart-
riegelische (Hartriegel) Nachtfalter (Spanner).
Mausefärbigt, mit zwei schmalen, rostfärbigt punk-
tirten Streifen durch die Oberflügel, und so gefärbten Flügelnerven. Die Unterflügel sind heller
mit

mit einem dunklern Querstriche. Das Weibchen ist ungeflügelt. Die Raupe wohnet im Junius auf dem Hartriegel (Liguſtro vulgari L.) Der Schmetterling erscheinet zu Ende des Oktobers. — Um Augsburg.

Nro. 1323. Phal. geom. oliviata. Der Oliven-nachtfalter (Spanner). Die Oberflügel mit dunkeln und hellen olivengrünen Querbinden. Die unteren schmutzigweiß, mit dunkleren Querlinien und einem schwarzbraunen Punkte in der Mitte.

‚ Nebſt dieſen Arten enthält das Verzeichniß auch noch einige neue fremde Schmetterlinge, als: Pap. Actaea nro 165. (die aber mit der Esperschen Actaea nicht verwechselt werden darf) aus dem südlichen Frankreich; Pap. Ida, nro 174, aus dem Florentinischen; Pap. Telicanus, nro 387, ebenfalls aus dem südlichenFrankreich, und Bomb. maculania, nro 708, aus Italien.

In der Vorrede verspricht uns Hr. L. auch bald ein Verzeichniß der von ihm gesammelten Käfer zu liefern, und R. wünschet, daß es dem Hrn. L. gefallen möge, die Erfüllung dieses Versprechens recht bald in die Wirklichkeit zu setzen, und uns alsdann auch bei jedem Insekte seiner Gegend die Menge oder Seltenheit desselben, nebſt Zeit und Wohnorte in wenig Worten bekannt zu machen.

XXIII.

XXIII.

Petri Artedi Angermannia — Succi bibliotheca ichtyologica feu hiftoria litteraria ichtyologiae, in qua recenfio fit auctorum, qui de pifcibus fcripfere librorum titulis, loco editionis tempore, additis iudiciis, quid quivis auctor praeftiterit, quali methodo et fucceffu fcripferit, difpofita fecundum fecula, in quibus quivis auctor floruit. Ichtyologiae pars I. emendata et aucta a Iohanne Iulio Walbaum M. D. practico lubecenfi, Societatis berolinenfis naturae curioforum fodali. Grypeswaldiae impenfis Ant. Ferdin. Roefe 1788. 230 S. in gr. 8.

Petri Artedi philofophia ichtyologica, in qua quicquid fundamenta artis abfolvit, characterum fcilicet genericorum, differentiarum fpecificarum, varietatum et nominum theoria rationibus demonftratur et exemplis corroboratur. Ichtyologia pars II. Emendata et aucta a I. I. Walbaum. Cum tab. aen. Grypeswaldiae 1789. 190 S. in gr. 8.

Diefe

Diese beiden Theile haben auch den gemeinschaftlichen Titel:

*Petri Artedi renovati pars I. et II. i. e. biblio-
theca et philosophia ichthyologica cura Ioh. Iul.
Walbaumii. Grypeswaldiae* 1789. 8.

Das vortrefliche und allen Jchthyologen unentbehrliche Werk des berühmten Artedi hätte schon
längst eine neue Auflage verdient, und es könnte
wirklich in keine bessere Hände, als in jene des Hrn.
Walbaum kommen, der sich schon in mehreren Theilen der Naturgeschichte Verdienste gesammelt, und
zu Blochs vortreflichem Werke viele Nachrichten
geliefert hat.

Im ersten Theile hat Hr. W. in beträchtlichen
Noten die ältere Litteratur des Artedi ergänzt, und
allzeit diejenigen Schriften mit angemerkt, aus
welchen man sich hierüber weitern Raths holen kann.
S. 95. folgt ein eigner Anhang, in welchem alle ich-
thyologische Schriften des achtzehenden Jahrhun-
derts in alphabetischer Ordnung verzeichnet sind.
Auch im zweiten Theile hat fast jede Seite eine Menge
Zusätze erhalten, welche die neuesten nach Artedis
Lebzeiten bekannt gemachten Beobachtungen über den
Bau der Fische in sich begreifen. S. 129. besteht der
Anhang aus fünf hiehergehörigen Abhandlungen,
wovon die erste die berühmtesten ichthyologischen

K

Ei-

Sisteme, die zweite die Anatomie des Typhias von
Walbaum; die britte und vierte Divernejs Untersuchungen über den Bau des Herzens, und den Kreislauf des Gebluts der Fische; und die fünfte Monros
Beobachtungen über den Bau des Herzens eben dieser Geschöpfe enthält.

XXIV.

Magazin für das Neueste aus der Phisik und
Naturgeschichte, zuerst herausgegeben von dem
Legationsrath Lichtenberg; fortgesezt von Joh.
Henr. Voigt, Prof. der Herzogl. Landesschule
zu Gotha 2c. des fünften Bandes erstes Stück.
Mit Kupfern. Gotha bei C. W. Ettinger.
1788. 186 Seiten in 8.

Hr. Prof. Blumenbach liefert Beiträge zur Naturgeschichte der Schlangen; die Zergliederung
der Natter (coluber natrix) und die Beschreibung
einer neuen Schlange aus Florida, welche hier wegen ihrer ausnehmend schönen rothen Farbe coluber coccineus, die Carmoisinschlange genennt wird,
ihre Beschreibung ist in der Kunstsprache so abgefaßt:

Coluber.

Coccineus. — Scutis abdominalibus 175. fquamis fubcaudalibus 35. *Facies* coccinea arcu
fuperciliari nigro. *Frons* flava. *Dorfi* ma-
culae coccineae 23 transverfim ovatae vel
obtufe quadratae: marginibus nigris, ad latera
plerumque interruptis, circumfcriptae: lineis
flavis nigro maculatis diftinctae.

Abdomen albicans. *Caput* parvulum. *Collum*
indiftinctum (vix ullum) *Cauta* acuta. *Lon-*
gitudo ulnaris. *Craffities* digiti minimi.

Die Abbildung des Vorderendes diefer Schlange ift
t. 1. zu finden.

Einige Naturhiftorifche Bemerkungen bei
Gelegenheit einer Schweizerreife von Eben=
demfelben.

Der intereffantefte Gefichtspunkt, aus welchem
das Studium der Verfteinerungen und fogenannten
Foßilien lehrreich und wichtig werden kann, bleibt
allemal der, infofern fie zu Denkmälern und Beleger
bienen, die uns über die Revolutionen Auffchluß
geben können, fo mit unfrer Erde feit ihrer Erwaf=
fung vorgegangen feyn müffen. Aus diefen Ge=
fichtspunkte theilt nun Hr. B. diefe merkwürdige
Urkunden im Archive der Natur in drei Claffen: I.
in Foßilien, wo fich die lebenden Originale noch izt

in

in dergleichen Gegenden finden; II. in solche, wozu die Originale zwar ebenfalls noch in der jetzigen Schöpfung, aber blos in weit entfernten Erdstrichen, existiren; III. endlich in die unzäligen wahren Versteinerungen, wozu man noch nie ein wahres Original in der jetzigen Schöpfung aufgefunden. — Aus der lezten Klasse wird S. 14. eine noch nicht beschriebene Art versteinerter Dentalien beschrieben, und t. 2. abgebildet, welche sich schon durch ihre ansehnliche Größe von den bekannten Arten auszeichnet, und im Luzerner Gebiete gefunden worden.

Verzeichniß der in den Hessen-Darmstädtischen Landen vorhandenen Mineralien.

Die Beschreibung oder vielmehr die magere Anzeige derselben ist nach den Aemtern vorgenommen. So heißt es z. B. Hornfels im Darmstädter Walde, Porphyr um Darmstadt. Mandelstein, verschiedne Arten, im Darmstädter Walde u. s. w.

XXV.

XXV.

Phifikalifche Arbeiten der einträchtigen Freunde in Wien. Aufgefammelt von Jgn. Edl. von Born ꝛc. Des zweiten Jahrgangs drittes Quartal. Wien bei Wappler, gr. 4. 561 S.

Nur ein Auffatz aus der Raturgefchichte von Hrn. Prof. Stütz.

Befchreibung der Chalzedone des Raif. Königl. Naturalienkabinets zu Wien, nebft ver= fchiednen Anmerkungen über diefe Stein= art.

Hr. Stütz nimmt fechs Abänderungen des Chal= zebons an: 1) den ganz dichten (follte heißen ber= ber Chalzedon; denn dicht bezieht fich nur auf die Struktur oder ben Bruch der Foßilien); 2) Schich= tenförmiger Chalzedon (ebenfalls ein unminera= logifcher Ausbruck, die verfchiednen Farb''zeich= nungen können doch wohl nicht Schichten heißen.) Sind andre Steinarten eingefchloffen, z. E. Quarz, fo ift nicht das ganze Chalzedon, find aber am Chal= zedon wirklich Schichten, fo heißt es Chalzedon mit ab= gefönderten Stücken. 3) Rindenförmig überziehen= der Chalzedon. 4) Chalzedon in Bällen und Sö= Rern. 5) Chalzedon in Spitzen oder Zilindern (ge= tropfter Chalzedon.) 6) Kriftallifirter Chalzedon,

K 3

a) in

a) in unbeſtimmten Kriſtallen. Eingehakter, aſchgrauer Chalzedon, ganz wie eingeſchnittener Quarz (ſind alſo keine Kriſtalle); ſondern die Einſchnitte laufen ſo durcheinander, daß ſie ſtumpfe Winkel und Prismen vorſtellen, aus Island. b) In ſechsſeitigen abgeſtumpften Säulen ſind mit Chalzedon überzogene Kalkſpatkriſtalle (alſo nicht kriſtalliſirter Chalzedon). c) In ſechsſeitigen Piramiden bald hohl, bald mit Kallſpate ausgefüllt. (der Verf. merkt ſelbſt an, daß die meiſten vorgeblichen Chalzedonpiramiden bloſe Inkruſteln ſind. Merkwürdig iſt es aber doch, daß die ganz durchgeſchnittenen Kriſtalle durchaus milchfärbig, trübe, unelektriſch, eher achat= als quarzartig, und die Thon= und Kallbeſtandtheile häufiger in der Miſchung, als beim Quarze ſind.) d) In Würfeln, himmelblauer Chalzedon in angehäuften Würfeln von Torotzko in Siebenbürgen (auf der 4ten Fig. abgezeichnet) offenbar ein kriſtalliſirter Chalzedon, von der ſchon Brückmann (in der 2ten Fortſetzung der Abhandlung von Edelgeſteinen) Meldung thut, nur hat er ſie irrig für dreiſeitige Piramiden angeſehen.

Zweiter Abſchnitt. Gedanken und Bemerkungen über die Natur und Entſtehungsart des Chalzedons.

Viele Chalzedone ſtecken entweder in verhärtetem Thone, worinn man Spuren einer durch Hitze ge=

geſchehenen Austrocknung wahrnimmt, oder in wah=
rer Lava, wie zu Vicenza, oder im Mandelſteine, wie
die von Ferroe und von Oberſtein; andre z. B. aus
Siebenbürgen, Hüttenberg faſt immer bei Glaskopf
oder Eiſenſpat, der gewöhnlich verwittert iſt, die
ungriſchen bei Grauſtein, Saxum metalliferum, die
ſächſiſchen bei Flußſpat, Quarz und Silbererzen.

Wenn die Chalzedone verwittern, ſo gehen ſie
erſt in Weltnuge, dann in Thon über. Dieſe Um=
ſchaffung ſcheint dem Verfaſſer nichts, als eine äuſ=
ſere Modifikation, höchſtens der Verluſt der binden=
den Materie, oder des Gluten zu ſeyn, der ſie ſo
feſt zuſammengehalten hat. (Allein wo iſt der gröſ=
ſere Theil von Alaunerde, die man in dem Thone,
in welchen die Chalzedone verwittern, hergekommen,
wo die Kieſelerde, die ſich häufiger im Chalzedone
findet, hingekommen?) Er antwortet zwar: wie
leicht kann es ſeyn, daß die Natur in Zerſetzung
des Chalzedons noch mehr eingeſprengte Thontheile
loswickelt, als es der Chimiker bei Zerſetzung des
Steins im Stande iſt? Allein dieß hebt den Knoten
noch nicht, iſt die Thonerde nur eingeſprengt im
Chalzedone enthalten? Gewiß nicht: in dieſem Falle
müßte ſie der Chemiker leicht ſcheiden können, und
anzunehmen, daß mehr Thon oder Alaunerde im
Chalzedone eingemiſcht enthalten wäre, als der
Chemiker herauszuſcheiden im Stande wäre, iſt eine

 bloße

bloße Hipothese, die noch unwahrscheinlicher, als
die Umwandlungshipothese ist.)

Die Entstehungsart der Chalzedone denkt sich der
Verfasser auf folgende Art: die Chalzedone bestehen
größtentheils aus Kieselerde und etwas Alaunerde,
diese müssen also die Haupterzeuger desselben aus=
machen. Um aber zu begreifen, wie aus diesen Ur=
erden der Chalzedon entstanden sei, muß man an=
nehmen, daß diese Erden vorhin aufgelößt (wenig=
stens eine gallertartige Masse ausgemacht hatten);
da sich aber diese beiden Materien in Säuren nicht
auflösen lassen (die im Chalzedone enthaltene Alaun=
erde doch); so müssen sie in eine andre Urerde ver=
wickelt da aufgelößt werden, eine Gallert verursachen,
und als solche nach Hinwegschaffung und Sättigung
der auflösenden Materie verhärten. Waller hat
schon bemerkt, daß dieß die Kalcherde verursachen
könne. Diese Meinung ist durch die Erfahrung be=
stätigt, und besonders durch die Eigenschaft der
Zeolite mit Säuren zur Gallerte zu werden, wobei
unstreitig die Kalkauflösung, mit der die darinn
schwimmenden Thon= und Kieseltheile stocken, der
vorzüglich wirkende Theil ist. Nach Collini soll
dieß die Auflösung des Eisens bewirken. Der Verf.
meint: man könne die Kraft die Gallerte zu erzeugen,
woraus der Chalzedon und der Achat nothwendig
entstehen müssen, der Kalkerde, und die hernach er=
haltene

haltene so feste Konsistenz derselben der Bindekraft des Eisens zuschreiben.

Bergmann hat zwar bei dem reinen Chalzedone weder Eisentheile, noch Kalkerde gefunden; aber oft sitzen in den Höhlungen der Achate und Chalzedone Kalkspate oder Kalkspatkristallen, die Chalzedon und Achatbälle sind oft mit einer kalkartigen, mit Eisenocher vermischten Rinde überzogen 2c. Indessen ist es nicht nöthig, daß jene Säuren, oder wie man sie nennen soll, die eine Auflösung der Chalzedon-masse verursachen, allzeit nach der Entstehung des Chalzedons noch gegenwärtig seien: denn wo wäre sonst die auflösende oder kristallisirende Materie bei den Edelgesteinen, Quarzkristallen 2c. hingekommen? Könnten nicht die Kalkerde und der Eisenocher, die allein aus den Bestandtheilen der Chalzedone auf-gelöst werden konnten, mit der flüßigen Materie (oder mit der Säure) weggesintert seyn, indessen die Kiesel- und Thontheile, die nur aufgelöst waren, austrokneten und verhärteten? Und zeugt dieß nicht die oft vorhandene Kalk- und Eisenocherrinde selbst, die freilich nur damalen zurükbleiben konnte, wenn eine oder die andere Materie in größerer Menge vor-handen war, oder wenn die Säure, welche sie auf-gelöst hielt, in der Nähe einen andern ihr mehr verwandten Körper fand, und hiemit sie fallen ließ.

K 5

Die

Die Entstehung der Chalzedone, die in Lava oder Mandelstein vorkommen, erklärt der Verfasser auf folgende Art: jede davon ist voll Blasen und Drüsenlöcher, oder wird es wenigstens beim Auskühlen. In diese Blasen oder Höhlungen können entweder die schon vorhandenen Wassertheile durch die Hitze getrieben werden, oder es können, ehe die Lava noch ganz ausgekühlt war, Tagewässer eingedrungen seyn. In beiden Fällen kann sich die hie und da losgewordene Luftsäure mit dem ausgetriebenen oder eingesinterten Wasser vermischt haben. Die Kalk- und Eisentheile können sich aufgelößt, und die Kiesel- und Thontheile mit sich genommen haben. Die ganze Mischung hat in den Drüsenlöchern stehen bleiben können, wo dann alles zu einer Gallert geworden ist. Wie die Lava auskühlte, dünstete das Wasser weg. Die Erdtheile geronnen zur Gallerte, und da nun auch die Säure, und der größte Theil der Eisen- und Kallerde hinweggieng, erhärtete die übriggebliebene Masse zum Kiesel, Achate und Chalzedone.

Die bei den Glasköpfen, und überhaupt bei den Eisenerzen von Boinik, Torotzko und Hüttenberg vorkommenden Chalzedone möchte nun der Verf. auch gerne unterirrdischen Gährungen zuschreiben, weil es ihm unwahrscheinlich ist, daß die Glasköpfe blos im nassen Wege ohne irgend einer Hitze ent-

standen

ſtanden ſeyn ſollen (das möchte wohl ſchwer oder
gar nicht zu beweiſen ſeyn. Der Glaskopf und die
beſagten Eiſenerze finden ſich in ſolchen Geblrgen,
wo keine Vermuthung von einer innern Hitze ſtatt
haben kann).

Die Entſtehungsart der in den Silbergruben
von Schemnitz, Kremnitz, und zu Freiberg in Sach-
ſen einbrechenden Chalzedone iſt noch ſchwerer zu
erklären. Sie ſind meiſtens rindenartig über andere Körper gefloſſen, kriſtalliſirt, oder zilindriſch,
ſelten höckerigt. Die Steinart hat rund herum
keine, oder ſehr undeutliche Spuren einer durch innere Hitze hervorgebrachten oder befördernden Erzeugung, und hier glaubt nun der Verf., daß ehe
eine Erzeugung im naſſen Wege möglich ſei.

XXVI.

Pauli Chriſt. Frid. Werneri vermium inteſtinalium brevis expoſitionis continuatio tertia
auctore Iohanne Leonhardo Fiſchero &c. cum
tabulis quinque ad naturam pictis. Lipſiae
1788. 79 S. in gr. 8.

Der Verf. liefert im Eingange eine kurze Geſchichte,
was von den Griechen an bis izt in der Naturgeſchichte der Eingeweidewürmer gethan worden, und
welche

welche Gelehrte sich vorzüglich in diesem Fache bekannt gemacht haben. Eingeweidewürmer könne
man eigentlich nur diejenige Klasse von Geschöpfen
heißen, welche in dem Innern der thierischen Körper
erzeugt werden, und hier ihre Oekonomie ungehin-
dert forttreiben. Sorgfältig sollen aber solche Geschöpfe von dieser Klasse abgesondert werden, welche
sich von außen einen Weg in den Körper der Thiere
suchen, und daher vermes accessorii heißen können.
Die ausführliche Naturgeschichte von den letztern
vermissen wir noch. Der Verf. macht uns im Anfange dieses Werks mit einigen dieser Thiere bekannter, und am Ende liefert er seine Beobachtungen über den durch Pastor Göze zuerst bekannt gewordenen Finnenwurm. Das Ganze ist mit wohl-
gerathenen Abbildungen sowohl der innern, als
äußern Theile der hier beschriebenen Thiere geziert,
und wenn sie schon den Lyonetischen Zeichnungen
von der Weidenraupe nicht gleichkommen; so erleichtern sie doch Anfängern den Weg zu eignen Untersuchungen gewiß.

Die Weibchen der Schafbremse (oestrus ovis)
schlupfen im August, zu der Zeit, wenn die Schafe
auf der Weide ruhig liegen oder schlafen, in die
Nasenhölen derselben ein, und zwar an solche Orte
hin, daß alle Bewegungen der Schafe, und auch
der durch den neuen Reiz häufiger hervorfließende

Schleim

Schleim unvermögend sind, sie wieder wegzubringen, und setzen hier ihre Eierchen ab. Außerdem suchen sie sich niemals zu diesem Geschäfte alte, kranke oder magere Thiere aus, wohl aber jederzeit die fettesten, gesundesten und jüngsten der ganzen Heerde. Ungegründet ist die Meinung derer, welche glauben, die Schafbremsen legten ihre Eier auf das Schaffutter, und auf diese Art kämen dieselben in ihren Körper. Das Männchen, wovon wir hier seine Zeichnung finden, weil die in Reaumurs Memoires pour servir à histoire des Insectes, Tom. IV, Mem. XII. t. 36. sehr getreu ist, richtet übrigens unter diesen Thieren keine Verwüstungen an. Das Weibchen hingegen findet sich auch außer den Schafen bei der Ziege und dem Hirsche.

Das Weibchen der Kuhbremse (oestrus bovis) ist tab. III. fig. 5. abgebildet. Ueber die Meinung, ob dasselbe seine Eierchen aus der Luft auf die Thiere fallen lasse, oder ob es dieselbe nach Vallisnieri, Reaumur und andern gleich in die Haut vermittelst des Legewerkzeugs eingrabe, ist seither wechselweis bestritten worden, der Verf. aber tritt mit überwiegenden Gründen der Meinung der letztern bei, und zeigt zugleich auf tab. 5. sehr schön die Art, wie diese Thiere in der Haut sich einquartirt haben. Sie belästigen nicht allein Ochsen, sondern auch Schafe, und nach Millers Beobachtungen selbst die

die Kameele, aber in die Nasenlöcher der Pferde le=
gen sie, wie Leske in seinen Anfangsgründen zur
Naturgeschichte S. 525. behauptet, ihre Eierchen
nicht.

Den Finnenwurm hat der Verfasser nicht allein
todt, sondern auch lebendig zu beobachten Gelegen=
heit gehabt, und da diese Thiere im Tode ihre
äußere Struktur größtentheils auch unsern feinsten
Untersuchungen und Beobachtungen zu entziehen wis=
sen; so hatte hier der Verf. Gelegenheit, manches an
dem lebendigen Wurme zu bemerken, was Göze und
Otto Fabrizius an todten Exemplaren übersehen
haben. Auf der 5ten Tafel ist dieser Wurm nach
allen Lagen und Richtungen abgebildet.

XXVII.

Differtatio botanica de Moraea, quam Praeside
Carol. Petr. Thunberg publice examinandam
fiftit Zach. Colliander Smolendus. Upfaliae
litteris director. Ioh. Edman. 1787. 20 S.
mit 2 Kupfertafeln.

Von der Pflanzengattung *Moraea* findet man bei
Linne in seinen Spec. plant. zwo Arten angeführt, *m.*
juncea, und *m. vegeta*. Linne (der Sohn) hielt
diese für Abänderungen einer und der nämlichen -
Pflanze

Pflanze, und für eine Art Schwerdel, die er *irio-
petala* hieß, von Thunberg ward sie in seiner Abhandlung von der Schwerdel *iris plumaria* genannt.
Da aber Thunberg mehrere Pflanzen besonders auf
dem Vorgebirge der guten Hoffnung entdekt hat, die
zwar mit der Schwerdel sehr verwandt, aber doch
durch wesentliche Kennzeichen noch von dieser unterschieden sind, so ist die Pflanzengattung Moraca
wiederhergestellt, und die erwähnten Pflanzen unter
diese Gattung gebracht worden.

Der Zweck dieser Preisschrift ist nun, dieses
Pflanzengeschlecht deutlich und vollständig zu beschreiben; es werden also davon ausgeschlossen:
Moraea juncea, *vegeta*, und fugax *Linn.* spec.
plant., aufgenommen unter dieses Geschlecht *Ixia
gladiata*, *africana*, *flexuosa*, *chinensis*, *Ferraria
undulata*, *Sisyrinchium palmifolium* und *bermudiana*.

Folgende Kennzeichen werden nun als wesentlich angegeben, wodurch diese Gattung von den
übrigen Zwiebelgewächsen mit drei Staubfäden und
einem Staubwege, besonders von der Schwerdel
unterschieden seyn soll.

Eine einblättrige, sechsmal tiefgetheilte ungleiche
Blumenkrone (eine solche hat auch die Schwerdel),
denn wenn man viele Arten, die von Linne und
Thunberg zu der Schwerdelgattung gezählt werden,

genau

genau untersucht, so findet man, daß die Lappen
der Krone, oder die so genannten Kronblätter an
ihrer Basis verwachsen sind. Die Lappen sind un=
gleich, (wie bei der Schwerdel) drei Narben (der
Verf. sagt aber selbst, daß kein Befruchtungstheil
mehrern Abänderungen unterworfen sei, als die
Narbe, sie sei einfach bei der caerulea, spiralis, und
africana, zweispaltig bei der bermudiana, dreispal=
tig bei der polyanthos, spathacea, compressa, rc.
sechsspaltig bei der flexuosa rc.) Doch schien sie
durch die Narbe noch am meisten von der Schwerdel
verschieden zu seyn.

Die Gattungskennzeichen, welche er davon an=
giebt, sind folgende:

Kelch: Eine Scheibe ist doppelt, die äußere
größer, beide einwärts gebogen, glatt, lanzetför=
mig, aufrecht.

Die **Krone** ist fast einblättrig, glockenförmig,
ungleich: drei Lappen sind größer, verkehrt eiför=
mig, stumpf: drei kleiner, kürzer, schmäler, läng=
lich, stumpf.

Staubfäden drei, meistens frei, selten in einem
Zilinder verwachsen.

Die **Staubbälge** gleichbreit oder eiförmig.

Stempel. Der Fruchtknoten unten. Der Griffel
fadenförmig, aufrecht, kürzer als die Krone.

Die

Die Narbe verschieden, einfach, tiefgetheilt, drei=
spaltig, sechsspaltig, dreimal getheilt, vielspaltig,
selten dreispaltig, kappenförmig, cucullatum.

Die Fruchtdecke. Eine Kapsel ist glatt drei=
kantig, dreiklappig, dreifächrig, sehr viele und glatte
Samen.

Nun folgt die Eintheilung der Arten, und zwar
in jene mit einem zweischneidigen Schaft *Scapo
ancipiti:* dahin gehören: 1) *Moraea melaleuca* (M.
lugens Linn. auf der ersten Tafel dieser Diff. abge=
bildet) 2) *M. spiralis.* 3) *M. africana* (ixia africana Linn. spec. pl. p. 51. M. africana Linn. Syft.
veget. Tab. XIV. p. 93.) 4) *M. pusilla.* 5) *M.
bermudiana* (Sifyrinchium bermudiana Linn.)
6) *M. palmifolia* (Sifyrinchium palmifolium Linn.)
7) *M. ixioides.* 8) *M. gladiata* (ixia gladiata Linn.)
9) *M. aphylla.* 10) *M. filiformis.* Mit einem
runden Schaft. 11) *M. spathacea.* 12) *M. flexuosa.*
(Ixia longifolia Iacq. hort. vol. 3. T. 90.) 13) *M.
collina.* 14) *M. polyanthos.* 15) *M. caerulea* (gla-
dialus capitatus Linn.) 16) *M. umbellata.* 17) *M.
crifpa.* 18) *M. irioides.* 19) *M. chinenfis* (ixia
chinenfis Linn.) 20) *M. pavonia* (Ferraria pavonia Linn.) 21) *M. undulata* (Ferraria undulata
Linn.)

Dann folgt eine genauere Beschreibung jeder
Art insbesondere.

Ferner werden kurz die Blütezeit von vielen Ar=
ten, der Geburtsort und der Nutzen einiger Arten
angeführt.

Abgebildet sind auf der ersten Tafel die M. spathacea, filiformis, melaleuca, auf der zwoten M.
aphylla, caerulea.

XXVIII.

Arbor toxicaria macaffarienfis, quam Praef. Car.
Petr. Thunberg etc. pro gradu doct. publico
fubjicit examini Chriften Acjmelacus Fenno.
MDCCLXXXVIII. Upfaliae litt. direct. Ioh.
Edman.

Der indianische Baum, von welchem hier die
Rede ist, heißt in Indien *Boa upas*, scheint dem
Verf. eine Art *Ceftrum* zu seyn, Blumen und Früchte
sind noch unbekannt. Die übrigen Theile werden
kurz beschrieben, er wächst in verschiednen warmen
Gegenden von Oftindien, besonders auf den Inseln
auf Java, Sumatra, Borneo u. f. w. auf kahlen
Bergen, er unterscheidet sich leicht von weitem schon
dadurch, daß neben ihm keine andre Bäume stehen,
und die Erde, worauf er sich befindet, unfruchtbar
und kahl ist. Der Saft des Baumes, der eigent=
lich allein giftig ist, ist braunschwarz, wird zu einem

Harze

Harze ausgetroknet, sieht fast wie Pech aus, und schmelzt im Feuer. Dieser Saft muß mit der größten Vorsicht gesammelt werden, damit der Sammler nicht in Lebensgefahr kömmt: daher müssen der Kopf, die Hände und Füße in Leinwand eingehüllt werden, damit der ganze Körper nicht nur von dem Hauche des Baumes, sondern auch von der Berührung seines Safts bewahrt werde. Um diesen Saft aufzufangen, werden lange Röhre von Bambus, die oben wie Wurfpfeile zugespizt sind, mit der größten Gewalt schief in die Rinde dieses Baumes geworfen, damit der Saft dahineinfließe, welcher in kurzer Zeit da dick wird, und erhärtet ꝛc.

Dieser Baum enthält ein sehr fürchterliches Gift; von dem Hauche desselben erstarren alle Glieder des Körpers, wie vom Frost, und gerathen in krampfige Bewegungen. Wenn es jemand wagt, mit bloßem Haupte unter diesem Baume zu stehen, fallen ihm die Haare aus. Die Luft um diesen Baum ist so vergiftet, daß die Vögel, die sich auf seine Aeste setzen, todt zur Erde fallen, daher fliehen alle Thiere, welche durch die Ausdünstungen dieses Baumes zu Grunde giengen, denselben ꝛc. Man hat in der Folge der Zeit mehrere Gegenmittel dieses Gifts entdekt.

1) Die Zwiebeln von dem Crinum asiaticum, wovon der Saft genossen, und auf die Wunde ge-

strichen

ftrichen wird, ein heftiges Brechmittel, wodurch
das Gift weggebrochen wird.

2) Um die ftarke Hitze zu dämpfen, wird' auf die
Wunde der Saft von der Melopepo geftrichen, auch
etwas davon genoffen.

3) Die Rinde von der ficus racemofa auf die
Wunde.

4) Die Rinde des weißen Saijang auf die Wunde.

5) Die Blattftiele und Wurzeln von der momor-
dica charantia geftoßen auf die Wunde.

6) Die Wurzeln von Cajo radja.

7) Das ficherfte Mittel ift den Indianern ein
gewiffer milchiger Baum, den fie Füle oder Rite
nennen, deffen Blattftiele alles Gift ausfaugen follen.

8) Die Wurzel Mungos oder Ophiorhiza innerlich und äußerlich gebraucht.

XXIX.

XXIX.

Botanische Beschreibung der Gräser nach ihren mancherlei einzelnen Bestandtheilen für Anfänger der Botanik, wie für sonstige Pflanzenliebhaber und Oekonomen zu bequemerm Handgebrauche eingerichtet von einem Pflanzenkenner. Frankfurt am Main bei Joh. Christian Gebhard 1788. 57 S. klein 8.

Eigentlich nur eine Terminologie und Beschreibung der verschiednen Theile der Gräser und eine Erklärung der Kunstwörter und Ausdrücke. Von ihrer Wurzel, Halm, Blättern, Blattscheiden, Stielen, vom Blumenstande, der Aehre, dem Kolben, der Rispe, dem Bälglein, der Granne, der Hülle, den Spelzen, Saftblätchen und übrigen Befruchtungstheilen größtentheils aus Schreber von den widernatürlichen Abänderungen der Gräser, oder ihre Krankheiten, von der Struktur der Augen, der Zeit des Aufkeimens, dem ihnen eignen Boden, Standplätzen, Klima (sehr kurz nur angezeigt). Endlich von dem Nutzen und Gebrauch der Gräser. Am Ende ist noch ein Anhang, in welchem lateinisch die Terminologie vorgetragen wird. Endlich sind vier Kupfertafeln, welche 51 Abbildungen meistens von Blütentheilen verschiedner Gräser enthalten, beigefügt.

gefügt. Wir können dieses Werkchen Anfängern in der Botanik allerdings empfehlen.

XXX.

Inledning til Sten-Rikets Känning, efter samlade rön och anmärkningar, Akademiske Ungdomen til Tienst, författad och utgifwen af Pehr Abr. Gadd, Chemie Professor i Åbo. 1787. in 8.

Herr Gadd hat sich schon durch mehrere Werke und vortrefliche Abhandlungen in den Schriften der Schweb. Akademie als einen geschikten Naturkundigen bekannt gemacht. Hier liefert er auf 10 Bogen den Anfang einer Mineralogie, die zu seinen Vorlesungen bestimmt ist, und nach dem, was er in der Einleitung sagt, auch weil er gegenwärtig nur erst eine Klasse von Mineralien abgehandelt hat, fortgesezt werden muß.

Aus dem Ganzen siehet man, daß er in der Litteratur der Deutschen, Engländer und Franzosen nicht unbewandert ist. Die Mineralien werden in I. Erden, II. Steine, III. Salze, IV. brennbare Körper, und V. Metalle eingetheilt.

Die Erden, welche Hr. G. nicht mehr von den Steinen trennen sollte, verfallen in primitivae und

ad-

dventitinae. Die erste Abtheilung beſtehet aus
fünf Klaſſen. a) T. calcariae, b) magneſienſes,
c) argillaceae, d) leptamnoſae, und e) ſiliceae.
Die 2te Abtheilung enthält a) vulkaniſche Erden,
b) gröbere Sandarten, c) terrae petroſae, die von
noch gröberm Korn ſind. d) Stauberden, Terrae
geoponicae machen den Beſchluß. Die Beſchreibung
der einzeln Arten und Abarten iſt ſehr kurz angeführt,
daß es oft ſchwer fällt zu unterſcheiden, was der
Verfaſſer unter dieſer oder jener Art und Abänderung
verſtehen mögte. Es wäre zu wünſchen geweſen,
der Hr. Verf. mögte überall die Quellen angegeben
haben, aus welchen er geſchöpft hätte, und ſo
könnten wenigſtens auch andere, die eben ſeine Vorleſungen darüber nicht beſuchen, doch aus dieſen ſich
Raths erholen. Zuweilen findet man in den Anmerkungen nähern Aufſchluß, die er auf die Beſchreibung der Arten und Abarten folgen läßt. Daß aber
Hr. Gadd bei Beſtimmung der Arten und Abänderung
von der Meinung anderer Mineralogen abweicht,
mögen hier einige Beiſpiele zeigen. Die Köllniſche
Umbererde iſt unter dem Thon angeführt. Schwer-
ſpatherde ſei nichts anders, als Kalkerde mit einer
beſondern Säure geſättigt, das Neapelgelb ſei Kalkerde mit einigen metalliſchen Beimiſchungen, Mond-
milch ſei weißer Thon, der etwas Gips, Kalk und
weniges Eiſen in ſeiner Miſchung habe. Unter den

£ 4

terris

terris leptamnosis stehet Storrs Binbeerde, Tripel
und a. m.

XXXI.

Topografia Veneta, ovvero Defcrizione dello
Stato Veneto. Secondo le piú autentiche
relazioni e defcrizioni delle provincie parti-
colari dello ftato maritimo e di terra ferma,
Venezia 1787. T. I - IV. in 8.

Um kein Buch zu übergehen, welches nur in dem
entferntesten Grad der Aufmerksamkeit des Naturforschers würdig ist, und hier und da eingestreute
Bemerkungen (seien deren auch noch so wenige) für
ihn enthält, führen wir auch gegenwärtiges an,
von dem wir im Allgemeinen bemerken, daß es dem
Geographen und Politiker gewiß sehr schäzbare
Nachrichten ertheilt. Was die Naturgeschichte betrift, so können wir nur folgende wenige Bemerkungen ausheben:

Auf der Insel Pago, eine von den Isole del
Quarnaro, die in dem Meerbusen dieses Namens
liegen, finden sich vortrefliche Steinkohlen, die erst
in neuern Zeiten entdekt wurden. In der Grafschaft
Nona trift man viele erloschene Vulkanen, und
Spuren ehemals betriebener Bergwerke an. Ueberhaupt

haupt scheint diese Gegend dem Mineralogen wich=
tig zu seyn. Istria hat vortrefliche Marmorbrüche,
und versendet vielen Marmor schon seit langen Zeis
ten außer Land. — Noch ist unsere mineralogische
Kenntniß dieser Gegend gering, und es wäre zu
wünschen, daß uns ein geschikter Naturforscher
dieselbe eben so genau kennen lehrte, wir wir durch
eine vortrefliche, schon 1786. zu Rom herausge=
kommene Schrift einen Theil des Kirchenstaats be=
schrieben erhielten. Der Titel dieser Schrift ist:
Saggio di osservazioni mineralogiche sulla Tolfa,
Oriolo e Latera di Scip. *Breislak* delle scuole
pie.

Vermischte Nachrichten.

Wir kündigten im Frühjahre 1787 dem Publikum an, daß wir willens seyen, eine neue
Ausgabe von dem berühmten Werke: Millers Illustration of the Sexual System of Linnaeus, in 8vo
zu veranstalten, die bey genauer Copirung der fürs
treflichen und in ihrer Art einzigen Kupfertafeln
noch den Vorzug vor dem Original haben sollte, daß
der Text aus dem Engländischen ins Lateinische über-
getragen, und dadurch für alle Nationen brauchbar gemacht werden sollte. Dazumal konnten wir
uns keiner andern Unterstützung als der von dem
Herrn Kriegsrath Merk in Darmstadt rühmen,
welcher uns die erste Idee dazu angab, den Künstler eigends dazu anzog, unterrichtete, und unter-
stützte. Eben dieser Gelehrte verschafte uns aber auch
nachher die Bekanntschaft des Hrn. Hofrath und
Leibmedicus Dr. Weiß in Rotenburg, den sein
eifriges Bestreben, die Erlernung der Botanik zu
erleichtern, und ihre nuzbare Anwendung zu befördern, unter den Botanikern Deutschlands rühmlichst
auszeichnet, und welcher schon das verjährte Verdienst für sich hat: Millers großes und kleines
Werk

Werk zuerst in den Göttinger gelehrten Anzeigen
empfohlen und beurtheilt, ja was mehr ist, schon
damals von einigen Irrungen gesäubert zu haben,
die dem fürtreflichen Verfasser desselben, so wie jedem andern Kunstverständigen, wenn seiner auf
planmäßige Ausführung der Hauptgegenstände ge-
hefteten ganzen Aufmerksamkeit und strengsten Sorgfalt, in Nebendingen Mängel entschlüpfen, leicht
zu verzeihen waren. Den Weisungen des Herrn
Doktor Weiß zu Folge verbesserte damals schon
Miller sein Werk, und ließ einige Bogen Text
umdrucken.

Um uns sowohl als das Vaterland, von dem
Vorwurf einer Nachdruckergierde zu reinigen, bot
sich Hr. Hofr. Weiß, da er die fürtreflichen Nach-
stiche eingesehen hatte, freiwillig an, seine Schätze
15jähriger Erfahrung aufzuthun, und eine Einleitung vor die Anfänger vorzusetzen, die diese
Ausgabe zu einem klassischen Werke zu erheben fähig
wäre. Er verbesserte einige noch sehr wichtige Irrungen der Tafeln des Originals, erweiterte den
Text mit Anmerkungen, die des Kenners Auge nicht
entgehen werden, und deren Anrühmung hier eine
vergebene Arbeit seyn würde. Er rieth uns an,
die generische und specifische Namen auf die Tafeln
selbst zu setzen, die nicht in dem Original befindlich
sind. Eine wichtige Hülfe für den Studirenden!

Er

Er wachte über alle mögliche Fehler, korrigirte mit
der größten Pünktlichkeit jedes Jota, und that an
diesem fremden Kinde mehr, als die meisten Gelehrten an ihre eigne verwenden mögen. Hierdurch
wuchs die Anzahl der Bogen bis zu etlich und
zwanzig mehr als in dem Original an, und es war
nicht mehr möglich, daß der Text mit den Tafeln
gleichen Schritt halten konnte. Daher wird also
Text und Tafeln jezt von einander abgesondert, und
jedes macht einen besondern Band aus, wie in
Tourneforts Werke.

Aus diesen angeführten Ursachen, wozu noch
andere Umstände, als der plözliche Tod des Künstlers und andere hinzukamen, werden wie hinlänglich deswegen entschuldigt seyn, daß dieß Werk
später, als die Ankündigung versprach, jezo erscheint.
Es hat unstreitig durch den Verzug gewonnen, so
wie viele andere durch die Uebereilung verlieren.
Ohne unsre Erinnerung werden hier die Herren
Subscribenten leicht beurtheilen können, daß wir
ohnmöglich den ersten festgesezten Preis halten,
sondern ihn nach Maasgabe unserer weitern Un-
kosten, die wenigstens ein Drittheil mehr, als nach
der ersten Anlage betreffen, nothwendig erhöhen
müssen. Er bleibt daher unabänderlich, auf
Rthl. 5 — in Gold oder fl. 9 — nach dem 24 fl. Fuß

für

für ein unilluminirtes Exemplar auf großes Schweizer Papier und zu 3 Dukaten oder 15 fl. für ein
illuminirtes festgesezt.   Dieser Termin dauert bis
zu Ende künftiger Michaelismesse.   Nachher werden
sich die Liebhaber, die sich später melden, den er-
höhten Ladenpreis zu bezahlen, gefallen lassen. Den
Herrn Collectoren bleibt wie gewöhnlich 10 p. C.
für ihre Bemühung.

Finden wir, daß uns das wahre gelehrte Publikum in dieser gewiß nicht gewinnsüchtigen Unternehmung nur einigermaßen durch seinen Beifall unterstüzt;   so versprechen wir nächstens eine ähnliche
Ausgabe des großen Werks zu veranstalten.

Frankfurt, Ostermesse 1789.

Varrentrapp und Wenner.

Endes Unterzogene haben in gegenwärtiger Ostermesse die neue Ausgabe des kleinern Millerschen
Werkes: Illustration of the Sexual System of Linnaeus, dem Publikum zur Prüfung vorgelegt. Das
englische Exemplar ist in allen Provinzen von Deutschland wahrscheinlich vertheilt, folglich hat jeder Sach-
kundige Gelegenheit, zu untersuchen, in wie fern
Stich und Illumination der Copie die Vergleichung

des

des Originals aushalten kann. Da wir wünschen,
daß uns bey dieser Vergleichung nichts, als die
strengste Gerechtigkeit zu Theil werden möge; so wagen wir es, der Welt anzukündigen, daß wir gesonnen sind, eine Ausgabe des großen Werkes zu veranstalten. Der Anfang ist schon damit gemacht,
und wir legen hier zugleich die Proben von sechs
Blättern vor, und berufen uns getrost auf die Aus-
sprüche der größten Kenner, die alle Gelegenheit
gehabt haben, das Original zu studiren. Hier nennen wir die ersten im Vaterland, die beiden Herren
Forster, die Herren Hofräthe Murray, Blumenbach, Schreber, Herrn Hofrath Weis.
Diesen lezteren, obgleich seine Stimme gewiß eine
der vollwichtigsten ist, nennen wir zulezt, weil der
Beifall, den er der Ausführung unsrer Unternehmung
geben dürfte, dadurch bey Leuten von zweibeutigem
und kurzsichtigem Charakter leicht verdächtig werden
kann, daß er Einer unserer Mitarbeiter ist.

Indessen, so lange es dem Gelehrten und dem
Künstler erlaubt ist, der Welt zu sagen, was er zu
leisten gesonnen ist; so darf er es wahrscheinlich auch
sagen, daß er das Versprochene wirklich geleistet hat.
Der große Cirkel lauter und stummer Kenner in der
Nähe und in der Ferne sichert das Publikum, das
nicht aus eigenen Einsichten richten kann, daß es
nicht getäuscht worden ist, oder nicht ungestraft getäuscht werden kann.   Herr

Herr Hofr. Weiß wird in dem Texte nichts
ändern durch eigene zugesezte Gedanken, wozu ihn
bey der kleinern Edition verschiedene Gründe bewogen haben, die bey der großen des verschiedenen
Zwecks wegen wegfallen. Hier soll man eben so wie
im Original durch andere Typen den Unterschied
anschaulich finden: wenn der als forschender Bota-
nist und als Künstler in gleichem Grad verdienstvolle
Miller, von dem aus Linnés Generibus Plantarum
der sechsten Ausgabe genommenen Grundtext, durch
Resultate genauer Beobachtung der Natur, abwich,
änderte, zusezte. Jedoch wird Herr Hofr. Weiß
die Correction vieler im Original durch Druckfehler
verunstalteten Wörter so genau besorgen, daß unser
Text gewiß dem Sinn des Verfassers völlig gemäß
erscheinen soll.

Jedermann weiß, daß das Original in England
über 20 Pfund kostet, so daß Fracht, Assekuranz und
Commißion, Höhe des Courses u. s. w. dies Werk
leicht bis auf 23 neue Louisd'er vertheuern. In
dieser deutschen Ausgabe, die an Schönheit dem
Original wenig nachgeben soll, genießt man das
Vergnügen, der reinen Zeichnung, der mahlerischen
Anordnung der einzelnen Theile, und der genauesten
Uebereinstimmung des Textes mit den Tafeln, ge-
rade um den dritten Theil des Preißes der ersten
Ausgabe. Nicht zu gedenken, daß wir das Werk

heft-

heftweiſe herausgeben, und da jedes Heft zu zwölf Blättern nicht höher als eine Carolin oder 11 Gulden im Subſcriptionspreiß zu ſtehen kommen ſoll; ſo ſieht man leicht, daß dieſe kleine Stückzahlungen den Werth der auszugebenden Summe um ein großes vermindern.

Die ſchwarze Tafeln werden weggelaſſen: allein den illuminirten Tafeln wird der Name der Klaſſe und Ordnung oben, der generiſche und ſpecifiſche Name der Pflanze aber unten hinzugeſezt.

Zum Beſchluß dieſer Anzeige bemerken wir noch zwey beſondere Vorzüge, die wir unſerer Edition zu geben verſprechen:

1. Jede Tafel erhält ihre Nummer: damit in Zukunft Botaniſten pünktlichſt und bequem dieſes zu ſo vielfältigen Zwecken nicht nur brauchbare, ſondern unentbehrliche Millerſche Werk citiren können; da hingegen beym Original dieſer Vortheil fehlt, und man ſich mit einem Citat behelfen muß, das nur anzeigt, dieſer oder jener Pflanze Abbildung enthalte dies Werk, man kann aber ſchicklich und kurz keine Tafel vor der andern citiren.

2. Verſpricht uns Herr Hofrath Weiß einen *Index terminorum artis Linnaeanorum*, d. i. ein alphabetiſches Verzeichniß aller Linne'iſchen Kunſtwörter, die zur Beſchreibung der im Millerſchen Werk befindlichen Pflanzen gebraucht

ſind,

find, mit einer auf die Kupfertafeln des großen
Werkes eingerichteten Anzeige der sie erklä-
renden Figuren.

Findet unser Unternehmen Beifall und die nöthige
Unterstützung; so werden wir auf kommende Herbst-
messe das erste Heft von 12 Blättern liefern, und
dann damit ununterbrochen fortfahren. Bis dahin
wird auch nur Subscription angenommen. Wir ersuchen alle Beförderer wahrer Künste und Wissenschaften, so wie alle Buchhandlungen und Postämter,
den Inhalt dieser Ankündigung bestens bekannt zu
machen, und Subscription zu sammlen, wofür wir
ihnen 10 p. C. oder das eilfte Freiexemplar zusichern.
Um uns wegen diesem ganzen Unternehmen sowohl in
der Anzahl der Kupferabdrücke, als auch in ihrer
Illuminirung richten zu können, bitten wir jeden
Herrn Collecteur, die Anzahl seiner Subscribenten,
nebst ihren Namen und Character, noch vor Ende
August d. J. an uns geneigtest einzusenden, damit sie
dem Werk vorgedruckt werden können.

Frankfurt am Main,
    Ostermesse 1789.

       Varrentrapp und Wenner.

M   Von

Von der naturforschenden Gesellschaft in Bern
sind folgende Preisfragen auf das laufende Jahr
ausgesezt:

1) Eine theoretische,

als die Summe von 30 Rthlr sächsisch auf die beste
Abhandlung: Wie man Foßilien auf dem nassen
Wege untersuchen solle, um den wahren Inn-
halt derselben zu erfahren.

Den wahren Mineralogen wird nicht nöthig seyn
zu sagen, daß hier die gemengten Foßilien nicht in
Betracht kommen, sondern daß nur die gemischten
Foßilien der Gegenstand der chimischen Zerlegun-
gen seyn können.

Man wünschte durch diese Preisfrage hauptsächlich ein reines ausgeführtes Sistem der chimischen
Analytik in Rüksicht der gemischten Foßilien zu erhalten.

2) Eine praktische,

die Summe von 25 Rthlr auf die beste Eintheilung
der bekannten Eisenerze nach ihrem chimischen Innhalte, verbunden mit der äußern Beschreibung
derselben.

Die Abhandlungen müssen vor dem ersten Juli
1790. an den Herausgeber des Helvetischen Magazins (Hrn. Dr. Höpfner in Bern) eingesendet
werden.

Hr.

Hr. Dr. Römer, dem wir nebst seinem fleißigen
Hrn. Colleg das beliebte botanische Magazin zu
danken haben, wird das enthomologische Magazin,
nicht weiter fortsetzen.

* * *

Bei J. G. Fleischer zu Frankfurt am Main erscheint nächstens eine deutsche Uebersetzung mit chur-
sächsischer Freiheit, von folgendem wichtigen Werke:
Description des Gîtes de Minerai, des Forges
et des Salines des Pyrénées, suivie d'observations sur le fer mazé et sur les mines des
sards en Poitou par Mr. le Baron de Dietrich,
welches 1786. zu Paris in zwei Theilen auf 560
Seiten in 4. herausgekommen ist.

* * *

In Neapel erscheint ein wichtiges Insektenwerk,
welches an Schönheit alle andere Arbeiten dieser
Art übertreffen soll.

* * *

Noch am Ende des vorigen Jahres starb Herr
Gulandris, Professor der Naturgeschichte an der
königl. Schule zu Mantua. Seine letzte Arbeit bestand in Dialogen über die Landwirthschaft, womit
er sich mit glücklichem Erfolge viel beschäftigte.

* * *

Druck-

Druckfehler.

S.	Zeile			
8	6	ſtatt	Aethuſa ,	Aethuſa
14	20	-	dem ,	den
24	11	-	hohe ,	hole
41	2	-	unſern Leſern ,	unſerer Leſer
43	7	-	Quettard ,	Guettard
53	26	-	Anus ,	Anas
67	19	-	Helme ,	Halme
71	16	-	Laxicida ,	Laſicida
75	27	-	Caſpida ,	Caſſida
76	2	-	Caſp. ,	Caſſ.
80	13	-	Schwarz ,	Schwarz.
99	4	-	XVIII. ,	XVII.
99	6	-	Uſtelie ,	Uſtri
104	19	-	Abhandlungen ,	Beobachtungen;
114	1	-	Aethiops Sinica ,	Aethiops, Sinica,
116	8	-	avellararius ,	avellanarius
116	27	-	Melanedi ,	Melanedi,
132	4	-	Enargie ,	Energie.
142	6	-	Um Augsburg, alſo ,	Um Augsburg. Alſo
142	16	-	, - (?)	
144	1	-	Succi ,	Sueci
144	19	-	Ichtyologia ,	Ichtyologiae.
154	17	-	geronnen ,	gerannen
159	11	-	Preisſchrift ,	Streitſchrift.

Bibliothek

der

gesammten

Naturgeschichte.

Herausgegeben

von

I. Fibig und B. Nau.

Zweites Stück.

Frankfurt und Mainz,
bei Varrentrapp und Wenner.
1789.

Infequor, et caufas penitus tentare latentes.

VIRG. *Aen.* III.

In h a l t
des zweiten Stücks,

	Seite.
XXXII. A Voyage raund the world. By Captain *Dixon*	181
XXXIII. Muſeum Leskeanum, regnum animale	184
XXXIV. Chemiſche Annalen von L. Crell, 1788. I — VI.	195
XXXV. Tentamen florae germanicae. Auct. Roth. T. I.	212
XXXVI. Hiſtoire de l'Academie royale des Sciences, 1788	216
XXXVII. Der Schmetterlinge XXXVI. und XXXVIII. Heft	237
XXXVIII. Linnéi genera plantarum, 1789	247
XXXIX. Hiſtoire naturelle de Mineraux. T. V. par Mr. Buffon	262
XL. Entwurf einer Inſektenwiſſenſchaft	268
XLI. Cepede Hiſtoire naturelle des Quadrupèdes ovipares etc.	277

XLII.

Seite.

XLII. Sauſſure Reiſen durch die Alpen   300

XLIII. Syſtematiſche Beſchreibung der europäiſchen Schmetterlinge   311

XLIV. Gärtner de fructibus et ſeminibus
     plantarum   323

XLV. Lithologiſches Real- und Verballexicon ꝛc.   348

XLVI. Der Naturforſcher. 23s Stück 1788   350

A Voyage round the world; but more particularly to the north-weſt waſt of America: performed in 1785-88, in the king George and Queen Charlotte, Captains Portlock and Dixon. Dedicated by permiſſion to Sir Joſeph Banks, baronet. By Captain George Dixon. London, publiſhed by Ge. Goulding, 1789. 4 mit 22 Kupfertafeln.

Wir erwähnen dieſer Reiſe um die Welt, welche durch Cooks Entdeckungen und die Ausſicht, den Pelzhandel zwiſchen Amerika und China mit Vortheil zu betreiben, veranlaßt wurde, nur inſofern ſie einige Beiträge zur Naturgeſchichte in dem Anhang enthält. Die Thiere ſtehen hier in keiner ſhſtematiſchen Ordnung, ſondern es ſind nur einzelne Bemerkungen, die der Verf. aneinander gereiht und mit 7 Kupfern erläutert hat.

In den Sandwichsinfeln ſollen ſich vielerlei Krahben und Krebſe aufhalten; einen davon, den der

N

Verf.

Verf. für ben *Cancer raninus* Linn. hält, be=
schreibt er kurz, und liefert auf zwei Tafeln die
Abbildung desselben, einmal auf dem Rücken, das
andere mal auf dem Bauche liegend.

Cypräen ober sogenannte Schlangenköpfe (C.
tigrina, mauritiana, talpa Linn.) und viele klei=
nere Conchylien sollen ebendaselbst sehr häufig ange=
troffen werden.   Unter andern findet man dort eine
neue Landschnecke, Helix, Apex fulva, welche eben=
falls von zwei verschiedenen Seiten abgebildet ist.

In der Mündung des Coolflusses sollen nach
des Verf. Muthmaßung viele noch unbeschriebene
Conchylien zu Hause gehören.   Er erwähnt aber
bloß einer Herzmuschel von so beträchtlicher Größe,
daß ein Mensch sich an einem halben Dutzend der=
selben satt essen kann, und ein noch schmakhafteres
Solen, welches er abbildet und beschreibt.   Ferner
fand er an jenen Küsten eine Miesmuschel, welche
viel größer als die europäische (Mytilus edulis)
und gerunzelt ist.

Die *Anomia venosa* des sel. Solanders brachte
der Verf. von den Falklandsinseln zurück.   Auch
diese ist hier abgebildet.

Von Vögeln werden endlich folgende beschrieben.
und ziemlich gut, wiewohl nicht in Farben dar=
gestellt:

1b) gel=

1) gelbbüschlichter Bienenfraß, (Latham Vol. II. p. 683. nr. 18.) welches vermuthlich Herrn Merrems edle Azel ist. (S. dessen Beiträge 1. Heft, tab. II.) Von den Sandwichsinseln.

2) Weißflüglichter Kreuzschnabel (Latham III. p. 108. n. 2.) Diesen Vogel, den Latham aus Hudsonsbay und Newyork erhielt, fand der Verf. an der entgegengesezten Seite von Amerika auf der Montagueinsel.

3) Patagonischer Sänger (*Motacilla*) (Lath. IV. p. 434. n. 26.) Diese, wegen ihres Schnabels und ihrer Lebensart, anomalische Gattung hatte man bereits im Feuerlande gesehen; jezt bringt sie der Verf. auch aus den nahen Falklandsinseln. Ihre Nahrung sind Seegewürme und Schnecken am Meerstrande.

4) Scherzhafter Würger (*Lanius jocosus Linn.*) ein chinesischer Vogel, der daselbst Kaukaikon heißt. Er frißt Reis, am liebsten aber die auf den Schiffen in Ostindien so überlästigen Schaben (blattae.)

XXXIII.

Muſeum Leskeanum, regnum animale, quod
ordine ſyſtematico diſpoſuit atque deſcripſit
D. L. G. Karſten, ſoc. nat. curios. Hallenſ. ſo-
dalis. Vol I. cum iconibus pictis. Lipſiae,
ſumptibus haeredum I. G. Mülleri 1789. gr. 8.

Voraus ſteht eine kurze Lebensgeſchichte des ſeli-
gen Sammlers, und ſein Bruſtbild iſt dieſer beigelegt. —

Gewiß ſtarb Leſke im 34ſten Jahre ſeines Alters
ſeinen Freunden, Schülern und allen Naturkündigern, die ſo eines Mannes Verdienſte zu ſchätzen
wiſſen, viel zu frühe. Sein Tod war die Folge ſeiner unermüdeten Thätigkeit, und ſeine Schriften
ſind und bleiben der Beweis ſeiner großen Kenntniſſe.
Rec. glaubt noch einen Dank zu verdienen, wenn
er Leſkens Schriften dem Titel nach hier herſezt.

1. Diſſertatio de vegetabilium generatione. Lipſ.
 1773. 4.
2. Ichthyologiae Lipſienſis ſpecimen. Lipſiae
 1774. 8.
3. Anfangsgründe der Mineralogie nach den
 Grundſätzen der Probirkunſt, a. d. Franz. des
 Hrn. Sage. Mit Anmerk. Leipz. 1775. 8.

4. Addi-

4. Additamenta ad I. T. Kleinii naturalem fynopfin echinodermatum et lucubratiunculam de aculeis echinorum marinorum. Lipf. 1778.

5. Abhandlungen zur Naturgeschichte, Physik und Oekonomie aus den Philosoph. Transact. von dem ersten Bande angefangen, gesammelt und mit Anmerkungen übersezt. Ersten Bandes 1r und 2r Theil. Leipz. 1779. 4.

6. Anfangsgründe der Naturgeschichte, Leipz. 1779. 8. 2te Auflage 1784.

7. Vom Drehen der Schafe, und dem Blasenbandwurme im Gehirne derselben. Leipz. 1780. 8.

8. Abhandlungen zur Naturgeschichte, Chymie, Anatomie, Medicin und Physik; aus den Schriften des Instituts von Bologna, 1. 2r Band, Brandenburg 1781 — 82.

9. Leipziger Magazin zur Naturkunde, Mathematik und Oekonomie; von Funk, Leste und Hindenburg 1781-85. 8.

Leipziger Magazin zur Naturgeschichte und Oekonomie, herausgegeben von Leste. (Jzt wird es fortgesezt von einer Gesellschaft Gelehrten).

10. Reise durch Sachsen, in Rüksicht auf Naturgeschichte und Oekonomie. Leipz. 1785. 4.

Mehrere zur Naturgeschichte gehörige Abhandlungen stehen in verschiedenen Stücken des Naturforschers und in den Leipziger Sammlungen zur

 Physik

Phyſik und Naturgeſchichte, ſo wie er auch einige Werke anderer Gelehrten mit Vorreden begleitete, wie es z. B. bei Fiſchers Verſuch einer Naturgeſchichte von Liefland geſchehen iſt.

Was nun die Sammlung ſelbſt betrift, über welche Hr. Karſten mit ſo vielem Fleiße den Catalog verfertigte, ſo muß Rec., der Gelegenheit hatte, dieſe Sammlung ſelbſt genauer zu durchſehen, alle, die zum Kaufe derſelben Luſt haben mögten, verſichern, daß alle Naturalien aufs beſte erhalten ſind.

Aus der Klaſſe der Säugethiere ſtehen hier manche vortrefliche Stücke angezeigt. Eine kurz zur Welt gekommene Frucht einer Aethioperin; ein 7 = 8 Monate altes Kind von einer Aethiopiſchen Mutter und einem Europäiſchen Vater; Simia capucina; Phoca vitulina; Felis linx; Cavia aguti; roſtrum Buceri bicornis; Falco fulvus; (ein ganz vortrefliches Exemplar) Certhia capenſis; Trochilus dominicus; Colymbus arcticus; Loxia capenſis; Muscicapa atricapilla (die auch zuweilen in Deutſchland gefangen wird). Unter den Amphibien: Rana pipa. Die Arten der Eydexen und Schlangen ſehr vollſtändig. Unter den Fiſchen diejenigen, welche um Leipzig gefangen werden, vollſtändig, und außer dieſen noch viele Ausländer. Die fünfte Klaſſe, welche die Inſekten enthält, kam ſchon im verfloſſenen

nen Jahre unter dem Titel: *Museum Leskeanum.*
*Pars enthomologica ad Syst. A. Fabricii ordinata;
cura I. I. Zschakii,* und ist hier wieder beigelegt.
Sie enthält im Ganzen eine Anzahl von 2773 angeb-
licher Arten, unter welchen die Eleutrata den größten Theil ausmachen. Es scheint, daß dieser Theil
des Musäi am wenigsten der nöthigen Aufmerksamkeit gewürdiget worden ist, welches Rec., daraus
schließet, weil der Verf. des Verzeichnisses über denselben, in der Bestimmung der Insekten nach dem
Systeme nicht immer die gehörige Genauigkeit beobachtet hat, woher es dann gekommen ist, daß
nicht allein verschiedene Arten des Systems unrichtig bestimmt, sondern auch mehrere für neu ausgegeben worden, welche in dem System schon längst
verzeichnet und beschrieben sind. Rec. ist durch den
Besitz einer nicht unbeträchtlichen Anzahl von Originalen aus der bereits veräußerten Duplettensammlung in den Stand gesetzet, hierüber mit Zuverläs-
sigkeit urtheilen zu können, und will zur Bestätigung dieses seines Urtheiles nur einige Beispiele aus
der Klasse der Eleutratorum anführen:

  Scarabaeus nuchicornis nro. 46. wird wohl
Fabr. Scarabaeus nutans seyn. Rec. besitzt zwar
von diesem Käfer kein Exemplar aus der Leskeschen
Sammlung, aber er hat Grund, dieses aus dem
Ausdrucke in der Note bei der dritten Varietät-

N 4

                          „cornu

„cornu *erecto* breviſſimo“ zu ſchließen, indem hier⸗
aus folget, daß die Art kein kurzes gerades Horn,
ſondern das Gegentheil, nämlich ein langes gebo⸗
genes haben müſſe, welches eben das Kennzeichen
des Scarab. nutans Fabr. iſt. Die verneinte Va⸗
rietas 1. iſt Voets und Herbſts Scarab. coeno-
bita, Archiv 4. H. pag. 11. nro. 40. Gewiß eine
eigne Art.

Melol. fruticola, nro. 64. iſt Herbſts Melolontha Auſtriaca, und im Archiv der Inſektenge⸗
ſchichte, tab. 19. fig. 26. wiewohl etwas zu groß
abgebildet.

Melol. Brunnea nro. 71. iſt mit Laichartings
Trox holoſericeus und Sulzers Scarabaeus pel-
lucidulus einerlei, vermuthlich iſt die Abänderung
in der Farbe bei dieſem Käfer die Urſache des hier
noch immer herrſchenden Mißverſtändniſſes.

Hiſter nro 89. iſt keine neue Art, ſondern nichts
mehr, und nichts weniger, als Fabricii Hiſter
aeneus. Auch iſt der Hiſter nro 90. Schranks
Hiſter 12. ſtriatus, und zwar die vermuthliche Va⸗
rietät, deren Hr. Schrank in dem neuen entomo⸗
logiſchen Magazine 1. B. pag. 141. nro. 70. gedenket.
Hingegen iſt Rec. völlig dahin einverſtanden, daß
der Dermeſtes nro 101, Statura D. Pellionis absque pancto, eine von dem D. Pellio verſchiedne
Species ſei, denn er bemerket ihn nie zu jener Zeit,

wo

wo lezterer als entwickeltes Inſekt erſcheinet, ſondern immer nur im hohen Sommer.

Silpha aeſtiva iſt mit Herbſts Dermeſtes ferrugineus Archiv 4. H. pag. 21. nro. 10. tab. 20. Fig.
3. einerley, kömt alſo mit der ächten Aeſtiva, welche
Herbſt ebendaſelbſt abgebildet hat, nicht überein.

Bei *Caſſida* nebuloſa nro. 232. ſteigen Recen-
ſenten ebenfalls Zweifel auf; denn von den beiden
Exemplaren dieſer Art, welche er aus dem Duplet-
tenkabinet beſitzet, deucht ihm das eine abgebleichte
Caſſida viridis zu ſeyn, und das andere iſt zuverläßig
Caſſida ferruginea, aber auch ein entſtelltes Exemplar.

Chryſomela ſpecioſa nro. 259. iſt nach Recen-
ſentens Exemplar die Faſtuoſa, und vermuthlich die
Faſtuoſa nro 254. die eigentliche Specioſa; indeſſen
ſind doch beide Arten nicht ſo leicht zu verwechſeln,
wenn man ſich nur die Mühe geben will, die karak-
teriſtiſchen Kennzeichen des Syſtems mit einiger Auf-
merkſamkeit zu vergleichen.

Altica teſtacea nro. 320. iſt nichts anders, als
Altica exſoleta; denn erſtere muß gibba ſeyn und
dieß ſind die Leſkeſchen Exemplare nicht; was mag
alſo die Exſoleta nro. 321. für ein Inſekt ſeyn?

Curculio nubilus iſt nach Recenſentes Dünken
der Laichartingſche Vagus, wenigſtens iſt er der
Nubilus des Syſtems keineswegs; dieſer ſoll pun-
ǎa obſcuriora numeroſa haben, und der Leſ-

N 5

Leſche

l e f ch e hat nicht einen einzigen dunkeln Punkt. Bei der *Saperda* nro. 558. vermuthet Recensent gar, daß das Genus verfehlet sey; denn das Bruststück kömt gewiß mit den Bruststücken dieser Gattung nicht überein; es gleichet eher einer Donacia, indem es an beiden Enden schmäler, als in der Mitte ist, und da es gar noch einen stumpfen Dorn an jeder Seite hat (der indessen durch tuberculum gar nicht entomolo= gisch bezeichnet ist;) so steiget die Wahrscheinlichkeit dieser Vermuthung noch um einen Grad höher. In= zwischen kann Recensent das einzige Exemplar, wel= ches er von diesem Käfer vor sich hat, der Untersu= chung durch Zergliederung der Freßwerkzeuge nicht aufopfern, er muß es also dahin gestellt seyn lassen, unter welches F a b r i z i u s i s ch e Genus dieses Insekt eigentlich gehöre und sich mit dieser blosen Erinne= rung begnügen.

Pyrochroa pectinicornis nro 623. ist Pyrochroa coccinea; und die Pyrochroa coccinea nro. 624. wird daher blos dem Geschlechte nach von der ver= meinten pectinicornis verschieden seyn.

Die *Cicindela* ferruginea capite testaceo &c. nro. 762. ist — welches Niemand erwarten sollte, Carabus limbatus F a b r.

Von dem *Dytiscus* testaceus supra virescens etc. nro. 778. besitzet zwar Recensent aus der Du= plettensammlung auch kein Exemplar, aber Beschrei=

bung

bung und Abilbung geben es nur zu deutlich zu er-
lnnen, daß dieser Käfer kein anderer, als der Dytifcus punctulatus Fabr. seyn könne; hieraus folgt
man auch, daß bey dem Dytifcus punctulatus nro.
779. wieder eine falsche Bestimmung untergeschli-
chen, oder aus Männchen und Weibchen (denn er-
sters stellet die Abildung vor) eine verschiedne Art
gemacht worden seyn müsse.

Auch kömt *Dytifcus* ovatus nro. 800. nur eini-
germassen an Gestalt, nicht aber an Farbe mit dem
Fabriziufifchen Käfer dieses Namens überein,
man darf nur die Species Infectorum, und das entomologische Archiv nachschlagen, um sich hierüber
sattsam zu überzeugen.

Carabus ruficornis nro. 864. ist gewiß auch eine
unrichtige Bestimmung, wenigstens treffen die Le ß-
lefchen Exemplare mit der Karakteristik keineswegs
überein; denn die Käfer, welche Recensent aus der
Duplettensammlung vor sich hat, glänzen stark blau
und grün, dahingegen der ruficornis schwarz ist und
nur zuweilen, wenn er nämlich noch frisch ist, einen
flüchtigen Goldschimmer, (colorem fugacem au-
reum) welcher von so gefärbten Härchen entstehet,
bei einigen Wendungen bemerken läßt; das facies
Carabi leucophthalmi trift ohnehin auch hier nicht
überein.

Diese

Diese Beispiele dünken Recensenten hinreichend zu seyn, sein oben geäussertes Urtheil zu rechtfertigen. Kenner, welche Gelegenheit haben, die Leskeschen nach diesen Bemerkungen zu vergleichen, werden dessen Erinnerungen gegründet finden, wenigstens sind sie es nach den Exemplaren, die er vor sich hat, und deren Numern, wie man ihn versichert, sich auf jene des Musaei genau beziehen. Nebst diesem würde er noch weit mehrere, die sich schon aus den blosen Beschreibungen der noch unbeschrieben seyn sollenden Arten ergeben, ausziehen können, wenn er nicht befürchten müßte, zu weitläufig zu werden und die Gränzen einer Recension zu überschreiten.

Was die Beschreibungen selbst betrift, so vermißt man bei dem größten Theile derselben (Recensent könnte mit Grunde sagen, durchgängig) entomologische Kunstsprache und richtige Interpunktion, wodurch sie öfters unverständlich, oder doch wenigstens zweideutig werden. Ein Beispiel hievon mag unter andern die Zygaena nro. 204 geben; dort heißt es: „ Zygaena alis fuscis, basi margineque „ antico, antennis pectinatis, dorso abdominis- „ que dorso cyaneis. Wer kann hieraus klug werden?

Reichhaltigkeit kann man diesem Theile der Leskeschen Naturaliensammlung nicht absprechen, indessen ist es doch zu viel gesagt, daß in der Vorrede zu der Zschachischen Ausgabe der Insekten behauphauptet wird, daß nur noch sehr wenige europäische Arten darinnen vermisset werden; denn Recensent könnte allein in der zahlreichesten Klasse der Eleutraten mehr denn fünfzig sehr bekannte Arten blos aus dem Gedächtnisse niederschreiben, die darinnen nicht zu finden sind; um sich aber diese Mühe zu ersparen, beruft er sich nur auf das Archiv der Insektengeschichte 4. 5. 7. und 8tes Heft, in welchem sich eine Menge von Arten verzeichnet befindet, die man hier vergebens suchen wird. Bei den Glossaten fehlt schon gleich Eingangs *Papilio* Europome, dann *Papilio* Pandora, Laodice, V. album, Celtis etc. etc. ferner fehlen die *Sphinges* Nerii, Quercus, Celerio, Roechlinii und Vespertilio. *Sesia* bombyliiformis, asiliformis etc. *Zygaena* Faulla, Infausta, Pruni, Clacus, Trigonellae, Viciae. Peucedani etc. etc. — Recensent würde eine Menge von dergleichen Mängeln aufzeichnen können, wenn er nicht versichert wäre, daß dieselbe ohnehin keinem Leser entgehen werden. Indessen wird dadurch die Sammlung an ihrem Werth eben so wenig verliehren, als sie durch ein übertriebenes Lob gewinnen kann; sie wird nichts destoweniger immer eine schäzbare Kollektion bleiben, der es an einem Käufer gewiß nicht fehlen wird, nur wünschet Recensent, daß sie in die Hände eines Mannes von dem Verdienste ihres ehemaligen Besitzers kommen möge.

Zu

Zu diesem Theile des Musäi gehören drey Tafeln, welche von dem Hrn. Regierungsrathe von Wildungen gezeichnet, und von Hoppe gestochen sind. Die erste enthält 13. Insekten aus der Klasse der Eleutraten, eines aus den Ulonaten, und eine Larve aus jener der Synistaten. Die zwote Tafel hat die Fortsetzung der Synistaten in 11. abgebildeten Arten, und einen Glossaten aus dem Geschlechte der Falter. Die dritte Tafel enthält die Fortsetzung der Glossaten in 6 Abbildungen, wovon drey zu dem Geschlechte der Sphinxen, zwei zu den Sesiis, und eine zu den Spinnern gehöret; dann 6. Arten der Ringoten, und eine der Antliaten. Sie beziehen sich auf verschiedne, in dem Verzeichnisse als neu beschriebene Arten, sind aber keineswegs neu, sondern mehrere der hier abgebildeten Insekten sind sogar in den bekannten Werken, als z. B. der von Recensenten oben erwähnte Dytiscus punctulatus nro. 778. von Rösel, und so verschiedne andre von Selzer 2c. schon lange abgebildet worden.

Das Verzeichniß der Würmer ist ebenfals ansehnlich, und die Exemplarien sind alle sehr wohl erhalten. Der Kürze halber wollen wir nur noch erinnern, daß auch bei diesem Theile des Musäi die Abildungen zum Theil entbehrlich sind.

XXXIV.

XXXIV.

Chemische Annalen für die Freunde der Naturlehre, Arzneigelahrtheit, Haushaltungskunst und Manufakturen von Lorenz Crell Dr. und Professor ꝛc. 1788. 1 — 6tes Stück 574. S. in 8.

I. Stück.

S. 17. Chemische Untersuchung des Biliner Sauerbrunnens in Böhmen von Hrn. Dr. Reuß.

Die mineralogische Beschaffenheit der Gegend um Bilin kennen wir schon aus einer Abhandlung von demselben Verfasser in den Schriften der Böhmischen Gesellschaft aufs Jahr 1788. (s. unserer Bibliothek I. Stück S. 10.) wo von der Gegend des dort befindlichen Sauerbrunnens ausführlich, von ihm selbst aber nur im Vorbeigehen geredet wird. Nach genauen und öfters wiederholten Versuchen enthalten 3 Pfund und 18 Loth folgende Bestandtheile:

Luftsäure	—	—	—	0,447463
Extraktivstoff	—	—	—	0,007719
Glaubersalz	—	—	—	0,057445
Kochsalz	—	—	—	0,021791
Minerallaugensalz	—	—	0,383039
Bittersalzerde	—	—	—	0,031310
Kalkerde	—	—	—	0,041159
Kieselerde	—	—	—	0,010015

S. 45.

§. 45. Chemische Untersuchung des schieferichten Hornsteins von Wiegleb.

Der schieferichte Hornstein, dessen chemische Untersuchung Hr. W. hier zum Theil, und im 2ten St. S. 135. in der Fortsetzung beschreibt, ist aus dem Thonschiefergebirge bei Schwarzenburg.

Die Farbe des Steins ist schwarz, übrigens ist er derb, und auf dem Bruche matt, bricht unbestimmt eckigt, ziemlich scharfkantig, aber an den Kanten ganz undurchsichtig. Er ist ziemlich hart und schlägt am Stahl Feuer. In verschiedenen unregelmäßigen Richtungen ist er mit ganz dünnen Quarzadern durchzogen. — Der Name Hornstein, sagt Hr. W. sollte billig nur allein derjenigen Steinart beigelegt werden, die im Aeussern einige Aehnlichkeit mit Horn besitzt, und deswegen glaube ich, daß Cronstedts und besonders Werners Beschreibungen am naturgemäßesten sind. Beide Beschreibungen passen aber auf meine untersuchte Steinart gar nicht. Ihre Bestandtheile in einer Unze sind

	Drachmen	Grane.
Kieselerde	6	0
Kalkerde	0	48
Bittersalzerde	0	22
Eisen	0	17
Phlogistischer Theil	0	25
	7.	52
Verlust im Ganzen		8

II. Stück

II. S t ü ck.

S. 1. Hr. Prof. Storr vom Alpensalze.

Hier wird von seiner Abhandlung de sale alpino ein Auszug geliefert.

S. 118. Einige Mineralogische Nachrichten von Hrn. Dr. Nose.

Die Beschreibungen, welche man bis itzt von den Rheinbreitbacher Bergwerken und ihren Minern hat, sind doch wirklich noch sehr unvollständig. Klipstein (s. dessen mineralogischen Briefwechsel B. II. H. 3. S. 386. — 395) und de Luc (B. 2. S. 131. u. f. f.) haben nur einzelne Merkwürdigkeiten davon ausgehoben, und deshalben wünschen wir gar sehr, daß Hr. Nose sein Wort halten und uns eine nähere Nachricht im Ganzen davon liefern möge; um so mehr, da wir von seiner Hand etwas sehr brauchbares darüber erwarten können. — An Stuffen aus dieser Gegend, entweder auf gewöhnlichem Schwefelkiese oder auf einem zuweilen bunt angelaufenen Bleiglanze, auch schwarzem Bleierze, mit eingesprengtem Gelben, vielleicht auch grauem Kupfererze, in weissem derben, zerkluftem, zuweilen zelligem Quarze, mit anstehendem oder durchsetzendem grauem und schwarzem Thonschiefergebirge, kommen Bleikristalle vor, die mit Phosphorsäure vererzt sind. Die eine Art ist in allem dem grünen Bleierze gleich, das Hr. Werner in seiner Abhandlung über die äusserlichen

D

lichen Kennzeichen der Foßilien S. 293. beschreibt,
oder dem Zschopauer grünen Bleispathe, welchen Prof.
Klaproth (s. Crells Beiträge B.I. St.2.S.13 f.)
analysirte, selbst bis auf den Ueberzug mit festaufliegen-
dem Eisenocher.   Nur finden sich an den Stuffen
keine so lange sechsseitige Prismen als an dem Zschopauer, aber oft an Farben und Formen so manch-
faltige Abänderungen , daß man alle die bisher bekannt gewordenen farbigen Bleispathe (Verg. Crells
Annalen 1786. II. S. 157. X. S. 328. *De Laumont*
im *Iournal de Physique* 1786. avril) in dem einzigen Breitbacher Werke beisammen findet.   -

Ein dem Heibeberger sehr ähnlicher Braunstein
kömmt in der Gegend von Langenschwalbach auf der
sogenannten hohen Wurzel vor; er bricht, wie der
Lausitzer in Quarz (s. Leske Reise durch Sachsen S.
231.) Der Quarz, den der Schwalbacher Braunstein
durchsezt , führt zuweilen weisse glänzende Glimmer-
blättchen und zieht sich aus der weissen und braungelb-
lichen Farbe manchesmal in das Fleisch- auch Schmu-
zig-rosenfarbene , und ist dabei derb und körnig.
Wahrscheinlich hängt diese Farbe auch von Braunstein ab, und wir hätten demnach auch eine Art
Rothspath.

Im Basalt in dem sogenannten Köllnischen
Stadtsteinbruche brechen die vortreflichsten kristallisirten Zeolithe, man findet sie gerade so wie sie Fau-
ja-

jas de St. Fond (Mineralogie der Vulkanen S.
134) beschrieben hat.

Die von Hr. Tingry (in den Berl. Schriften B.
VI. S. 88.) beschriebene Kalkspathkristallisation fand
Hr. Rose auch in Stufen vom Jberge am Harz und an
dem Kalksinter, der zwischen den Basaltpfeilern des
Köllnischen Stadtsteinbruchs häufig vorkommt.

S. 126. Vom Driburger Mineralwasser;
   von Hrn. Westrumb.

So wie Hr. W. die Versuche mit diesem Wasser
mehrmal wiederholte, fanden sich auch verschiedene
Resultate über den Gehalt der festen Bestandtheilen,
die wir hier mittheilen.

Bestandtheile des Driburger Brunnens.	in 25 Pf	in 50 Pf	in 25 Pr.	in 100 Pf.	in 2 Pf.
	Gran	Gran	Gran	Gran	Gran
Harzstoff	6	0	1	13	11/103
Kochsalz	6	.9	8	23	21/11
Kalkgesäuerte Kalkerde	6	0	0	6	/100
Salzgesäuerte Bittersalzerde	12	62	19	93	23/100
Wundersalz	300	681	250	1168	11 17/100
Bittersalz	65	110	110	285	2 17/100
Selenit	270	550	265	1085	10 17/100
Luftgesäuertes Eisen	33	68	32	133	1 33/100
Luftgesäuerte Kalkerde	175	344	170	689	6 11/100
Luftgesäuerte Bittererde	7	12	10	24	7/10
Luftgesäuerte Alaunerde	0	0	0	5	1/10
	880	1779	865	3534	35 11/15

                    S. 132.

S. 132. Ueber das Daseyn der fünf einfachen Erden in Grundgebirgen, und über den Schwerspath als einen Bestandtheil eines neuen Schweizerischen Granits von Hrn. Dr. Höpfner.

Kiesel, Thon, Bittersalz und Kalkerde sind von allen aufgeklärten Scheidekünstlern in der Zergliederung und durch Erfahrung als eigenthümliche und besondere Erdarten anerkannt; und der Oryktognost nimmt sie auch dafür an, weil sie einen Hauptbestandtheil der gemengten ursprünglichen Gebirgsarten ausmachen. Allein mit der Schwererde hatte es bis vor geringer Zeit noch Zweifel. Als chemischer Mineraloge konnte man sie als eine besondere eigenthümliche Erdart annehmen, als Oryktognost aber nicht, denn man fand sie nur gangweise in Nestern, Drusen, Saalbändern; und so lange eine Erdart nicht als Mitbestandtheil einer eigentlichen Gebirgsart angetroffen wird, so lange kann sie nur als eine verlarvte, versteckte oder mit fremden Bestandtheilen innigst verbundene gewöhnliche Art der vier angenommenen Erdarten angesehen werden.

Dieser gerechte oryktognostische Einwurf fällt nun aber ganz hinweg. Denn Hr. Höpfner entdekte ein ganzes Granitgebirg, dessen Bestandtheile aus Quarz, Schörl (auch Hornblende und Glimmer) und Schwerspath anstatt des gewöhnlichen Feldspaths bestehen.

S. 143.

S. 143. Vermischte chemische Bemerkungen
aus Briefen an den Herausgeber.

Hr. Prof. Gadolin in London giebt Nachricht
von seiner Reise nach Irrland, die er mit Hn. Kir-
wan gemacht hat. In den in der Nähe bei Coal-
brookdale befindlichen Kohlengruben hat man flüssi-
ges Bergöl gefunden, und man hofft es häufig genug zu gewinnen, um einen Handel damit treiben
zu können. In diesen, so wie in vielen andern Kohlengruben Englands findet sich eine Art Thonschiefer,
welche sehr eisenhaltig ist und zu dessen Benutzung
man mehrere Eisenwerke angelegt hat; die Arbeiter
heissen ihn Ironstone; er gilt 30 p. C. — In
Anglesey befindet sich eine merkwürdige Kupfergrube,
die jährlich über 3000 Tonnen Kupfer liefert. Es
streicht in einem Gange von O. nach W., der Gang
ist sehr mächtig und hält bisweilen 25 Yards zwischen dem Hangenden und Liegenden. Das Hangende und Liegende bestehet aus Thonschiefer, und die
Bergart, womit das Erz vermischt ist, hauptsächlich
aus Quarz, Hornstein und einer Art Spekstein. Das
Erz ist häufig mit Bleiglanz und Zinkblende vermischt.

Hr. Trommsdorf in Weimar erzählt, daß er
aus der röthlichen Erde, welche der römische Alaun
bei sich führe, durch die Kunst ganz weisse Kristalle
erzeugt habe (die Fortsetzung folgt.)

 III. Stück

III. Stück.

S. 200. **Chemische Untersuchung einer grünen Granatart, von Hrn. Wiegleb.**

Diejenige Granatart, welche Hr. W. hier untersuchte, bricht in Sachsen auf dem Teufelsstein zu Schwarzenberg in ganzen Lagern. Sie bestehet aus vielen dicht aufeinander gehäuften granatförmigen Kristallen, die bald eine lauggrüne, bald olivengrüne, bald röthlichtbraune Farbe haben. Nach Hn. Werner enthält sie p. C. 25 Pf. Eisen, und wird deshalb von Einigen grüner Eisenstein genennt. Die reinen Kristallen sind stark durchscheinend, auch manche ganz durchsichtig, schlagen mit dem Stahl ziemlich stark Feuer, lassen sich aber dennoch stark zerreiben. Eine Unze der grünen Granatart enthält folgende Bestandtheile:

		Drachm.	Gran
Kieselerde	—	2 —	55
Kalkerde	—	2 —	28
Eisen	—	2 —	18
		7 —	41
der Verlust an	—	—	19 Granen

ist wahrscheinlich meist fixe Luft gewesen.

S. 208. **Versuche über den neulich bekanntgemachten kubischen Quarz, von Hn. Ilsemann.**

H. J. glaubt nach seinen Versuchen, daß diese Steinart aus Kalk- Bitter- und Kieselerde bestehe.

S. 226.

§. 226. Vermischte chemische Bemerkungen aus Briefen.

Ein sehr merkwürdiges Schreiben von Hrn. Prof. Gadolin enthält Nachrichten von dem ohnweit Holywell liegenden Blei, Gallmei und Kohlengruben; so wie einige Beobachtungen über die spätere Entstehung des Flußspaths in Derbyshiere. Davon überzeugte sich Hr. G., als er die Gruben selbst untersuchte: Gregorys Mine in Aschover enthält einen schönen Bleiglanz, der sehr rein in dem Kalkberge, welcher sowohl das Liegende, als das Hangende ausmacht, fortgeht. Aber allemal, wo das Erz nicht genau in die Wände schließt, findet man die offnen Spaltungen mit Kristallen aus Kalkspath und Flußspath angefüllt, der kubisch angeschoßene Flußspath ist hier am allgemeinsten, und folgt den Hauptgängen und Adern auf beiden Seiten. So findet man diesen Flußspath allemal in Druslöchern im Kalkberge angeschoßen.

Hr. Berg. Geijer in Stockholm überschikt Hn. Crell einen Stein von Itterby 3 Meilen von Stockholm, und vermuthet, daß hierin vielleicht Schwerstein oder Wolfrahm vorhanden sei.

IV. Stück.

§. 306. Reißblei im Kupfergrün von Herrn Dr. Nose.

Unters

Unter den sogenannten Melachiststufen von Rheins breitbach fand Hr. N. mehrere, die seine ganze Aufsmerksamkeit rege machten, und ihn nach äussern und chemischen Untersuchungen auf die Vermuthung brachten, daß sie Reißblei enthielten.

S. 324. Von einer natürlichen Alaunquelle, von Hrn. Dr. Richter.

Schon im verflossenen Jahre hat Hr. R. um Halle eine mineralische Quelle gefunden, die ausser etwas dephlogistisirtem Eisenvitriol eine dem Ansehen nach ganz beträchtliche Menge von natürlichem Alaun enthält, auch bereitete man schon aus diesem Salze vollkommene Alaunkristallen.

S. 325. Vermischte chemische Bemerkungen aus Briefen.

Hr. Hofrath Herrmann in Kathrinenburg giebt Nachricht von einer Schmaragdbruse, die im Lande der Kirgisen, einige 100 Werste von der Rußischen Grenze gegen Süden in einem Gebirge gefunden worden sey, wo noch grosse Halden vom ehebem allda umgegangenen Bergbau zu sehen sind. Die Druse bestehet aus vielen kleinen unregelmäsig übereinander gehäuften, meist vieleckigten Kristallen, die auf einer quarzigen Basis aufgesessen zu haben scheinen. Die größten Kristalle haben kaum $\frac{1}{2}$ Zoll im Durchschnitt. Einige sind sehr rein, von einer satten grasgrünen Farbe, und sind schon roh ganz durchsichtig.

ſichtig, der größte Theil aber iſt mit einem grünli
chen feſten Staube überzogen.

V. Stück.

S. 387. **Kleine mineralogiſche Beiträge von
Herrn Prof. Klaproth.**

1. Hr. K. erhielt neulich durch die Güte des
Freiherrn von Racknitz, deſſen ſchöne Sammlung
hier gerühmt wird, ein Foſſil, welches in Spanien,
und zwar auf den Grenzen von Arragonien und Va
lenzia zu Hauſe iſt. Es beſtehet in einer Steinkri
ſtalliſation von regulärer ſechsſeitiger Säulenform, an
beiden Enden im rechten Winkel gerade abgeſtumpft.
Es iſt von glänzender Oberfläche und ſtark durch
ſcheinend, in der Mitte des Kriſtalls ſchwach violet,
welche Farben ſich nach den beiden Enden zu in
hellgrau verliert. Auf dem Bruche erſcheinet das
Gefüge der Kriſtalle nicht, wie man von auſſen ver
muthen ſollte, ſpathig oder blätterich, ſondern ſtreifig
oder faſerig wie Strahlgips oder wie der Bologneſer
Stein. Seine Härte iſt nur gering, mäßig, er
wärmt phosphoriſiret er mit roſenfärbigem Lichte,
und iſt, wie die Unterſuchungen, welche Hr. K. da
mit anſtellte, nichts weiter als Kalkerde mit Luft
ſäure verbunden.

2. Der weiſſe Stangenſchörl von Altenburg enthält
genau gleiche Theile Alaun und Kieſelerde; durch

D 5

Glühen

Glühen vor dem Löthrohre leidet er weder an Festig-
keit, Farbe, noch Glanz die geringste Veränderung.
Er kann also durchaus nicht unter den Schörlen stehen bleiben; aber eben so wenig gehört er nach G e r -
h a r d t zum Seifenstein. Man könne ihm den Namen Schörlit geben.

Ein anderes Stück Stein, dessen Vaterland Hrn
K. unbekannt ist, hat eine schmutzig weisse Farbe,
einen matten unebenen Bruch, von obsoletem strei-
figem Gefüge, der eine angehende Auflösung oder
Verwitterung anzuzeigen scheint. Da er gleiche Bestandtheile mit dem Schörlit hat; so will ihn Hr. K.
derben Schörlit heißen.

3. Der bereits verstorbene Prof. I r w i n in Glas-
gov glaubte an einem gewissen Schottländischen
Fossil Kalkerde mit Phosphorsäure gesättiget, also
eine mineralogische Knochenerde gefunden zu haben.
Dieses Fossil findet sich zu Monlok-Head bei Heads-
hills, und bedecket weisse halbkuglichte, in Brüche
zartfaßeriche Schalen von weissem Bleispathe, ist
aber nichts anders, als Zinkspath, der aus zwey
Theilen Zinkkalk und einem Theile Kieselerde innigst
mit einander verbunden, besteht.

S. 398. Chemische Untersuchung einer besondern Art von Pechstein, von Hrn. Wiegleb.

Es ist derjenige, welcher bei Frankfurt am Main
in einer löcherigten grauen Lava bricht. Seine Aehnlichkeit

lichkeit mit dem Pech (was die Farbe betrift) ist
auffallend, und giebt am Stahl keine Funken. Ein
merkwürdiger Umstand, der sehr deutlich beweißt,
wie wenig das mangelnde Funkenschlagen bei Bestimmung der Gattung einer Steinart entscheiden
kann. (Die Exemplare, welche R. von diesem Steine
besitzt, und von denen er zuverläßig weiß, daß sie
vom nämlichen Orte sind, geben doch da, wo die
Farbe aus dem Braunen ins Gelbe übergeht, deutliche Funken) Die sämtliche Bestandtheile dieses
Steins bestehen in einer Unze desselben aus

7 Drachmen	10	Gran	Kieselerde
——	16	——	Kalkerde
——	2	——	Alaunerde
——	26	——	Eisenerde
7	54	——	

wobei noch 6 Grane am Gewichte eingebüßt worden
sind.

S. 404. Ueber den Diamantspath, von Hrn.
Crell.

Herr Pelletier und Hr. de la Metherie haben zuerst den Diamantspath untersucht; er soll aus
einigen Gebirgen von China und Indien kommen,
seine Kristallisation ist ein sechsseitiges Prisma, dessen Winkel von 160° sind: seine Grundfläche macht
einen rechten Winkel mit dessen Seiten. Man bemerkt

merkt zuweilen auf den Seitenflächen einige Quer‑
striche, wie bei dem Bergkristall. Das Gefüge des
Steins ist blätterigt, wie bei den Spathen. Seine
specifische Schwere scheint nach Hrn. Brisson
38,732. Hr. Dartet sezte ihn dem Feuer des Se‑
ver Porcellainofens aus; allein er schmolz so wenig,
als er verbrannte.

§. 412. Vermischte Bemerkungen aus Briefen.

Herr Berghauptmann von Veltheim giebt
Nachricht von den einige Meilen von Pirna an der
böhmischen Grenze sich befindlichen Basalten, welche
meist viereckigt und ohngefehr 4 Zoll dick sind. Sie
haben verschiedene Kristallisationsarten der Grana‑
ten in sich, und wenn man an die Basalte mit den
Fingern klopft, klingen solche wie die schönsten Glok‑
ken. — Von Stolpener Basalten hat Hr. V. un‑
ter vielen tausenden nur einen gefunden, der in sei‑
ner untersten Seite magnetisch war.

Hr. Hofrath Herrmann fand unter mehreren
Feldspathen aus dem Uratischen Gebirge einen Schil‑
lerspath, der den Namen eines sibirischen Labradors
allenfalls zu verdienen scheint.

Hr. Prof. Wilke erzehlt, Hr. Geyer in
Schonen habe eine wichtige Entdeckung von einigen
großen Lagern des vortreflichsten feuerfesten Thons
gemacht, und betreibe izt die Bearbeitung davon. —
Hr.

Hr. Prof. Gadolin in London erinnert, daß man zwar allenthalben Erscheinungen finde, die zu Gedanken von Verwandlung der Erdarten Anleitung geben; allein man müsse in solchen Schlußfolgen sehr behutsam seyn. So glaubt er, daß die Lagen der Flintensteine in Kreide es zwar nicht wahrscheinlich machte; daß die eine von den andern abstammt. Ich habe hier öfter gesehen, (sagt er) daß die Flintensteine in den Kreidegruben horizontale Lagen ausmachen, daraus schließe ich, daß sie einmal auf der Oberfläche der Kreide begraben worden sind. Das halbburchsichtige Aussehen sowohl, als die unregelmäßige Figur dieser Steine scheint es zu zeigen, daß dieselben ehemals aus einer Gallerte bestanden haben, und in diesem Zustande glaube ich, daß sie als im Wasser schwebend auf die schon abgesetzte Kreide ausgebreitet, gerollt und zertheilt gewesen sind: weil sie dann noch ganz weich waren; so konnte auch die pulverförmige Kreide etwa durch die Oberfläche eindringen, und daher entstand die weiße Kruste, die die Flintensteine umgiebt.

VI. Stück.

S. 483. Neuentdektes Sedativsalz im Lüneburgischen sogenannten kubischen Quarz, von Herrn Westrumb.

Zuerst bearbeitete Hr. W. 100 Gran dieses Steins, weil

weil er ihn für Quarz hielt, geradezu mit Alkali u. f. w. Er bemerkte Kiesel- Kalk- Bittererde, Thon, Eisen, und übersahe das Sedativsalz (wahrscheinlich mit Erde verbunden, in Form von Kieselerde) ganz. Wie oft mag es vielleicht nicht so den Augen der Chymisten entgangen seyn? 50 Gran bearbeitete er geradezu mit Salpeter- dann mit Vitriolsäure, Weingeist u. f. w. und erhielt sublimirtes und kristallisirtes Sedativsalz. 50 Gran behandelte er eben so mit Salz- und Vitriolsäure, zulezt wiederholte er die Zerlegung mit bloßer Vitriolsäure. Nach allen diesen Versuchen fand er die Bestandtheile dieses Steins in folgenden Verhältnissen:

Sedativsalz, etwa — — — $\frac{6}{10}$

Kalkerde, Bittererde, von jeder etwa $\frac{1}{10}$

Thonerde, Kiesel — — — $\frac{2}{100}$

Eisen — — — — $\frac{1}{100}$ bis $\frac{2}{100}$

S. 493. Zerlegung eines schwarzen zähen Bergöls, aus Ungarn, zwischen Pekleniza und Moslowina, von Hrn. Prof. Winterl.

Dies Bergöl fließt mit einer Quelle aus einem Felsen, und soll, dem Vernehmen nach, an dem Ursprunge weiß seyn. Seine Bestandtheile sind 1) ein butterartiges Oel, 2) ein ordentliches Sedativsalz, 3) überflüßiges Phlogiston, das das Sedativsalz mit dem Oele verbindet.

S. 516.

§. 516. Vermischte chemische Bemerkungen aus Briefen.

Von Hrn. Hofr. C. A. W. Zimmermann aus Neapel. Die Solfatera, ein zwar ausgebrannter, aber dem Naturalisten viel lehrreicherer Vulkan, als der Vesuv, gab von jeher etwas Alaun, der auf einigen Thälern der Oberfläche aufblühete. Hr. Brislach, der izt die Direktion über das hier angelegte Alaunwerk führt, ließ allda eine Menge Gänge und Höhlen treiben, indem es bei diesem Geschäfte vorzüglich darauf ankömmt, die Oberfläche (an den Orten, wo die größte Produktionskraft dieses Minerals sich zeigt) zu vermehren. Hr. Brislach denkt sich die Entstehung des dasigen Alauns auf folgende Art: aus den Höhlen steigt sichtlich und fühlbar ein hepatischer Dampf hervor, der aus dem hier decomponirten Pyrit entsteht. Dieser Dampf verliert sein Phlogiston an der freien Luft, und bildet mit der Thonerde den Alaun. Da, wo der hepatische Dampf nicht hinreichend mit der freien Luft communicirt, bildet er kristallisirten Schwefel, und doch nur in geringer Quantität, durch Verbindung mit Eisen etwas Vitriol.

Von Hrn. Dr. Blagden in London. Ein spanischer Seeoffizier, Ritter Don M. R. de Celis, gab der königlichen Societät Nachricht von einer sehr großen Masse von reinem geschmeidigem Eisen, welches

ches man mitten im südlichen Amerika fand. Es wiegt 15 Tonnen, und als man es entdekte, stekte es bis zur Hälfte noch in der Erde. Eine beigelegte Probe zeigte sich bei der Untersuchung als wirkliches gutes Eisen.

Hr. Prof. Hacquet in Lemberg giebt Nachricht von dem spathigen Spießglanz (antimonium spatosum album splendens), der in den Gruben von Przibram bricht. Dieses Mineral besteht aus langen, ganz feinen zusammengehäuften Blättern, und bildet von einer Linie bis zu einem halben Zolle breite länglichte Vierecke, von einer neueren Entstehung auf einer kristallisirten Blende und Quarzkristallen, mit sechsseitigen Piramiden; das Ganze ist aber auf einem großwürflichten Bleiglanze befindlich.

XXXV.

Alb. Guil. Rothii Med. Doct. Physici provinc. etc. Tentamen florae germanicae Tomus I. continens enumerationem plantarum in Germania sponte nascentium. Lipsiae in bibliopolio I. G. Mulleriano 1788. 560 S. in groß 8.

Ein sehr vollständiges Verzeichniß derjenigen Pflanzen, welche in dem eigentlichen Deutschland, (die Schweiz, Elsaß, Lothringen, Böhmen, Mähren und

und Schlesien ausgenommen), wild wachsen. Damit aber dieser Band nicht zu dick werde; so hat der Verf. die seltenern Pflanzen Oestreichs und anderer Provinzen Deutschlands nicht angeführt, sondern gedenkt, sie in einem supplemento nachzuholen. Dies Verzeichniß ist nach dem Linneischen Sistem größtentheils geordnet; doch ist der Verf. da von Linne abgegangen, wo die Beobachtungen neuerer Kräuterkündiger ihn eines andern belehrten. Die Gattungen der Dolbengewächse sind nach der Methode von Kranz nach der Gestalt der Saamen geordnet. (Noch vorzüglicher ist die Methode von Cüsson, von welcher wir im ersten Stücke unserer Bibliothek Erwähnung gethan, die aber leider noch nicht bekannt genug geworden ist, nicht genug ausgearbeitet nach dem periembrium des Saameus der Dolbengewächse.) Die Gattungen *Viola, Iasione, Impatiens, Lobelia* stehen hier in der fünften Klasse, weil die Staubbälche nicht verwachsen sind, sondern nur leicht zusammenhängen, oder dicht an einander anliegen. Die Moose sind nach den Entdeckungen von Hedwig geordnet und bestimmt, die After= moose und Schwämme nach Wiggers und Wildenow. — Die Gattungskennzeichen sind kurz nach Linne's Beispiel, so wie die Kennzeichen und Bestimmungen der Arten angegeben, auch die merk= würdigere Varietäten und die vorzüglichsten Schrift=

Ψ

steller,

steller, welche die erwähnten Pflanzen beschrieben
haben, der Ort, wo dieselben wachsen, genau angegeben. Verschiedene Gattungen sind nach dem
Beispiel einiger neuern abgeändert worden; einige
aber werden hier zuerst als neu aufgestellt. So sind
zuerst aufgeführt p. 33. *Calamagrostis*, welche sich
von der vorhergehenden Gattung *Agrostis* durch die
an ihrer Basis haarige Krone unterscheidet. (dazu
gehören *Agrostis calamagrostis Linn. A. arundinacea: Arundo calamagrostis, A. epigeios*, und *A.
arenaria Linn. Radiola*, welche von *Linum* durch
ihren vierblätterigen Kelch und Krone und durch die
achtfächrige Kapsel sich unterscheidet. (Linum radiola *Linn.*) *Schollera* von *Vaccinium* durch die
vierblätterige regelmäßige, ganz zurückgebogene Krone, die eingeneigten Staubfäden, die tiefzweispaltige
röhrige Staubbälche verschieden. (Vaccinium oxyo-
coccos.) *Moenchia*. Dieser Gattungsname ist schon
von **Ehrhart** der *sagina erecta* beigelegt worden,
von der *Draba* durch die Gegenwart des Griffels,
und die Konvexionklappen verschieden. (Draba
aizoides, Aliosum incanum, A. campestre, Mya-
grum sativum) Thetragonolobus, von Lotus durch
die vierkantige, an den Kanten geflügelte Hülse verschieden; (Lotus maritimus, siliquosus) auch ist
Thlaspi bursa pastoris *L.* unter einer eigenen Gattung Nasturtium, aber, wie uns deucht, nicht aus
hinläng-

hinlänglichen Gründen aufgestellt. Neue Arten (species) von Pflanzen findet man hier folgende: Agrostis gigantea, Avena brevis, Potamogeton fluitans, Iuncus uliginosus, Galeopsis grandiflora, Marrubium creticum, Ornithopus intermedius, Betula pendula, Lichen verniciformis, L. pulcher, L. cespitosus, Ulva vermicularis, U. purpureoviolacea, Merulus fissus, Stemonitis violacea, St. pomiformis, St. sulphurea. Einige, besonders von Hedwig und Hoffmann, als neu angezeigte deutsche Pflanzen sind ausgelassen worden. Beobachtungen über verschiedene Pflanzen, eine etwas genauere Beschreibung der merkwürdigern Berichtigungen sollen in dem zweiten Bande, welchen uns der Verfasser verspricht, und der den Titel haben soll: *Adversaria ad illustrationem florae germanicae*, enthalten seyn. Wir zweifeln nicht, daß gegenwärtige Schrift des Verfassers, der sich schon durch andere botanische Arbeiten rühmlichst bekannt gemacht hat, den Beifall aller Kenner haben wird, empfehlen dieselbe allen Liebhabern der Kräuterkunde, und freuen uns, bald den zweiten Band, der in mancher Rücksicht noch interessanter werden wird, benutzen und anzeigen zu können.

XXXVI.

XXXVI.

Histoire de l'academie royale des Sciences Année MDCCLXXXV. avec les memoires de mathematique et de physique pour la même année à Paris de l'imprimerie royale MDCCLXXXVIII.

Geschichte der königlichen Akademie der Wissenschaften vom Jahre 1785, nebst den Abhandlungen für das nämliche Jahr, in gr. 4. Geschichte von S. 1. bis 155. Abhandl. 689 S.

Naturhistorische Abhandlungen sind folgende. S. 161. *Observations sur le Loup marin par M. Broussonet.* Beobachtungen über den Meerwolf von Herrn Broussonet. Das Vorzügliche und Eigene dieser Abhandlung ist die Beschreibung der Kopfknochen, die der Verfasser im königlichen Kabinete gesehen. Die obere Kinnlade besteht bei diesem Fische aus 5 Knochen, aus zween hintern Seitenknochen, zween vordern, die das Hervorstehende der Schnauze ausmachen, und einem mittlern zwischen den hinten gelegenen Knochen, welcher die Mitte des Gaumens ausmacht. Die untere Kinnlade besteht aus zween sehr starken, durch Ligamente vereinigten Knochenstücken. Damit die Kinnlade nicht zu weit auseinander gesperrt werde, werden sie auf beiden Seiten

durch

durch ein schiefgebogenes, in der Mitte cylindrisches, an seinen Enden erweitertes, unten an dem apophysi coronaria des untern Kinnlabens, und oben unter den Augenhöhlen festes Bein in Schranken gehalten. Auch die Eingeweide dieses Fisches sind hier ziemlich weitläufig beschrieben. Der Fisch selbst auf einer feingestochenen Kupferplatte sehr gut abgebildet. Nur sind hier in dem aufgesperrt gezeichneten Rachen zu wenig Zähne zu sehen. Im Anfange dieser Abhandlung heißt es auch, daß ein andrer Fisch an den Küsten des Oceans und des mittelländischen Meeres gefischt, und im ganzen Königreiche Wolf genennt werde; dieser habe aber seine Bauchsfloßfedern unter den Brustflossen, gehöre in die dritte Linneische Klasse, und müsse *Perche loup* genennt werden. Hierbei ist unrichtig Linnes *Anarsichas lupus* citirt. Es scheint mehr eine Art Perca zu seyn; der Fisch aber, wovon in dieser Abhandlung ausführlich geredet wird, ist Linnes *Anarchichas lupus.*

    S. 170. *Observations sur les vaisseaux spermatiques des poissons epineux par M. Broussonet.* Beobachtungen über die Saamengefäße der Stachelfische, von Hrn. Broussonet.

    Diese Gefäße sind verhältnißmäßig dicker bei den Fischen, als bei andern Thieren, wovon der Grund auch leicht anzugeben ist, wenn man auf das Volu-

P 3   men

men derjenigen Organe Rüksicht nimmt, welchen sie
das Blut zuführen, und welche selbst bei den männlichen Thieren dieser Klasse größer sind, als ein jedes
andere Eingeweide. Hr. Broussonet hat diese
Gefäße bei sehr vielen Fischen untersucht. Sie haben alle bei jedem Individuum den nämlichen Ursprung, und unter einander nur sehr geringe Verschiedenheiten. Diejenige Fischart, von welchen er
die meisten Individuen zergliederte, ist die Meernas-
del, (Esox belone) an welchem man eine merkwürdige Verschiedenheit wahrnimmt.

Die Saamenschlagader der rechten Seite entsteht aus demjenigen Aste der Aorte, der zur Leber
hingeht; er hat bemerkt, daß sie zuweilen aus der
Aorte unmittelbar etwas unter der Leberschlagader
entspringt. Jene der linken Seite liefert die Milzschlagader, sie ist kürzer, als jene der rechten Seite,
weil die Aorte zuerst die Leberschlagader hergiebt, ehe
die Milzschlagader daraus entsteht. Bei den Fischen
trift die Saamenschlagader bald die Saamenbluts-
ader der nämlichen Seite an, und begleitet sie bis
über die Zeugungstheile; man könnte diese Gefäße
einigermaßen die Saamenstränge nennen; sie sind
auf ihrem ganzen Wege in ein sehr lockeres Zellengewebe eingehüllt. Die Schlagader liegt näher an
den Rückenwirbeln, als die Blutader; an dem vordern Theile der Zeugungstheile sind sie in viele Aeste

und

und Zweige getheilt, welche bei beiden Geschlechtern in das Innere der Zeugungsorgane bringen.

Der Weg, welchen die Saamengefäße machen,
ist sehr kurz, und sie geben den benachbarten Theilen
keine Aeste, wie dies bei den warmblütigen Thieren
der Fall ist. Die Saamenblutadern sind viel dicker,
als die Schlagadern, sie entstehen von der Vereinigung sehr vieler kleiner, auf den Seiten der Zeugungstheile überzwergliegender Aeste; die Blutader läuft
über die Mitte dieser Organe hin, an dem obern
Theile derselben ist sie vermittelst eines lockern Zel-
lengewebes mit der Schlagader verbunden: sie geht
dann ihren sehr kurzen Weg fort, und erhält einige
Aeste vom peritonaeum. Die rechte Saamenblutader bringt in die Leber, und endigt sich endlich in
den Sinus venosus des Herzohrs, die linke geht in
die Milz und nachher in den nämlichen Sinus.

Fast bei allen, sowohl männlichen, als weiblichen
Fischen findet man zwei einander ähnliche Organe,
jedes hat seine eigne Gefäße. Der Barsch hat nur
einen Eierstock und eine Saamenschlagader, die unmittelbar aus der Aorte entsteht; sie ist an der obern
Seite des Eierstoks gabelförmig getheilt. Einer
dieser Aeste kriecht über die Mitte der obern Seite,
und der andre läuft über den untern Theil hin.
Auf beiden Seiten geben sie viele Aeste her. Bei den
männlichen Barschen sind die Zeugungstheile oben

in

in zween Lappen getheilt, und jeder Aſt der Saa⸗
men⸗chlagader geht in einen. Hr. Br. fand nur eine
Saamenblutader in dem nämlichen Fiſche.

    S. 174. *Memoire pour servir à l'histoire de la
    respiration des poiſſons.*

Abhandlung zur Geſchichte des Odemholens
der Fiſche, von ebendemſelben.

    Eine wichtige und ſchöne Abhandlung. Der
Zweck derſelben iſt, zu beweiſen, daß das Odemho⸗
len bei denjenigen Thieren, welche Waſſer athmen,
und beſonders bei den Fiſchen, auf eine analoge
Art geſchehe, als bei den übrigen Thieren, und daß
ſie auch den nämlichen Zweck habe, nämlich den koh⸗
lenartigen Stoff (principe charbonneux), welcher
von dem Blute abgeſezt wird, wegzunehmen. Es
werden daher diejenigen Organe miteinander vergli⸗
chen, welche bei den Thieren beider Ordnungen, (je⸗
nen nämlich, die Luft, und dieſen, die Waſſer ath⸗
men,) zu dem nämlichen Zwecke dienen. Der erſte
Unterſchied in dem Werkzeuge des Odemholens bei
denjenigen Thieren, welche Luft athmen, und der⸗
jenigen, welche Waſſer athmen, beſteht in der Lage
derſelben: jene der erſtern liegen in ihrem Innern,
die der leztern faſt offen unbedekt. Ein andrer Un⸗
terſchied, welcher vom erſten abhängt, beſteht dar⸗
inn, daß, je vollkommner die Werkzeuge des Odem⸗
holens bei verſchiednen Thierklaſſen ſind, beſtomehr

                      ſind

sind selbige verborgen. Bei den Vögeln, die auf
die vollkommenste Art Odem holen, wird die Luft
in die Höhle der meisten Knochen gebracht, also
mehr in die innere Theile, als bei den vierfüßigen,
deren Lungen verborgener liegen, als bei den kriechenden und eierlegenden vierfüßigen Thieren, denen das Zwergfell fehlt, oder bei denen es sehr dünn
ist. Die Insekten, bei welchen diese Verrichtung
noch mehr ausartet, athmen durch sehr viele Oefnungen.

Unter den Thieren, die im Wasser leben, athmen
die Fische auf eine vollkommnere Art, als die Schalenthiere, auch sind die Organe der erstern verborgener, als jene der leztern, die dieselbe oft an ihren
äussern Theilen und ganz unbedekt haben, und bei
welchen man, um dieselbe zu unterscheiden, durch
die Analogie nur geleitet wird.

Man kann die Fische, in Rüksicht der Bildung
ihrer zum Odemholen dienenden Werkzeuge, in
knorpliche und stachliche eintheilen. Die Kiemen
der erstern liegen unter einem knorplichen Bogen,
und sind vielfacher, als bei den stachlichen, bei welchen diese Theile auf ungebogenen Knochen, derer
selten weniger, als vier, und nie mehr sind. Die
knorplichen Fische haben keinen eignen Herzbeutel,
die nämliche Haut, welche die Brust inwendig begleitet, schließt auch das Herz ein. Die Gestalt

 des

des Herzens ist bei verschiednen Arten von Fischen verschiedner, als bei den warmblütigen Thieren. Ueberhaupt ist das Herz bei den lezten in Verhältniß ihres Körpers kleiner, als bei den andern Thieren, und nach mehrern Versuchen, die hier angeführt sind, ist das Herz der Fische desto größer in Verhältniß ihres Volumens, je kleiner dieselben sind.

Je wilder die Landthiere sind, desto mehr Volumen hat ihr Herz, so verhält es sich auch bei den Fischen. Die knorplichen Fische, worunter die Meerhunde und die Roggen gehören, und welche gefräßiger, als die andern Fische sind, haben auch ein Herz von größerm Volumen.

Nach den Beobachtungen des Verf. ist das Herz auch bei denjenigen Fischen, die die größten Kiemen haben, auch immer am größten verhältnißmäßig mit ihrem großen Körper. Eben diesen Beobachtungen und Erfahrungen zufolge ist das Herz bei denjenigen Fischen, die sich wenig bewegen, die ein weiches glutinöseres Fleisch haben, kleiner und weniger reizbar.

Das Herz liegt bei den Fischen anders, als beim Menschen, nämlich in der Brust, welche Lage, da das Blut aus dem Herzen in die Kiemen, und zwar nur durch eine einzige Schlagader gebracht wird, die vortheilhafteste ist. Die umständliche Vergleichung der Herzohren, Sinus, Schlagadern und Blut-

adern

dern der Menfchen, der vierfüßigen Thiere mit je=
nen der Fifche können wir hier nicht ausheben, fon=
dern verdient ganz gelefen zu werden.

Der Bau der Kiemen ift dergeftalt befchaffen,
daß die Blutgefäße, die in diefelbe gehen, fo wie in
den Lungen der vierfüßigen Thiere, in einem fehr
kleinen Raume den weiteften Weg nehmen. Hier
giebt es aber merkwürdige Verfchiedenheiten bei ver=
fchiednen Arten von Fifchen.

Die Fifche, die fich in Wäffern aufhalten, wel=
che felten erneuert werden, wie z. B. die Aale, ha=
ben Kiemen, welche an kurzen knöchernen Bogen
anhängen, die Höhle ihrer Kiemen ift fehr groß, fie
können länger das Waffer in ihren Organen, als
andere Fifche halten. In denjenigen Arten im Ge=
gentheile, welche fich im hohen Meere aufhalten,
und immer in anfehnlichen Tiefen fchwimmen, und
die beftimmt find, wegen ihren langen Wanderungen
fehr gefchwinde Wege zu machen, liegen die Kiemen
auf fehr großen Beinen, ihre Blätter find fehr ver=
längert, haben ein befonderes zum Odemholen, wie
die Kiemen, beftimmtes Organ (Nebenkiemen).
Diefer noch von keinem Schriftfteller befchriebene
Theil kann als ein kleiner Kieme angefehen werden,
und hat einige Aehnlichkeit mit einem Lungenläpp=
chen. Er ift von den Kiemen verfchieden, liegt in
ihrer Höhle auf beiden Seiten, gegen die Bafis der

Deckel

Deckel zu unmittelbar an der Hervorragung, welche die Augenhöhlen bilden. Besagter Theil ist wie
die Kiemen aus Blättern zusammengesetzt, die aber
einfach sind, an beiden Enden an Größe abnehmen,
und deren Anzahl bei verschiednen Arten von Fischen
verschieden ist :c.

Der Kanal, durch welchen die vierfüßigen und
alle warmblütigen Thiere die Luft in die Lunge ziehen,
ist bei allen der nämliche; bei den Fischen, welche
Wasser athmen, verhält es sich nicht so. Einige,
wie z. B. die Lampreten, haben oben auf ihrem Kopfe
eine einzelne Oefnung, wodurch das Wasser zu den
Kiemen gebracht wird. Dieser Bau war bei diesen
Fischen nöthig, indem sie durch Ansaugen sich an
große Steine oder Fische befestigen, und also zur
nämlichen Zeit kein Wasser durch die Mundöfnung
einziehen können. Andre, wie die Roggen, haben
auf beiden Seiten des Kopfs eine Oefnung, die
zum Durchgang des Wassers dient. Die meisten
Fische athmen aber das Wasser durch die Mundöfnung zu sich, und geben es durch die Kiemenöfnungen wieder von sich. Bei den Knorpelfischen sind
die Werkzeuge des Odemholens viel mehr verbreitet,
als bei den übrigen, die meisten geben das Wasser
durch mehrere Oefnungen wieder von sich, durch
sieben, z. B. wie die Lampreten, durch sechs, durch
fünf, wie die Roggen u. s. w.

Die

Die Fische, welche starke Bewegungen machen müssen, haben die ausgebreitesten Kiemen. Ihr Rachen und ihre Kiemenöfnung sind sehr weit, sie nehmen eine große Menge Waßer zu sich, und erneuern es öfterer, als die andern; sie sterben fast plötzlich, so wie man sie aus dem Waßer thut, da im Gegentheile die Karpfen, die Aale und andre, bei welchen diese Oefnungen kleiner sind, ziemlich lange in der Luft leben können. Man könnte einigermaßen die ersten mit den Vögeln, die am höchsten fliegen, und bei welchen die meisten Knochen mit Luft angefüllt sind, vergleichen; dahin gehören die gemeinen Heringe, Elsen u. dgl.

Die Kiemendeckel machen die Wände der Kiemenöfnung aus, und vertreten die Stelle der Rippen, ihre Bewegung ist jener gleich, welche man an diesen Theilen beim Menschen, und den vierfüßigen Thieren beobachtet.

Bei den Fischen geschieht das Einathmen öfterer, als bei andern Thieren, welche in der Luft leben; weil der Stoff, der aus dem Waßer vermittelst ihrer Organe muß eingesogen werden, nicht so häufig in diesem, als in der Luft enthalten ist, und weil er sich schwerer aus dem Waßer, als aus der Luft scheidet.

Der Nutzen der Kiemenhaut scheint blos darinn zu bestehen, die Oefnung der Kiemen desto genauer

zu schliesen, und bei einigen Arten ihre Höhle zu
vergrößern. Diese Haut fehlt vielen Fischen, und
alsdenn sind die Kiemenöfnungen sehr gerade. Bei
einigen, wo diese Oefnung sehr klein ist, ist die
Kiemenhaut nur an einem einzigen Strale fest, den
man als eine Platte von den Deckeln ansehen kann,
wie z. B. bei den Arten des Mormyrus. Bei andern
ist die Kiemenöfnung sehr gerade, und bildet eine
Art Röhre, wie bei den Arten der Muraena; bei
diesen scheint die Kiemenhaut von den Deckeln nicht
verschieden zu seyn, und die kleinen Knochen, an
denen sie befestigt ist,' haben Aehnlichkeit mit den
Rippen des Menschen und der vierfüßigen Thiere.
Bei den Fischen endlich, die eine große Kiemenöfnung haben, war es nöthig, daß die Haut durch
viele Beinchen befestigt wurde, wie man dieses bei
den Salmen u. dgl. beobachtet.

Das Blut tritt aus den Kiemen in die Gefäße,
die alle Kennzeichen von Blutadern haben, und den
Lungenblutadern des Menschen, und der vierfüßigen
Thiere ähnlich sind; sie bringen das Blut aber in
keine eigentliche Herzkammer, sondern bilden durch
ihre Vereinigung ein großes Gefäß, das alle Eigenschaften einer Schlagader hat, diesem wird unrecht
der Name der niedersteigenden Aorte beigelegt; weil
die Fische keine aufsteigende haben. Das Blut wird
nun durch die Aorte in dem ganzen Körper vertheilt,

die

die Bewegung deſſelben nimmt aber nicht durch viele
Falten und Winkel der Blutgefäße an ihrer Geſchwin-
digkeit ab, und muß alſo in die Schlagadern der
Fiſche nicht mit der Stärke, als in jenen der Menſchen hineingetrieben werden. Das Blut wird in
den Schlagadern der Fiſche langſamer, als in jenen
der warmblütigen Thiere bewegt. Der Verfaſſer hat
ſich durch ſehr viele Verſuche, die er an den zur
Karpfengattung gehörigen Fiſchen angeſtellt, überzeugt, daß ihr Herz in einer Minute nur 35, zuweilen 36 auch 38, ſelten 40mal ſchlage.

Es iſt ſehr wahrſcheinlich, daß das Blut, indem
es durch die Kiemen bewegt wird, ſich ſo, wie bei
den vierfüßigen Thieren, wenn es in der Lunge iſt,
des phlogiſtiſchen, kohlenartigen Stoffes entlade;
über die Art aber, wie die dephlogiſtiſirte, mit den
Waſſer verbundene Luft dieſen Stoff einſauge, läßt
der Verfaſſer die Chemiſten urtheilen. Die Fiſche
haben ihres Volumens gemäß weniger Blut, als
die vierfüßigen Thiere, welches vollkommen mit der
unvollkommenen Art ihres Odemholens übereins
kömmt: aus mehrern Aalen hat man kaum einige
Unzen Blut erhalten. Die Menge des Bluts verhält ſich immer, wie die Vollkommenheit des Odemholens der Thiere. So haben Fiſche mit knorplichen
Finnen, welche ausgebreitetere Werkzeuge des Odemholens haben, mehr Blut, als andre.

In

In Waſſer, das nach Reaumurs Wärmemeſſer einige Grade unter O, oder über 30° warm iſt, tönnen die Fiſche nicht leben, überhaupt iſt ihre Lebenswärme geringer, als bei den Amphibien, höchſtens 1½° größer, als die Wärme des Waſſers, worinn ſie leben; bei den Wallfiſchen iſt ſie ſo groß, als beim Menſchen.

In deſtillirtem Waſſer, in welches Hr. Br. Fiſche gethan, haben dieſelbe fortgelebt, ſie haben zwar anfangs Zeichen ihres Uebelbefindens gegeben; nachdem ſie aber eine Zeit lang darinn herumgeſchwommen ſind, ſchienen ſie nichts mehr zu leiden. Etwas Veilſirop in jenes deſtillirte Waſſer getröpfelt, worinn dieſe lebende Fiſche geweſen, veränderte anfangs ſeine Farbe gar nicht, nur wurde er nachher etwas weniges grün. Nur von einem Tropfen Arſenikſäure, den er in ſehr vieles Waſſer fallen ließ, worinn ein Fiſch war, ſtarb derſelbe in einer Minute. Ein anderer hat nur ſechs Minuten in Zitronenſaft, ein anderer in Waſſer, das durch etwas fixe Luft nur ſäuerlich gemacht wurde, nur einige Minuten gelebt. Diejenigen, die er in Kaltwaſſer getaucht, giengen auch darinn ſehr bald zu Grunde.

S. 179. *Memoire ſur quelques particalarités du cupreſſus diſticha* Linn. *appellé caprès chauve par les americains par M. l'abbé Teſſier.*

Abhand»

Abhandlung über einige besondere Umstände,
die Hr. Teffier an der virginischen Cypreffe
mit Acacienblättern wahrgenommen hat.

Sie hat auf ihren Wurzeln geründete, kugelför=
mige Erhöhungen, welche nach der chemischen Unter=
suchung, die Herr Teffier damit angestellt, mehr
Harz, als das Holz dieses Baums enthält, sie ge=
deiht am besten, wenn die Wurzeln im Waffer, oder
auch in Torf stehen, und gewöhnt sich in diesem Falle
leicht an das französische Klima.

S. 206. *Memoire fur les propriétés électriques de
plufieurs mineraux par M. l'abbé Haüy.*
Abhandlung über die elektrischen Eigenschaften
mehrerer Mineralien, von Hn. Abbé Haüy.

Der Verfaffer hat mit sehr vielen Mineralien Ver=
suche angestellt, um zu erfahren, ob sie die nämliche
elektrische Eigenschaft wie der Aschenzieher hätten,
er hat dieselbe auch an dem unrecht für Zeolit gehal=
tenen krystallisirten Galmei aus Breisgau wahrge=
nommen. Er bediente sich, um die rechte Wärme
zu erfahren, in welcher dergleichen Fossilien ihre
ganze Kraft äusern, einer nicht isolirten Nadel von
Meffingdrath, die auf einem Stifte von Meffing sich
frei bewegt, und einer Siegellackstange. Mehrere
Spielarten von rothem, gelbem und grünem Jaspis,
der Pechstein, der Schörlspath, der faßrige und derbe

Ω   Schörl,

Schörl, der Schiefer, das Reißblei haben lebhafte elektrische Funken gegeben, auch Zinngraupen sehr starke; dadurch ließen sie sich von der ihr dem äusern Ansehen nach ähnlichen Blende unterscheiden, die nur sehr schwache leuchtende Spitzen zeigte.

§. 210. *Observations sur la manière de faire les herbiers, par M. l'abbé Haüy.*

Anmerkungen über die Art Kräutersammlungen anzulegen, von Hrn. Abbe Haüy.

Er giebt den Blumen, die sonst durch das Trocknen ihre Farbe sehr verändern, wie z. B. die blauen und rothen, ihre, so viel möglich, natürliche Farbe wieder, indem er dieselbe zu erst durch Weingeist auszieht, und nachdem sie getrocknet sind, Papier, das mit dergleichen Farbe gefärbt, und nachher mit Oelfirniß überzogen ist, mehrmal darauf drückt, er hat der Akademie einige Beispiele davon vorgelegt. Bei denjenigen Pflanzen, deren Blätter nicht so leicht trocknen, sondern, ehe sie noch trocken sind, schwarz werden, wie z. B. die Blätter von verschiedenen Arten des Knabenkrauts, räth er die Oberhaut von der untern Fläche derselben wegzunehmen, wodurch ihr Austrocknen beschleunigt wird, so, daß sie in zwei oder drei Tagen schon trocken, und nicht schwarz, sondern höchstens nur etwas gelblich werden.

S. 213.

S. 213. Memoire sur la structure des diverses cristaux metalliques, par M. l'abbé Haüy.

Abhandlung von der Struktur verschiedener Metallkrystallen, von Hrn. Abbe Haüy.

Der Verfasser zeigt hier, nach Bergmanns Art, de formis cryſtallorum, daß die verſchiednen Abänderungen der metalliſchen Kryſtallen, obſchon in ihrer Miſchung oft verſchiedne Stoffe enthalten ſind, den nämlichen Geſetzen folgen, die bei Entſtehung der Stein- und Salzkryſtalliſationen feſtgeſetzt ſind. In dieſer Abhandlung werden betrachtet: die Eiſenkieſe in Würfeln und Zwanzigecken kryſtalliſirt, die Kryſtallen von arſenikaliſchem Kobold, und die Kryſtallen von dem Eiſenerz der Inſel Elbe, deren einzelne Theile alle gleich ſind.

Wenn man die Eiſenkieswürfel, deren Flächen glatt ſind, auf dem Bruche betrachtet, ſo bemerkt man Blätter, deren Oberflächen mit den Seiten der Würfel parallel ſind. Bei den Kryſtallen von arſenikaliſchem Kobold bemerkt man das nämliche, und ſieht deutlich in ihrem Bruche eine Menge von kleinen Würfeln, aus welchen dieſe Kryſtallen zuſammengeſetzt ſind. Die Grundgeſtalt dieſer Kryſtallen iſt alſo offenbar der Würfel, oder die einzelnen kleinen Theile derſelben ſind würflich. Nun zeigt er, wie aus dem beſagten würflichen Blättchen der Eiſenkieſe das Zwanzigeck mit zwölf fünfſeitigen Flächen entſtehe:

 Der

Der Würfel von Eisenkies, dessen Flächen gestreift sind, ist eine Abänderung der vorigen Krystallisation, wo dieselbe gestört und unförmlich ist, und aus welchen ein Zwanzigeck mit fünfseitigen Flächen entstanden wäre; wenn die Umstände günstiger gewesen. Die Krystallen von Eisenkies mit zwanzig dreiseitigen Flächen sind ebenfalls aus dem Zwanzigeck mit zwölf fünfseitigen Flächen entstanden, in welchem acht gleichseitige Dreiecke die Stelle von acht Winkeln eingenommen haben. Die verschiednen Krystallen von dem Eisenerz der Insel Elbe, als die Rauten mit sehr stumpfen Spitzen, die Krystallen mit vier und zwanzig Seiten, wovon sechs Fünfecke und achtzehn Dreiecke sind, entstehen alle aus einer Grundgestalt, aus dem Würfel.

S. 238. *Analyse d'an Spat pésant vert, par M. Sage.*

Zergliederung eines grünen Schwerspaths, von Hrn. Sage.

Es ist der von Werner sonst sogenannte grüne Glimmer von Johann-Georgenstadt in Sachsen. (Bergmann hat ihn zuerst chemisch untersucht, und sagt ausdrücklich in seinen opusculis phys. chem. vol. II. p. 431, daß, als er eine Silberauflösung darauf goß, etwas, freilich nur wenig Hornsilber entstanden sei, welches Hr. Sage läugnet.) Er

sagt

sagt am Ende, dieses Foſſil verhielt ſich mit feuer=
feſtem Laugenſalze und Kohlen geſchmolzen, wie der
grüne Flußſpath, und ſei von dieſem nur darinn.
verſchieden, daß es Kupferkalk enthielt. (Hr. Sage
verwechſelt erſtlich hier den Schwerſpath mit dem
Flußſpathe, und die wenigen Verſuche, welche er
mit dieſem angeſtellt, können gegen Bergmanns
Behauptung, der zwar nur einen Gran davon unter=
ſucht, aber doch durch eine daraufgegoſſene Silber=
auflöſung Hornſilber erhalten, noch nichts beweiſen.)

S. 242. *Analyſe d'une mine d'Antimoine et de
Plomb terreuſe combinée avec les acides vitrioli-
que et arſénicale, par M. Sage.*
Zergliederung eines erdigen, mit Vitriol= und
Arſenikſäure verbundenen Spießglanz= und
Bleierzes, von Hrn. Sage.

Dieſes Erz iſt ſehr kurz und unvollſtändig beſchrie=
ben, es iſt von gelblicher Farbe, von Bonvillars in
Savoyen ſechs Meilen von Chamberie, enthält nach
den hier angeführten Verſuchen Blei, Spießglanz,
Eiſen, Vitriol und Arſenikſäure. Auch wird hier
eines natürlichen Spießglaskalkes mit Berlinerblau
vermiſcht, aus Sibirien erwähnt.

S. 245. *Analyſe d'une nouvelle eſpece de mine
de biſmuthe terreuſe ſolide recouverte d'une
efflorefcence d'un vert jaunatre, par M. Sage.*

          Zer=

Zergliederung einer neuen Art von festem
grünlich gelb beschlagenem Wißmuthocher,
von Hrn. Sage.

Er ist von Schneeberg in Sachsen, fest, von
graulicher Farbe, mit einem grünlich gelben Be-
schlage, sehr schwer, giebt am Stahle gerieben Feuer,
welche letzte Eigenschaft aber von den Stückchen
Quarz, die diesem Erze eingemengt sind, herrührt.
Daß die grünliche Farbe des erwähnten Beschlags
nicht von Kupfer und Eisen herrühre, folgt aus seinen Versuchen, die er mit flüchtigem Alkali und dem
Salmiak, den er damit destillirt, und nachher in die
Auflösung Galläpfelbekoft gegossen, daß aber Kobold
die Ursache der grünen Farbe sei, weil dieses Erz
mit weißem Glase geschmolzen demselben eine grüne
Farbe mitgetheilt hat, ist gar nicht einleuchtend; es
hätten wenigstens, um dieses behaupten zu wollen,
bestimmtere Versuche müssen angestellt, und bewiesen werden, daß nicht Kupfernickel die Ursache dieser grünen Farbe sei, der ohnehin öfters bei Wißmuth sich einfindet.

S. 350. *Memoires sur les clavicules et sur les os
claviculaires, par M. Vicq d'Azyr.*

Den Auszug von dieser Abhandlung über die
Schlüsselbeine, welcher in dem Journal de physique
Tome XXXIII. p. 37. eingerückt ist, haben wir
schon

schon angeführt. Man findet hier auf fünf Kupferplatten sehr gute Zeichnungen, wodurch das hier
gesagte gar sehr erläutert wird.

    S. 437. Memoire sur les classes les plus conve-
    nables à etablir, parmi les végétaux, et sur
    l'analogie de leur nombre avec celles determi-
    nées dans le regne animal ayant egard de part,
    et d'autre à la perfection graduée des organes
    par M. Chevalier de la Mark.

    **Abhandlung über die bequemste Art, das
    Pflanzenreich in Klassen einzutheilen, und
    der Analogie ihrer Anzahl mit jener im
    Thierreiche festgesezten auf der einen Seite
    betrachtet, und auf der andern in Rücksicht
    der stufenmäßigen Vollkommenheit ·der
    Organe, von Hrn. Chev. de la Mark.**

Der Verf. glaubt, andre Kräuterkundige, als
Tournefort, Linne, haben zu wenig Rücksicht
auf die Stufen der Vollkommenheit des organischen
Baues, auf ihre natürliche Aehnlichkeiten u. dgl. auch
zu viele Klassen gemacht; er stellt daher, wie im
Thierreiche, nur sechs Klassen auf, die er wieder in
zwei, drei und vier Ordnungen theilt, und unter
welche er 94 Familien bringt. I. *Polypetalae.*
Diese Klasse könnte man als das maximum der vegetabilischen Organisation, so wie seine sechste, als

        das

das minimum derselben ansehen; besonders merk=
würdig sei es, daß fast einzig in diese Klasse diejeni=
gen Pflanzen gehörten, welche eine merkwürdige
Reizbarkeit besäßen, so wie die Mimosa pudica,
viva, senfitiva etc. Hedysarum gyrans, Oxalis fen=
fitiva, Dionaea muscipula. Diese Klasse theilt er
in drei Ordnungen:

1) *Thalamiflorae.* 2) *Caliciflorae.* 3) *Fru-*
ctiflorae. — II. *Monopetalae.* 1) *Fructiflorae.*
2) *Caliciflorae.* 3) *Thalamiflorae angiospermae.*
4) *Thalamiflorae gymnospermae.* — III. *Com-*
positae. 1) *Distinctae.* 2) *Syngenesiae tubulosae.*
3) *Syngenesiae ligulares.* — IV. *Incompletae.* Hie=
her gehören nicht nur diejenigen Pflanzen, die keine
Krone haben, sondern auch diejenigen, die getrennte
Geschlechter auf einer Pflanze oder auf verschiednen
Individuen haben. Die Blumen derselben seien mei=
stens klein, haben eine grünliche, krautartige Farbe
ohne Zierde, und seien oft schwer zu untersuchen.
Sie wird in folgende vier Ordnungen eingetheilt:
1) in *Thalamiflorae;* 2) *Caliciflorae;* 3) *Dicli-*
nae; 4. *Gynandrae.* — V. *Unilobae.* Hieher
gehören alle diejenigen Pflanzen, deren Saamenem=
brio nur aus einem Lappen besteht. 1. *Fructiflorae.*
2. *Thalamiflorae.* — VI. *Cryptogamae.* 1. *Epi-*
phyllospermae. 2. *Musci.* 3. *Algae.* 4. *Fungi.*
Nun folgt eine Tafel, worauf die Klassen, Ordnun=
gen

gen und Familien, und am Ende eine Tafel, wo
auf eine ähnliche Art die Eintheilung der Thiere aufgezeichnet ist.   Wir zweifeln aber sehr, daß durch
die Verminderung der Klassen und Ordnungen, die
dann eine Vermehrung der Familien und Gattungen
nothwendig macht, das Gedächtniß des Anfängers
in dieser Wissenschaft sehr erleichtert werde.

XXXVII.

Der Schmetterlinge XXXVI. und XXXVII. Heft.
Tom. IV. Tab. CXXII. Noct. 43. bis Tab.
CXXXIII. Noct. 54. Bog. P. bis S. Erlang.
im Verlage Wolfgang Walthers. 1788. gr. 4.

Diese zwei Hefte, welche zugleich und unter einem
Umschlage geliefert worden sind, enthalten den vollständigen Text zu den Phalänen: Promissa, Nupta,
Pacta, Elocata, Coniuncta, spectrum Fraxini und
Pronuba.   Recensent will den wesentlichen Innhalt
dieses vortrefflichen Textes für den Naturforscher,
dessen ökonomische Verhältnisse die Anschaffung dieses schäzbaren, und gegenwärtig schon zu einem beträchtlichen Preiß herangewachsenen Werkes nicht
zulassen, in einem kurzen Auszuge hier mittheilen:

Der hundert und sieben und siebenzigste europäische Nachtschmetterling. Die vierzigste Eulenphaläne.

Q 5

Ph.

Ph. noctua fpirilinguis crift. promiffa, rothe Bands
phaláne mit fchmaler zackigter Binde. Tab. XCVI.
Noct. 17.

Die Raupe wohnet im Frühjahre auf Eichen;
fie ift mit vielen höckerigten Erhöhungen und Spitzen,
und an den Seiten nach Art der übrigen Landphalä-
nen mit Fafern befezt; in der Farbe ändert fie fehr
mannichfaltig ab; gewöhnlich ift die Grundlage der-
felben ein gelbes Blau mit etwas Grünlichtem und
Gelblichtem fchattirt; kurz vor ihrer Verwandlung
in die Kryfalide verändert fich diefes helle Kolorit
in Braun oder Schwärzlicht; in diefem Stande ift
fie von Röfel abgebildet worden. Die Phaláne
hat fehr viel ähnliches mit der Phal. fponfa; doch
ift hier die Grundfarbe heller gemifcht; fie hat mehrere weißliche Flecken und Binden; der fchwarze
Saum der Unterflügel ift weniger ausgefchweift, und
die Unterfeite hat nicht fo viel Weiffes, als bei der
erftgenannten Phaláne.

Der hundert und acht und fiebenzigfte europäi-
fche Nachtfchmetterling. Die acht und vierzigfte
Eulenphaláne. Noctua fpirilinguis criftata nupta.
Rothe Bandphaláne mit rund ausgefchweifter Binde.
Tab. XCVII. Noct. 18.

Diefe Phaláne ift verfchiedentlich mit der Phal.
pacta verwechfelt worden; den Anlaß hierzu gab
Linne felbft, da er fich bei beiden Phalánenarten

auf

auf einerlei Abbildung des Rösels bezog, die aber
lediglich die leztere Phaläne vorstellt. Die sattsam
bekannte Raupe wird zu Ende des Junius, auch
noch bis zur Hälfte des Julius auf Wollweiden,
Salix caprea, erwachsen angetroffen. Sie verwandelt sich zwischen Baumblättern in einem Gewebe,
nach vierzehn Tagen oder vier Wochen kriecht der
Schmetterling aus, und wird an Baumstämmen,
auch öfters in Häusern gefunden. Die Eier liegen
über Winter, und erst im Frühlinge des folgenden
Jahres kriechen die Räupchen aus.

Der hundert und neun und siebenzigste europäische Nachtschmetterling. Die zwei und vierzigste Eulenphaläne. Noctua spirilinguis cristata pacta Tab.
XCVIII. Noct. 19.

Diese Phaläne ward vormals allein für eine eigne
Art gehalten; alle übrige Bandphalänen wurden nur
als Spielarten derselben angesehen. Die in dem
Systeme als ein Kennzeichen angegebene rothe Farbe
der Oberseite des Hinterleibes erklärt Hr. E. als
etwas sehr zufälliges, und liefert zugleich eine Abbildung einer Phaläne mit einem solchen Hinterleibe
aus dem Kabinete des Hrn. Gerning in Frankfurt, und R., der das Original (welches in der Gegend von Frankenthal gefangen wurde, und nicht
in Schweden, wie Hr. E. durch einen Irrthum ist
berichtet worden) schon einigemale gesehen, und
genau

genau mit den gewöhnlichen Exemplaren verglichen
hat, stimmt vollkommen dieser Meinung bei; auch
findet er dasjenige ganz gegründet, was Hr. E. in
Rücksicht der von Hrn. Notar Hübner in Halle in
dem Fueßlichen Archive gelieferten Abbildung erinnert. Rösel ist der erste, welcher die Raupe abgebildet hat. Sie wohnet nach Hrn. E. mit der vorhergehenden gleichzeitig auf der Wollweide, ist wegen ihrem flachrunden Körper, den sie fast an die
Zweige andränget, schwer zu entdecken; aber durch
eine Erschütterung ihres Wohnortes leicht herabzu-
bringen. Die Krysalide kömmt mit jener der übrigen Bandphalänen schier ganz überein; auch ist ihre
Verwandlungsgeschichte die nämliche.

Der hundert und achtzigste europäische Nachtschmetterling. Die drei und vierzigste Eulenphaläne. Noctua spirilinguis cristata elocata. Rothe
Bandphaläne mit gerundeter Binde. Tab. XCIX.
Noct. 20.

Diese Phaläne hat sehr vieles mit der Phal. nupta
gemein; man will daher noch zweifeln, ob sie eine
eigene Art, oder nicht vielmehr eine bloße Spielart
von jener sei. R., der hierüber noch keine hinreichende Erfahrung hat, will sich zur Zeit weder für
die eine, noch für die andere Meinung erklären. Man
findet diese Phaläne auch in der Gegend um Mainz;
sogar ist sie schon häufig aus der Raupe gezogen worden:

den: allein die Besitzer haben sich um die wesentliche Unterscheidungszeichen dieser Raupe von jener der Phal. nupta noch nie bekümmert. Sie ist manchen Jahren häufig, wo die Nupta selten ist, und in manschen selten, wo man die Nupta in Menge antrift; und dieser Umstand dörfte wohl ihren specifiken Unsterschied von jener Phaläne ziemlich wahrscheinlich machen; auch hat der Schmetterling seine eigene Merkmahle. Die Oberflügel sind mit schwarzen Atomen, worinn sich die Zeichnungen verlieren, dicht überstreuet. Die Grundfarbe der Unterflügel ist mehr mit Mennigroth, als bei der Phal. nupta gesmischt; die mittlere Binde ist bogenförmiger, und hat die zackigen Krümmungen der übrigen Bandphasläuen nicht; auch ist fast die Hälfte der Unterseite der Hinterflügel weißgefärbt.

Tab. XCIX. Noct. 20. Eine Abänderung der Phal. sponsa.

Der Unterschied ist unbeträchtlich: nach unbesstimmten Erzählungen soll sie aus einer besondern Raupe entstehen.

Der hundert und ein und achtzigste europäische Nachtschmetterling. Die vier und vierzigste Eulensphaläne. Noctua spirilinguis cristata coniuncta. Rothe Bandphaläne mit gerandeter Binde. Tab. C. Noct. 21.

Aus

Aus dem mittägigen Welschlande. Ihr wesentlicher Karakter ist die durch die Unterflügel sich zeigende gerade schmale Binde, (Recensent glaubt, daß man noch den kleinen gelben Flecken am Aussenrande der Unterflügel zu diesem Merkmahle setzen könnte) sonst kömmt diese Phaläne der Phal. promissa am nächsten.

Hr. E. hat nun hier nebst der Phal. sponsa sechs rothe Bandphalänen beschrieben, und ihre wesentliche Unterscheidungszeichen mit vielem Scharfsinne, der ganz den großen Naturforscher kenntbar macht, auseinander gesetzet; schon in den Benennungen sind die karakteristischen Merkmahle sehr glücklich ausgedrückt, und für den Entomologen zur Erleichterung in eine kernhafte Kürze gefaßt. Hr. E. hat das unstreitige Verdienst, der erste zu seyn, der das alte Wirrwarr, welches bei diesen Phalänen zeither geherrscht hatte, aus einander gesetzet, und über die Naturgeschichte dieser Familie das nöthige Licht verbreitet hat.

Der hundert und zwei und achtzigste europäische Nachtschmetterling. Die fünf und vierzigste Eulenphaläne. Noctua spirilinguis cristata spectrum. Braune Bandphaläne. Tab. C. Noct. 21.

Aus dem südlichen Italien. Sie kömmt der Phal. Maura am nächsten; von ihrer Naturgeschichte ist aber nichts bekannt.

Der

Der hundert und drei und achtzigste europäische Nachtschmetterling. Die sechs und vierzigste Eulenphaläne. Noctua spirilinguis criftata Fraxini. Die blaue Bandphaläne. Das blaue Ordensband. Tab. CI. Noct. 22.

Sepp ist der erste, welcher diese Phaläne nebst ihrer Raupe abgebildet, und ihre Naturgeschichte von dem Eie an bis zum Schmetterlinge beschrieben hat. Die Raupe hat völlig den Bau der rothen Bandphalänen. Ihre Grundfarbe ist ein bräunliches, einfärbiges Aschgrau, welches bald mehr ins Weisse, bald mehr in das Dunkle gemischt ist. Die Unterseite ist bläulich. Sie überwintert im Eie, und kriecht im Mai aus; doch ist es nach ihrer frühen Erscheinung in manchen Gegenden zu schließen, daß sie auch nach den ersten Häutungen überwintern. Ihr Aufenthalt ist die Esche und Aspe (populus tremula L.); man hat sie auch schon auf der Schwarzbuche und den Birken gefunden. Um Mainz wohnt sie auf Pappeln. Gegen die Mitte des Junius wird sie ausgewachsen angetroffen; die Phaläne erscheint zu Ende des Augusts, und wird gewöhnlich an Baumstämmen gefunden.

Der hundert und vier und achtzigste europäische Nachtschmetterling. Die sieben und vierzigste Eulenphaläne. Noctua spirilinguis criftata pronuba. Die große gelbe Bandphaläne. Tab. CII. Noct. 23.

Die

Die nun folgenden Phalänen sind unter der Benennung der gelben Bandphalänen bekannt. Die Unterflügel haben statt der rothen eine gelbe Grundfarbe und einen sehr breiten schwarzen Saum, und bei einigen Arten auch gleich den rothen Bandphalänen eine schwarze Binde durch die Mitte. Unter den erstern ist diese Phaläne die gemeinste und bekannteste. Sie ist vom Frühlinge an bis in den Herbst zu finden. Ihre Raupe überwintert; sie sucht nur zur Nachtszeit ihre Nahrung, welche gewöhnlich in den Blättern der Schlüsselblume, der Aurikeln, des Ampfers, Kohls u. s. w. bestehet; am Tage ist sie in der Erde oder unter dem Grase verborgen. Die Puppe ist dunkelbraun; in drei bis vier Wochen kömmt der Schmetterling zum Vorscheine. Recensent hätte hier gewünscht, daß Hr. E. auf die rothen Bandphalänen, nach dem Vorgange der Verfasser des systematischen Verzeichnisses der Schmetterlinge der Wiener Gegend, statt der Phal. pronuba etc. sogleich die Phalänen mit doppelter Binde hätte folgen lassen. Dieser Uebergang scheint Recensenten viel natürlicher zu seyn, wie man bei der Phal. paranympha und ihrer Raupe auf das augenscheinlichste überzeugt wird; indessen wird es sich vielleicht in der Folge zeigen, was für Gründe Hrn. E. zu dieser Anordnung bewogen haben.

Die

Die auf den zu diefen zwei Heften gehörigen 12 Tafeln abgebildeten Phalänen find folgende:

Tab. CXXII. Noct. 43. Fig. 1. Noct. virens Linn. Sp. 139. Fig. 2. N. flavefcens. Fig. 3. mas. fig. 4. foem. N. Paleacea. Fig. 5. mas, fig. 6. foem. N. Turca L. 140. *Tab. CXIII.* Noct. 44. Fig. 1. mas, fig. 2. foem. N. catenala. Fig. 3. mas, fig. 4. foem. N. Tigerina. Fig. 5. N. floccida. Fig. 6. Trigrammica. *Tab. CXXIV.* Noct. 45. Fig. 1. N. togata. Fig. 2. N. praetexta. Fig. 3. mas, fig. 4. foem. Fucata. Fig. 5. mas, fig. 6. foem. Lythargyria. *Tab. CXXV.* Noct. 46. Fig. 1 — 6. N. Piniperda, mit Raupe und Puppe. Fig. 7. N. Lagopus. *Tab. CXXVI.* N. 47. Fig. 1. mas, fig. 4. foem. N. Ochroleuca. Fig. 2. mas, fig. 3. foem. N. radiata, Fig. 5. foem. fig. 6. mas. N. nictitans L. 141. Fig. 7. N. Didyma. *Tab. CXXVII.* Fig. 1. N. rectilinea, Fig. 2. mas, fig. 3. foem. N. Dentina. Fig. 4. N. favillacea. Fig. 5. N. polluta. Fig. 6. N. nigrofufca. Fig. 7. N. nigrofulva. *Tab. CXXVIII.* N. 49. Fig. 1. mas, fig. 2. foem. N. Artemifiae. (Warum hat Hr. E. die fchon längft befannte Raupe hier nicht abgebildet, follte es auch nur eine Kopie nach Röfel gewefen feyn? Ein fo flaßifches Werk, wie das Efperfche, welches alle übrige entbehrlich machen foll, muß alle Entdeckungen in fich faffen, und den Lefer nie auf Abbildun-

R

gen

gen anderer Schriften verweifen.) Fig. 3. N. gla=
reofa. Fig. 4. mas, fig. 5. 6. variet. N. octogena.
Tab. CXXIX. Noct. 50. Fig. 1 — 3. N. Perfi=
cariae L. 142. mit Raupe und Puppe. Fig. 4. N.
accipitrina. Fig. 5. N. Labecula. *Tab. CXXX.*
Fig. 1. N. fcolopacina. Fig. 2. mas, fig. 3. foem.
N. rubricans. Fig. 4. N. filograna. Fig. 5. N.
platyptera. Fig. 6. N. oxyptera. *Tab. CXXXI.*
Fig. 1. N. bifurca. Fig. 2. N. Omega. Fig. 3. mas,
fig. 4. foem. Lateritia. Fig. 5. N. trimaculofa.
Tab. CXXXII. Fig. 1. foem. fig. 2. maris variet.
Bimaculofa L. 184. (Diefer Schmetterling ift aber
die wahre Bimaculofa nicht, deren karakteriftifches
Zeichen in zwei dunkeln Flecken nächft dem Auffen=
rande der Unterflügel beftehet. Vermuthlich gefchah
hier eine Verwechfelung, indem Hr. E. die ächte
Bimaculofa von Hrn. Gerning zu Frankfurt zum
Abbilden erhalten hatte. Rec. hat das natürliche
Exemplar hievon in der Sammlung des erftgenann=
ten Naturforfchers gefehen, das mit der hier gelie=
ferten Abbildung gar nicht übereinkömmt.) Fig. 3.
mas, fig. 4. foem. N. occulta L. 147. *Tab.*
CXXXIII. N. 54. Fig. 1. mas, fig. 2. foem. var.
N. fubluftris. Fig. 3. foem. fig. 4. mas. N. lucu=
lenta. Fig. 5. mas, fig. 6. foem. N. umbrofa.

XXXVII.

XXXVIII.

Caroli à Linne etc. genera plantarum earumque characteres naturales secundum numerum, figuram, situm, et proportionem omnium fructificationis partium. Editio octava, post Reichardianam secunda prioribus longe auctior atque emendatior, curante D. Io. Christiano Dan. Schreber, Conf. aul. Med. Bot. Hift. nat. et Oecon. Prof. p. ord. in acad. Erlangenfi etc. Vol. I. Francofurti ad Moenum, fumtu Varrentrappii et Wenneri 1789. 379 S. 958 Gattungen.

Mit vielem Vergnügen zeigen wir diese neue, sehr vermehrte und verbesserte Auflage von Linnes Werk (Gattungen der Pflanzen ꝛc.) an. Nothwendig war fie allerdings: denn auch die lezte von Reichard ift fchon zwölf Jahre alt, und nach den häufigen Entdeckungen und Befchreibungen von neuen Gattungen fehr unvollftändig, ift fchon felten geworden. Zum Glücke hat ein Botaniker vom erften Range, deffen Name fchon Empfehlung genug ift, fich diefer gewiß fchweren und wichtigen Arbeit unterzogen.

Es find aber dabei nicht nur die wichtigften und neueften Werke der berühmteften und größten Kräu=

 ꞌ terkens

terkenner, als Linne des Sohns, welcher allein in seinem Supplemento von 1781 über hundert neue Pflanzengattungen beschrieben, eines Murray, v. Jacquin, Pallas, Aublet, (welcher gar viele neue Gattungen beschrieben,) der Herren Forster, Sonnerat, Heritier, Cavanilles, Ehrhart, Gärtner, verschiedne *Acta* von Akademier, und einige akademische Probeschriften benutzt worden, sondern, wo es dem verdienstvollen Hrn. Verfasser nur möglich war, hat er auch die von verschiednen Botanikern angegebenen Karaktere mit der Natur selbst verglichen, dieselbe also, wo er anders, oder besser beobachtete, verbessert, oder wenigstens deutlicher sich ausgedrükt. Dieser Theil enthält die 13 ersten Klaffen, und ist schon beiläufig mit 180 Gattungen, wovon auch einige von dem verdienstvollen Verfasser als neu aufgestellt sind, vermehrt.

Zu der ersten Klasse und deren ersten Ordnung sind hinzugekommen *Renealmia*, (aus Linnes des Sohns Suppl. nach *Canna*,) hier die 2te Gattung. *Myrosma*, die 6te Gattung, (ebenfalls aus dem Suppl. Linnes des Sohns) nach *Alpinia cucullaria* die 11te Gatt. (aus *Aublet histoire des plantes de la Guiane françoise*, unter dem Namen *Vochy*) nach *Thalia*. Die Karaktere von der *Boerhavia* sind folgendergestalt umgeändert: statt calyx nullus Linn. *genera Plant.* cal. perianthium oblongum,

tubu-

tubulato angulatum, corollae suppofitum, ore
contracto, integro, perfiftens. (Diefer Kelch ift
groß und deutlich an der *Boerhavia fcandens* zu fe=
hen.) Ferner findet man hier die Beschreibung des
Honigbehältniffes, welche bei Linne fehlt.

Nectarium carnofum fubcylindricum, ore den-
tato bafin germinis eingens. In der Beschreibung
der Staubfäden heißt es ganz richtig filamentum
unum, duo, feu tria: denn die B. fcandens hat
zuweilen drei, nectarii margini inter denticulos in-
ferta, capillaria, inferae intra calycem tenuiora
erecta longitudine circiter corollae.

Bei der Beschreibung des Piſtills heißt es ſtatt
germen inferum, angulatum, oblongum Linn.
germen fubrotundum pedicellatum: pedicello nectarii cincto, ſtatt ſtylus filiformis brevis, ſtylus
tortus altitudine ſtaminum, ſtatt ſtigma renifor-
me, ſtigma capitatum (welches auch bei der Boerhavia erecta fehr deutlich iſt). Bei pericarpium
heißt es noch: calyx maior, claufus, femen incru-
ſtat. In einer Anmerfung heißt es, diefe Gattung
fei mit der Mirabilis (doch auch, wie Linne an=
merft, mit der Valeriana) fehr verwandt, die Zähn=
chen des Honigbehältniffes felen zuweilen dreieckig,
und fehr klein, zuweilen krumm wahrzunehmen (ob-
foleti). Von der *Hippuris* heißt es, wie bei Linne
calyx nullus mit der Anmerfung, nifi margo bilo-

bus,

bus, germen coronans; diefer ift von Linne nicht
bemerkt worden, der Staubfaden fiße auf dem
vordern Lappen des Randes (nicht auf dem Boden
der Blume), der Staubbeutel fei rundlich, zufam=
mengedruckt (nicht halbzweifpaltig), der Eierftock
fei unten (nicht oben), der Griffel entftehe aus dem
hintern Lappen des Randes (nicht zwifchen dem
Stamme und dem Staubfaden).

Zu der zwoten Ordnung der erften Klaffe ift hin=
zugekommen: *Mniarum* 19te Gatt. (aus Forfters
nova plant. genera, und Linn. fuppl.) nach
Blitum.

Die zwoote Klaffe und deren erfte Ordnung ift mit
folgenden Gattungen vermehrt: *Ceranthus* 27te
Gatt. von Schreber fo genannt, (aus Aublet)
nach *Chionanthus.* Von der *Circaea* ift der Kelch
ganz anders befchrieben, nämlich, er fei einblättrig,
oben hinfällig, die Röhre fadenförmig, fehr klein,
die Mündung zweitheilig, die Lappen eirund einge=
tieft, fpißig niedergebogen (bei Linne ift er als
zweiblättrig befchrieben).

Nach *Paederota* folgt Wulfenia die 34te Gatt.
(aus Jacquins mifcell.) eine neue Pflanzengat=
tung, dem berühmten von Wulfen zu Ehren fo ge=
nannt; nach *Utricularia* eine neue Pflanzengattung
von Schreber *Ghinia*, die 42te Gatt. (bei Au=
blet *Tamonea*) nach *Morina Siuris*, die 53te
Gatt.

Gatt, (**Aublets** *Raputia*), nach *Globba-Thuinia* die 55te Gatt. (von Thunberg und Linne dem Sohne, dem verdienstvollen botanischen Gärtner des königl. Gartens zu Paris zu Ehren so genannt); dann Forsters *Anciſtrum,* die 56te Gatt. und Aublets *Aruna* die 57te Gatt.

In der dritten Klaſſe und derſelben erſten Ord= nung findet man *Macrolobium* die 62te Gatt. (Au blets *Outea, Vouapa*) nach *Olax; Rohria* die 63te Gatt. (Aublets *Tapura*); doch iſt der Ver= faſſer noch nicht ſicher, ob die Pflanze, die er unter= ſucht, die lezte ſei, die Kennzeichen von beiden ſind etwas verſchieden; vom *Polycnemum* findet man verſchiedne Bemerkungen von Pallas in Anſe= hung der unter dem Kelche befindlichen Blättchen und der Staubfäden, derer zuweilen 1, 2, 3, auch 5 zugegen ſind. Auch iſt die Fruchtdecke genauer beſchrieben. Die Beſchreibung der Gattung *Ixia* iſt nach Thunberg, ſo wie jene von *Gladiolus* und *Iris* umgeändert. Nach Moraea folgt *Marica* die 81te Gattung (von Aublet *Cipura* genennt,) dann *Dilatris* die 82te Gatt. (von Thunberg); *Witſe= nia* die 83te (von ebendemſelben); *Xiphidium* die 84te (von Löffling und Aublet beſchrieben); nach *Calliſia, Syena* (von Aublet *Mayaca* ge= nannt); nach *Xyris, Fuirena* (ein Gras, von Rottböll ſo genannt), die 90te Gatt. dann *Kil-*

R 4

lingia,

lingia, ebenfalls ein Gras (von ebendemselben zu-
erst beschrieben), die 91te Gatt. nach *Eriophorum*,
Pomereullia (ein Gras von Linne dem Sohne in
seinem Suppl. beschrieben), die 96te Gatt., nach
Nardus, eine neue Grasgattung, *Spartina* von
Schreber die 98te Gatt.

In der zwoten Ordnung der dritten Klasse, wohin die meisten Grasgattungen gehören, findet man
viele Verbesserungen in Ansehung der Gattungskennzeichen der Gräser von der Gattung *Alopecurus*,
Sacharum, *Phalaris*, *Melica*, *Dactylis*, *Cynosurus*, *Aristida*, besonders die Beschreibung des Honigbehältnisses, welcher Blumentheil der Beobachtung Linnes entgangen.

Neue Gattungen sind: *Mühlenbergia*, die 103te
Gattung (von Schreber); nach *Alopecurus*, *As-
prilla* die 105te Gatt. (*Homalocenchrus* nach Mieg
und Allioni, *Lappago* nach *Triticum* die 131te
Gatt. (die Gattung *Tragus* nach Haller).

In die 4te Klasse und deren erste Ordnung sind
eingerückt die Gattungen *Rhopola*, die 144te (von
Aublet), folgt nach *Protea*; darauf *Embothrium*
die 145te Gatt. (von Forster); nach *Allionia*.
Opercularia die 152te Gatt. von Gärtner sogenannt, (*Pomax* von Solander), nach *Diodia*,
Hydrophylax die 159te (aus Linnes Suppl. Gärtners *Sarissus*) nach *Paveta*, *Siderodendrum* die

169te

169te Gatt. (von Jacquin *Syderoxyloides* ge‐
nannt); nach *Petesia*, *Chomelia* die 171te Gatt.
(von Jacquin) *Petitia* die 172te (von ebendem‐
selben). *Aegiphita* Jacq. *Manabea* Aubl. nach
Aquartia; *Myrmecia* die 177te. (Aublets *Ta‐*
chia; nach *Polypremum Chaetocarpus* die 179te.
(Aublets *Ponteria*) *Lasiostoma* die 180te (Au‐
blets *Rouhamon*); nach *Sanguisorba Banksia*
(aus Linnes Suppl. und von Gärtner so ge‐
nannt) die 191te Gatt.; nach *Fagara*, *Hartogia*
die 197te Gatt. (von Thunberg) *Monetia* die
198te (von l'Heritier dem berühmten Monet zu
Ehren so genennt). *Blackburnia* die 199te. (von
Forster) *Skimmia* die 200te. (von Thunberg)
dann *Othera orixa* von ebendemselben; nach *Co‐*
metes Nigrina die 212te Gatt. (von Thunberg)
nach *Elaeagnus Gonatocarpus* (von ebendemselben).

In der zwoten Ordnung dieser Klasse sind die Gat‐
tungen *Nertera* 229te nach *Hypecoum*, (von Banks
und Gärtner) dann *Gomozia* (aus Linnes
Suppl. und *Galopina* Thunb. eingerükt).

Die fünfte Klasse und deren erste Ordnung ist
mit vielen neuen Gattungen vermehrt. Nach *Me‐*
nyanthes folgt Thunbergs *Doraena*, hier die
264te Gattung; nach *Hottonia*, *Bacopa* die 266te
(von Aublet); nach *Randia* Thunbergs *Fa‐*
graea die 276te; nach *Azalea* (Forsters *Scheffel‐*
                    dia

dia die 278te; dann Ebendeſſelben *Epacris*, Thun﹣
bergs *Weigelia;* nach *Plumbago* Caranills
Triguera die 282te Gattung; nach *Phlox* Thun﹣
bergs *Retzia* die 285te; nach *Cinchona, Cyrtan﹣
thus* (Aublets *Poſoqueria*) die 302te, darauf
Schrebers *Ligtfootia* und Aublets *Bertieria;*
nach *Hamaellia Schwenkfelda* die 306te Gatt. (Au﹣
blets *Sabicea*) auf dieſe *Oribaſia* (Aublets *No﹣
natelia*) *Stephanium* (Aublets *Palicourex*) Jac﹣
quins *Chimarrhis,* Forsters *Dentella,* dann *Un﹣
caria* (Aublets *Ourouparia*) *Vireſia* (aus Lin﹣
nes Suppl. Aublets *Sipanea*); nach *Chiocca calli﹣
cocca* die 316te Gatt. (*Tapogomea, Carapichea, Evea*
von Aublet); nach *Morinda,* Forsters *Baeo﹣
botrys* die 318te Gattung; nach *Kuhnia,* eine neue
Gattung von Schreber *Schoepfia,* dem berühm﹣
ten Arzte Schöpf zu Ehren ſo genannt, die 323te
Gattung; nach *Muſſaenda* Forsters *Genioſtoma*
die 327te Gattung; nach *Strychnos Ignatia* die
340te Gattung; (aus Linnes Suppl.) nach *Lycium
Cryptoſtomum* die 344te Gatt.; (Aublets *Mou﹣
tabea*) dann Gärtners *Anquillaria;* nach *Jac﹣
quinia,* eine neue Gattung, von Schreber *Xyſtris,*
hier die 347te, auf dieſe Aublets *Baſſovia;* nach
Chryſophyllum Thunbergs *Teſtona* die 356te
Gatt.; nach *Phylica* Forsters *Carpodetus* die 360te
Gatt.; nach *Ceanothus* Schrebers *Cranzia,* ſonſt
eine

eine Art der *Paulinia*, die 362te Gatt.; auf diese Jacquins *Ruyschia* (bei Aublet *Souroubea*); nach *Arduina Camax* die 365te Gatt. (Aublets *Ropourea*; nach *Myrsine* Thunbergs *Bladhia*, hier die 370te Gatt., dann Forskåls *Catha*; nach *Diosma* Thunbergs *Hovenia*, hier die 375te Gatt.; nach *Brunia*, *Levisanus* (eine Art von *Brunia* nach den vorhergehenden Ausgaben) hier die 377te Gatt., darauf *Walkera* (Gärtners *Meesia*), Banks *Pitosporum*; nach *Cedrela* Thunbergs *Calodendrum* die 384te Gatt.; *Elaeodendrum* (von Jacquin dem Sohne so genannt), *Escalconia* (aus Linnes Suppl.); nach *Aquilicia* Forsters *Agrophyllum* die 393te Gatt., und dessen *Corynocarpus*; nach *Vitis* Blanks *Euparea* die 397te Gatt., und Gärtners *Aegiceras* (eine Art von der *Rhizophora* bei Linne); nach *Celosia* Thunbergs *Chenolea* die 406te Gatt.; nach *Glanx*, *Hedycrea* die 409te Gatt. (Aublets *Licania*); nach *Carissa* Forsters *Gynopogon* die 414te Gatt.; nach *Gordenia* Stopolis *Willugbeja* (Aublets *Ambelania* und *Pacouria*).

Bei *Plumbago* heißt es statt Per. nullum Linn. capsula oblonga, pentagona stylo persistente terminata, unilocularis, quinque valvis, calyce vestita statt Sem. unicum, ovatum inclusum, Sem. unicum oblongum, filo adfixum, pendulum.

Von

Von der *Nauclea* ist die besondere Blumendecke, auch die Krone etwas anders beschrieben ꝛc. In die zwote Ordnung dieser Klasse sind hinzugekommen Forsters *Melodinus*, in der Reihe die 425te Gattung. Ebendesselben *Dichondra* die 451te Gattung nach *Gentiana*, dann Thunbergs *Vahlia*, und dessen *Bumalda*; nach *Phyllis* dessen *Cussonia*, hier die 455te Gattung.

Die Befruchtungstheile der *Periplocea*, Staubfäden, Stempel ꝛc. sind hier anders beschrieben, so auch jene von der *Asclepias*, die Gattungen *Cynanchum*, *Ceropegia* und *Stapelia* sind ausführlicher beschrieben, auch findet man noch einige Abänderungen in der Beschreibung bei andern, welche hieher gehören. (Uns wundert sehr, daß bei den Gattungskennzeichen der Doldengewächse nichts geändert ist.)

In der 3ten Ordnung der 5ten Klasse stehen folgende Gattungen: *Semecarpus*, in der Ordnung hier die 501te (aus Linnes Suppl.); nach *Staphylaea* eine neue Gattung, *Curtisia*, von Schreber die 508te; nach *Xylophylla Reichelia* die 512te. (Aublets *Sagona*), dann *Salmasia* (*Tachibota* bei Aublet).

In der 5ten Ordnung dieser Klasse folgen nach *Aralia Glossopetalum* die 526te Gatt. (*Goupia* bei Aublet); nach *Aldrovanda* Skopolis *Burcardia* die 530te Gatt. (*Piriqueta* bei Aublet), und nach

Maher-

Mahernia Forſters *Commerſonia* die 335te
Gattung.

Eine neue Ordnung in dieſer Klaſſe mit zehn
Staubwegen macht Forſters *Scheffera* die 537te
Gattung.

In die 6te Klaſſe und die 1ſte Ordnung derſel=
ben ſind eingeſchaltet die Gattungen *Urania* (von
Adanſ. und in Sonnerats Reiſebeſchreibung
beſchrieben), die erſte in dieſer Klaſſe, in der Ord=
nung die 539te Gattung; nach *Tradeſcantia Mna=
ſium* die 544te, (Aublets *Rapatea*); nach *Pan=
cratium* Thunbergs *Maſſonia* die 552te; nach
Leontice deſſen *Pollia* die 572te; nach *Hyacinthus*
Forſters *Phormium* die 578te Gatt. (Jacquins
des Sohns *Lachenalia*, Banks und Gärtners
Chlamydia); nach *Alſtroemeria* Thunb. *Gethyllis*
die 584te Gatt.; nach *Orontium* Forſters *Tacca*
die 588te Gatt.; nach *Richardia Duroia* die 592te
Gatt. (aus Linn. des Sohns Suppl.); nach *Ber=
beris* Thunbergs *Nandina* die 596te Gattung,
darauf deſſen *Lindera* und Banks *Enargea* (aus
Gärtners Schr.); nach *Hillia*, *Iſertia* die 602te
Gatt. (eine Art *Guettarda* bei Aublet); nach
Peplis Forſters *Gahnia* die 606te Gatt., dann
eine neue Gattung *Bambuſa* von Schreber ſo ge=
nannt, und Thunbergs *Ehrharta*.

Die

Die zwote Ordnung der 6ten Klaſſe iſt mit zwo Gattungen *Nectris*, hier der 610ten, (Aublets *Cabomba* und Thunbergs *Falkia*, welche auf *Oryza* folgen, vermehrt.

Eine neue Ordnung mit 6 Staubwegen *Hexagynia* macht *Damaſonium* (eine Art *Stratiota*, nach den vorigen Ausgaben von Schreber, als Gattung aufgeſtellt).

In der 7ten Klaſſe folgt nach *Aeſculus* die Gattung *Petrocarya* (*Parinari* bei Aublet) in der Ordnung hier die 629te.

In der 8ten Klaſſe erſter Ordnung ſind eingeſchaltet nach *Cupania* Königs *Xylocarpus* die 646te Gatt. (im 20ten Stücke des Naturforſchers beſchrieben), dann *Eſtrielis* (Aublets *Mataiba*); nach *Lawſonia* Forſters *Melicope* (Banks *Entoganum*) die 656te Gattung; nach *Erica*, *Cedrota* (*Aniba* bei Aublet) die 660te Gattung; nach dieſer *Athenaea* (Aublets *Iroucana*); nach *Ophira* Bergius *Grubbia* die 663te Gatt.; nach *Baeckea* *Scytalia* die 671te (in Sonnerats Reiſebeſchr. beſchrieben).

In der zwoten Ordnung folgt auf die Gattung *Weinmannia* Forſters *Codia*, hier die 675te; in der 3ten auf *Sapindus* *Ponaea* (bei Aublet *Toulicia*) die 682te Gattung, in der 4ten Ordnung auf *Elatine* Forſters *Haloragis* die 686te Gattung.

In

In der 9ten Klasse folgt auf *Cassyta* Stopo*
lis *Ginannia* (*Paloue* bei Aublet) die 691te Gatt.

Die 10te Klasse ist mit mehrern Gattungen vermehrt, und zwar die erste Ordnung mit Stopolis
Cubaea (*Tachigali* bei Aublet) hier die 702te
Gatt. folgt auf *Poinciana*, *Schottia* auf *Guilandina*
die 705te Gatt. (Medikus *Theodora*) *Myroxy-
lum* auf *Haematoxylum* (Jacquins *Myrosper-
mum*) die 709te; *Crudia* von Schreber so genannt, dem D. Cruby zu Ehren, von welchem er
die Pflanze erhalten, die 711te folgt auf *Cynometra*,
auf jene *Cyclas* (*Apalatoa* bei Aublet); nach *To-
luifera Nicandra* die 714te (Aublets *Potalia*);
nach *Bergera Ekebergia* die 719te; nach *Helicteres
Gaertnera* die 735te; (sonst eine Art von der *Bani-
steria*, von Schreber als Gattung aufgestellt); nach
Monotropa Gomphia die 738te Gattung; (sonst eine
Art von *Ochna*, von Schreber); nach *Styrax* Forsters *Inocarpus* die 754te Gattung; (die Beschreibungen von verschiedenen Gattungen sind hier ebenfalls theils umgeändert, theils deutlicher)

Die 3te Ordnung *trigynia* ist mit zwo Gattun-
gen, mit Thunbergs *Deutzia*, welche hier die 776te
Gatt. ist, folgt auf *Cherlera*, und mit Banks und
Gärtners *Brunichia*; die 5te ebenfalls mit zwo,
mit *Ionquetia* (Aublets *Tapiria*) hier der 785ten
Gattung

Gattung nach *Averrhaca*, und mit *Robergia* (*Rourca* bei Aublet) folgt auf *Spondias*, vermehrt.

In die 11te Klasse (*Dodecandria*) und die erste Ordnung derselben sind eingeschaltet nach *Asarum* Thunbergs *Tomex*, hier die 802te Gatt.; nach *Bocconia Dodecas* die 804te; (aus Linnés Suppl.) nach *Rhizophora* Aublets *Crenaea* die 807te Gatt. nach dieser Thunbergs *Apactis* und Aublets *Banara*; nach *Decumaria* l'Heritiers *Aristotelia*, hier die 816te; nach *Triumfetta* Thunbergs *Eurya* die 820te Gattung.

In der 3ten Ordnung dieser Klasse folgt auf *Euphorbia*, *Vismca*, hier die 833te Gatt. (aus Linnés Suppl.) auf diese *Pallasia* (*Colligonum*, in der vorigen Ausgabe Pallas *Pterococcus*). Eine neue Ordnung, die 4te, mit vier Staubwegen, macht Thunbergs *Aponogeton*, hier die 835te Gattung.

Die 12te Klasse und erste Ordnung derselben enthält folgende neue Gattungen: *Calyptrantes*, von Schwarz so genennt, (sonst *Iambolifera*) nach *Myrtus*, hier die 845te Gatt.; nach dieser Schrebers *Scolopia* (*Limonia* bei Gärtner); Stopelis *Robinsonia* steht nach Plinia, hier die 852te, *Sonneratia* (aus Linnés Suppl. *Pagapate* bei Sonnerat) die 852te Gattung.

Die 13te Klasse (*Polyandria*) erste Ordnung derselben (*Monogynia*) ist vermehrt mit den Gattungen wagen *Ternstroemia* (T h u n b e r g s *Cleyera*) hier die 872te Gatt. nach *Marcgravia*; *Doliocarpus* die 874te Gatt. (A u b l e t s *Calinea*) nach *Trilix*, *Aubletia*, nach *Sloanea* (*Apeiba* bei A u b l e t) die 889te Gatt.; T h u n b e r g s *Sparrmannia* die 893te steht nach *Grias*, F o r s t e r s *Dicera* nach *Elaeo-carpus* die 898te Gattt., S w a r z *Legnotis*, *My-rodendrum* (*Hommeri* bei A u b l e t); *Lemniscia* (*vantanea* bei A u b l e t); *Ascium* (A u b l e t *Noran-tea*) *Sterbeckia*, hier die 909te Gatt. nach *Loosia* (*Singana* bei A u b l.) *Alstonia* (aus L i n n e s Suppl.) Die 912te folgt nach *Thea*, *Vallea* nach *Cistus* (aus L i n n e s Suppl.) Die 914te *Bonnetia* (A u b l. *Ma-huria*). Die 915te, und *Rittera* die 919te Gatt. (A u b l e t *Possira*) nach *Seguieria*. Hier sind die Kennzeichen der Gattung *Thea* nach *Lettson* ver-bessert.

In der zwoten Ordnung dieser Klasse sind zwey neue Gattungen *Trichocarpus*, hier die 923te, und *Lacis* die 924, beide aus A u b l e t.

In der 3ten Ordnung sind ebenfalls zwo: *Jac-quins Homalium* die 925te, und F o r s t e r s *Eu-ryandra* die 926te Gattung.

In der 4ten Ordnung (*Tetragynia*) sind eben-falls zwo: *Wintera* (F o r s t e r s *Drimys*) hier die 929te Gattung, und G ä r t n e r s *Rhizobolus* (*Pekea* bei A u b l.) Die 932te Gattung folgt auf *Caryocar*.

S

Die

Die 5te Ordnung ist mit einer Gattung *Brathys*, welche hier die 937te ist, und nach *Reaumuria* folgt, vermehrt.

Die 6te (*Decagynia*) ist neu, und enthält Schrebers *Brasenia*. (hier die 938te Gatt.)

Die 7te Ordnung (*Polygynia*) ist mit der Gattung *Unona* (aus Linne des Sohns Suppl.) hier der 947ten Gattung, welche mit *Xylopia* folgt, vermehrt.

XXXIX.

Histoire naturelle de Mineraux Tome V. Traité de l'aimant et de ses usages, par Mr. le Comte de Buffon etc. A Paris de l'imprimerie des batimens du Roi M. DCC. L. XXXVIII. 208 Seiten. Mit einem Register nebst Tabellen von Beobachtungen über die Abweichung der Magnetnadel.

Eine Abhandlung blos vom Magnet, und so, wie die Aufschrift schon anzeigt, gröstentheils physikalischen Inhalts. Nur im ersten und zweiten Artikel kömmt hie und da was vor, was in die Naturgeschichte einschlägt.

In dem ersten Artikel, wo von den Kräften der Natur überhaupt und der Elektrizität, und dem Mags

netismus

hetismus ins besondere die Rede ist, heißt es: auch
im Innern der Erde, in ihren Höhlen wirket die
Elektrizität, und zwar noch weit heftiger, als auf
der Oberfläche; man fände da (im Innern der Gebirge) Quarze, Jaspiße, Feldspathe, Schörle, Granite und andere glasartige Materien, die durch Rei-
ben, wie unsere künstliche Gläser, elektrisch würden.
Das viele Wasser, welches sich in den unterirdischen
Höhlen fände, die metallischen, kalkartigen, vegetabilischen feuchten Körper soien die mächtigsten Konduktoren der elektrischen Materie. Die häufigen, durch
Regen oder durch andere Umstände hervorgebrachten
Wassergüsse könnten die isolirten, mit elektrischer Materie beladenen Körper mit andern von gleicher Natur, ebenfalls isolirten, in welchen aber die elektrische
Materie noch nicht so angehäuft sei, vereinigen. So
müßte also dieses feurige Fluidum von einer Wasser-
sammlung zur andern übergehen, und so würde in
dem ganzen Raume, den dieses durchliefe, der unterirrdische Donner hervorgebracht. Die brennbare
Materien würden entzündet, die Explosionen würden vermehrt, Stücke der darauf liegenden Erde
von großem Umfange und ungeheure Felsenstücke
würden dadurch aufgehoben und weggeschleudert.
Die durch diese Erschütterungen hervorgebrachte
Winde bliesen und stießen mit Heftigkeit gegen die die
Elektrizität fortführenden, durch die glasartigen Ma-

terien

terien iſolirten Körper, dieſe könnten auf die nämlliche Art dieſe Subſtanzen elektriſiren, wie wir durch Hülfe einer ſtarken bewegten Luft iſolirte naſſe, oder metalliſche Konduktoren. Daraus erkläret nun Hr. von Büffon die Entſtehung der Vulkane und das Erdbeben. Vorzüglich in der heißen Zone ſeien dadurch die größten Veränderungen hervorgebracht worden. Nun folgt ein Auszug der wichtigen Beobachtungen des Hrn. Faujas de St. Font, welcher eine Karte von allen vulkaniſchen Gegenden der Welt herausgegeben. — Aus dieſen Beobachtungen folge, daß kein ſolcher Vorrath von brennbaren Materien habe exiſtiren können, welche zur Unterhaltung ſo vieler, von Jahrhundert zu Jahrhundert vermehrten Vulkanen hätten dienen können, ſondern daß die meiſten der izt ausgelöſchten Vulkanen durch das Feuer der unterirrdiſchen Elektrizität müßten hervorgebracht worden ſeyn. Man ſähe, daß die Pyreneen, die Alpen, die Apenninen, die neptuniſchen Berge in Sizilien, der Berg Granby in England und andere uranfängliche quarz⸗ und granitartige Gebirge den Strom des Feuers zurükgehalten hätten, weil ſie von glasartiger Materie, alſo von dem elektriſchen Fluidum undurchbringlich wären, und daß im Gegentheile alle durch das unterirrdiſche Feuer hervorgebrachte Vulkane ſich nur in der Nachbarſchaft dieſer ältern Gebirge befänden, und ihre Wirkung

lung nur auf die schiefer= thon= und kalkartige, me=
tallische und andere Substanzen einer zweiten und
spätern Bildung, welche Konduktoren der Elektrizi=
tät wären, hervorgebracht hätten. So hätten diese
Vulkane desto heftiger gewüthet, je näher sie dem
Meere gewesen, dessen Gewässer in ihre Höhlen ge=
drungen wären. Pag. 30. Man müßte zwar Arten
von Vulkanen unterscheiden: die ersten wären bloß
durch die unterirrdische Elektrizität ohne Nahrung
von brennbaren Materien entstanden, die andern
wären durch dergleichen Stoffe unterhalten worden;
die ersten wären nur geschwind vorübergehende Ex=
plosionen gewesen; diese wären heftiger und häu=
figer durch die Wassergüsse geworden, deren Zusam=
menstoßen mit dem Feuer stärkere und weiter ausge=
breitetere Erschütterungen hätte hervorbringen müs=
sen. Es sei sehr wahrscheinlich, daß die meisten der
ausgelöschten Vulkane in den ersten Epochen der Re=
volutionen unsers Erdballs nach seiner Bildung und
Erhärtung entstanden, ehe die Natur noch genug
Vegetabilien, Schwefelkiese und andere brennbare,
zur Unterhaltung der dauerhaftern noch brennenden
Vulkane dienliche Substanzen hervorgebracht hätte.
Nun vergleicht Hr. von Büffon die Elektrizität
mit dem Magnetismus, und ist der Meinung, daß
leztere Kraft nur eine Modifikation der allgemeinen
Elektrizität, die sich in ihrem Laufe gegen die eisenhalti=

gen

gen Stoffe neigte, sei; wie weit diese Meinung gegründet ist, mögen Physiker entscheiden.

Der zweite Artikel handelt von der Natur
und Bildung des Magnets.

Hier heißt es, der Magnet sei ein eisenhaltiges
Fossil, welches durch Feuer verändert worden sei,
und nachher durch die allgemeine Elektrizität seinen
besondern Magnetismus erhalten habe. Der ursprüngliche Magnet sei ein Eisenerz in glasartigem
Gesteine, welches nur darinn von andern ebenfalls
durch das ursprüngliche Feuer hervorgebrachten Eisenerzen unterschieden sei, daß es andere eisenartige
Materien, die ebenfalls die Wirkungen des Feuers
erlitten, kräftig anzöge. Diese Erze von ursprüng-
lichem Magnet seien weniger schmelzbar, als andere
ursprüngliche Eisenerze; sie näherten sich der Natur
des Regulus dieses Metalls, daher seien sie so schwer
zu schmelzen. Der ursprüngliche Magnet habe also
einen heftigern und längern Eindruck des ursprünglichen Feuers erlitten, als andere Eisenerze, und
er habe zu gleicher Zeit durch die Stärke der Kraft,
welche im Anfange die Elektrizität der Erde hervorgebracht hat, die magnetische Kraft erhalten. Der
Magnet der ersten Bildung sei ein Regulus von Eisen mit einer glasartigen Materie vermischt, gleiche
andern ursprünglichen Eisenerzen, aber in den Magneten von späterer Bildung sei die Steinart kalkartig,

oder

oder mit anderen heterogenen Theilen vermischt. Diese
seien in Ansehung ihrer Farben, ihrer Schwere und
der Stärke der magnetischen Kraft mehr verschieden,
als die ersten; man fände nie in einer beträchtlichen
Tiefe der Gebirge Magnete, es sei denn, daß in
denselben, wo Eisenerze brechen, Gruben oder Höhlen sich befinden, wodurch die Atmosphäre einen Einfluß auf dieselben hätte. Die Magnete kämen nicht,
wie andere Eisenerze in großen Massen, sondern in
kleinen, auf der Oberfläche der übrigen Eisenerze liegenden Blöcken vor. Zu den Zeiten des Theophrasts seien die Magnete ziemlich selten und unbekannt bei den Griechen gewesen, aber zu Plinius
Zeiten, nämlich drei Jahrhunderte nachher, sei der
Magnet gemeiner geworden, und itzt fände man in
den benachbarten Ländern von Griechenland, in
Italien, und besonders auf der Insel Elbe viele.
Es sei daher wahrscheinlich, daß die meisten Eisenerze dieser Gegenden seit der Zeit des Theophrasts
ihre magnetische Kraft in dem Wasser erhalten haben, als dieselbe entweder durch die Wirkungen der
Natur, oder durch Menschenhände, oder durch das
Feuer der Vulkane seien entblößt worden. In den
nördlichen Ländern, in Sibirien, Schweden, Norwegen u. s. w. fände man die meisten itzo.

S 4   XL.

XL.

Entwurf der Insektenwissenschaft, oder was von
der Kenntniß, Erzeugung, Verwandlung
und Sammlung der Insekten zu wissen nöthig
ist. Nebst einer Klassenordnung der Conchylien und ihrer Behandlung, von J. F.
St. M. B. Leipzig, bei Christian Gottlob
Hilscher 1788. 122 Seiten, nebst 8 Seiten Vorbericht, in 8.

Der Verfasser dieser Broschüre, dessen Absicht es
ist, die angehende Liebhaber der Entomologie über
die Naturwissenschaft der Insekten zu belehren,
scheint selbst noch in derselben ein sehr unbewander-
ter Fremdling zu seyn. Der in 8 Seiten bestehende
Vorbericht sagt nicht das mindeste von dem Zwecke,
den er sich bei Niederschreibung seines Büchelchens
vorgesezt hat; er enthält nichts, als leere Deklama-
tionen über die lateinische Kunstsprache des Systems,
über die Vervielfältigung der Abbildungen der nämlichen Insekten u. s. w.

„Die verschiedenen Namen der Insekten (sagt
der Verfasser) haben mir niemals gefallen wollen.
Eins hat wohl zehn, wohl zwanzig verschiedene Namen, und noch dazu wohl griechische; ein anderes

hat

hat wieder keinen einzigen Namen. Wird nicht dadurch schon die Erkenntniß (Kenntniß) der Namen,
welche doch den geringsten Theil ausmacht, (so?)
einem Liebhaber recht herzlich sauer gemacht? Und
wird nicht dadurch dieser so belustigende und leichte
(leichte?) Theil der natürlichen Geschichte ohne Noth
mit Schwürigkeiten (Schwierigkeiten) und Verwirrungen überhäufet?"

Ob dieser Vorwurf gegründet sei, überläßt Rec.
jedem vernünftigen Leser zur Beurtheilung; nicht
das System trägt wegen der Vervielfältigung der
einzelnen Benennungen die Schuld; sondern eben,
weil Schriftsteller, die sich die Mühe nicht nahmen,
ihre Insekten mit dem gehörigen Grade von Fleiße
mit der systematischen Karakteristik, oder mit andern
frühern Schriftstellern zu vergleichen, dieselbe sogleich
als neue Arten mit neuen Namen bekannt machten,
sind die Ursache dieser, wiewohl nicht ganz zu ver-
meidenden Unbequemlichkeit. Warum wollen aber
dem V. die systematischen Benennungen nicht beha-
gen? Sind vielleicht die willkürlichen deutschen,
welche sich nach jedem Provinzialdialekt ändern,
brauchbarer? Oder will uns der V. vielleicht gar
die saubern Glabbachischen Benennungen, als:
der Schindegaul, Spatzendreck, faule Esel,
gelbe Rasch rc. zu Mustern vorschlagen? Die meisten Namen des Systems bezeichnen ja entweder die

S 5

Gestalt,

Gestalt, oder die Naturtriebe, oder die Nahrung des
Insekts, kann man diesen also mit Grunde den Vor=
wurf machen, daß durch sie die Kenntniß der Na=
men dem Liebhaber herzlich sauer gemacht werde?
Ueberdies haben wir ja auch durch Götze, Lai=
charting, v. Moll eine Menge sehr wohlgera=
thener deutscher Uebersetzungen der systematischen
Namen erhalten, deren sich Unstudirte gewiß mit
vielem Nutzen bedienen können; aber die Schriften
dieser verdienstvollen Männer scheint der V. nicht
von Weitem zu kennen: so weis er auch von dem
Zwecke des Archivs der Insektengeschichte und der
Knochischen Beiträge nichts, er würde sich sonst
die unnöthige Frage erspart haben: ,,Ob es nicht
rühmlicher und nützlicher sei, wenn sich jemand auf=
machte, und nur diejenigen (Insekten) abbilden
ließ (ließe), welche in den bekanntesten Büchern die=
ser Art nicht gefunden werden?''

Das Werkchen zerfällt in drei Abtheilungen: die
erste handelt von dem Bau der Insekten, ihren
Gliedern, und der daher gemachten Eintheilung
derselben. Die zweite von der zweifachen Geburt
der Insekten, (ein seltsamer Ausdruck!) oder deren
wunderbaren Erzeugung und Verwandlung, nach
den Bemerkungen alter und neuer Schriftsteller.
Die dritte; vom Sammlen der Insekten und ihrer
Aufbehaltung in Kabineten.

In

In diesen drei Abtheilungen aber kömmt nicht das mindeste vor, was nicht schon längst sowohl in größern, als in kleinern entomologischen Schriften gesagt und wiederholt worden wäre, und welches abermals zu sagen der Verfasser sich gar wohl die Mühe hätte ersparen können, ohne daß die Liebhaber der Entomologie durch die Unterbleibung seiner Arbeit, die ohnehin durch die Kühnschen und Schmiedleinschen Anleitungen ganz entbehrlich gemacht wird, Etwas verlohren hätte.

Unrichtigkeiten findet man auch in ziemlicher Anzahl in diesen wenigen Bögen; Recensent will nur die vorzüglichsten berühren: Borstenförmige, oder nach dem Verfasser borstenartige Fühlhörner (antennae setaceae) heißen bei ihm Seite 15 Fühlhörner, welche die Stärke einer Sauborste haben, und fadenförmige (filiformes), wenn sie einem Faden gleich kommen.

Eben so schiefe Begriffe giebt Er auch an der nämlichen Stelle von den durchblätterten Fühlhörnern (antennis perfoliatis).

In der systematischen Eintheilung, bei welcher die Linneische Ordnung gewählt ist, wird das Leben der Kolbenkäfer auf vier Wochen eingeschränkt, welches doch höchstens nur von einem oder dem andern Geschlechte gelten kann. Die meisten leben ja den ganzen Winter durch als vollkommene Insekten, und

und von dem Beispiele, daß man einen großen Gold
käfer (Scar. auratus L.) acht ganze Jahre blos mit
angefeuchteten Brodkrumen erhalten hat, scheint de:
Verf. also auch nichts zu wissen.   Wie kömmt Seite
38 das Geschlecht Bruchus zwischen die Geschlechter
Cerambix und Leptura? Warum wird Seite 47 des
Geschlechtes der Attacorum gar nicht erwähnet?
Und warum will überhaupt der Verfasser seine Leser
nach der schon vor drei und zwanzig Jahren von
Linne selbst reformirten zehnten Ausgabe des Na:
turfnstems unterweisen? In der zwoten Abtheilung
verspricht zwar der Verf. über die Verwandlung der
Insekten nach den ältern und neuern Schriftstellern
zu handeln, aber von den ältern kommen nur die
heut zu Tag ganz unbrauchbaren Schriften des Pli:
nius und Aristoteles, und von den neuern der
einzige Reaumur vor, von einem Schwammer:
dam, Lister, Goedart, Frisch u. s. w. werden
nur gleichsam im Vorbeigehen die Namen berührt.
Was der Verfasser in der britten Abtheilung von
dem Sammeln der Insekten sagt, hat mit dem Vor:
hergehenden die nämlichen Gebrechen.. Den Ver:
such, die Insekten durch den Focus eines Brenngla:
ses zu tödten, muß Recensent, als sehr gefährlich,
widerrathen; eben so ist auch die Tödtungsmethode
durch siedendes Wasser, welche fast allgemein vor:
geschlagen wird, nicht durchgängig anwendbar; so

ist

ist sie z. B. bei Käfern, welche mit Härchen oder feinem Staube bekleidet sind, gar nicht zu gebrauchen. Recensent fand noch immer die Art, die Käfer in rektifizirtem Weingeiste zu tödten, für die beste, das Insekt bleibt nicht allein, es mag stäubig oder haarig seyn, unverändert, sondern es wird sich auch nicht so leicht eine von den verderblichen Milbenarten an ein auf solche Weise getödtetes Exemplar wagen. Die Schmetterlinge läßt Recensent von selbst absterben; damit sie aber durch Flattern ihre feine Federchen nicht verstäuben können, so giebt er ihnen vorher vornen an der Einlenkung der Flügel einen Druck.

Ueberhaupt hat jedoch die Behandlungsart der Insekten so viel Eigenes, daß jeder Sammler sich meistens selbst die besten und ihm bequemsten Handgriffe aussehen muß; man kann also hier keine Regeln, sondern nur Vorschläge ertheilen. Die stark riechenden Ingredienzien, welche der Verfasser zur Vertreibung und Abhaltung der den Sammlungen schädlichen Insekten vorschlägt, sind längstens durch vielfältige Versuche als zwecklos und unwirksam erkannt worden, höchstens werden sie den Raubinsekten die Witterung der aufgetrockneten Körper erschweren, aber abhalten werden sie dieselbe niemals. Recensent hat einige zu den vorräthigen Dupletten seiner Sammlung bestimmte Schachteln und Behälter

mit

mit der stinkenden Komposition, welche Hr. Beck
mann in den Beschäftigungen der naturforschenden Freunde zu Berlin II. B. vorschlägt, ausgegos-
sen, um die Nadeln desto bequemer einstechen zu können, und er fand in diesen Behältern nicht allein bald
darauf Staubläuse (Fermites) herumkriechen, sondern sie nisteten sich sogar in die Löcher, welche durch
ausgezogene Nadeln in der stinkenden Masse verursacht wurden. Unter den Handgriffen, welche Seite
96. und folg. vorgeschlagen werden, sind wenig
brauchbare. Falsch ist es, daß den in Weingeist ge-
tödteten Käferarten die Füße, als ob sie liefen, stehen bleiben. Recensent hat schon mehrere Hunderte
auf solche Art getödtet, und kann fest versichern, daß
sie Füße und Fühlhörner eben so gut, wie die angespießte, fest wider den Körper ziehen, so, daß
man sie mittelst einer Nadel erst in die beliebige Stellung bringen muß. Den Rath, die Spinnen durch
andere ihres Gleichen aussaugen zu lassen, wodurch
das Eintroknen des Körpers verhütet werden soll,
hätte Recensent wirklich nicht erwartet. Der Verfasser muß, wie es scheint, nicht bedacht haben, daß
sich die zusammen eingeschlossenen Spinnen nicht so
geschwinde von einander aussaugen lassen, sondern
daß diejenige, so dieses Schiksal treffen soll, vorerst
wehrlos gemacht werden muß, welches gewöhnlich
nicht anders, als durch Verstümmeln geschieht; wer

also

also Exemplare ohne Köpfe oder Füße in seiner Sammlung zu haben wünschet, der folge nur dem Verfasser.

Noch sonderbarer ist der Gedanke, die Spinnen in recht starkem Zuckerwasser sterben zu lassen, damit sich gleichsam eine Zuckerrinde über sie ziehe, und das Einfallen des Körpers verhindere.

Von dem Verfasser, der auch die gemeinsten Mittel, z. B. gegen das Oeligwerden der Schmetterlinge nicht weis; konnte man nun freilich nicht erwarten, daß er den bisher noch wenig bekannten Handgrif, Spinnen für Sammlungen zuzubereiten, wissen sollte; aber wenn er uns nichts neues zu sagen wußte; so hätte er lieber ganz schweigen sollen. Dieser Unwissenheit des Verfassers abzuhelfen, ist nun nicht des Recensenten Pflicht, sonst würde er dieses, auch noch großen deutschen Entomologen, mit denen er in Verbindung stehet, verborgene Mittel hier bekannt gemacht haben; aber er versichert die Liebhaber, daß dieses bei der ersten schiflichen Gelegenheit geschehen solle. Das Aussprißen oder Ausstopfen der Raupen ist auch ein Vorschlag, der sich vor zwölf Jahren noch wohl hätte hören lassen; seitdem aber die ganz einfache D'Antic'sche Methode bekannt ist, verdient er keiner Berührung mehr. Zulezt schlägt der Verfasser auch eine Sammlung der verschiedenen Wohnungen

der

der Insektenarten vor, als der Nester und Zellen von Horniffen, Wespen und Bienen, Wachs:uchen von verschiedenen Bienenarten, von Hummeln, vom Cantharis navalis durchfreffenes Holz, widernatür-liche Auswüchse von Bäumen, Früchten und Kräu-tern, welche durch Verletzung der Blätter von ge-wiffen Insekten entstehen, z. B. Schwämme, Gall-äpfel ꝛc. Für einen Liebhaber, dem es nicht blos um bunte Bilderchen von Schmetterlingen zu thun ist, muß eine solche Sammlung wirklich sehr unter-haltend und belehrend seyn, und Rec. wünscht, daß dieser Vorschlag des Verfassers, der noch das Beste in dem ganzen Büchelchen ist, ob er ihm freilich auch nicht ganz allein zugehört, fleißig befolgt wer-den möchte.

Die angehängte Abhandlung über die Klaffenord-nung und Behandlung der Conchylien ist von glei-chem Schlage, wie das vorhergehende: es sind durchaus bekannte Sachen, bei denen der Verfaffer noch oben drein ziemlich unvollständig ist, wie dann z. B. von den Linksschnecken mit keinem Wörtchen Meldung geschieht. Das Hauptsächlichste betrift das Putzen und Poliren der Schnecken und Muschel-schalen, wobei aber auch nichts neues vorkömmt. — Recensent hat sich bei diesem unbeträchtlichen Werkchen ungerne so weit ausgedehnt; allein er be-dachte, daß es hier um Unstudirte und Anfänger zu

thun

thun sei, wo man zur Warnung vor zwecklosen Uns
terrichten und schiefen Anleitungen nicht ausführlich
genug seyn kann; er mußte indessen, um nicht zu
weit auszuschweifen, noch manches übergehen, was
er gerne erinnert hätte, und begnüget sich damit,
daß er wenigstens durch angeführte häufige Beispiele
die Wahrheit seines Eingangs geäusserten Urtheiles,
über die Kenntnisse des Verfassers, bestätiget hat.

XLI.

Histoire naturelle des Quadrupèdes ovipares et
des serpens. Par Mr. le Comte de la Cepede etc.
Tome premier, à Paris 1788. 651. S. in 4.
mit 51 Kupfertafeln.

Herrn Cepede wurde die Fortsetzung der allge
meinen Historie der Natur vom Grafen v. Buffon
schon zu der Zeit aufgetragen, als letzterer noch mit
der Naturgeschichte der Cetacen beschäftiget war.
Wahrscheinlich haben wir also auch die Beschreibung
der Walfischarten in Büffons hinterlassenen
Schriften zu erwarten. Was den Druck, Papier
und Art der Kupfertafeln betrift, so ist die vor
uns liegende Arbeit des Herrn Cepede der Büf
fonischen gleich. Was aber das Innere angehet,
so hat gegenwärtiges Werk in einigem Betracht et

was

was Vorzügliches, in anderer Rükficht aber doch
mehr Mangelhaftes. In die Fußstapfen eines so
großen Vorgängers einzutreten, ist schwer, und um
so mehr bei einer Arbeit, in der noch von den Vor-
arbeitern so viele Dunkelheit zurück gelaffen worden.
Darin, daß Hr. Cepede in seine Schrift mehr
Ordnung und System gebracht hat, verdient er uns
streitig vielen Dank. Wenn wir aber den Geist der
Gedanken, die deutliche und mahlerische Schreibart,
den hellen Ausdruck mit jenem des Büffonischen
vergleichen, so bleibt Hr. Cepede weit zurück.
Die Herren d' Aubenton, Fougeraux und
Bouffonet, machen uns gleich anfangs mit dem
Inhalte des Werks bekannter, und rühmen daffelbe
mit nicht geringen Lobeserhebungen S. 6. unter der
Aufschrift: Extrait des regiftres de l'academie
royale des fciences. Im Grunde genommen, ist es
auch ficher das befte, was wir nun über diesen
Gegenstand haben, dem ohngeachtet ließ es noch
sehr vieles zu ergänzen zurück, und man fiehet es
dem Verf. manchmal an; mit wievielen Beschwer-
niffen er zu kämpfen gehabt hat. Eine nähere Kenntniß der deutschen Werke, welche Beiträge zu diesem
Zweige der Naturgeschichte geliefert haben, hatte
Hr. C. manchen Auffchluß geben können.

Im difcours fur la nature des Quadrupedes
ovipares handelt Hr. C. von den allgemeinen Eigenschaften

schaften der Thiere, welche Linne Reptiles heißt.
Warum Hr. C. die alte Benennung quadrupeda
ovipara beibehielt, und nicht die mehr gewöhnliche
und auch diesen Thieren richtiger zukommende Benennung Kriecher wählte, wird dadurch erkläret,
daß das Wort Kriechen nur eigentlich den Schlangen zukomme. (lieber wollten wir bei den Schlangen
im Deutschen das Wort schleichen oder gleiten,
und im Lateinischen serpere gebrauchen, und das
Wort repere kriechen, bei den quadrupedes ovipares
des Herrn C. lassen.) — Gleich anfangs wird bemerkt, daß die Menge der eierlegenden Vierfüßer
gegen die lebendiggebährenden und Vögel nur sehr
gering sey.   Daß ihre Geschichte noch lange nicht
so bearbeitet sei, als jene anderer Thierklassen,
und daß sie, da dieselben größtentheils in den wärmern Gegenden sich aufhielten, von den Reisebeschreibern leider nur zu wenig bemerkt worden seien.
Sie besitzen ein scharfes Gesicht, aber übrigens
stumpfere Sinne, als die Säugethiere, woraus
Hr. C. den Schluß auf die innere Organisation
macht, daß deßhalb der Kreislauf des Geblüts
schwächer sei, und ein geringerer Grad thierischer
Wärme erzeugt werde. Wir wollten hier lieber mit
Herder sagen: im Innern liegt der Grund des
Aeußern, weil durch organische Kräfte alles von innen heraus gebildet wird. Ueberhaupt genommen

T 2

sei

sei der innere Bau bei diesen Thieren einfacher, bei
mehreren fehlen Rippen, Halswirbel und Harnblase,
der Darmkanal sei kurz und fast gleichweit, das Herz
einkammericht, das Gehirn klein, die Blutgefäße
hätten keine so strenge Verbindung. Sie haben ein
zähes Leben, eine starke Reprodukionskraft, und
können lange hungern. Die Wirkung der Sonnen=
wärme sei ihnen um so zuträglicher, je geringer ihre
eigene sei. Ihr Winterschlaf ist eine Wirkung der
Kälte, wobei zugleich ihre äußerste schuppenlose
Bedeckung vertrokne, daher ihre Häutung, die aber
auch durch die Wärme im Sommer bewirkt werde.
Sie seien bei dem Begattungsgeschäfte sehr hitzig,
aber ihre Vermehrung stehe nicht im umgekehrten
Verhältnisse mit ihrer Größe, wie bei den Säuge=
thieren; denn die größeren Arten seien öfters frucht=
barer als die kleineren. Eine zärtliche Zuneigung
der Aeltern zu ihren Jungen finde man nicht bei ih=
nen. Wenn sie ihre Eierchen an einen zum Aus=
schlupfen und Entwickeln schiklichen Ort gelegt haben,
so vergessen sie die junge Brut gänzlich. Wenn man
über die Dauer ihres Lebens Vergleichungen mit an=
dern Thieren anstellen wollte, so müsse man erst
ihren Winterschlaf abziehen. Uebrigens wären sehr
wenige Arten giftig; da aber alle Säugethiere und
Vögel giftlos sind, so scheine dieses nur eine Eigen=
schaft kaltblütiger Thiere von einfacherem Baue zu
seyn.

ſenn. — Dieſe vorläufige Abhandlung hätten wir, beſonders was das Anatomiſche betrift, etwas ausführlicher erwartet; ſo wie auch die ſchon angezeigten Gedanken hier und da noch einiger Berichtigung bedürfen.

S. 54. folgt nun die Beſchreibung der einzelnen Arten der vierfüßigen eierlegenden Thiere in ſyſtemaſcher Ordnung, die wir unſern Leſern hier vorlegen wollen. Und ſetzten die charakteriſtiſchen Beſchreibungen, ſo wie ſie auf der Tabelle angegeben ſind, deswegen allezeit bei, weil ſie von den Linneiſchen größtentheils verſchieden ſind, und unſere Leſer doch dadurch in Stand geſetzt werden, ohne das Werk ſelbſt vor ſich zu haben, die Beſchreibungen anderer oder die Thiere ſelbſt damit zu vergleichen.

Claſſis prima. Quadrupedes ovipari caudati.

GENUS PRIMUM.

Teſtudo corpus teſta obtectum.

DIVISIO I.

Pedibus pinniformibus, digitis valde inaequalibus et elongatis.

1. *Teſtudo marina vulgaris.* (La Tortue franche) t. 1. unguibus acutis plantarum ſolitariis, iſt auf der Kupfertafel nicht ganz richtig vorgeſtellt, aber die Art ihres Fanges weitſchichtig beſchrieben.

T 3

2. T.

2. *T. Viridi-squamosa.* (La tortue écaille-verte)
Squamis testae superioris viridibus iſt im Linneis
ſchen Syſteme nicht angeführt, vjelleicht da ſie
der Verf. ſelbſt nicht genau kennt, nur eine Abs
änderung der vorigen.

3. *Caouana.* (La Caouane) Unguibus acutis plantarum binis, ohne Abbildung.

4. *T. Naſicornis.* (La Tortue naſicorne) Naſo tu-
berculoſo inſtar cornu elevato, war Linne auch
unbekannt.

5. *T. Caretta.* (Le Caret) Squamis diſci imbricatis, t. 2. iſt *T. Imbricata, Linn.* p. 250. n. 2.
die Abbildung ſchlecht.

6. *Lyra.* (Le Luth) t. 3. teſta coriacea longitudinaliter quinque angulata, iſt *T. Coriacea Linn.*
350. nr. 10. ihr Aufenthalt wird nicht nur in das
mittelländiſche, ſondern auch in die um Afrika
und das ſüdliche Amerika angrenzende Meere
geſetzt.

DIVISIO II.
Digitis brevioribus et ſubqequalibus.

7. *T. Lutaria.* (La Bourbeuſe) t. 4. Teſta ſuperiore nigra, ſcutellis ſtriatis in medio punctatis, iſt 7 : 8 Zoll lang, und legt ihre Eier auf
das Land, wo ſie ſich auch größtentheils im Sommer aufhält, und von Inſekten lebt. Während
des Winters grabt ſie ſich ein.

8. T.

8. *T. Orbicularis.* (La Ronde) t. 5. Teſta ſuperiore planiuscula et orbiculari.

9. *Terrapen.* (La terrapène) Teſta ſuperiore planiuscula et ovata. Browns hat dieſelbe zuerſt bekannt gemacht, aber ſo wie Hr. C. nur kurz beſchrieben.

10. *T. Serpentina.* (La Serpentine) Cauda longitudine teſtae ſuperioris poſtice acute quinque dentatae.

11. *Subrubra.* (La Rougeâtre) Maculis flavis ſubrubrisque ſupra caput et teſtam inferiorem, iſt in Penſilvanien zu Hauſe und bei Edwards abgebildet, aber von Linne noch nicht beſtimmt.

12. *T. Scorpioides.* (La Tortue ſcorpion) Teſta ſuperiore tribus lineis longitudinalibus.

13. *T. flava.* (La Jaune) t. 6. Teſta ſuperiore viridi, flavo maculata, iſt nach Hrn. C. eine eigene Art, von der wir eine nähere Beſchreibung wünſchten, um ſie auch dafür halten zu können. Sollte ſie nicht eine Abänderung von *T. lutaria* ſeyn? Rec. beſizt dieſe, und findet nach der Beſchreibung wenig Unterſchied.

14. *T. Mollis.* (La Molle) t. 7. Teſta ſuperiore plicatili absque ſcutellis, iſt Bobbarets *T. cartilaginea.*

Z 4

15. T.

15. *T. Graeca.* (La Grecque) t. 8. Tefta fuperiore valde carinata, marginibus latiſſimis, digitis
membrana coopertis.

16. *T. Geometrica.* (La Geometrique) t. 9. fcutellis centro flavis flavoque radiatis.

17. *T. Scabra*, (La Raboteufe) t. 10. Scutellis
albescentibus nigroque fafciatis in medioque
dorfi valde elevatis; tefta inferiore antice denticulata.

18. *Denticulata.* (La Dentelée) Tefta fuperiore
fubcaudiformi, margine admodum denticulata.

19. *T. Carinata.* (La Bombée) Tefta fuperiore
valde carinata fcutellis fubviridibus flavoque
lineatis ; tefta inferiore ovata.

20. *T. Miniata.* (La Vermillon) Scutellis nigro,
albo purpureo, fubviridi flavoque variegatis, iſt
Linneeß und Schneiders *T. Pufilla.*

21. *T. Brevi-caudata,* (La Courte-queue) Tefta
fuperiore antice emarginata; fcutellis ſtriatis in
medioque punctatis, iſt Linneeß *T. Carolina,* der
fie von bem Drte ihreß Aufenthaltß fo nannte.

22. *T. Punctata,* (La Chagrinée) t. 11. difco os-
feo punctatoque.

23. *T. Subrufa,* (La Rouſſâtre) t. 22. Colore fubrufo, tefta fuperiore depreſſa, fcutellis tenuibus.
Diefe iſt mit ber vorigen zuerſt burch Sonnerat
befannt geworden. Ihr Aufenthalt iſt Indien.

24.

24. *Subnigra.* (La Noirâtre) t. 13. Colore sub-
nigro, scutellis crassis valdeque levibus, von
ihr befindet sich nur das Schild im königlichen
Kabinet.

Wenn wir nun die bisher beschriebenen Arten
übersehen, so finden wir, daß Hr. E. sieben Arten
darunter anzeigte, die sich im Linneischen System
noch nicht befanden; dabei hat er aber doch diejenige einzutragen vergessen, welche Hr. Dr. Bloch
unter dem Namen Dosenschildkröte (Testudo testa
bivalva) zuerst in den Schriften der Berliner
Gesellschaft naturforschender Freunde, Th. 7.
S. 131. beschrieben, und t. 1. f. 1. 2. abgebildet
hat.

GENUS SECUNDUM.

Lacertus, Corpus absque testa,

DIVISIO I.

*Cauda compressa, pedibus anterioribus quinque
digitatis.*

25. *Crocodilus.* (Le Crocodile) t. 14. Pedibus posterioribus quatuor-digitatis palmatisque colore
viridi luteo. Die Beschreibung dieses Thieres
ist völlig im Geiste eines Büffon geschrieben, der
B. stellt es in Vergleich mit dem Löwen, dem Adler
und den Wallfischen. Auch behauptet er mit

T 5

Recht,

Recht, die obere Kinnlade sei unbeweglich, aber die Abbildung ist nicht ganz nach der Natur.

26. *Crocodilus niger*. (Le Crocodile noir) Pedibus posterioribus quatuor-digitatis palmatisque, colore nigro, bei Adanson p. 73. beschrieben.

27. *Gavial*. (Le Gavial) t. 15. Pedibus posterioribus quatuor-digitatis palmatisque mandibulis coarctatis et elongatis. Edwards war der erste, welcher in den Philos. Transact. von J. 1756. von diesem Thiere redete. Das Exemplar, welches Hr. E. beschreibt, ist 11 Schuh 10 Zoll, 6 Linien lang. Von diesem Thiere fand man bei Dar in Gascogne ein Stück eines halb versteinerten Kinnbackens, welches sich in der Sammlung des Hrn. Borda befindet.

28. *Caudi - verbera*. (Le Fouette-queue) Pedibus posterioribus quinque - digitatis palmatisque. Linne citirt hier unrichtig. Sebas II. t. 103. f. 2.

29. *Dracaena*. (La Dragonne) t. 16. Pedibus posterioribus quinque - digitatis fissisque squamis erectis supra caudam. Das Exemplar im königlichen Kabinete ist 2 Schuh 5 Zoll 4 Linien lang.

30. *Tupinambis*. (Le Tupinambis) t. 17. Pedibus fissis squamis squamulis circumdatis, ist Linnes L. *Monitor*. Das hier beschriebene Thier ist 3 Schuh 8 Zoll lang und lebt von Aas oder Insekten.

31. *L. Superciliosus.* (Le fourcilleux) Squamis
fupra oculos et ab occipite ad extremitatem
caudae erectis.

32. *Capite - bifurcatus.* (La Tête - fourchue) Capitis parte fuperiore quafi bifurcata, iſt Linneſ
Scutata.

33. *L. Late - digitatus.* (Le Large-doigt) Membrana infra collum, digitorum articulis pen-
ultimis latioribus. Bei Linne *Principalis.*

34. *L. Bimaculatus.* (La Bimaculée) Supra humeros binis nigrisque maculis, hat Spartz-
mann in den Abhandlungen der Schweb. Akad.
Th. 5. S. 166. zuerſt beſchrieben, und t. 4. fig. 4.
abgebildet.

35. *L. Sulcatus.* (Le Silloné) Duobus ſtriis fupra
dorfum lateribus plicatis, cauda fupra duplici,
carina angulata.

DIVISIO II.

Cauda rotunda, pedibus quinque digitatis, dorſo
ſquamis erectis criſtato.

36. *Iguana.* (L'Iguane) t. 18. Sacco gulari den-
tato fquamis a capite ad extremitatem corporis
erectis. Das Männchen iſt allzeit größer als
das Weibchen. Das hier beſchriebene hat 4 Schuh
in der Länge. Die gegebene Abbildung iſt nicht
genau.

37. *Bafilifcus*. (Le Bafilifc) Sacco fupra caput erecto.

38. *L. Criftatus*. (Le Porte- crête) Lata mem-
brana fquamisque fupra caudam erectis, ift
Schloffers *L. amboinenfis*, die fich aus bloßer
Gutmüthigkeit mit Händen greifen laffe, und von
Früchten lebe.

39. *Calotes* (Le Galeote) t. 14. Squamis circa aurium aperturis et ab occipite ad medium dorfi
erectis; unguium parte fuperiore nigra.

40. *Agama*. (L'Agame) Squamis fupra partem
anteriorem dorfi erectis occipitisque reverfis.

D I V I S I O   I I I.

*Cauda rotunda, pedibus anterioribus quinque di-
gitatis, femiannulis fquamofis infra corpus.*

41. *L. Cinereus*. (Le Lézard gris) Colore cinereo, fquamis maioribus infra collum, wozu
auch L. *velox* des Hrn. Pallas als eine Spielart gerechnet wird.

42. *L. Viridis*. (Le Lezard vert) t. 20. Colore
viridi fquamis maioribus infra collum, ift Linnés L. agilis *β*, welche hier als eine eigene Art
befchrieben wird. Laurentis *fcps. varius*, und
Rocheforts *Gobemouche* wird dazu gezählt.

43. *L. Cordylus*. (Le Cordyle) Circum caudam
fquamis in fpinas definentibus annulosque latos
et denticulatos componentibus.

44. *L.*

44. *L. Hexagonus*. (L. Hexagone) Cauda fexangulata. Linné L. *angulata*.

45. *Amevia*. (L'Améiva) Colore cinereo aut viridi, absque squamis maioribus infra collum, ist *seps furinamensis*, *Laurenti*.

46. *L. Leo*. (Le Lion) Tribus lineis albis, totidemque nigris ab utroque latere dorsi, ist L. sexlineata Linn. p. 364. n. 18. Wir finden hier, so wie an mehrern Orten, keine Ursache, weßhalb Hr. E. die schon einmal angenommenen Namen dieser Thiere verändert hat.

47. *L. Lemniscatus*. (Le Galonné) A septem usque ad undecim lineis albescentibus supra dorsum femoris albo punctatis.

D I V I S I O   I V.

48. *Cauda rotunda, pedibus anterioribus quinque-digitatis, absque semiannulis squamosis.*

49. *Chameleo*. (Le Caméléon) t. 22. Digitis ternis et binis membrana coadunatis. Die Beschreibung dieses Thieres ist sehr gut, die Abbildung aber desto übler gerathen.

50. *Lacertus Caudacyaneus*. (La Queue-bleue) Quinque lineis subflavis supra dorsum, cauda cyanea, ist Linné L. *fasciata*.

51. *L. Azureus*. (L'Azuré) Squamis acutis, dorso azureo.

52. L.

52. *L. Cinereus.* (Le Grifon) Colore cineraceo, fubrufo punctato; verrucis fupra dorfum.

53. *Umbra.* (L'Umbre) Occipite callofo, plica gulari.

54. *L. Plicatus.* (Le Plifé) Duplici plica gulari, binis verrucis fpinofis circa aurium aperturas. Hierunter begreift Hr. C. auch L. *helioſcopia* des Hrn. Pallas.

55. *Algira.* (L' Algire) Quatuor lineis flavis fupra dorfum.

56. *Stellio.* (Le Stellion) Tuberculis acutis fupra infraque corpus, cauda annulis fquamofis denticulatisque circumdata.

57. *Scincus.* (Le Scinque) t. 23. Squamis imbricatis, mandibula fuperiore longiore.

58. *Mabouya.* (Le Mabouya) t. 24. Squamis imbricatis mandibulis aequalibus cauda corpore breviore. Hr. C. glaubt, daß die von Hrn. Cetti beſchriebene *Tiligugu* und *Tilingoni* mit der hier erwähnten einerlei ſei, und Thunbergs L. *latralis* mache eine Spielart von ihr aus.

59. *L. Auratus.* (Le Doré) t. 25. Squamis imbricatis, linea albefcente ab utroque latere dorfi, cauda corpore longiore, in Amerika ſehr gemein.

60. *Tapaya.* (Le Tapaye) Corpore rotundato muricatoque. Linneé: L. *Orbicularis.*

61. L.

61. *L. Striatus.* (Le Strié) n. 24. Sex lineis flavis fupra caput et quinque fupra dorfum.

62. *L. Marmoratus.* (Le Marbré) t. 26. Squamis erectis infra collum unguium dorfo nigro, cauda novem - angulata. In Amerika, wo fie fich fehr häufig aufhält, heißt fie *Femapora*, aufferdem findet fie fich noch in Spanien, Afrika und Indien.

63. *Roquet.* (Le Roquet) t. 27. Colore xeramphelino flavo fubnigroque maculato, membranula ab utroque latere ultimi digitorum articuli.

64. *Collo - ruber.* (Le Rouge - gorge) Colore viridi veficula rubra infra collum, ift L. *bullaris* bei Linne.

65. *L. Strumofus.* (Le Goitreux) colore cinereo fufco variegato, veficula granulis fubrubris confperfa infra collum.

66. *Teguixin.* (Le Teguixin) Lateribus' valde plicatis.

67. *L. Triangularis.* (Le Triangulaire) Extremitate caudae triangulata. Linnes L. Nilotica.

68. *L. Bis-Lineatus.* (La Double raie) Duabus lineis fubflavis, fexque fub - nigrorum punctorum ordinibus fupra dorfum. Linnes Punctata.

69. *Sputator.* (Le Sputateur) t. 28. Verrucis fquamofis infra ultimum digitorum articulum,

hat

hat Sparrmann in den Schwedischen Abhandl. Th. V. beschrieben und abgebildet.

D I V I S I O V.

Squamis maioribus imbricatis infra digitos.

70. *Gecko.* (Le Gecko) t. 29. Femorum superficie inferiore verrucosa, cauda squamulis lempiscos circulares componentibus lecta. Nach den Exemplaren, welche sich im königlichen Kabinete befinden, hat Linne unrecht, wenn er diesen Thieren die Nägel an den Zehen abspricht. Sie soll giftig seyn. (?)

71. *Geckotus.* (Le Geckotte) Femorum superficie inferiore absque tuberculis. Den Unterschied, welchen Linne von der Gestalt des Schwanzes zwischen dieser und der vorigen Art abnimmt, hat Hr. C. doch nicht richtig gefunden.

72. *L. Capite-planus.* (La tête-platte) t. 30. Capitis, corporisque superficie inferiori plana, ab utroque latere caudae membrana horizontali. Dieses Thier ist wegen seiner sonderbaren Bildung sehr merkwürdig. Rec. hat ebenfalls eine ganz neue Art Eidexen vor sich, welche er nächstens bekannt machen wird, die in der Gestalt der Füße mit der hier beschriebenen.viel Aehnliches hat.

D I V I S I O VI.

Pedibus ter-digitatis.

73. *Seps.* (Le Seps) t. 31. Squamis imbricatis.

Nach

Nach Hrn. E. Meinung habe sich Linne verzählt,
daß er dieser Art fünf Zehen beilegte.   Da aber
ein eben so genauer, als fleißiger Naturforscher,
Hr. Dr. Bloch mit Linne darinn übereins
kömmt; so scheint Hrn. E., Seps sei von der
Linneischen verschieden.

74. *Chalcides.* (Le Chalcide) t. 32. Squamis annulos componentibus. Auch diese scheint eine
von Linnes *Calcides* verschiedene Art zu seyn.

DIVISIO   VII.
Alis membranaceis.

75. *Draco.* (Le Dragon) t. 33. Saccis trinis elonga-
tisque infra collum. Linnes D. *proepos* wird
ganz richtig auch hieher gezählt.

DIVISIO   VIII.

Pedibus anterioribus ter aut quatuor, posterio-
ribusque quatuor, aut quinque digitatis.

76. *Salamandra terrestris.* (La Salamandre ter-
restre) t. 25. Cauda rotunda, maculis flavis
nigroque punctatis.

77. *S. Cauda-plana.* (La Salamandre à queue plate)
t. 34. Supra infraque caudam membrana verti-
cali. So weitschichtig die Geschichte dieses Thieres auf 2½ Bogen erzählt wird, so viel mangelhaftes findet man hier, indem Hr. E. unstreitig mehrere unter sich verschiedene Arten dazu rechnet.

U

78. S.

78. *S. punctata.* (La Ponctuée) Dorſo duplici ſe-
rie albo punctato.

79. *S. Quatuor - lineata.* (La Quatre - raies) Dorſo
lineis quatuor flavis.

50. *Sarroube.* (Le Sarroubé) Unguibus incurva-
tis, maioribusque ſquamis infra digitos imbricatis. Eine neue Art von Mabagaſcar, von
Bruyéres zuerſt entbelt.

81. *S. Ter - digitata.* (Le Trois-doigts) t. 36. Pedibus anterioribus ter-digitatis, poſterioribusque quatuor. Ebenfalls neu vom Veſuv, und
macht unter den Eiberen den Beſchluß.

Da Jacquins Beſchreibung der lebendig ge-
bährenden Eiberen hier nicht mit angeführt iſt; ſo
ſcheint ſie dem Hrn. V. noch nicht bekannt zu ſeyn.

Claſſis ſecunda. Quadrupedes ovipari ecaudati,

GENUS I.

Rana.

Caput corpuſque elongatum, unum aut alterum
  anguloſum.

83. *Rana vulgaris.* (La Grenouille commune)
Colore viridi, tribus lineis flavis ſupra dorſum
exterioribus elevatis. Linnes R. *eſculenta.*

84. *R. rufa.* (La Rouſſe) Colore rufo, macula
nigra ab utroque latere, oculos inter et pedes
anteriores, Linnes R. *temporaria.*

85. *R.*

85. *R. pluvialis.* (La Pluviale) Verrucis fupra dorfum, ano fubtus punctato. Linné R. *rubeta.*

86. *R. fonans.* (La Sonnante) t. 37. Colore nigro punctis elevatis fupra dorfum, plica transverfali fupra collum. Linné R. *bombina.*

87. *R. marginata.* (La Bordée) Lateribus marginatis.

88. *R. reticularis.* (La Réticulaire) Corpore venulofo, pedibus fiffis. Laurentis *venulofa.*

89. *Palmata.* (La Patte d'oye) Pedibus anterioribus pofterioribusque palmatis. Laurentis R. *maxima.*

90. *R. humeris armata.* (L'Epaule-armée) Supra humeros fcuto carnofo, quatuor verrucis ad anum. Linné *marina.*

91. *R. bonas.* (La Mugiffante) t. 38. Tuberculis infra fingulos digitorum articulos. Linné *Ocellata.*

92. *R. gemmata.* (La Perlée) Capite triangulari granulis fubrubris fupra dorfum. Laurentis *margaritifera.*

93. *Jackie.* (La Jaekie) Colore fub-viridi maculato, femoribus poftice et oblique ftriatis. Linné *paradoxa.*

94. *R. lemnifcata.* (La Galonnée) quatuor aut quinque lineis longitudinalibus elevatisque fupra dorfum. Linné *typhonia.*

GENUS II.

Corpus elongatum verrufcae vifcofae
infra digitos.

95. *Hyla viridis feu vulgaris.* (La Raine verte, ou
commune) Dorfo viridi, duabus lineis flavis
margineque violaceis a capite ad pedes pofteriores protenfis, ift Linnes R. *arborea,* zu welchem er auch, doch nach unferer Meinung mit
Unrecht, Bobbarets *Rana bicolor* rechnet.

96. *H. gibbofa.* (La Boſſue) Gibbo fupra dorfum,
ift Laurentis *Hyla ranaeformis.*

97. *H. fufca.* (La Brune) Colore fufco, pedibus infra verrucofis, heißt auch fo bei Laurenti n. 27.

98. *H. laEtea.* (La couleur de lait) Colore albo
feu leviter ceruleo, abdomine cinereo fafciato
Laur. n. 28.

99. *H. tibiatrix.* (La fluteufe) Maculis rubris
fupra dorfum. Laurenti n. 30.

100. *H. aurantiaca.* (L'Orangée) Colore flavo,
utroque latere dorfi rubro, aliquando variegato,
faepius ruforum punctorum ferie diftincto. Laur.
n. 31.

101. *H. rubra.* (La Rouge) Colore rubro, aliquando duabus lineis flavis fupra dorfum. Laurenti n. 32. hierher rechnet Hr. C. *la Raine à
tapirer,* welcher t. 39 abgebildet wird.

GENUS

GENUS III.

Corpus coarctatum et rotundum.

102. *Bufo vulgaris.* (Le Crapaud commun) Tuberculo reniformi ab utroque latere pone auris aperturam. Linné R. *bufo.* Wir finden doch nicht, daß sein Athem giftig sei; überhaupt sezt Hr. E. dieses Thier so tief herunter, daß man ihm ansieht; es habe ihm viele Mühe gekostet, die Ausdrücke dazu zu finden.

103. *Bufo viridis.* (Le Vert) Maculis viridibus, nigro marginatis confluentibusque. Laurenti n. 8.

104. *B. viridi-radiatus.* (Le Rayon-vert) Lineis viridibus radiatis. Laur. B. Schreberianus.

105. *B. fufcus.* (Le Brun) Cute faevi maculis maximis fufcis, tuberculo collofo infra pedes pofteriores. *B. fufcus Laurenti.*

106. *Calamita.* (Le Calamite) Tribus lineis flavis aut fubrubris longitudinalibusque fupra dorfum, tuberculis callofis binis infra pedes anteriores. Laur. n. 9.

107. *B. ignicolor.* (Le Couleur de feu) Dorfo olivaceo nigroque maculato. Laur. n. 13.

108. *B. puftulofus.* (Le Puftuleux) Tuberculis fpinofis fupra digitos, puftulis fupra dorfum. Laur. n. 4.

109.

109. *B. ſtrumoſus.* (Le Goitreux) Iugulo promi-
nulo, duobus digitis exterioribus pedum · an-
terioꝛum membrana unitis. **Linnes R.** *ventri-
coſa.*

110. *B. gibboſus.* (Le Boſſu) Faſcia longitudinali
palliꝛa et denticulata ſupra dorſum gibboſum.
Linnes R. *gibboſa.*

111. *Pipa.* (Le Pipa) Capite compreſſo latiſſimo-
que oculis minimis et valde diſtantibus.

112. *B. Cornutus.* (Le cornu) Palpebris ſuperio-
ribus in moꝛum coni elevatis.

113. *Agua.* (L'Agua) Dorſo cinereo et rufo ſub-
rubroque maculato. **Laurentis B.** *braſilienſis.*

114. *B. marmoratus.* (Le marbré) Dorſo rubro
ſubflavoque marmorato, venere flavo maculis
nigris.

115. *B. clamoſus* (Le criard) Dorſo fuſco maculato, humeris elevatis poroſisque, pedibus anterioribus poſterioribusque quinque digitatis.
Linnes R. *muſica.* Ueberhaupt finden wir, daß
Hr. C. bei der Eintheilung der ungeſchwänzten
Amphibien die Gattungskennzeichen nicht ſo
glüklich gewählt hat, als wir ſie wohl bei den Eidexen geſehen haben. Und wahrſcheinlich hat ihn
die Mißgeſtalt der Kröte bewogen, dieſelbe von
den ſonſt ſo zierlich gebildeten Fröſchen abzuſon-
dern.

Die

Die *Reptilia bipeda* ſind noch dieſem Bande beigefügt, und machen den Uebergang zu den Schlangen. Linnes *Anguis bipes* hält Hr. E. fü: eine wirkliche Schlange, ſo wie *ſiren lacertina* für eine Larve.

DIVISIO I.

Pedibus anterioribus.

116. B. *canaliculatus.* (Le Cannelé) t. 41. Squamis dorſi abdominisque ſemiannulos, ſquamis caudae annulos integros componentibus. Aus Mexiko, der Körper iſt geringelt, die Füße ſtehen gleich hinter dem Halſe, ſind klein, vierzehigt, und mit Nägeln verſehen.

DIVISIO II.

Pedibus poſterioribus.

117. *Sheltopuſik.* (Le Sheltopuſik) Sulco longitudinali ab utroque latere dorſi, apertura aurium magna, caudae longitudine corporis longitudini ſaltem aequali, iſt ſchon durch Hrn. Pallas unter dem Namen Lacerta apoda bekannt.

XLII.

H. B. von Saussüre, Professors der Welt=
weisheit in Genf, Reisen durch die Alpen,
nebst einem Versuche über die Naturgeschichte
der Gegenden von Genf. Aus dem Franzö=
sischen übersezt und mit Anmerkungen berei=
chert. Mit Kupfern. Th. III. 1787. 310 S.
Th. IV. 1788. 433 S. in 8. Leipzig, bei
Joh. Frid. Junius.

Von den zwei ersten Theilen, davon die Ueber=
sezung 1781 durch Hrn. Prediger Wittenbach
herauskam, können wir hier, unserm Plane gemäß,
weiter nichts erinnern, als daß, dem Hauptinhalte
nach, der erste Theil den Versuch einer Naturgeschichte
der Gegenden um Genf, und der zweite eine Reise durch
die Gegenden des Montblanc enthält, die in dem 3ten
Theile mit dem 13ten Kapitel fortgesezt wird, nach=
dem dieselbe durch die Nachrichten von dem Berge
Buet, und durch den kurzen Begrif von dem Re=
sultate seiner Untersuchungen über die Granite, wo=
mit sich der zweite Theil schließt, war unterbrochen
worden. — Unter vielen Pflanzen des Montanvert
fand sich auch *Achillea genipi Hall.* n. 112, welche
Linne nicht beschrieb, sondern mit der *Achillea
atrata* vermischte, von der sie aber sehr verschieden
ist.

Ohnweit dem Eisgewölbe des Arviron fand man ehemals *Epilobium flore difformi, foliis lineæribus* Hall. sehr häufig, welches Linne mit dem *angustif.* verwechselt hat.

Der Sand des Arviron führt Gold, und zwar zuweilen in ziemlich großer Menge. Am Ende des Talefregletschers ein großer verwitterter Granitblock, und dieser ist auch der einzige, dieser den Graniten der Ebenen so gewöhnlichen Veränderung unterworfene, den Hr. Saussüre in diesen hohen Bergen gesehen hat, und seine Meinung noch mehr bestätigt, daß nämlich diese Veränderung von dem Thone herrühre, der bei der Entstehung der Granite zwischen die Krystalle dieses Steines eingedrungen ist.

Auf dem Montbreven bei der Hütte Plianpra, Felsen von aderigten Graniten, die sich in deutliche Schichten theilen; die innern Adern des Gesteines sind sehr deutlich unterschieden, und laufen mit ihren Schichten völlig gleich, welches eine allgemeine und äuserst wichtige Bemerkung ist, indem sie beweißt, daß diese Schichten wahre Schichten sind, und nicht Spälte, die von ungefähr, entweder bei dem Austrofnen, oder Zurükziehen, oder durch ein ungleiches Einsinken der Theile des Felsen sind verursacht worden. Ein gewisser Staub hatte hier und da den Schnee auf den Breven roth gefärbt, und nach der Untersuchung die Vermuthung veranlaßt, daß dieser

ser

fer Staub eine vegetabilische Substanz, und wahrscheinlich Sonnenstaub sei.

Der Gipfel des Breven besteht aus Granitschich-
ten, und aufer dem fand sich hier ein ganz fremdartiger Stein, der aus schwarzen Schörlnabeln,
Quarz und Granaten bestand, und einen regulairen
schiefwinklichten Würfel bildete. — Diese Steinart
findet sich aber ziemlich oft anderwärts in den blätterigten Felsen und in den aberigten Graniten, so,
daß es wahrscheinlich ist, die Ader, von welcher dieses Stück ehemals einen Theil ausgemacht, sei mit
den obersten Theilen des Felses zerstört worden;
wenigstens hat Hr. S. in den festen Massen des Berges selbst keine Spuren davon finden können. Bei
der Aiguille von Blactiere, Granitbänke, die zwischen blätterigten Felsen eingeschlossen sind. Die
Aiguille du Midie besteht zum Theile aus einem wunderbaren Gemische von wahrem dichtem Granite mit
einer grauen schweren Felsart, die etwas von der
Natur des Hornsteines, und gar nichts ähnliches
mit dem Granite hat, und aufen eine dem Roste
ähnliche Farbe an sich nimmt.

Auf dem Berge Balme bei dem Dorfe Valorsine,
auf dem großen Perron und Bel Oiseau, senkrechte
Schichten von violenblauem Schiefer, welcher eine
große Menge fremdartiger Steine, oft von der
Größe eines Kopfes, einschließt, und durch die es

höchst

höchst wahrscheinlich wird, daß diese vertikale Schich=
ten in einer horizontalen Lage gebildet worden sind.
Bei Untersuchung der Frage: wann die sekundairen
Felsarten im Chamounnthale, und ob sie vor oder
nach der großen Revolution gebildet worden, welche
ten Bergen ihre gegenwärtige Gestalt gegeben, die
ursprüngliche Lage ihrer Schichten verändert, den
größesten Theil der Thäler ausgehöhlt? zc. zc. so er=
giebt sichs, daß die eigentlich sogenannte Schiefer,
und die mit Glimmer und Quarzkörnern vermischte
dunkelblaue und schwärzlichte Kalksteine für älter zu
vermuthen seien; da im Gegentheile die Gipsfelsen,
und jene löcherige, dem Toffe ähnliche Kallsteine, jün=
geren Ursprunges scheinen.

Auf den Felsen von Caillet halbdurchsichtige Feld=
spathe von dunkelgrüner Farbe. Sie haben die Ge=
stalt eines schiefwinklichten Parallelepipedums, und
der Grund dieser Säule macht eine Raute, deren
spitzige Winkel von 55 Graden, die stumpfen aber
von 125 Graden sind.

Die Bestandtheile derselben sind:

Kieselerde — —	43 Grane.
Thonerde — —	37, 05.
Kalkerde — —	1, 70.
Eisen — — —	4.
Wasser, Luft, Verlust	14, 25.
Summa	100.

Bei

Bei Argentiere Wasserblei im Granite, in den tiefern Gegenden um den Fouilly Quarz mit Reiß= blei vermischt. Unter den Geschieben des Breven schwarzer Feldspath. Auf dem Wege über die Fours nach dem Bon= Homme unregelmäßige Abwechse= lungen von unreinen Sandsteinbänken, und von an= dern, die runde Geschiebe enthalten. Einige von leztern zeigen eine sehr merkwürdige Erscheinung. Man sieht an der der Luft blosgesezten Oberfläche der= selben eine Art nez=örmigen Gewebes, welches durch schwarze, feste, 2 bis 3 Zolle über der Fläche des Gesteines hervorstehende Adern gebildet wird; die Maschen dieses Netzes sind zuweilen unregelmäßig, doch formiren sie meistens vierseitige Schiefwinkel, deren Seiten 8 bis 10 Zolle in der Länge haben. Da alle diese Steine eine Neigung haben, sich in Räu= ten zu zertheilen, so scheint es, es seien ehemals Spaltungen gewesen, die die Bänke in Stücke von dieser Gestalt abgesondert, und daß diese Spal= tungen durch mit einem eisenhaften Safte verbun= denen Sand wieder ausgefüllt worden; dieser feste Kütt hat diese Theile des Steines fester, als die übrigen gemacht, und da die Witterung die Ober= fläche der Bänke abgenagt, so sind die Maschen die= ses Netzes hervorstehen geblieben.

Der Fuß des Berges Mont= Ru besteht aus Gra= nit, die hier und da mit einer harten, gelblichen,

blätte=

blätterichen Gesteinart begleitet ist. Diese Blätter kleben fest am Granite, lassen sich aber doch durch den Hammer davon absondern. Sie bestehen aus sehr feinen Blättern von weißlichem Quarz, welche durch noch dünnere Lagen von glänzendem gelbem Glimmer abgesondert waren. Hr. S. glaubt, vermuthen zu dörfen, diese Schichten seien Ueberbleibsel von einer blätterigen Felsart, die den Uebergang zwischen dem Thonschiefer oder Kalksteine der sekundairen Kette, und den Graniten der ursprünglichen ausmachte.

Die Gegenden von Courmayeur sind wegen ihren hier befindlichen Mineralquellen bekannt; die eine dieser Quellen, Viktorie, enthält in 12 Unzen Wassers

freie Luft — — — — 11 Gr. $\frac{1}{64}$
vitriolisirte Bittersalzerde — 4 — $\frac{3}{4}$
gemeines Salz — — — 2 — $\frac{7}{15}$
Kalkerde — — — — 11 — $\frac{3}{4}$
Eisen — — — — — 0 — $\frac{1}{8}$

Die andere Quelle Margarita enthält in der nämlichen Portion Wassers

freie Luftsäure — — — 10 Gr. $4\frac{1}{3}$
vitriolisirte Bittersalzerde — 4 — $\frac{53}{170}$
Meersalz — — — — 4 — $\frac{154}{170}$
Kalkerde — — — — 7 — $\frac{23}{170}$
Selenit — — — — 6 — $\frac{17}{170}$
Thon, das Eisen davon ab-
gezogen — — — — 0 — $\frac{53}{170}$
Eisen — — — — — 0 — $\frac{1}{4}$

Eine

Eine andere Quelle, die nicht benutzt wird, und
gegen Norden von Courmayeur liegt, zeigte in 12
Unzen Wassers

Schwefel in unbestimmter Quantität.

freie Luftsäure — — — 4 Gr. $\frac{11}{12}$

Meersalz, das feuerbeständiges
Alkali, oder Natrum zum
Grundtheile hat — — 1 — $\frac{131}{134}$

Meersalz, das Kalk zum Grundtheile hat — — — 0 — $\frac{41}{100}$

Meersalz, das Bittersalzerde
zum Grundtheile hat — 0 — $\frac{2}{312}$

Kalkerde — — — — 3 — $\frac{11}{401}$

Selenit — — — — 0 — $\frac{171}{4631}$

Eine vierte Quelle, eine Stunde von Courmayeur,
liegt auf den Wiesen von St. Didier. Sie hat warmes Wasser, und treibet an ihrem Ursprunge das
Thermometer auf 27 $\frac{1}{2}$, 12 Unzen desselben enthalten

freie Luftsäure — — — 2 Gr. $\frac{1}{3}$

Meersalz, welches feuerbeständiges Alkali zum Grundtheile
hat — — — — 0 — $\frac{711}{1761}$

Meersalz, das Bittersalz zum
Grunde hat — — — 0 — $\frac{711}{1761}$

Kalkerde und Selenit — 2 — $\frac{981}{1761}$

Auf dem Miagegletscher eine Gruppe von krystal-
lisirtem weißem halbdurchsichtigem Feldspathe in sehr
regel-

regelmäßiger Gestalt. Es sind parallelepipetische schiefwinklichte Prismen: das Parallelogramm, welches die Basis des Prisma's ausmacht, hat spitzige Winkel von 50 — 55 Graden, und hiermit haben die stumpfen Winkel desselben 130 — 135 Grade. Die Seiten dieser Parallelogramme sind gleich; wenigstens ist ihreUngleichheit niemals beträchtlich. Die vier Seiten des Prisma's sind beinahe rechtwinklicht; doch geschieht es zuweilen, daß zwei unter denselben etwas schiefwinklicht sind, und alsdann ist das Prisma an seiner Basis etwas schief abgeschnitten. Die Höhe dieser Prismen ist gewöhnlich doppelt so groß, als die der Seite ihrer Basis. Diese Gestalt ist also etwas von der der Feldspathe verschieden, welche sich in den Graniten und Porphyren befinden; (Rome de l'Isle Chrystallographie T. III. p. 457.) doch aber ist der Stoff derselben gleich. Auch Hornstein findet sich auf diesem Gletscher unter drei verschiedenen Gestalten, und zwar faßericht, schuppicht und krystallisirt in grünen plattgedrukten glänzenden Nadeln.

Von der Höhe des Cramont zeigt sich der Montblanc sehr deutlich. Seine Gestalt gleicht einer Pyramide, welche eine ihrer Seiten gegen Südost oder den Cramont hin darstellt. Die auf der Südwestseite gerade emporstehende Ecke dieser Pyramide steigt bis an den Gipfel hinauf, und macht mit dem Horizonte

rizonte einen Winkel von 23 — 24 Graden. Die auf
der linken Seite gegen Nordost stehende Ecke steigt
unter einem Winkel von 23 — 24 Graden gegen den
gleichen Gipfel hinan, so daß der Winkel des Gipfels
ungefähr 130 Grade ausmacht. Der Anblick der
Thäler, welche man von dem Gipfel des Cramont
her zu seinen Füßen hat, beweisen, daß, wenn auch
die Uebereinstimmung der Winkel in den Thälern
wirklich vorhanden ist, wie Hr. Bourguet sagt,
dieselbe dennoch nicht beweiset, daß diese Thäler ein
Werk der Strömungen des Meeres seien, was man
doch daraus herleiten wollte. Das Mineralwasser
von St. Vincent enthält in 12 Unzen

fixe Luft	— — — —	15 Gr.	$\frac{3}{7}\frac{7}{8}$
krystallisirtes Glaubersalz		57 —	$\frac{8}{9}\frac{2}{8}$
Natrum	— — — —	8 —	$\frac{7}{8}$
Meersalz	— — — —	3 —	$\frac{1}{4}$
Kalkerde	— — — —	8 —	$\frac{1}{12}$
Thon	— — — —	0 —	$\frac{7}{3}\frac{9}{4}$
Eisen	— — — —	0 —	$\frac{1}{4}$

Auf den Mont-Jovet sieht man den Quarz,
Schörl, Glimmer mit Kalkstein vermischt, und die
Vermischung unter allerhand Arten von Gestalten
wiederholt und verändert. Dieses so deutliche Gemenge von bisher für ursprünglich gehaltenen Substanzen, mit solchen, die für sekundaire angesehen
werden, scheinen Hrn. S. zu beweisen, daß man in

Bestim-

Bestimmung der genauen Grenzlinie zwischen diesen zwo Steinklassen nur zu voreilig gewesen sei.

Auf dem Gletscher von Valsoren jener Schörl in äußerst glänzenden und zerbrechlichen Nadeln, welchen Waller *Basaltes acerosus* nennt. 100 Grane von diesem Steine gaben

Kieselerde — — — —	55, 25
Thonerde — — — —	30, 18
Luftfreie Bittererde — —	10, 87
Luftfreie Kalkerde — —	4, 84
Eisen — — — — —	1, 48
	102, 62

Zunahme des Gewichts 2, 62

Auf dem Wege von Martin nach St. Moriz auf dem Berge, von welchem die Pissevache herabfällt, eine Steinart, die im Aeußern völlig mit Höpfners Bitterstein übereinkömmt. 100 Grane enthalten

Kieselerde — — — —	67, 46
Thonerde — — — —	23, 15
Luftsauere Kalkerde — —	1, 80
Luftsauere Bittererde — —	1, 28
Eisen — — — — —	2, 06
Wasser, Luft, Verlust —	4, 25
	100, 00

Bei Bex kleine Gipshügel, welche den Anfang der Gipsberge ausmachen, durch welche die dem

T

Stande

Stande Bern zugehörenden Salzquellen fließen. Da
der Gips sehr oft bei den Salzquellen gefunden wird,
so vermuthet Hr. S., es möge vielleicht zwischen
dem Meersalze und den Salzen dieses Steines irgend
eine besondere Verwandschaft, oder vielleicht auch
eine Uebereinstimmung in den Ursachen ihres Nieder-
schlages seyn. Diesemnach wäre es möglich, daß
der Gips, aus welchem alle diese Berge bestehen,
einige Salzgrundstoffe enthalte; nicht zwar genug,
um durch den Geschmack unterschieden zu werden,
doch zureichend, um Wasser zu beschwängern, welche langsam durch große Massen dieses Steines hin-
durchsinken. Verschiedene kleinere in der Nachbarschaft der Salzwerke unten am Fuße der Gipshügel
gefundene Salzquellen; Bergsalzkrystalle, welche er
selbst an verschiedenen Orten in den Ritzen dieser
Gipse gesammelt hat, scheinen ihm diese Vermuthung
wahrscheinlich zu machen.

Zween Führer, die im Jahre 1785 beinahe den
Gipfel des Mont-Blank erstiegen hatten, brachten
Granitstücke mit, auf welchen sich glasartige Tropfen
befanden, und die Vermuthung veranlaßen, daß
dieser Theil des Felsen, von welchem diese Stücke
abgeschlagen seien, vom Blitze getroffen worden.

XLIII.

XLIII.

Syſtematiſche Beſchreibung der europäiſchen Schmetterlinge. Von dem Verfaſſer des Nomenclator entomologicus. Erſter Theil. Von den Tagſchmetterlingen oder Faltern. Halle, in der Hemmerdeſchen Buchhandlung, 1787. 282 Seiten. 8. (Mit einer Kupfertafel.)

„Bei dem Eifer, womit in unſerm Vaterlande die Naturgeſchichte überhaupt, und beſonders die Entomologie jezt getrieben wird, und dem allgemein anerkannten Nutzen und Vergnügen, ſo dieſe Wiſſenſchaft gewähret, (ſagt der Verf. Hr. Advokat Schneider in Stralſund,) iſt es faſt unglaublich, aber doch gewiß, daß es noch immer an einem teutſchen Handbuche fehlt, welches ein der Natur recht anpaſſendes Syſtem und deutliche Beſchreibungen ohne koſtbare Kupfer enthielte. Ich fand mich, wie ich in der Ankündigung dieſes Werks mit mehrerem geſagt habe, hierdurch veranlaſſet, wenigſtens einen Theil der Lehre von den Inſekten ſolchergeſtalt abzuhandeln, und wollte damit angehenden Liebhabern dieſes ſo unterhaltenden, und in manchem andern Betracht ſo lehrreichen Studiums Anleitung geben, nicht nur ihre eingeſammelten

Schmet-

Schmetterlinge gehörig zu benennen und zu ordnen, sondern auch, was die Hauptsache ist, diese artigen und von dem Schöpfer so vorzüglich begabten Thier‍chen mit derjenigen Aufmerksamkeit zu beobachten, die allein diese Beschäftigung nützlich machen kann. " Der Zweck dieses Werkes ist also, unbemittelten, oder nicht genugsam bemittelten Liebhabern der En‍tomologie, welche sich größere Werke nicht anschaf‍fen können, ein wohlfeiles systematisches Handbuch zu liefern, welches durch genaue und deutliche Be‍schreibungen den Mangel der Abbildungen ersetzen, und die Naturgeschichte der Insekten gemeinnütziger machen soll.

Voran geht eine Einleitung, welche die nöthi‍gen Vorkenntnisse dieses Theiles der Naturgeschichte, und die Erklärung des Systems, nach welchem der Verf. sein Werk bearbeitet, enthält. Erstere sind durch eine Kupfertafel, auf welcher der Tagfalter Laodice zum erstenmale abgebildet erscheinet, an‍schaulich gemacht, und in einer zwekmäßigen Kürze bündig vorgetragen, auch kommen oft sehr wich‍tige Anmerkungen in den eingestreuten Noten vor, wohin unter andern S. 9. das an der Puppe eines Seidenspinners (Phal. Mori L.) bemerkte Phäno‍men gehöret, in welcher sich nämlich der Schmet‍terling vollkommen entwickelt hatte, aber nicht durchbrechen konnte, weil sein Kopf unter der

Schwanz‍

Schwanzspitze lag, und sein After da, wo in der
Hülse die leicht zu zersprengenden Behältnisse des
Kopfs, der Augen, Fühlhörner ꝛc. gebildet waren,
mithin derselbe eine völlig verkehrte Lage hatte.
Indessen hätten wir aber dennoch hier und da verschiedenes zu erinnern, wo wir wünschten, daß sich
Herr Schneider blos der Anfänger wegen, für
welche er seiner eignen Aeußerung nach, vorzüglich
schreibet, etwas präciser ausgedrükt hätte; hierher
gehöret z. B. S. 11. daß bei den Tagfaltern das
Weibchen von dem Männchen in der Paarung bestie-
gen worden, und diese nur die kurze Zeit weniger
Minuten daure; hingegen bei den Schmetterlingen
der übrigen Gattungen mehrere Stunden anhalte,
und beide Geschlechter mit vereinigten Zeugungs-
gliedern in solcher Stellung, daß beide Körper sich
in einer geraden Linie befänden, stille zu sitzen pfleg-
ten; denn diese Regel leidet mancherlei Ausnahmen;
so giebt es z. B. mehrere Falterarten, deren Begat-
tungsgeschäft mehrere Stunden, und bei kalter oder
schwüler Witterung Tage lang anvauert, eben diese
werden auch in der gewöhnlichen liniengleichen
Stellung der Nachtschmetterlinge angetroffen. Rec.
hat diese Bemerkung schon öfters an den Faltern Cra-
taegi, Rhamni, Napi &c. gemacht. Dann giebt
es auch Nachtschmetterlinge, die zum Theil über
der Paarung nicht lange zu verweilen pflegen, auch

X 3

theils

theils nicht immer die liniengerade Stellung beobachten; zu den erstern gehöret z. B. der Spinner Quercus, und zu den leztern der Spinner Dispar. S. 14.
wird gesagt, daß die Raupen in allem drei oder
viermal ihren Balg ablegten; auch dieses läßt sich
nicht allgemein behaupten; so wissen wir z. B. daß
sich die Raupe des Spinners Matronula siebenmal
verhäute, und Recens. hat an den Raupen des Spinners Villica gar 8 Verhäutungen bemerkt ic. Sonst
müssen wir dem Hrn. Verf. das Zeugniß geben,
daß er nicht unter jene Klasse von Schriftstellern
gehöre, welche unter dem Vorwande, für Anfänger
zu schreiben, das Unvollständige ihrer Kenntnisse dem
gerechten Tadel zu entziehen vermeinen, sondern die
Behandlungsart der Gegenstände, die Richtigkeit
des Vortrages und der Beobachtungen machen den
praktischen und denkenden Entomologen aller Orten
kenntbar, und wir können daher dieses wohlge-
schriebene Werk, vorzüglich den Anfängern nicht
dringend genug empfehlen.

Bei der Eintheilungsmethode hat der Hr. Verf.
vorzüglich das systematische Verzeichniß der Schmetterlinge der Wiener Gegend benuzt, die Grundlage
bleibt aber doch immer das Linneische System.
Er theilet solchemnach die Tagfalter in sechs Horden,
und eine jede derselben wieder in einige Familien,
wie folgt:

Erste

Erſte Sorde. Großflügler. Dieſe Horde wird in zwo Familien eingetheilt.

  A) **Breitflügler.** Equites Linn. Die

    α) entweder an der Bruſt rothe Flecken. — Equites trojani L.

    β) Oder bei dem Mangel ſolcher Flecken, am Innenwinkel eine rothbraune runde Malel auf den Hinterflügeln führen. — Equites achivi L.

  B) **Schmalflügler.** Heliconii L.

Zwote Sorde. Weißflügler. Danai candidi L.

  A) **Gelblinge.**

    α) Mit zugeſpizten Flügeln, und Raupen, die auf Bäumen leben.

    β) Mit runden Flügeln und oben ſchwarz geſärbtem Auſſenrande derſelben. Die Raupen leben auf Kräutern.

  B) **Weißlinge, oder Kohlſchmetterlinge.**

Dritte Sorde. Augenflügler. Nymphales ocellati (gemmati). L.

Vierte Sorte. Eckflügler. Nymphales phalerati L.

  A) **Schillerflügler.** Changeants, oder Irisſchmetterlinge.

  B) **Bandflügler.**

  C) **Zackflügler.**

  D) **Nezflügler.**

α. Mit

α) Mit Silberflecken auf der Unterseite der Hin‐
terflügel. Perlmuttervögel.

β) Mit abwechselnd hellen und dunkeln Bin‐
den, oder Flecken auf der Unterseite der Hin‐
terflügel. Fritillarienfalter.

Fünfte Horde. Kleinflügler. Plebeii rurales L.
A) Kleinschwanzflügler.
B) Punktflügler.

α) Feuervögel, oder Goldfalter, auch Duka‐
tenfalter. Bei diesen ist
a) entweder blos das Weibchen,
b) oder auch das Männchen auf der Ober‐
seite der Flügel schwarz gefleft.

β) Bläulinge. Argusschmetterlinge. An der
Unterseite der Hinterflügel befindet sich am
Außenrande
a) entweder ein rothgelbes fleckiges Quer‐
band,
b) oder ein solches Querband zeiget sich
nicht.

Sechste Horde. Dickköpfe. Plebeii urbicolae L.
A) Entweder gelbe, weißgeflekte und bei dem
Männchen mit einem schwarzen Mittelstrich ver‐
sehene Flügel.
B) Oder schwarze Flügel mit vielen weißen Flek‐
ken. Die Raupen lieben die Malvengewächse.

C) Oder

C) Oder braune Flügel mit größeren runden gelben Spiegelflecken.

II. Die Schwärmer, Abend- oder Dämmerungs-
falter.

Erste Horde. Zackenflügelige Schwärmer.

Zwote Horde. Rundflügelige Schwärmer.

  A) Ringleibige Schwärmer.

  B) Halbringleibige Schwärmer.

  C) Spizleibige Schwärmer.

  D) Bartleibige Schwärmer. (Mit Recht ziehet
    der Verfasser die Schwärmer Fuciformis und
    Bombyliiformis (der Ausdruck Bombyciformis
    wird wohl ein bloser Schreibfehler seyn) hierher.)

III. Unruhen.

Erste Horde. Glasflügelige Unruhen.

Zwote Horde. Schuppenflügelige Unruhen.

  A) Entweder schwarze weißgeflekte Flügel mit
    einem gelben oder rothen Gürtel um den Hin-
    terleib.

  B) Oder dunkle rothgeflekte Vorder- und rothe
    Hinterflügel, und zwar
      a) mit einem rothen Gürtel um den Hinterleib.
      b) Ohne solchen.

  C) Mit braungelben schwarzgeflekten Flügeln und
    schwarzem Gürtel.

  D) Mit einfärbigen Flügeln.

X 5

IV.

II. Nachtfalter, oder Nachtſchmetterlinge. Phalaena Linn.

Erſte Horde. Spinner. Linn. et Fabr. (Die
feinere Eintheilung ſämmtlicher Nachtvogel-Hor-
den in Familien verſchiebet der Verfaſſer bis dahin, wo er zu der Beſchreibung dieſer Schmetterlinge kommen wird.)

Zweite Horde. Eulen. Noctua Linn. et Fabr.

Dritte Horde. Spannenmeſſer. (Spanner) Geometra Linn. Phalaena Fabr.

Vierte Horde. Zünsler, oder Lichtmücken. Pyralis
Linn. et Fabr. (Vermuthlich iſt hier ebenfalls
ein Schreibfehler eingeſchlichen; denn die Linneiſchen Pyralides begreifet Hr. Fabrizius
noch unter den Phalaenis; Linne's Tortrices ſind
(wie auch bei der folgenden Horde bemerkt wird)
die Fabriziuſiſchen Pyralides.)

Fünfte Horde. Blattwikler. Tortrix Linn. Pyralis Fabr.

Sechſte Horde. Motten, oder Schaben. Tinea
Linn. Tinea et Alucita Fabr.

Siebente Horde. Federmotten, oder Geiſtchen,
Alucita Linn. Pterophorus Fabr.

Wir kommen nun zu den Beſchreibungen ſelbſt:
Seite 50 wird der Oſterluzeyfalter, Pap. Ariſto-
lochiae (Pap. Polyxena) mit Recht unter die Großflügler oder Ritter geſezt, wo ihm auch ſchon von
dem

dem Abt Schiefermüller seine Stelle angewiesen worden ist. ` Raupe und Schmetterling besitzen alle zu dieser Familie erfoderliche Kennzeichen, wenn auch gleich Hr. Prof. Esper ein anderes behauptet. Eben so wird auch der Falter Hyperanthus S. 101 der dritten Horde, oder den Augenflüglern einverleibet, und von den Linneischen festlichen Danaiden getrennt. S. 114 wird Espers tab. 68. fig. 1. 2. bei dem Pap. Megaera als eine Varietät citiret, aber Recensent kann versichern, daß er die auf der benannten Tafel fig. 1. 2 und 3 abgebildeten Falter immer mit dem Pap. Maera (Esper tab. 6. fig. 2.) aus der nämlichen Raupe erzogen habe, und daß die Falter fig. 1 und 2 die Weibchen, fig. 3 aber und tab. 6. fig. 2 die Männchen der Maera seien, und daß also auch S. 116 das Citat der Esperschen 3ten Figur bei dem Weibchen der Maera hiernach abzuändern sei.

S. 128 u. f. sind die Falter: Hero, Arcanius und Pamphilus, die von dem Ritter in die Klasse der Landplebeier (Pleb. ruric.) vertheilet waren, zu den Augenflüglern, oder augigen Nymphen (Nymph. gemmat.), und S. 133. 153 u. f. die Falter: Iris, Cardui und Io zu den Ekflüglern, oder den Linneischen Nymphalibus phaleratis geordnet, und von den Augenflüglern nach dem Beispiele des Wiener systematischen Verzeichnisses getrennt worden.

S. 18.

S. 182 ist es doch sonderbar, daß der von dem Verfasser als ein karakteristisches Kennzeichen des Pap. Niobe angezeigte kleine runde Flecken mit dem schwarzen Mittelpunkte nur äußerst selten an den in der Gegend um Main; sich aufhaltenden Faltern dieser Art bemerkt wird; Recensent besitzet unter mehreren Exemplaren nur ein einziges, an dem er sich zeiget, vermuthlich hängt das Dasein desselben von dem Lokalen oder andern unbekannten Verhältnissen ab; dem sei aber indessen wie ihm wolle, so verdienet dieser Umstand doch nähere Untersuchung, und mag vielleicht den Stoff zu einem wichtigen Unterricht in der Lehre über die Bestimmung der Arten und Abarten an Handen geben.

S. 219 scheinet der Verfasser den Falter W. latinum des Hn. Knoch für eine Varietät des Esperschen Pap. Ilicis zu halten, wiewohl er in der Note zu diesem Citat geneigt ist, denselben für eine eigne Art anzusehen. Wirklich ist der Knochische Falter eine eigene Art; Recensent, der denselben schon mehrmals aus der Raupe, die von der Röselschen durchaus unterschieden ist, erzogen hat, kann dieses aus der Erfahrung versichern.

S. 244 ist bei dem Pap. Icarus in der Synonymie die Raupe aus Esper tab. 92. fig. 3 nachzutragen.

S. 265 hält der Verfasser den Knochischen Pap. Erebus mit Recht für eine besondere Art. So
gut

gut auch nach deſſelben Dünken die Knochiſche
Beſchreibung des männlichen Pap. Erebus auf den
zweiten Eſperſchen Arcas tab. 34. fig. 4 zu paſ=
ſen ſcheinet, ſo iſt doch der Unterſchied, beſonders
auf der Unterſeite ſehr beträchtlich; ſo giebt es auch
Gegenden, wo nur eine dieſer Falterart gefunden,
und die andere vermiſſet wird; um Mainz findet
man zum Beiſpiele den Pap. Erebus in manchen Jah=
ren in Menge, aber der Pap. Arcas iſt da noch nicht
angetroffen worden.

S. 279 iſt bei dem Pap. Lavatherae in dem
Eſperſchen Citat ein Druckfehler eingeſchlichen;
denn nicht tab. 22. fig. 4, ſondern tab. 82. fig. 4
iſt dieſer Falter abgebildet, der aber nicht allein in
der Schweiz und in Frankreich, ſondern auch in der
Mainzer Gegend, wo ihn Recenſent ſelbſt ſchon
einigemale fieng, einheimiſch iſt.

Der Text ſelbſt iſt meiſterhaft, kurz, aber doch
ſo präcis und beſtimmt, daß man für die mangeln=
den Abbildungen vollkommen ſchadlos gehalten wird.
Bei den Benennungen der Arten iſt die Eſperſche
Nomenklatur, obwohl ſelbige nicht durchgängig mit
den faſt allgemein angenommenen Linneiſchen
Namen übereinſtimmet, gewählt. ”Ich hielt die=
”ſes für nöthig, (ſagt der Verfaſſer) damit wir,
”nachdem nun einmal von allen bekannten Arten
”getreue Abbildungen vorhanden ſind, endlich aus
”der

„ der Verwirrung kommen mögen, die dadurch ent»
„ standen war, daß oftmals ein und dasselbe Ge»
„ schöpfe, bei jedem Schriftsteller, der dessen erwähnt,
„ einen verschiednen Nahmen führt, wodurch denn
„ (dann) nicht nur der Fortgang dieser Wissenschaft
„ gar sehr erschwehret, sondern auch die bequemere
„ Vermehrung der Sammlungen aus entfernten Or»
„ ten behindert wird. — Doch hab (habe) ich auf
„ den Fall, daß die abweichenden Esper'schen
„ Nahmen keine starke Autorität erhalten sollten, die
„ von andern Schriftstellern gebrauchten Benennun»
„ gen, so viel möglich, jedesmahl angeführt.“

Go sind auch die deutschen Benennungen aus dem
Esper'schen Werke genommen, aber bei vielen Ar»
ten vermißt man dieselbe. Wir hätten indessen ge»
wünschet, daß der Verfasser sie durchgängig beige»
füzet hätte, indem dieses nüzliche Werk dadurch
auch den Unstudierten um so brauchbarer geworden
wäre. Um die Anfänger, für welche dieses Buch
hauptsächlich geschrieben ist, mit der lateinischen Ter»
minologie der Insektenkunde bekannt zu machen, hat
der Verfasser jederzeit eine kurze lateinische Beschrei»
bung vorangesezt; hierauf folget eine wohlgewählte
Synonymie (unter welche sich aber auch Gladbach
eingeschlichen hat) und hiernächst die musterhafte
Beschreibung des Schmetterlings. In der Vereini»
gung der streitigen Synonymen ist der Verfasser mei»
stens

stens glüklich gewesen, doch würden gegenwärtig
verschiedne Citate des Wiener sostematischen Verzeichnisses aus der Fabriziusischen Mantisse zu
berichtigen seyn, welche aber die Leser leicht selbst
verbessern können. Dieses Werk wird künftig mit
der Borkhausenschen Naturgeschichte der europäischen Schmetterlinge zusammen, jedoch unter dop-
peltem Titel herausgegeben werden, und wir dörfen
bei der vereinigten Arbeit zweier so geschikten Männer recht viel Wichtiges erwarten.

<h2 style="text-align:center">XLIV.</h2>

IoĹ Gaertneri M. D. etc. de fructibus et
seminibus plantarum accedunt seminum cen-
turiæ quinque priores cum tabulis aeneis 79.

Jos. Gärtner von den Früchten und Saamen
der Pflanzen, sammt den ersten fünfhundert
Abbildungen von Saamen, auf 79 Kupfertafeln. Auf Kosten des Verfassers. Stutt-
gard, in der Buchhandlung der Karolingi-
schen Akademie 1788, in 4. 826 Seiten.

Dieses Werk, das Resultat unzähliger rastloser
Untersuchungen, welche der gelehrte Verfasser mit
der größten Scharfsicht, tiefen Kenntnissen der Natur,

tur, und alles dessen, was ältere und neuere Botaniker geleistet, angestellt, ist eines derjenigen Meister-
stücke, die nebst einigen andern unserm Zeitalter Ehre
machen, und nicht wenig zur Vervollkommnung der
Kräuterkunde, an welcher izt so viele große vortrefliche Gelehrte arbeiten, beitragen. Keiner hat bisher in der Karpologie das geleistet, was hier Hr.
Gärtner. Es verdient eine vollständige weitläufige
Anzeige, um auch denen nüzlich zu seyn, die das
Werk selbsten nicht sollten benuzen können. Das
Ganze ist in zween Theile eingetheilt. Im ersten,
welcher die allgemeine Eintheilung enthält, wird von
den allgemeinen Eigenschaften der Früchte, den Namen nämlich, der Gestalt der Theile, dem Ursprunge,
der Bildung, der Verschiedenheit des wahren Saamens von den einfachern Keimen gehandelt. In Ansehung der Befeuchtung des Eichens bei den vollkommnern Gewächsen ist der Verfasser der Meinung
von Kölreuter; was aber das Geschlecht der un-
vollkommnern angeht, so hält er es mit Hn. Gmelin.
Bei Erklärung der Struktur der Eichen und deren
Umbildung zu Saamen hat er die Beobachtungen
eines Malpighi genüzt. Vom Keimen, Sammeln, Säen, Aufbewahren der Saamen hat er
nur das Allgemeinste angeführt.

In dem zweiten Theile wird die besondere Struktur der Früchte, wovon hier 500 Gattungen angeführet

führet sind, betrachtet. Die Gattungen der Pflanzen selbst sind größtentheils nach den Blumen und Frucht- theilen bestimmt. Einige, auch allgemein angenomme- ne Gattungsnamen hat der Verfasser verändert, wenn ihm entweder die schon abgeschaften angemessener schienen, oder auch dem ersten Erfinder einem Banks und Solander zu Ehren. Die Kennzeichen der Früchte sind von einer bestimmten Art vollständig an- gegeben. Die Zeichnungen sind alle nach der Natur von dem Verfasser selbst verfertiget, und diese, so wie der Stich, sind vortreflich.

Der erste Theil, oder die Einleitung, enthält vierzehn Kapitel. Das erste handelt von den Keimen und deren Verschiedenheit vom Saamen, von Seite 1 bis 26. — Hr. Gärtner nimmt vier Arten von Keimen an: zwei blätterlose (propago und gongy- lus), und zwei blättrige, oder schuppige (bulbus und gemma proprie sic dicta). S. 4 heißt es: die Saamen entstünden nicht aus dem alten Marke der Pflanzen, sondern, wie Hill behauptet, aus dem sogenannten Fleische der Pflanzen, dem zarten Holze, oder dem frischen Marke, aus jener weichen aus Spi- ralgefäßen und aus saftigem Zellengewebe bestehenden Substanz, die sich unter der innern Rinde befindet.

S. 5. Jedes Fortpflanzungsorgan, welches sich in einer geschlechtslosen Pflanze befindet, oder zu einer andern Zeit, als die Geschlechtstheile, wächst,

Y

und

unb zu seiner Vollkommenheit kömmt, gehöre zu den Keimen.

.§. 6. Das Fleisch, welches er in der Folge Gewohnheit halber immer Mark nennt, als der Haupttheil des Keimes, werde auf eine doppelte Art aus dem Marke der Mutterpflanze gebildet, entweder durch das besondere Wachsthum desselben, oder durch die von selbst erfolgenden kleinern Theile; die erstere Art habe nur bei der Bildung der blätterlosen Keime statt, und geschehe auf die einfachste Art, da nämlich das Mark der Mutterpflanze, welches bei einigen fast flüßig ist, nach und nach in ein feineres Mehl oder Staub übergehe; bei andern aber, wo es etwas fester und in Zellengewebe eingeschlossen ist, von selbst in abgesonderte, diesen Zellen angemeßne Körperchen sich theile: so würde der feine fruchtbare Staub der Schwämme; so die keimenden Körperchen der Lebermoose gebildet.

Von Seite 13 bis 26 geht nun der Verfasser diejenigen Pflanzen durch, welche sich größtentheils durch Keime fortpflanzen. Zu diesen zählt er zuerst die Schwämme, und hält die Körnchen, oder den Staub derselben, mit Schäfer, aus mehreren Gründen, die er hier anführet, für einfache Keime. Ferner die Flechten, wobei er anmerkt, daß die schwärzlichen Körnchen, die sich in der Substanz ihrer Schilder befänden, von selbst sich davon trennten,

ten, und von Hedwig für Saamen angesehen würs
ben, erstlich nicht in allen Schildern derselben zugegen,
auch nicht mit männlichen und weiblichen Befruchs
tigungstheilen, sondern blos mit dem Fleische der
Schilder umgeben seien; daß auch dergleichen Schils
ber nicht alle Flechten einmal hätten zc. Die Korals
linen, *Corallinae*, welche Pallas mit Rechte zu
den Pflanzen zählte, stünden zwischen *Usucis* und
Conservis in der Mitte; seien wahre geschlechtslose
Pflanzen, und würden blos durch blätterlose einfache
Keime, *gongylos*, die sich an den äußersten Zweis
gen ihrer Strünke befänden, und aus ihrem lezten
oder vorlezten Gliede, durch das einfache Wachss
thum ihrer fleischigten Substanzen gebildet würden,
fortgepflanzt zc.

Alle Wasserfäden (*conservae*) hätten keine Ges
schlechtstheile und keinen Saamen, sie vermehreten
sich durch die von selbst getrennten unveränderten
Glieder, oder durch kugelförmige gefärbte harte Körs
perchen, die den Früchten ähnlich sind, aber aus
blosem Marke und Rinde bestehen, und aus dem Zus
sammenflusse des Markes von zweien Gliedern gebils
det sind.

So verhalte es sich auch mit den Watten, Ulvis,
mit den Ulvis fucis, die keine wahre Saamen habeu.

Von unsern einheimischen Wasserlinsen (*Lem-
nae*), behauptet der Verfasser, daß sie sich blos

durch

durch Keime fortpflanzten, und zweifelt, ob das
wahr sei, was Micheli bei den italienischen
vorgiebt, beobachtet zu haben. (Allein Hr. Ehrhart hat die männlichen und weiblichen Befruchtigungstheile auch an unsern einheimischen beobachtet,
und die Beobachtungen eines Micheli vollkommen bestätiget, so daß man also diese Pflanzen nicht
zu den geschlechtslosen zählen, und ihnen wahren
Saamen absprechen kann.)

Die Blasie, welche Hr. Schmiedel so genau
untersucht, gehöre nach den Beobachtungen dieses
Naturkundigers ebenfalls zu den geschlechtslosen
Pflanzen, und vermehre sich durch Keime. Zu jenen
gehörten wahrscheinlich auch die *Targionia* und
Riccia. Die *Marchantia* werde offenbar auf eine
doppelte Art, durch Saamen und Keime, vermehrt.
So verhalte es sich auch mit der *Anthoceros* und mit
den Jungermannien, bei welchen man ebenfalls
Saamen und Keime entdekt, aber noch keine männliche Befruchtigungstheile bewiesen hätte.

Was die eigentlichen Moose angeht, so führet
er hier mehrere wichtige Gründe gegen die Existenz
der von Hedwig beobachteten männlichen Befruchtigungstheile an, und behauptet, daß sie sich ohne
diese Theile doch durch Saamen und Keime fortpflanzten.

Nachdem

Nachdem er im zweiten Kapitel zuerst die männlichen Befruchtigungstheile, den Faden, *Filamentum*, den Staubbalg, den Blumenstaub umständlich und genau beobachtet, so geht er nun von S. 32 bis 38 diejenigen Pflanzen durch, von welchen er behauptet, daß sie diese Theile nicht, sondern blos weibliche Befruchtigungstheile hätten. Hierunter zählt er die Tangen, *Fuci*, die *Chara*, die Lebermoose, die eigentlichen Moose, und die Flechten. Er ist der Meinung, daß bei diesen Pflanzen, ohne daß Blumenstaub, oder ein sonst gewöhnlicher männlicher Befruchtigungstheil sichtbar sei, doch in besondern, in der Nachbarschaft der weiblichen Befruchtigungstheile befindlichen Gefäßen, männlicher Pflanzensaamen abgesondert werde, und die weiblichen Zeugungstheile befruchten könne.

Von S. 39 bis 50 handelt er von den weiblichen Zeugungstheilen: von dem Eierstock, Griffel, Narbe, und vom Eie, ihrem innern Baue, Gestalt, Verrichtung, und von den Veränderungen dieser Theile.

Im dritten Kapitel handelt er von S. 50 bis 64 von der Befruchtung und dessen Wirkung auf das Eichen. Er widerlegt zuerst die Hypothese von Morland, Hill und Gleichen, welche behaupten, die Saamenembrionen seien im Blumenstaube enthalten; auch die Entwickelungshypothese verwirft er,

D 3

und

und vertheidigt die Meinung der Alten, daß aus der wechselseitigen Mischung des Saamens von beiden Geschlechtern, und aus der verhältnißmäßigen Kraft dieser beiderseitigen Saamen die Theile des Pflanzenembrions allmählig gebildet würden. Er sucht die Existenz des weiblichen Saamens aus mehreren Gründen zu beweisen. Er geht die verschiedenen Veränderungen durch, welche man nach der Befruchtung des Eichens an demselben beobachtet; und beschreibt die Theile nach Malpighi, welche alsdann allmählig zum Vorscheine kommen.

Im vierten Kapitel handelt er von S. 64 bis 87 von der Frucht überhaupt, und zwar zuerst von allen Theilen, die auf die Blumendecke folgen: von ihrer Gestalt, Anzahl, Theilbarkeit, Lage, Härte, der Art aufzuspringen, von ihren Klappen, von ihrer innern Struktur, ihren Fächern, von der den meisten Fächern eignen Haut, welche, wenn sie sehr dick und hart ist, und ein eigenes Behältniß für die Saamen ausmacht, bei demselben *putamen*, *pyrenes*, oder *officium* heißt.

Im fünften Kapitel wird von Seite 88 bis 103 von der Saamendecke und ihren Arten gehandelt, von welchen er sieben annimmt, den aus zweien oder mehreren trockenen elastischen Behältnissen zusammengesezten Saamendecken, wie z. B. die Wolfsmilcharten haben, hat er den Namen *Coccum* gegeben;

ken; von der Kapfel aber folgende vier Unterarten
unterſchieden: *Utriculus*, eine einfächrige, ein-
ſaamige, oft ſehr dünne, durchſcheinende, eiförmige
oder runde Kapſel, wie z. B. beim *Chenodium*, *Atri-*
plex ♃ —; *ſamara*, eine lederartige, häutige, zu-
ſammengedrückte, ein- oder zweifächrige, nie von
ſelbſt aufſpringende, oben oder an den Seiten blät-
terförmig ausgedehnte Kapſel, wie beim *Ulmus*, *Fra-*
xinus; — *folliculum*, und die Kapſel im engſten
Verſtande. Die Kapſel iſt rindenartig bei der *Swicle-*
nia Pentapeles, oder beerenartig bei dem *Zingiber*,
Adanſonia; hülſen- oder ſchootenförmig, wenn ſie
die Geſtalt wie eine Hülſe oder Schoote, aber ganz
andere Saamen hat; abweichend, *anomala;* unächt, *ſpuria*, welche von der Hülle der Frucht, nicht
aber von dem Eierſtocke gebildet, aber doch, wenn
ſie reif iſt, wie eine jede andere Kapſel in regelmäßige
Klappen ſich theilet, wie bei der *Caſtanea* und *Fagus.*

Im ſechſten Kapitel wird von Seite 103 bis 112
der Frucht- und Saamenboden betrachtet. Den
allgemeinen Boden der bedekten Saamen unterſucht
er ſehr genau; was ſeine Konſiſtenz, Oberfläche,
Verbindung, Lage angeht, weil daraus oft verſchiedene, ſonſt einander ſehr ähnliche Früchte, z. B.
Melaſtoma von der *Osbeckia*, *Iuſſiaea* von der *Lud-*
uigia, *Alpinia* von *Zingiber*, und noch viele andere Gattungen unterſchieden werden.

Y 4

Das

Das siebente Kapitel handelt von Seite 112 bis
124 von dem reifen Saamen, von dem Nabel, wel=
cher in den äußern und innern unterschieden wird,
von der Lage der Saamen, welche in karpologischen
Untersuchungen von größter Wichtigkeit, und unter
allen übrigen Eigenschaften der Theile, die beständ=
digste ist; von der Gestalt, Härte, Anzahl, Ober=
fläche und Farbe derselben.

Der Gegenstand vom achten Kapitel sind die den
Früchten und Saamen anhängenden Theile (*partes
accessoriae*) von Seite 124 bis 132 die Haarkrone,
der Zopf, *Coma*, welcher darinn von der Haar=
krone verschieden ist, daß die Haare nicht aus dem
Kelche der Blume, sondern aus der Schaale des
Saamens selbst entstanden sind, und daß die mit
einem solchen Zopfe versehenen Saamen eine Saa=
menbecke haben, wie beim *Epilobium*, *Asclepias*.
u. a. m. Der Schwanz, *Cauda*, entsteht aus der
Spitze des Saamens, ist von seiner Basis bis an
die Spitze haarig, entsteht bei den nakten Saamen
von dem bleibenden Griffel des Eierstockes, bei den
bedekten aber aus der Schaale des Saamens selbst,
und ist wohl zwanzigmal länger, als der Saamen,
wie bei der *Clematis*, *Pulsatilla* etc. Der Schna=
bel, *Rostrum*, ist etwas langer, steifer, etwas
eingebogener Fortsatz, sowohl der Früchte, als der
Saamen, und entsteht meistens von dem bleibenden
Griffel.

Griffel. Der Flügel, *Ala*, insbesondere, ist diejenige breite, biegsame, hautartige Ausbreitung, welche sich an der Spitze, oder auf dem Rücken der Früchte und Saamen befindet; wenn diese aber die Seiten umgiebt, so heißt sie der Rand, *Margo*. Es giebt Früchte und Saamen mit einem, *monopterigia*, mit zwei, drei, vier, fünf und mehreren Flügeln. Der Kamm, *Crista*, ist schmäler, unbiegsamer, leber= oder korkartig, wie bei *Onobrychis*, *Daucus* ꝛc. Die Rippen, *Costae*, *Iuga*, sind erhabene, zugerundete, mit stechenden Spitzen versehene Furchen, die sich auf dem Rücken der Früchte und Saamen befinden, ꝛc. wie beim *Carpinus* und verschiedenen Dolbengewächsen. *Strophiola* sind schwammigte, drüsenartige, oder harte Fortsätze, meistens länglich, wie z. B. beim *Asarum*, den *Antirrhinis*, ꝛc. Nebst diesen die Stacheln, Dornen, Grannen, Haken, Widerhaken, Warzen, Schuppen, der haarige Ueberzug, *Pubes*, die Spreue, *Pruina*, als partes fructuum et seminum accessoriae.

Im neunten Kapitel wird von Seite 132 bis 138 von den eigenen Bedeckungen der Saamen, *Integumenta seminum propria*, von der äußern Schaale, *Testa*, und dessen innerer Haut, und von dem zufälligen den Saamen nebst der Schaale anhängenden Decken, *Integumenta accessoria*, der Oberhaut, *Epidermis*, und dem Umschlage gehandelt.

Y 5

Im

Im zehnten Kapitel wird der eiweißähnliche Theil des Saamens, *Albumen*, von S. 138 bis 146 betrachtet. So heißt derjenige Theil des Saamenkernes, der durch die Zeitigung des Saamens aus der verdikten Feuchtigleit des *amnium* entsteht, in Ansehung seiner Härte und Farbe dem gekochten Eiweiß nicht nur ähnlich ist, sondern dem keimenden Saamen auch die nämlichen Dienste leistet, wie das Eiweiß dem jungen Hühnchen. Nicht alle reife Saamen haben diese Substanz, wenigstens ist sie bei vielen nicht sichtbar; damit aber aller Zweideutigkeit vorgebogen werde, so muß man auf die Dicke derselben sehen. Der Verfasser zählet nicht nur alle die Saamen zu den *exalbuminosis*, worinn man keine Spur von diesem Kerne sieht, sondern auch wenn diese Substanzen bei denselben wie eine dünne fleischigte Haut beschaffen, an der innern Saamendecke anhängt, und derselben an Dicke gleich, oder noch dünner ist, wie z. B. beim *Pyrus*, *Citrum*, ꝛc. Nach dieser Einschränkung betrachtet, fehlet sie freilich vielen Saamen, es giebt ganze Pflanzenfamilien, wo keine Spur davon zu sehen ist, z. B. bei den zusammengesezten, quirlförmigen, hülsentragenden, u. s. w.; doch giebt es, überhaupt genommen, weit mehr Pflanzengattungen, wo dieselbe zugegen ist, als wo sie nicht ist, z. B. bei den Gräsern, Palmien, Lilienarten, Doldengewächsen, sternförmigen,

migen, dreiknöpfigen, u. s. w. Der Hauptnußen
dieser Substanz ist: den in dem Saamen eingeschlossenen Embrionen zur Stüße und zum Schuße, und
wenn es keimt, zur Nahrung und ersten Speise zu
dienen. Diesem zweifachen Nußen entsprechen auch
die zwei Hauptkennzeichen derselben. Das eine besteht darinn, daß dieselbe während dem Keimen des
Saamens in seine ursprüngliche und andere ihm ähnliche Säfte aufgelöset, und ganz von dem Saamenpflänzchen eingesogen wird, nie aus seiner Schaale,
noch viel weniger aber über die Erde komme; das
andere darinn, daß dieselbe nie mit seinem Embrione, sie mag denselben einhüllen, oder von demselben
eingehüllet werden, zusammenhängt, sondern immer
frei liege, so daß sie leicht und zu jeder Zeit von demselben getrennet werden kann; anders, als die dem
gelben Eie ähnliche Substanzen des Saamens, *Vitellus*, welches immer mit seinem Embrionen zusammenhängt. Auf diese Art ist dieselbe ein von allen
übrigen Theilen des Kerns verschiedener Körper, dessen Lage, Gestalt, Bau und übrigen Eigenschaften bei
der Untersuchung der Saamen wohl zu merken sind.
Was die Lage angeht, so ist sie entweder äußerlich,
scheibenförmig, *Allumen externum*, *vaginale*,
wenn der Embrio immer in ihrer Substanz ganz eingeschlossen ist; diese Lage ist die natürlichste, und
findet sich unter allen am häufigsten ein, z. B. bei

ben

den Doldengewächsen, dreiknopfigen und andern;
oder innerlich im Mittelpunkte, *internum*, *cen-
trale albumen.*, bei der *Pisonia*, *Mirabilis* 2c.; ent-
gegengesezt, einseitig, *Albumen oppositum*, *unilaterale*, bei dem *Dianthus*, *Polygonum*, den Gräsern 2c.

Die Gestalt dieser Substanz hängt zum Theile
von den Bedeckungen des Saamens, zum Theile
auch von dem Embrione ab. In Ansehung der Härte
ist sie entweder weichlich, fleischig oder knorplich.
In Rüksicht auf ihren Bau werden die Höhlen,
welche sich in dem Innern derselben befinden, die
Rinnen, Rize und andere Theilungen ihrer Oberfläche unterschieden.

Der Gegenstand des eilften Kapitels ist der dem
Gelben vom Eie ähnliche Körper, *Vitellus*, des Saamens, von Seite 146 bis 152. Die Hauptkennzeichen
desselben sind: 1) daß er fast mit dem Embrio zusammenhängt, so daß man ihn ohne Verletzung deß-
selben nicht trennen kann; 2) daß er demohngeachtet
während dem Keimen nicht aus der Schaale des
Saamens zum Vorscheine kömmt, oder in ein Saa-
menblatt auswächst, wie die Saamenlappen, *Cotyledones*, sondern daß seine ganze Substanz von dem
Saamenpflänzchen zerstöhret wird, und ihm zur Nahrung dienet; und 3) daß, wenn zugleich der eier-
weißähnliche Körper zugegen ist, jener in der Mitte
zwischen

zwischen diesem und dem Embrio liegt, doch so, daß derselbe von diesem leicht ohne Nachtheil seiner Gestalt kann getrennt werden.

Da die Gestalt und der Bau dieses Körpers in verschiedenen Pflanzensaamen gar sehr verschieden, derselbe auch unter allen Theilen der Saamen der sonderbarste und seltenste ist, so führet der Verfasser nur einige Beispiele an. Er glaubt, daß derselbe die einfachste Gestalt und den einfachsten Bau bei den Saamen der Moose und Flechten habe. Bei der *Ruppia* und *Zamia* sieht er dem eiweißähnlichen Körper gleich, bei den Gräsern ist er wie eine schildförmige Schuppe gestaltet, ꝛc.

Das zwölfte Kapitel handelt von Seite 152 bis 164 von den Saamenlappen, *Cotyledones*. Dieses Kapitel ist besonders wichtig und lehrreich. Die Saamenlappen sind die organischen Theile des Kernes, einfach oder getheilt, welche mit dem Würzelchen, *Radicula*, und dem Schnabel, *Plumula*, den Embrio selbst ausmachen, und durch das Keimen des Saamens meistens in die ersten von den folgenden ganz verschiedene Blätter ausmachen.

Die Anzahl der Saamenlappen pflegt beständiger, als bei irgend einem andern Befruchtungstheile zu seyn, und nur sehr selten bemerkt man eine Abänderung darinn. Daher haben Raj, Boerhav, Heister und andere ihre Pflanzeneintheilungen und

Methoden

Methoden auf die Anzahl der Saamenlappen gegründet, und die Pflanzen überhaupt in solche mit keinem, mit einem, zwei und mehreren Saamenlappen eingetheilt. Von solchen Eintheilungen bemerkt der Verfasser, daß in denselben die Klaffen nicht natürlich genug würden, und in der Karpologie ihre größten Schwierigkeiten hätten, weil die wahre Anzahl der Saamenlappen nur nach dem Keimen deutlich könne erkannt werden, und aus dem blosen Baue des Embrions auf die Anzahl der künftigen Saamenlappen nicht sicher könnte geschloffen werden; denn aus einem lappenlosen Saamen, *Acotyledonea*, entstünde zuweilen ein viellappiges Pflänzchen, wie bei den Moosen rc. Man müsse einen Unterschied zwischen einem lappenlosen Saamen, *Acotyledonea*, und einem lappenlosen Pflänzchen machen; jener müsse so genennt werden, wenn er keinen sichtbaren und getrennten Embrio, sondern nur eine keimende Narbe, oder nur eine ganz einfache Spur von einem, in einem viel größern Kern eingeschloffenen Würzelchen enthielt, wie z. B. bei der *Ruppia*, *Zostera*, den Moosen und Flechten. Eine *planta acotyledonea* sei diejenige, welche gleich ohne eine Spur von einem vorhergegangenen wahren Blättchen mit ihren verschiedenen, der Mutter ganz ähnlichen Stämmchen aus der Erde vorragt. Diese Pflanzen entstünden selten aus Saamen, sondern häufiger aus Keimen,

wie

wie z. B. die Schwämme, Schroffgewächse, Wasserfäden, *Conservae* ꝛc. — Wenn der Saame einen vollkommenen, durch keinen sichtbaren Ritz getheilten, ganz, oder wenigstens zum Theile freiliegenden Embrio enthielt, so sei er lappenlos, *acotyledonea*, und zwar entweder ächt, *Sem. acotyled. verum*, wenn der Embrio darinn von seinem ersten Ursprunge an aus einem einzelnen Körper gebildet, unächt, *Semen pseudomonocotyledoneum*, wenn der Embrio im Anfange in verschiedene Lappen getheilt, die Lappen aber durch die Zeitigung des Saamens sich wieder vereiniget haben, wie bei *Tropaeolum, Paullinia* ꝛc.; so theilt er auch die Pflanzen in *mononocotyledoneae verae* und *spuriae*, jene in *phyllophorae* und *turioniferae* ein.

Von den Saamen mit vielen Lappen bemerket er, daß zwar Boerhav recht habe, daß man aus dergleichen Pflanzen keine eigene Klasse machen könnte, weil ihre Anzahl zu gering wäre; allein Adanson könne er nicht beistimmen, da er behauptete, sie seien nur darinn von den zweilappigen unterschieden, daß ihre Lappen, von welchen ursprünglich nur an der Zahl zwei seien, später erst tief getheilt erschienen. Man fände aber offenbar mehr als zwei Lappen bei verschiedenen, wiewohl wenigen Pflanzen, und zwar drei bei der amerikanischen, bei den Engländern unter dem Namen Hemlock Spruce Fir bekannten

Fichte;

Fichte; vier bei der *Rhizophora gymnorrhyza*, fünf bei der Waldfichte zc., sechs bei dem *Lepidium sativum* zc.

In Rüksicht der Lage, welche die Saamenläppen gegen einander selbst haben, bemerket der Verfasser folgende Verschiedenheiten: sie liegen entweder dergestalt beisammen, daß sie sich an ihrer innern Fläche überall berühren, *contiguae*, bei den zusammengesezten und den meisten bekannten Pflanzen, oder sie liegen zwar gegeneinander über, *oppositae*, berühren aber wegen den eingebogenen Rändern einander entweder gar nicht, oder nicht überall, wie z. B. bei der *Ricinia Geranium pratense* zc.; oder sie liegen zwar einander zur Seite in dem nämlichen senkrechten *Planum*, können sich aber nur an ihren Rändern einander berühren; oder liegen da gegeneinander über, *collaterales*, wie beim *Viscum*; oder sie sind an ihrer Basis vereinigt, stehen aber an der Spitze von einander ab, *divergentes*, wie bei dem *Menispermum fenestratum* und der *Myristica*; oder sie liegen um einen gemeinschaftlichen Punkt im Kreise, berühren aber doch einander, *verticillata*, beim *Pinus* und der *Rhizophora*.

Wenn man aber die Lage, welche sie in Beziehung auf die verschiedenen äußern Saamengegenden haben, betrachtet, so heisen sie aufliegend, *incumbentes*, wenn einer nach dem Rücken, der andere

nach

nach dem Bauche des Saamens gekehrt ist, wie bei
dem *Hyofciamus, Cucubalus,* und den malvenar=
tigen Gewächsen; anliegend, *adcumbentes,* wenn
einer zur rechten, der andere zur linken Seite des
Saamens liegt, wie bei den hülfentragenden;
überzwerg, *transverfales,* wenn sie eine schiefe,
oder unregelmäßige Lage haben, bei der *Myrfine*
und noch einigen wenigen andern. Ihre Subsianz
ist zwar meistens ungetheilt und ihre Oberfläche eben;
doch giebt es einige, welche eingeschnitten, oder auf
eine andere Art uneben sind: so sind sie z. B. zwei=
theilig bei der *Braffica* und dem *Crambe;* federar=
tig eingeschnitten beim *Geranium mofchatum;* lap=
pig beim *Iuglans* ꝛc. In Ansehung ihrer Gestalt
sind sie gerade, *rectae,* meistentheils; gebogen,
arcuatae, und zwar nierenförmig, *reniformes,*
bei den schooten= und hülfentragenden; sichelför=
mig, *falcatae;* schneckenförmig, *cochleatae* ꝛc.
hin= und hergebogen, *flexuofae,* und zwar entwe=
der mit einer Rückenschärfe, *carinatae;* beim *Lá-
guftrum* mit eingebogenen Rändern, so daß der halbe
Theil eines Lappens in dem andern enthalten ist,
conniventes, fubconduplicatae, equitantes, gefal=
tet, *plicatae* ꝛc.; endlich gewunden, *volutae,* und
zwar hohllöffelförmig, *concavae, cochlearifor-
mes,* bei der *Myriftica offic.,* dem *Corchorus olito-
rius,* in eine Kugel, *conglobatae,* bei der *Mirabilis,*

bilis, in einen Zylinder, bei der *Boerhavia*, spirals
förmig, bei der *Ayenia* ꝛc.

Auch die eigene Gestalt der Saamenlappen,
welche nach ihrem Umkreise bestimmt wird, ist
verschieden, meistens sind die Saamenlappen bei
allen den Pflanzen, die zu einer Gattung, oder zu
einer natürlichen Familie, auch denjenigen, die zu
zwei verwandten natürlichen Klassen gehören, eins
ander ganz gleich, wie bei den doldenförmigen,
dreiknöpfigen Gewächsen u. s. w. zu sehen ist. Die
Farbe der Saamenlappen ist meistens weiß, und
zwar rein milchweiß, auch öfters gelb, wie bei den
hülsentragenden, und nicht selten grün. Durch das
Keimen gehen diese Farben in die grüne, selten in
die rothe, wie bei einigen *Amaranthis*, über; sie
haben meistentheils keinen Geruch; der Geschmack
ist bei einigen bitter, bei den meisten aber fade, oder
mehlig, oder süß.

Das dreizehnte Kapitel handelt von S. 164 bis
174 von dem Embrio. Dieser ist der edelste und wesentliche Theil des Saamens, aus welchem allein
die neue Pflanze entsteht. und wegen welchem alle
übrige Saamentheile da sind; er ist unvollkommen, *imperfectus*, wenn er blos aus der keimenden
Narbe; unvollständig, *incompletus*, blos aus einem
einfachen Würzelchen; vollkommen, *perfectus*, aus
dem freien Würzelchen und Saamenlappen; vollständig,

ſtändig, *completus*, wenn er aus dem Würzelchen, dem Saamenlappen und der *plumula* beſteht. Zuerſt werden die allgemeinen Eigenſchaften deſſelben, die Härte, Geſtalt, die Lage und Größe betrachtet. Von der Lage deſſelben bemerkt er, daß die Embrionen entweder die ganze Höhle der Schaale einnehmen, oder in dem Mittelpunkte des Saamens, oder der eiweißähnlichen Subſtanz liegen, *centrales*, wie bei den zuſammengeſezten und Doldengewächſen, oder ſie liegen nicht in dem Mittelpunkte, berühren aber doch die Wände der Schaale nicht, *excentrici*, bei den Nachtſchattenarten; oder ſie liegen in ihrer ganzen Länge an den Wänden der Schaale, ſowohl auſſer dem Mittelpunkte, als auſſer der eiweißähnlichen Subſtanz, *peripherici*, bei den Gräſern ꝛc.

Endlich betrachtet er noch die beſondere Theile der *Plumula*, *Scapus* und *Radicula*. Der erſte Theil fehlt allen einlappigen Saamen, einige wenige Gräſer ausgenommen, auch öfters den zweilappigen; der zweite fehlt noch öfters; die meiſten Embrionen ſind ſtammlos; das Würzelchen iſt unter allen Theilen des Embrio und des Kerns der beſtändigſte. Was er von der Lage deſſelben ſagt, iſt beſonders wichtig; man kann dieſelbe entweder in Rükſicht auf den Embrio, oder in Beziehung auf die übrigen innern Theile des Saamens, und beſonders des eigenen Frucht- und Saamenbehältniſſes betrachten; im

erſten

erſten Falle befindet ſich das Würzelchen immer an der Baſis des Embrio. In Beziehung auf die innern Theile des Saamens, beſonders des eiweißähnlichen Körpers, treten bei den Würzelchen die nämlichen Verſchiedenheiten in Anſehung der Lage ein, wie beim Embrion; ſie ſind daher *centrales*, *excentricae* und *periphericae*. Wenn man ſie aber mit den Saamenlappen vergleicht, ſo ſind ſie entweder gerade, *directae*, wenn ſie mit dem Mittelpunkte der Saamenlappen in einem, und gerade fortlaufen; eingeneigt, *inclinatae*, wenn ſie mit dem Mittelpunkte der Saamenlappen unter einem rechten oder ſtumpfen Winkel verbunden ſind, wie bei den Rauten und verſchiedenen Malven; zurükgebogen, *reflexae*, bei den ſchooten- und hülſentragenden; eingehüllt, *involutae*, in den Saamenlappen, bei der *Ayenia*, dem *Goſſypium* und andern. In Rükſicht auf das eigene Frucht- und Saamenbehältniß giebt es Würzelchen, welche mit ihrer Spitze nach der Spitze der Frucht zu gerichtet ſind, *superae aſcendentes*; ſie gehen alle entweder aus dem obern Theile des Saamens gerade hinauf, *ſimpliciter ſuperae*, wie bei den Doldengewächſen und den rauhblättrigen; oder ſie ſteigen von unten oder von der Seite des Saamens nach oben zu, *aſcendentes*, beim Hanf ꝛc. Im Gegenſatze werden ſie untere, oder niederſteigende genennt, wenn ſie mit ihren Spitzen nach dem

Mittel-

Mittelpunkte der Früchte oder des Saamenbehält=
nisses gerichtet sind, so heisen sie *centripetae*, im
Gegentheile *centrifugae*, und dann entweder *unila-
terales*, wenn sie nur nach einer Seite der Frucht=
decke, oder *trilaterales*, *multilaterales*, oder *vagae*,
wenn sie nach mehreren Seiten gerichtet sind.

Das vierzehnte und lezte Kapitel der Einleitung
handelt endlich von der Eintheilung der Pflanzen
nach ihrer Frucht, von S. 175 bis 182.

Nachdem er durch mehrere Beispiele hier gezeigt,
daß es verschiedene natürliche Pflanzenfamilien gebe,
von welchen der wesentliche Karakter offenbar in der
Furcht gegründet, darinn allgemeiner und beständi=
ger, als in der Blume selbst sei, z. B. von den hül=
sen = schootentragenden, Malvenarten, drei=
knöpfigen, u. s. w.; ferner, wie nöthig es sei, um
die Verwandtschaften der Arten einer Gattung ein=
zusehen und einen vollständigen und wesentlichen
Gattungskarakter festzusetzen, sich nicht mit der Be=
trachtung der Blume und der Oberfläche der Frucht
zu begnügen, macht er die überaus schöne Anmer=
kung, daß man im Allgemeinen behaupten könne,
einige Theile und Eigenschaften verdienten in Fest=
setzung der Gattungskennzeichen entweder nur eine
geringere oder gar keine, andere eine größere und
besondere Aufmerksamkeit. Zu den erstern zählt er
die Konsistenz der Fruchtdecke, des allgemeinen

Z 3 Bodens,

Bodens, und des eiweißähnlichen Körpers; die Anzahl der Fächer, der Klappen und der Saamen, die Größe und Dicke des Embrio, die Biegungen und geringern Falten der Saamenlappen, und endlich die Abwesenheit oder Gegenwart des Federchens, *Plumula*; denn diese könnten in verschiedenen Arten einer Gattung verschieden seyn. Zu der letztern aber rechnet er die Lage der Theile der Fruchtdecke, der Fächer, des Bodens und Würzelchens von dem Embrio; denn diejenigen Pflanzen, welche in Ansehung der Lage dieser Theile verschieden wären, gehörten auch zu verschiedenen Gattungen, wenn auch alles übrige gleich wäre; die bestimmte oder unbestimmte Gestalt des Saamenbodens, daburch die *Iussuea* von der *Ludwigia*, der *Papaver* von der *Argemone* verschieden ꝛc.; der Umschlag, *Arillus*, und beerenartige Schaale; daburch unterscheidet sich die *Coffea* von der *Pavetta*, die *Ixia* von der *Morea* ꝛc. Der sehr dicke eiweißähnliche Körper, oder die Abwesenheit desselben; daburch sei z. B. die *Nageia* von der *Myrica* verschieden. Der sehr gerade oder gebogene Embrio; daher gehöret die *Persicaria* nicht zum *Polygonum*, die *Oxyria* nicht zum *Rumex.* — Die in Ansehung der Gestalt sehr abweichenden Saamenlappen; *Lupulus* könne daher nach Adanson nicht zu *Cannabis*, noch die *Paullinia* zum *Cardiospermum* gehören.

Nun

Nun folgt eine methodische Eintheilung der Pflanzen, welche mit vieler Scharfsicht von der Lage, der
Gestalt, Konsistenz, und der Anzahl der Fruchttheile
verfertigt ist.

Im zweiten Theile dieses Werkes sind 500 Gattungen von Pflanzen beschrieben und abgebildet.
Bei jeder Gattung sind zuerst die wesentlichen, von
den Blumen und Fruchttheilen zugleich hergenommenen Kennzeichen, welche von jenen, die Linne angiebt, oft etwas verschieden, und größtentheils vollständiger sind, angeführet. So heißt es z. B. bei
Linne: cynosurus. cal. bivalvis multiflorus. Receptaculum proprium unilaterale, foliaceum; bei
Gärtner gen. VIII. p. 5. *cynosurus.* Involucra
pectinata, aut pinnata, floribus subiecta. cal. bivalvis, biv. quadriflorus. cor. biglumis, calyce longior, semen liberum, tectum, hinc sulcatum. Da
die bekannte und gemeine Art *cynof. echinatus,* von
welcher Gärtner die Fruchttheile genau beschreibt,
kein *receptaculum* hat, so fällt der Gattungskarafter
von Linne *receptaculum unilaterale foliaceum* weg.

Von jeder Gattung führt der Verfasser eine Art
an, und beschreibt alle Fruchttheile derselben sehr
vollständig. Diese Theile sind hier genauer und richtiger, als bei Linne und den meisten andern Botanikern beschrieben und bestimmt; sehr viele ausländische seltene Pflanzengattungen, auch neue Benen

3 4

nungen,

mungen, oder schon von ältern Botanikern, einem
Rivin, Tournefort ꝛc. gebräuchliche, nachher
aber wieder abgeschafte Benennungen findet man
hier wieder angeführt; Abbildungen und Stiche
sind vortreflich.

XLV.

Lithologisches Real- und Verballexicon, in welchem nicht nur die Synonymien der deutschen,
französischen und holländischen Sprachen angeführt und erläutert, sondern auch alle Steine und Versteinerungen ausführlich beschrieben werden; von Joh. Sam. Schröter ꝛc.
Achter und lezter Band. Frankfurt am Main
bei Varrentrapp und Wenner 1788. 8. 435
Seiten, von W bis Z.

Schon aus den vorhergehenden Theilen dieses
Wörterbuchs wird vielen bekannt seyn, mit welchem
Fleiße und Vollständigkeit dasselbe bearbeitet sei, so,
daß man fast Hrn. Schröter den Vorwurf machen
könnte, daß er zu strupulös bei jedem Artikel alles
angeführt, was ältere und neuere Schriftsteller davon erwähnt, auch manches, was ganz wohl hätte
wegbleiben können. Vorzüglich ausführlich, weit-
läuffg

läufig und gründlich handelt er die Artikel von Versteinerungen ab, so, daß man, wie überhaupt in seinen andern Schriften, den gründlichen Naturforscher, besonders den großen Koachnologen und Versteinerungskenner nicht verkennen kann. Man findet in diesem Bande sehr vollständig und weitläufig abgehandelt die Artikel: Topfstein, Trapp, Traß, Trigonellen, Trochiten, Tropfstein, Tubiponiten, Turkis, Turbiniten, Turmalin, Tuten, Umbiliten, Varioliten, Venusmuscheln, versteinerte Körper, Vermiculiten (sehr ausführlich), Versteinerungen (hier werden die Eintheilungen verschiedener Schriftsteller angeführt, geprüft; die Oerter, wo Versteinerungen gefunden werden; die Art, wie sie vorkommen; ihre Härte, Erhaltung; die Gründe für die Wahrheit der Versteinerungen angezeigt; von den Originalen zu den Versteinerungen gehandelt; die Fragen erörtert: ob sich ein jeder Körper des Thier- und Pflanzenreichs zur Versteinerung schicke? wie viel Zeit dazu gehöre, ehe ein Körper versteinern könne? wie sie zu uns gekommen? Endlich wird von dem Nutzen der Versteinerungskunde rc. gehandelt.) Vögel, Vögelknochen, Vögelskelete, Vögelschnäbel, Vulkanprodukte (sehr ausführlich), Warzensteine, Wassersteine, (Eintheilung derselben nach Gerhard), Weltauge, Wundererde, Wurzeln, Zähne, Zeolith rc.

3 3   XLVI.

XLVI.

Der Naturforscher. — Drei und zwanzigstes
Stück. Halle 1788. 8.

S. 1. I. Ueber die Temperatur der Pflanzen,
von H. D. J. Dav. Schöpf.

Man habe seit lange das Vermögen, Wärme zu
erzeugen, vorzüglich und fast nur allein, auf die mit
Lungen versehenen Thiergeschlechter eingeschränkt
(wie ungemein große Wärme die Bienen erzeugen
können, hat doch schon Reaumür gelehrt, und ist
zum Theile auch jedem Bienenwirth bekannt). Durch
Versuche unterstüzt habe man angenommen, daß die
Kiemenfische, die Amphibien und Insekten blos die
Temperatur der Luft und der sie zunächst umgeben-
den Körper annehmen, und mit derselben Meinung
beruhigte man sich in Absicht auf die Temperatur der
Vegetabilien. Aber Leben und Wärme scheinen dem
Verf. unzertrennlich verbunden, und er meint genauere Beobachtungen über die Temperatur der sogenannten kaltblütigen Thiere noch zu vermissen.
(So viel wir a priori schließen zu können glauben,
müssen die Amphibien, die Fische, die Insekten, und
wenigstens einige Würmer zuverläßig einen eigenthümlichen Grad von Wärme besitzen, der aber freilich bei den genauesten Versuchen, die man an ein-

zelnen

jelnen Thieren anstellen kann, unmerklich bleiben
muß. Man darf für gewiß annehmen, daß die
Wärme vom Kreislaufe herkomme: denn mit ihm
hört sie auch beim warmblütigsten Thier bald auf;
und wir glauben, sie der Massa der eigentlichen Blut-
theile, ihrer Geschwindigkeit und der Spannung und
Stärke der Pulsadern zusammengenommen, zuschreiben zu können, daß sie also dem Produkt dieser vier
Quantitäten gleich wäre: dieses Produkt kann bei
einem der genannten Thiere wohl kaum, so lange es
lebt, $=0$ werden, aber es kann doch zur allerkleiu-
sten Fraktion herabkommen. Fehlen Pulsadern,
das ist, wird die Spannung und Stärke der Pulsadern $= 0$; so muß nach den Grundsätzen der Al-
gebra das ganze Produkt $= 0$ seyn; und in diesem
Falle möchten sich wohl manche Würmer, z. B. die
Aufgußthiere und die Pflanzen befinden. Der B.
fand die Amphibien der wärmern Länder, nachdem
sie eine geraume Zeit vorher auf dem vom Sonnen-
scheine brennenden Boden gelegen hatten, dennoch
nach seinem Gefühle kälter (aber er selbst war doch
erhizt, und das lockere und doch dabei glatte Gefüge
dieser Thiere konnte ihm und mußte ihm Wärme rauben, wie das die Pflanzenblätter auch thun, daher
das Gefühl einiger Kälte). Durch Versuche mit
dem Thermometer habe er sich überzeugt, daß die
Pflanzen das Vermögen besitzen, sich innerhalb gewisser

wiſſer Grade von Kälte und Wärme zu erhalten. Er
hat zu dieſem Ende verſchiedene Bäume des Abends
angebohrt, und die Oefnung mit einem Stöpſel genau zugeſtopft; des andern Morgens gieng er hin,
brachte einen Thermometer in die Oefnung, und fand
allemal die Wärme darinn geringer, wenn die Luft
warm war: oder größer, wenn die Luft kalt war
(aber ich möchte daraus auf keine beſondere Eigen-
ſchaft ſchließen; ein längſt abgehauener Stamm würde der Kälte vermuthlich eben ſo gut widerſtehen,
denke ich, als ein ſtehender Baum, der nicht im
Safte iſt: iſt er im Safte; ſo muß ſeine wäſſerige
Feuchtigkeit einen Wärmeleiter abgeben, folglich
Wärme rauben; auſſerdem daß eine Pflanze, ein
Baum, des dichtern Gewebes wegen viel langſamer
eine gewiſſe Temperatur anzunehmen fähig iſt, als
die gar viel lockerere Luft; was ich von den Säften
der Pflanzen geſagt habe, beſtättiget der vortrefliche
Verfaſſer ſelbſt, da er die Bemerkung anführt, ſaftige Pflanzen fühlen ſich an ſehr heiſſen ſonnigen Tagen viel kühler an, als andere lebloſe Körper; ich
ſetze nur dazu, daß ſaftige Pflanzen vorzüglich reich
am wäſſerigen Safte ſeien). S. 13. u. folg. ſeine
Meinung über dieſe doppelte Widerſtandsfähigkeit
an. Die erſte und wichtigſte Quelle ſei die Lebenskraft, die weder in gleichem Maaße, noch in ſtäter
und ununterbrochener Thätigkeit in allen Pflanzen
vor-

vorhanden sei. (Ich gestehe es, daß ich dem Worte
Lebenskraft keinen deutlichen Begrif abgewinnen
könne, wenn man darunter etwas anders versteht,
als die Summe aller mechanischen Kräfte, die in
einem Körper liegen. Daß das Innere der Bäume
im Winter weniger kalt ist, als die Atmosphäre, ist
doch gerade eben die Erscheinung mit der, daß eine
hölzerne, aber wohl verschlossene Hütte weniger kalt
ist, als die umgebende Luft, im Sommer hat in beiden Fällen das Widerspiel Platz). Sehr richtig ist
die Bemerkung, daß es in verschiedenen Körpern
eine specifische Wärme gebe, und daß die gebundene
Wärmematerie sehr schwer von manchen Körpern zu
trennen sei; auch ist es richtig, daß Holz, für sich,
kein guter Wärmeleiter sei. Eine nicht minder richtige Ursache des Widerstandes gegen Kälte findet der
V. in der Beschaffenheit der Säfte; je wässeriger
diese sind, je leichter frieren die Pflanzen; je öliger,
zäher, harziger, desto weniger kann ihnen die Kälte
an. Einige Theile der Pflanzen leiden durchaus von
keinem Grade der Kälte; dies ist das ausschließende
Vorrecht aller Saamen, so lange sie trocken sind
(aber sie haben auch vorzüglich viel Oel). Aehnli-
chere Vorzüge scheinen auch die meisten Wurzeln zu
genießen (aber mit großen Einschränkungen, die man
hier nicht ausführen kann). Gelegenheitlich werden
einige fremde Beobachtungen angeführt, welche beweisen,

weisen, daß einige Pflanzen in einer Wärme, die
dem Grade des siedenden Wassers gleichkömmt, oder
ihn wohl auch weit übersteigt, noch fortkommen.
Die wichtigste Beschützung, welche die Pflanzen wider die Einwirkung äußerer zu großer Wärme haben,
sei ihre Ausdünstung. Leztlich erklärt Hr. S. die
ganze Oekonomie der Pflanzen in Rüksicht ihres Wi-
derstehungsvermögens nach der Crawfordischen
Theorie der thierischen Wärme, eine Erklärung, die
nicht nothwendig mit dieser Theorie stehen und fallen
muß. Ueberhaupt hat Hr. S. in dieser Abhandlung für die Physiologie der Pflanzen viele wichtige
Winke gegeben, die recht sehr vielen Dank verdienen.

S. 37. II. Beitrag zur Geschichte der spanischen Fliege, *Meloe veficatorius. L.*

Es sei kein wesentlicher Größenunterschied zwischen beiden Geschlechtern, doch ist das Weibchen
standhaft dicker. Sie leben vorzüglich von den Blättern der jungen Eschen. Umständlich wird die Begattung dieser Käfer beschrieben. Nach 14 Tagen
oder 3 Wochen kommen aus den Eiern die Larven
aus, die genau beschrieben und auch abgebildet werden. Es gelang Hrn. Loschge auf keine Weise,
die Nahrung dieser Larven aufzufinden, Pflanzen
berührten sie nicht, auch nicht Mücken, halbfaule
Kirschen schienen sie zwar anzunehmen, aber es war
kein Gedeihen zu sehen.

S. 49.

S. 49. III. Fortgesezte Beiträge zur Geschichte erotischer Papilions, von J. G. Schaller.

Vier fremde Schmetterlinge ausführlich beschrieben und abgebildet. Sie sind

1. Papilio P. R. *Dion.* alis caudatis fuscis, subtus cinereis: omnibus fascia nigropunctata, angulo an macula rufo.

(Die Fascia nigropunctata ist eine Querreihe schwarzer kettenförmig aneinander hangender Punkte.)

2. Sphinx Legit. *rustica*, alis integris cinereis, anticis apicibus, lineolis fuscis, posticis ferrugineis.

(Nach dem Schiffermüllerischen Systeme müßte der Schwärmer in der Familie D unter den Spitzleibigen stehen).

3. Ph. Noctua *Ricini*. Fabr.

4. Ph. Geometra *adversata*, seticornis alis anticis nigris albo maculatis, posticis albis nigro maculatis, abdomine quinquefariam nigro punctato, ano flavo.

Sie hat viele Aehnlichkeit an Gestalt und Größe mit G. grofulariata.

S. 54. IV. Fortgesezte Nachrichten von einigen rußischen Mineralien, von J. S. Schröder.

Hr. E.

Hr. S. hatte schon im XXII. Stücke des Natur‑
forschers einige Nachrichten geliefert, die er jezt
fortsezt.

1) Aquamarina, Berylle und Chrysolithe. Zu‑
erst etwas über diese Steine aus Brückmann,
Georgi (in der Ausgabe von Brünnichs Mine‑
ralogie), dem vierten Bande der neuen nordischen
Beiträge, und aus Martini's allgemeiner Ge‑
schichte der Natur. Die Aquamarine, Berylle und
Chrysolithe, die H. S. gesehen hat, wohl dritthalb
hunderte, sind sich in Rüfsicht auf ihre Krystallform
fast alle gleich, nämlich sechsseitige, zwischen den
Ecken senkrecht gestreifte Säulen ohne Pyramide; sie
haben keine Spur von einer Matrix. Sie seien nur
Uebergänge ineinander, die Hr. S. also ordnet:

I. Aquamarine.
  1. Dicht wasserblau.
  2. Hell wasserblau.
  3. Noch heller wasserblau.
  4. Grünblau.

II. Berylle.
  1. Hell grünlicht.
  2. Dichter grünlicht.
  3. Grün.

III. Chrysolithe.
  1. Grün, ins Gelbe schielend.

2. Grün‑

2. Grüngelb.

3. Hochgrüngelb.

4. Matt bis fast ins Weiſſe.

Wir können hier die Beſchreibung von 104 Abs daderungen dieſer Steine nicht anführen, ohne ſie abzuſchreiben.

2) Chalcedone, in Kieſelform. Kurze Beſchreibung von 27 Stücken, die der V. vor ſich gehabt hat.

3) Carneole, in Kieſelform.

4) Onyxe.

5) Achate, ſchwarze, aus Siberien, die keine Pechopale ſeyn können, weil die von Brünnich für die Pechopale angegebenen Kennzeichen nicht zutreffen.

6) Vermiſchte Steinarten (beſſer: verſchiedene andere Steinarten). Ein nicht ſehr beträchtlicher Anhang.

S. 102. Beitrag zur mineralogiſchen Geſchichte der Grafſchaft Hanau, von G. F. Göz.

Das Wilhelmsbad. Der Sauerbrunnen zu Vielbel, unweit Frankfurt; dieſer ſchmekt an der Quelle ſehr durchbringend; ein in einen ſteinernen Krug, der mit dieſem Waſſer gefüllt worden, geſtekter Stöpſel wird

, unter

mit dem Schwefel desselben mit Gewalt ausgestoß-
en; er führe keine Kalkerde, aber zarte Eisenerde; 6
Pfund Wasser gaben Hrn. Gö; 3 Quentchen einer
weißen Materie, die über die Hälfte Salz war, und
zwar theils als Mittelsalz, theils als Laugensalz sich
äußerte.

S. 114 VI. Mineralogische Beobachtungen in
einigen vulkanischen Gegenden am Rhein,
von L. Chr. Gmelin.

Bei Neuwied gehäufte Brocken von weissem Bimsstein, über und unter diesem vulkanische Asche von
grauer Farbe, 3 — 5 Fuß mächtig, die an einigen
Orten bestimmte fünfseitige Säulen bildet, die 5 — 7
Zoll dick sind, sich schneiden lassen, und auf sich kleine Brocken von Bimsstein sitzen haben. Bei Bonne-
feld, 3 Stunden von Neuwied, in einem Umfange von
40 Morgen, schöner schwarzer Säulenbasalt, meistens
fünfseitig, seltner sechsseitig, noch seltener vierseitig,
etwa 7 Zoll dick, im Bruche glasartig, einer Spie-
gelpolitur fähig, und sehr schwer; er wird vielfäl-
tig angewendet. Die Ufer des Laacher Sees sah Hr.
G. nicht ringsum aus Lava bestehen, sondern 1)
aus poröser schwarzbrauner Lava mit magnetischen
längsgestreiften Schörlen; 2) aus verhärtetem
Thonschiefer in ganzen Felsenmassen; 3) einer feinen
blau und weissen Thonerde, die nach Kölln und Hol-

land

land geführt wird, woraus die sogenannten Köllnischen Tobakspfeifen gemacht werden. Der See stellt
eine trichterförmige Oefnung vor, und die Lava und
Schieferfelsen sind auf seinem Boden nicht zu verkennen; das Wasser ist mehrentheils ungestümm, und
wirft aus 1) einen feinen schwarzen Schörlsand;
2) kleinzermalmte Conchylien, die verwittert zwei
Fuß hoch übereinander liegen, und sich über 60 Fuß
weit in den See hineinziehen; sie sind Helix tentaculata L. und Cornu ammonis spurium trium spirarum sine limbo. (Dies Citat hat Müller nicht,
sondern dafür Planorbis albus) Müller hist. verm.
II. p. 164. In der ganzen Gegend finde sich weit
herum kein Kalk, sondern müsse weit herbeigebrächt
werden. Viele Quellen in dieser Gegend, die der
von Eger wenig nachgeben dürften. Nichts merkwürdiges von Pflanzen ausser dem spizkeimenden
Schaafschwingel. Der sogenannte Andernacher Mühlstein sei an seinem Standorte in langen prismatischen,
regelmäßigen, kolossalischen, fünf bis sechseckigen
Säulen da, jede 4 — 6, selten 7 Fuß im Durchmesser, und in senkrechter Richtung, also vulkanische
Massen; einige dieser Säulen lassen die Arbeiter stehen, damit sie das Gewölbe der Gruben stützen.
Sehr kenntlich waren dem V. an Ort und Stelle am
Andernacher Mühlsteine 1) halbverglaste Kieselerde,
Glasmassen von gelber, grüner, schwarzer und blauer

Farbe,

Farbe, schwarzer und weisser Bimsstein, vom Feuer nicht ganz veränderte Thonschieferstücke. Auf dem Camillenberge, einem, und zwar dem höchsten, von Niederennnich in Südost gelegenen vulkanischen Kegel, der aus poröser leichter Lava bestehe, könne man die ganze vulkanische Gegend in einem Bezirke von 10 — 15 Stunden übersehen, und in einer Entfernung von etwan 2 Stunden 13 — 14 isolirte Begtögel sehen.

S. 126. VII. **Anmerkungen zu den ersten zwanzig Stücken des Naturforschers, von F. v. P. Schrank.**

Der Pinguin des Naturforschers, I. St. S. 258. sei Diomedea chilensis *Molin.* Der Fruchtknoten des Ehrenpreises sei mit einem Wulste umgeben, der verschwindet, wie die Kapsel auswächst. Die **L i n n e i s c h e** (Ordin. Natur.) Klasse der Caryophyllaceae sei viel richtiger, als die **T o u r n e f o r t i s c h e;** aber auch die **L i n n e i s c h e** lasse sich noch in mehrere trennen, wozu er selbst Winke gegeben habe; der Verfasser sondert hier vorzüglich die mierenartigen (*alsineformes*) davon ab. Die erste Klasse, die er aus den **L i n n e i s c h e n** Caryophyllaceae macht, nennt der Verf. die nelkenblüthigen; dahin rechnet er die Gattungen Saponaria, Dianthus, Gypsophila, Silene, Cucubalus, Lychnis, Agrostemma;

Linne

Linne sezt noch die Gattungen Drypis und Velezia
hinzu; da aber der Verfasser nicht Gelegenheit gehabt hat, sie zu untersuchen, so hält er sein Urtheil in
Rücksicht auf sie einsweilen zurück, glaubt aber doch,
daß sie den nelkenblüthigen Pflanzen blos anver-
wandt seien, und nicht genau dahin gehören. Die
nelkenblüthigen Pflanzen, die der Verfasser kennt,
sind alle zehnmännig, und die Zahl der Staubgefäße
ist sehr standhaft; Linne habe sie mit Recht in seine
10te Klasse, und nicht, wie Medicus will, in
die 16te, gesezt; es sei nicht genug, wenn eine
Pflanze einbrüdrig heißen soll, daß ihre Träger am
Grunde wie immer verbunden seien, sie müssen es
alle unmittelbar unter sich selbst seyn, ohne Dazwi-
schenkunft irgend eines andern Blüthentheiles. Aus
den angeführten Beobachtungen läßt sich für das
Kennzeichen dieser natürlichen Klasse dann folgender
Karakter angeben: fünf Träger stehen mit den
fünf Blumenblättern wechselsweise, und sind
zugleich mit ihnen verbunden; fünf andere stehen den Blumenblättern gegenüber, und sind
gleichfalls mit ihnen verbunden, ohne aus
ihnen hervorzukommen; zugleich ist ein mehr
oder weniger merklicher Fruchtstiel innerhalb
des Kelches vorhanden. Bei den mierenblüthi-
gen hingegen fehlt der Fruchtstiel gänzlich;
weder Blumenblätter, noch Träger sind verwach-

Aa 3 sen,

sen, und leztere sind allemal von einem beson=
dern Hübelchen gestüzt. — Ausser den Eidechsen=
eiern leuchten auch viele andere Körper in gewissen
Umständen; es sei wahrscheinlich, daß dieses Leuch=
ten von einem aus thierischer Fäulniß enstandenen
Phosphor herkomme; und eine gleiche Ursache möchte
wohl das Leuchten des Seewassers zum Grunde ha=
ben, und es sei wahrscheinlich, daß gar kein See=
thier mit eignem Lichte leuchte. — Es sei wahr=
scheinlich, daß die anomalischweiße Farbe der Vögel
von Schwächlichkeit herrühre; 1) weil doch fast
durchgängig die weiblichen Thiere bläßer seien;
2) weil die zahmgemachten Thiere eine weißere
Farbe (meistens) haben, als die wilde Race. Das
Haushuhn sei in seinem wilden Zustande vermuthlich
schwarz, ob es gleich Büffon schwarz vermuthet,
der aus der weißen Farbe seiner Eier darauf schließt,
was aber schon durch die Putereier widerlegt wird;
3) wir haben widernatürlichweiße Racen von Thie=
ren, die allenthalben die auffallendsten Zeichen der
Schwäche äußern; die erbgelben Puter seien zwar
schmakhafter, aber viel empfindlicher; und die Weiß=
schimmel seien schwächlicher, und erblinden eher,
als Pferde von dunklern Farben; 4) die schwarzen
Haare vieler, vielleicht aller, Thiere werden im Al=
ter weiß. Bei dieser Gelegenheit wird auch auf die
Einwürfe des Freiherrn von Born, die Walch in

den

ben Naturforscher einrükte, geantwortet. — Acarus eruditus komme schon mit acht Füßen aus dem Eie. — Silpha speciosa, die im sechsten Stücke des Naturforschers beschrieben und abgebildet ist, sei wahrscheinlich nur eine Abart von S. germanica; gelegenheitlich etwas über die Abarten dieser Art. — Die vom Grafen Cavalo in den Pflanzen mit zusammengewachsenen Staubbeuteln bemerkte Bewegung komme nicht von der Reizbarkeit dieser Theile der Staubgefäße her, sondern ähnliche Erscheinungen an grasartigen Pflanzen lehren, daß sie von der Ausdehnung der Holzfasern, davon die Träger eine Fortsetzung sind, herrühren. Die mit der erwärmten Hand berührten Holzfasern dehnen sich nämlich in diesem Falle aus, und man sieht die Pflanze, oder doch einen Pflanzentheil, im eigentlichen Verstande wachsen, was nicht geschieht, wenn man sie mittelst eines eisernen Zänglcins berührt. — Die baierschen Amethyste seien nur gemeiner Flußspath, auch die Rubinbalasse seien blos Spath. — Berichtigung der Synonymie einiger Schmetterlinge, im neunten Stücke des Naturforschers. — Etwas über die Anverwandtschaften der Phryganeen und der Motten mit Säcken. Wir wünschen sehnlichst die Fortsetzung dieser Anmerkungen, die, wie man eben gesehen hat, so äußerst wichtig sind.

          S. 149.

S. 149. VIII. Beschreibung einer neuen Spon‐
gie der süßen Wasser, von J. S. Schröter.

Man fand diese Spongie, (Hr. S. nennt sie Spon‐
gia canalium) zu Weimar in einer Wasserleitung;
sie hielt sich immer unter dem Wasser, saß auf einem
Steine auf, und wuchs ästig; sie hatte sich ganz voll
Wasser gesaugt, und that das, auch nachdem sie
getroknet war, so oft man es wollte, wieder. Sie
bestand von außen aus den feinsten Fibern, und von
innen aus den feinsten Poren; ihr Geruch ist unaus‐
stehlich, und ist noch an der getrofneten wibrig.
Hr. Schreber zeigt in einer beigesezten Note, daß
diese Spongie auch in der Flora Danica im VII.
Hefte Tab. 405 abgebildet sei, und schon Löfel
mache in seiner Flora Prussica davon Meldung, p. 99.
n. CCLXIV. Tab. 17, und sagt, man finde ihn in
Bienenstöcken.

S. 159. IX. Ueber die sonderbaren Eigen‐
schaften einiger Conchylien, von J. Hier.
Chemniz.

Der Argonauta Argo segelt mit seinem papier‐
dünnen Fahrzeuge, indem er seine dünne Haut wie
ein Segel ausspannt, in der größten Geschwindig‐
keit neben dem Winde, und wird daher von den
Schiffern, die oft ganze Flotten davon antreffen, der
Bewindsegler genannt. Der Nautilus crassus, wel‐

cher

cher ebenfalls segelt, weiß seine Schaale leicht und schwer zu machen, wie es ihm gefällt, und zwar letzteres schwebend und langsam. Die großen Porcellänschnecken werden in Ostindien zum Glätten der Wäsche gebraucht. Voluta Cymbium verliert an der afrikanischen Küste von den Brandungen gar oft ihren Kopf, aber sie reprobucirt ihn bald wieder. Buccinum Lapillus giebt eine Purpurfarbe, die fast unvergänglich ist, und von den norbischen Bauerdirnen zum Bezeichnen ihrer Leinwand gebraucht wird. Viele Strombi bekommen erst in ihrem männlichen Alter einen Flügel, noch später wachsen an demselben hohle Zacken, oder Finger hervor, die sich im höchsten Alter verschließen. Murex Prisma zeigt ins Wasser gelegt alle Farben des Regenbogens, die wieder verschwinden, wenn man ihn trofnet. Der Trochus Cithophorus küttet Schnecken und Steinchen an seine Schaale. Helix ianthina treibt zuweilen aus ihrer Mündung eine blasige Substanz hervor, die leuchtet, und durch deren Beihülfe sie über dem Wasser erhalten wird. Mya truncata streft aus ihrer Schaale ein oft ellenlanges Saugrohr hervor, um, wenn sie im Sande vergraben ist, mit dem Seewasser Gemeinschaft zu erhalten. Die Bewohner der Venusmuscheln sprißen das Wasser weit umher; sie gehen und springen. Spondylus Gaederopus ist mit der einen Schaale immer

an

an Felsen fest und unwandelbar, und kann nur die andere bewegen. Chama Gigas wird oft 4—5 Zentner schwer. Ostrea Pleuronectes schnellt sich durch ein geschwindes Zusammenschlagen ihrer Muscheln an die Oberfläche des Wassers. Mytilus Frons und Chama Solium haben eigene Glieder, womit sie sich an die Zweige der Seepflanzen anklammern. Alle Arten der Lepas haben ein ordentliches Fangnetz, womit sie zur Zeit der Fluth sehr geschäftig arbeiten. Pholus pusillus bohrt nicht nur die Schiffe, sondern selbst Steine an.

S. 175. X. **Die Meyerischen Abbildungen der Thiere, größtentheils mit den Thieren selbst verglichen, und nach dem Linne und andern Schriftstellern benannt, von B. C. Otto.**

Der Miniaturmaler Joh. Dan. Meyer fieng im Jahre 1748 an, Abbildungen von Thieren herauszugeben, und lieferte davon 1756 den dritten und letzten Theil. Der Kupferplatten sind in allem 240, und nun liefert Hr. Otto die Linnetschen Namen dazu.

S. 201. XI. **Botanische Bemerkungen aus Briefen des sel. Hrn. D. Joh. Gerh. König, an den Herausgeber.**

Kostbar müssen dem Naturforscher die litterarischen Reliquien dieses Martyrers der Naturgeschichte seyn; nur ist es zu bedauern, daß wir wahrscheinlich den

den größten Theil seiner gesammelten naturhistori‍schen Schätze, die er mit so unermeßlicher Mühe errungen, nie zu sehen bekommen werden. Wir können die vielen kleinen, aber wichtigen Bemerkun‍gen nicht ausziehen, ohne den ganzen Aufsatz abzu‍schreiben. Der Boden in Indien luxurire sehr stark, und man finde nirgends häufigere Abänderungen von einerlei Pflanze. Die Gattung Panicum bedürfe einer starken Musterung, und enthalte zahlreiche Arten; einige werden angemerkt. Moose gebe es sehr wenig.

S. 213. XII. Beitrag zur Geschichte der un‍gewöhnlichen Farben der Menschen, von Loschge.

Es ward im Winter von 1787 auf 1788 ein her‍umirrender Bettler, der sich erhenkt hatte, auf das anatomische Theater zu Erlangen gebracht. Die Züge seines Gesichtes, die Haare, der Körperbau, waren so sehr europäisch, als man sie verlangen konnte; Gesicht, Hände und Füße waren europäischweiß, wie sie sonst bei dieser Menschenklasse zu seyn pflegen, aber alle bedekten Theile schwarz, jedoch nicht gleich‍förmig; die Schwärze war stärker am Halse, unter den Achseln, oben am Rücken; am Unterleibe, be‍sonders von den Lendengegenden zur Schaam, an dieser selbst, am Mittelfleische, und zwischen den Oberschenkeln; einige Stellen waren sogar recht satt‍schwarz.

schwarz. Das Oberhäutchen ließ sich nicht in breis
ten Stücken abziehen, sondern nur in Schuppen abs
schaben, es war halbburchsichtig und grau, der
malpighische Schleim schön schwarz, und die daruns
ter liegende Haut weiß. Europäer war der Mann
gewiß; von der Sonne konnte diese sonderbare Farbe
nicht herkommen, von der Galle ist es kaum wahrs
scheinlich; seine Lebensumstände sind unbekannt;
aber in jedem Falle bleibt er in Rücksicht seiner Farbe
eine merkwürdige Abänderung des Menschen.

Druckfehler.

S.	Zeile.		
194	20	statt	Selzer, Sulzer.
201	13	-	gilt, giebt.
204	1	-	Melachitstufen, Malachitstufen.
205	7	-	Nacknitz, Nacknitz.
214	21	-	Konverionsklapp, konvexen Klappe.
214	23	-	aliosum, Alyssum.
217	3	-	des Kinnladens, der Kinnlade.
247	16	-	ist,
248	22	-	alpinia, Alpinia, Cucullaria.
252	21	-	Rhopola, Rhopala.
252	17	-	Arprilla, Asprella.
253	15	-	othera orixa, Othera, Orixa.
253	24	-	Menionthes, Menianthes.
254	2	-	Karanills, Kavanills.
255	15	-	Blanks, Banks,
255	18	-	glanx, glaux.
256	9	-	periplocea, Periplocca.
258	18	-	Eprrielis, Ephielis.
259	18	-	oehna, ochna.
260	1	-	Averrhaea, Averrhoa.
261	7	-	898, 899.
261	8	-	Hoinmeri, Houmiri.
263	6	-	Granite, Granaten.
265	7	-	zwar, zwo.

Bibliothek

der

gesammten

Naturgeschichte.

Herausgegeben

von

J. Fibig und B. Nau.

Drittes Stück.

Frankfurt und Mainz,

bei Varrentrapp und Wenner.

1789.

Inhalt
des dritten Stücks.

                                            Seite.

XLVII. De Dolomieu Mémoire sur les Iles Ponces et sur les produits de l'Etna Vol. I.   369

XLVIII. C. E. von Moll Oberdeutsche Beiträge zur Naturlehre und Oekonomie, fürs Jahr 1787.   398

XLIX. N. I. Jacquin Collectanea, ad Botanicam, Chemiam et Historiam naturalem spectantia. Vol. II.   411

L. Caspar Stoll Aanhangsel van het Werk, de nitlandsche Kapellen etc. 1. Heft, mit Kupfern.   448

LI. Observations sur la physique, sur l'histoire naturelle et sur les Arts, par M. l'Abbé Rozier, par Mr. Monyez le jeune et par Mr. de la Métherie. Tome XXXIII. et XXXIV. 1788 — 1789.   455

LII. C. G Jablonsky Natursystem aller bekannten in- und ausländischen Insekten II. Theil. I. Heft.   506

LIII. J. F. Herbst Fortsetzung des Jablonskyschen Natursystems III. Theil.   517

LIV. A voyage round the world, by Captain N. Portlock.   522

LV. A narrative of four journeys into the country of the Hottentots etc. by Lieut. W. Paterson.   524

                                        LVI.

Seite.

LVI. J. S. Schröters Mineralogisches und
bergmännisches Wörterbuch erster Band.   528

LVII. I. Milleri illustratio fyftematis
fexualis Linnaeani etc. cum tabulis
iconum 104. cur. D. Fr. G. Weifs.   529

LVIII. Unterhaltung für Conchylienfreunde
I. Stück.   532

LIX. J. H. Bartels Briefe über Calabrien
und Sicilien. Erster Theil.   544

LX. J. J. Römer Magazin für die Botanik
erstes Stück.   546

LXI. D. Georg. Rud. Boehmeri Bibliotheca fcriptorum hifloriae naturalis oeconomiae Pars II.   553

LXII. Kurze Naturgeschichte des Thierreichs,
mit moralischen Anmerkungen I. Theil.   554

LXIII. Naturkalender zur Unterhaltung für
die heranwachsende Jugend.   555

LXIV. Heinrich Smeathmauns Schreiben an den Baronet Joseph Banks.   556

XLVII.

XLVII.

Mémoire fur les Iles Ponces et catalogue raiſonné
des produits de l'Etna pour ſervir à l'hiſtoire
des Volcans ſuivis de la deſcription de l'érup-
tion de l'Etna du mois de Juillet 1787. —
Par Mr. le Commandeur Déodar *de Dolomieu*
Correſpondant de l'Académie des ſciences etc.
Ouvrage qui fait ſuite aux voyages aux Iles
de Lipari, 1. vol. in 8. du même Auteur à Paris
chez Cuchet, Libraire, ruc et hotel ſerpent, 1788.
Abhandlung über die Pontiſchen Inſeln und ein
mit Anmerkungen begleitetes Verzeichniß der
volkaniſchen Produkte des Aetna; ein Bei-
trag zur Geſchichte der Volkanen ſamt einer
Beſchreibung des im Jahr 1787. im Monat
Julius erfolgten Ausbruchs des Aetna von
Hrn. K. Dolomieu ꝛc. Eine Fortſetzung der
Reiſen nach den Lipariſchen Inſeln, Paris bei
Cuchet ꝛc. 1788. 525. S. mit dem Regiſter und
einer hinten angehängten methodiſchen Tabelle
der volkaniſchen Produkte des Aetna und drei
Karten.

Bb   Hamilton

Hamilton, heißt es, sei der erste gewesen, welcher als Naturkundiger und Kenner diese Inseln und zwar im Jahre 1785. bereiset habe: dieser habe aber nicht so, wie er es gewünscht, all das Merkwürdige derselben genau beobachten und untersuchen können, wie er dies in einem Briefe an den Verf. selbst ge= steht. Dadurch sei der Verf. bewogen worden, die Reise dahin im Jahre 1786. zu machen. Er hat sie alle durchgereist, hat viel Merkwürdiges beobachtet, eine Menge vulkanischer Produkte gesammlet, und durch die genauere Beschreibung derselben und der interessanten vulkanischen Gegenden, die er mit einem wahren Forschergeiste untersucht, die Geschichte der Vulkane und ihrer Produkte nicht wenig aufgeklärt, so daß dieses Werk immer mit eins vom ersten Range über diese Gegenstände verdient genennt zu werden.

Im Vorberichte heißt es: das Feuer der Vul= kane beraube die Steine, welche es in Fluß ge= bracht, nicht dergestalt, daß man nicht an den Laven erkennen könnte, was ihre Basis habe seyn können. Dieses Feuer wirke anders, als jenes unsrer Oefen, welches wir in der Chemie und den Künsten anwen= deten; es könne auch die schmelzbarsten Stoffe, z. B. den Schörl, der in den Laven enthalten wäre, nicht verglasen; es bewürke den Fluß durch eine Art

von

von Auflösung oder Ausdehnung, vielleicht auch durch
ein besonderes Vehikel; was es im Innern antreffe,
diene ihr zur Bildung der Laven, und weil das am
gewöhnlichsten Hornschiefer und Schörl seien, sei
die gemeinste Farbe der Laven schwarz. Nicht alle
Steine, welche Löcher und einen glasigen Bruch
hätten, sein deswegen volfanisch; denn auch die
Verwitterung könne den Stein löcherich machen,
und das Emsintern von Kieselerde ihm ohne Feuer
einen glasigen Bruch mittheilen; die Laven enthielten einen wahren verbrennlichen Stoff in sich, welcher so wie andre entzündbare Stoffe verbrenne und
verzehrt werde; nebst der in dem Heerd der Volkane
enthaltenen Wärme, hätten sie noch eine eigne,
die sich durch eine wahre Verbrennung entwikle,
ihre Flüssigkeit viel länger unterhalte, als dieses
seyn würde, wenn sie eine Aehnlichkeit mit geschmolz-
nen Metallen hätten; die Erkaltung der Laven könne nicht nach den allgemeinen von Büffon festge-
setzten Gesetzen berechnet werden. Die Flüssigkeit
der Laven und ihre Wärme dauere so lange, als
der in ihnen enthaltene verbrennliche Stoff brenne;
diese Verbrennung habe verschiedne Grade der Wirk-
samkeit, eine langsame, dem Phosphor ähnliche, welcher brenne und versetzt werde, fast ohne Hitze, und
eine andre thätigere, wodurch Flammen erzeugt und
verschiedne Luftarten entwickelt würden; ohne diese

den

ben Laven eigenthümliche Wärme könne man nicht
erklären, wie sie so lange flüssig bleiben könnten; eine
Lave vom Aetna sei zehn Jahre geflossen, und nicht
weiter als eine Meile gekommen.

Zuerst von der Lage der Pontischen Inseln, wos
zu eigentlich fünf gehören; welche Ventotiene, San
Stephano, Palmaruola, Ponza, und Zanona ges
nennt werden; diese und die Inseln Ischia und Procida
machen eine halbzirkelförmige Kette, die vom Cap
Missene an bis an den Cap Circe sich erstrekt.

Der Verf. hat auf der Insel Ischia sehr manchs
faltige und schöne dichte Laven, die viel Aehnlichkeit
mit jenen vom Cap Missene haben, gefunden; sie
enthalten wie jene viel Feldspath; fast bei allen ist
die Basis Porphyr, der Grund sei verschieden ges
färbt, verliefe sich vom Weißen bis ins Rothe, und
vom Rothen bis ins Schwarze. Die Kristallen
vom Feldspath seien mehr oder weniger sichtbar,
undurchsichtig, thonartig, halbdurchsichtig, aber kes
neswegs vom Feuer verändert.

Die Laven von Ischia seien überhaupt von jes
nen des Vesuvs verschieden, daß sie keine Granaten,
und wenig Schörl enthielten. Die Bimssteine häts
ten da alle verlängerte Fasern und ein grobes Korn,
welches sie karakterisirte; diese Bimssteine seien ims
mer bei denen Ausbrüchen zu finden, wo die fast
granitartige Laven Feldspath zur Basis hätten; die

Laven

Laven hingezen, deren natürliche Basis Hornfels
wäre, würden nur von schwarzen Schlacken bedekt.
Es fänden sich da (auf der Insel Ischia) viele sogenannte Fumariola, oder Löcher, aus welchen Schwe-
felsäure=Dämpfe giengen, wodurch die Laven zer-
sezt, und weiß würden, und eine thonartige Konsistenz erhielten.

Bei dieser Stelle sagt der Verf. in einer Anmerkung, daß diese Zersetzung der Laven keine Verwandlung in Thon sei, sondern daß derselbe schon
vorhin sei zugegen gewesen ꝛc.

Merkwürdig sind hier einige Beispiele, welche
er anführt, um zu beweisen, wie sehr man sich be-
trügen könne, wenn man sogleich eine Verwandlung glaube. Bei Siena würde ein graugelblicher,
sehr harter, am Stahle geschlagen stark feuergeben-
der Kiesel von troknem und schaligem Bruche, an
den Kanten durchscheinend, durch Berührung der
Schwefeldünste weiß, erbig, mehlig, undurchsichtig, nehme am Volumen zu, verliere an Gewichte
und Härte und erhalte alle anscheinende Eigenschaften eines weissen sehr reinen Thons: dieser Schein
betrüge aber doch; denn er enthielte aldsenn weniger Thon, als zuvor. Ein Theil davon sei nämlich
zu Alaun mit der Vitriolsäure geworden (wir vermissen hier sehr ungerne stündliche Nachrichten von
den Versuchen, die der Verf. mit dem Kiesel vor

und nach seiner Veränderung angestellt hatte).
Ferner fände man in Spanien bei Madrid Kiesel,
woraus man Kalk brenne, nämlich einen Stein, der
einen kieselähnlichen Bruch habe, mit dem Stahle
geschlagen Feuer gebe, mit Säuren nicht aufbraußte,
kurz alle andre Karaktere von groben Kieseln hätte;
wenn dieser Stein, wie der ordinaire Kalkstein be-
handelt werde, so gebe er einen sehr guten Kalk (daß
ein Stein, der alle äusere Kennzeichen von einem
glaßartigen, sogar von einem Kiesel haben soll, doch
soviel Kalkerde enthalte, daß er einen guten Kalk
gebe, daran zweifeln wir doch noch, obschon dies der
Verf. als Thatsache erzählt, und zum Theil auch
dies Phänomen zu erklären sucht; wir haben keine
andre ähnliche Beispiele, auch ist dieser Kiesel nicht
chemisch untersucht). Das vulkanische Feuer bestehe auf Ischia noch, erwärme da die mineralischen
Wässer und verrathe sich durch die erwähnten schwef-
lichen heißen Ausdünstungen. Auf den Pontischen Ins-
feln hingegen sei es erloschen, habe aber seine un-
verkennbare Spuren auf den meisten der dort befindlichen Fossilien zurükgelassen. Die Bildung der
dortigen Volkane müße in den ältesten Zeiten vorgegangen seyn; weder aus der Geschichte, noch aus
Tradition wäre etwas von der Entzündung derselben
bekannt. Man könne mit Zuverläsigkeit behaupten,
daß diese Inseln sonst sich viel weiter erstrekt haben,
als

als itzt. Die zween ersten Pontischen Inseln, wenn
man von Ischia aus reist, seien die alte Insel *Pen-
dataria* und San *Stephano*.

Die erste, welche auch *Ventotiene* hieß, und
hier genau beschrieben ist, sei fast ganz von vulkanischen Tufsteinen gebildet; diese Steine seien sehr zart,
hätten eine thonigte Grundmasse, enthielten Fragmente von Laven, Schlacken, Bimßsteinen ꝛc. Diese
Art von Buding bilde fast allein den südöstlichen
Theil dieser Insel. Man finde ihn hier in einer
unzertrennten Masse von unermeßlicher Dicke, ohne
Spalten, Bänke ꝛc.

Auf der nördlichen Seite dieser Insel bemerke
man deutliche Schichten von verschiedenen Substanzen; die obern Schichten seien sehr dik, und bestünden aus Asche, und schwarzem, leicht zusammenge-
backenem Sande; auf dieser Asche lägen mehrere
Schichten von Bimßsteinstücken, grauem Tuff,
und rothem Thon. Die Insel sei fast auf ihrer ganzen Oberfläche mit einer dicken Schichte von schwarzer, mit Sand vermischter Dammerde bedekt, nur
die Seite Punta di nevolo genannt, nicht; hier bemerke man eine sehr sonderbare kalkartige Krustation,
die auf der Schichte von volkanischem Sande aufläge,
und von 1 Linie bis 8 Zoll dik sei; sie gleiche vollkommen einem Mauerwerk von künstlichem Mörtel,
sei an einigen Orten zylindrisch, knotig und habe

 eine

eine vollkommne Aehnlichkeit mit Baumwurzeln; diese unregelmäßigen Zylinder hätten 2 bis 3 Zoll im Durchmesser und seien 10 bis 12 Zoll lang, fast alle inwendig hohl, wie die Stalaktiten, einige glichen vollkommen Thierknochen, und könnten als Osteocollen angesehen werden. An dem ganzen Theil dieser Insel, welcher aus einer unzertrennten Masse bestünde, und aus dem Wasser vorragte, sei kein Strom von solider Lave wahrzunehmen, ausgenommen unter der Spitze des Vorgebirgs Arco. Die Lave, welche die Basis desselben ausmachte, schiene einem von Norden gekommenen Strome zuzugehören; sie sei sehr hart, dicht und schwer, von schwarzer und gegen den Mittelpunkt der Blöcke zu blaulicher Farbe, von etwas schaligem Bruche, sie enthielte Kristallen und Blättchen von Feldspath, habe unregelmäßige vertikale Spaltungen, welche ihr das Ansehn von Basaltsäulen gäben; man könne sie auch als eine Masse von unvollkommnen Basaltsäulen ansehen.

Diese Insel sei also ganz vulkanisch; man müße sie aber nur als ein Bruchstük eines viel beträchtlichern Vulkans ansehen, an welchem die Zeit und das Meer gar viel zerstört und verändert hätten ꝛc.

Von der Insel *S. Stephano.*

Obschon diese Insel mit der vorigen einen gemeinschaftlichen Ursprung habe, und der vorigen sehr

sehr nahe, nur eine halbe Meile von derselben entfernt
liege, so sei sie doch sehr von selbiger verschieden.
Sie sei fast ein ganz unveränderter Vulkan, von dichten Laven gebildet, sie habe nur 2 Meilen im Umkreiß, ihre Gestalt komme jener eines Kegels nahe,
welcher durch zwo schiefe Flächen abgestumpft ist.
Der Vulkan von S. Stephano habe zwo Mündungen gehabt, wovon man die Spuren noch wahrnehme. Auf seiner Oberfläche finde man zerreibliche
Asche, Schlacken, Fragmente von löchrigen Laven
und kurz alle die Produkte, welche die Nachbarschaft
eines Kraters verrathen.

Obschon diese Insel der vorigen sehr nahe sei,
und eine kraterähnliche gegen die vorige zu gerich-
tete Vertiefung habe, so könne man doch nicht behaupten, daß jener Vulkan von diesem entstanden
sei. Die Insel S. Stephano sei nicht bewohnt, und
werde auch nicht angebaut, sei mit Gehölz und
Sträuchen bedekt, die den Einwohnern von Ventotiene zum Gebrauche dienten. Der Boden sei eine
schwarze, sehr fruchtbare Dammerde.

S. 59. Die eigentliche Insel Pontia.

Die drei übrigen Pontischen Inseln seien von
den zwo ersten 20 Meilen weit entlegen. Die eigentliche Insel Pontia liege in der Mitte, sei die größte
und interessanteste. Diese ganze Insel sei vulkanisch,
müsse aber gleich nach ihrer Entstehung eine ganz

Bb 5

andre

anbre Gestalt gehabt haben, und viel größer gewe=
sen seyn, als itzt; sie sei itzt nur gleichsam das Skelet
von jener noch, was sie in den ersten Zeiten ihrer
Bildung gewesen sei; überall finde man überzeugen=
de Beweise von den Wirkungen des Feuers auf sie,
überall aber auch Veränderungen und Wirkungen
des Wassers, welches sie wieder zerstört haben. Es
sei ganz deutlich, daß mehrere Kratere zu ihrer
Bildung müßen beigetragen haben, aber schwer zu
erforschen, an welchem Orte dieselben gelegen 2c.

Nun folgt eine sehr genaue Beschreibung von
der Gestalt und der Struktur dieser Insel, und al=
ler ihrer Theile, welche ganz verdient gelesen zu
werden.

Der Berg de la Guardia aus weissem Tuff, weis=
sen Granitlaven und Asche, auf seiner Spitze schwarze
basaltförmige kristallisirte Lave, die Farilloni del=
la Guardia auch von Basalt, in der Cate di Chiar
biluna viele Varietäten von Granitlaven, sehr
große schwarze Glaskugeln, und schöne weisse regel=
mäsige Basaltsäulen, die Gebirgsrücken del Core und
del Frontone ganz aus Basalt.

S. 79. **Vulkanische Produkte der Insel
Pontia.**

Dichte Laven erste Art. Schwarze Laven
sind in sehr große Basalten kristallisirt, meistens
hart, schwer, sehr dicht von feinem Korne, enthal=

ten

ten Kristallen von Feldspath, zuweilen von schwarzem Schörl, und schwarzem Glimmer, sie haben viele Aehnlichkeit mit den Laven von Ischia und den phlegreischen Feldern, sind aber darinn von den Laven des Vesuvs, und der Vulkane in der Gegend von Rom verschieden, daß sie keine weiße Granaten, und grünen Schörl enthalten.

Zwote Art.   Weise Granitlaven.

Seien am häufigsten auf dieser Insel, das Innere aller Gebirge, fast alle Felsen seien weis.

So wie von der schwarzen Lave Hornfels die Basis ausgemacht zu haben schien, so schien der größte Theil der weißen Laven, wenigstens von der Insel Pontia von Granit, oder schiefrigen Granitfelsen (Gneus) abzustammen.   Man erkenne noch deutlich die Steinstücke, aus welchen der Granit besteht, darinn, nämlich den Quarz in Körnern, der schwarzen blätterigen Glimmer, und den mehr oder weniger reinen Feldspath; die zwei erstern befänden sich meistens in ihrem natürlichen Zustande, nur der schmelzbarere Feldspath sei beträchtlich verändert, fasrig, bimssteinartig, zuweilen verglaßt geworden.   Die Säulengestalt der vulkanischen Produkte, die der Verf. auch an den Laven vom Aetna und den Euganeischen Gebirgen von allen Farben wahrgenommen hat, ist nach seiner Meinung keine wahre Kristallbildung, sondern komme davon,

daß

daß sie bei dem Erkalten Riſſe bekommen, aus welchen ſie ſich nachher in Säulen ſpalten, groſſe Säulen entſtünden vom ſchnellen Erkalten im Waſſer,
die kleinere in Spalten, welche die fließende Lave
ausfülle.

Dritte Art. Kieſelartige Laven.

Haben den Bruch, die Härte, und das Anſehn
eines Kieſels und wenige Kennzeichen der vulkaniſchen Produkte, müßen aber nicht mit jenen Kieſel-
blöcken vermiſcht werden, die die Vulkane, ohne
dieſelben zu verändern, auswürfen, wie z. B. auf
dem Berge Somma und Peperino von Rom. Jene
ſeien ſehr häufig auf der Inſel Pontia, ungeheure
Blöcke davon unter den Laven des Bergs Della Guardia, mehrere Felſen davon auf den Gebirgsrücken
der Berge del Frontone und del Core; und überhaupt auf allen Spitzen der Gebirge dieſer Inſel.
Dieſe Laven ſeien wie die übrigen gefloſſen, füllten
zuweilen die Spalten an, ſeien in Säulen abge-
ſchnitten, welches beweiſe, daß ſie flüſſig geweſen
ſeien. Mehrere Varietäten derſelben näherten ſich
den Granitlaven von der zwoten Art, man finde Glimmer darinn, und der Bruch von beiden ſei faſt der
nämliche, doch ſeien ſie weſentlich voneinander verſchieden, es ſei ſehr ſchwer zu beſtimmen, welche
Steinart eigentlich ihre Baſis ausgemacht habe.

Vierte Art. Weiſſe gräuliche Laven von erdigem Bruche. Häufig auf verſchiednen Anhöhen und Spitzen der Gebirge der Inſel Pontia.

Poröſe Laven, Schlacken, Bimsſteine, Tuff
der Inſel Pontia.

Die erſten zwei ſeien ſehr ſelten auf der Inſel Pontia, weil ihre Entzündung in dem erſten Zeitalter der Welt müſſe geſchehen ſeyn, und viele Urſachen und Revolutionen an ihrer Zerſtörung gearbeitet, weil die poröſe Laven und ſchwarze Schlacken nur Modifikationen der dichten ſchwarzen Laven, die aus Hornfels oder Hornblende entſtanden, und auf dieſer Inſel ſehr ſelten ſei. Nur auf dem Berge della Guardia finde man einige Stücke von poröſer Lave, und nur in den Spalten und Höhlen der dichten Lave einige Schlacken. Die Bimsſteine ſeien deswegen ſelten auf dieſer Inſel, weil ſie durch die Einwirkungen des Waſſers, der Zeit ꝛc. zerſtört geworden; doch finde man Stücke davon faſt auf allen Gebirgen in einer weiſſen mehligen Aſche zerſtreut.

Vulkaniſche Gläſer. Setzen ſo wie der Bimsſtein, eine große Schmelzbarkeit der vom Feuer angegriffenen Stoffe voraus; man finde ſie auch faſt immer in einem Vulkan beiſammen. Am Aetna, welcher nie Bimsſtein hervorgebracht, finde man auch kein vollkommnes Glas; häufig hingegen ſei es

auf

auf den Inseln Vulkano und Lipari und in einigen
Vulkanen der Gegenden von Neapel, wo die Bims,
steine ebenfalls sehr häufig seien. Man finde auch
auf Pontia vulkanische Gläser, wovon der Verf. zwo
Abänderungen beschreibt: die erste ist schwarz von
Farbe, hart, von ebenem glänzendem Bruche, am
Stahle geschlagen feuergebend. Dieses Glas finde
sich in fast vertikalen Bänken mitten in dem Tuff des
Bergs de la Madone. Die zweite Abänderung ist
ein weicheres Glas, sein Bruch hat den Glanz und
das Ansehen von Pech, es hat ein etwas faseriges
Gewebe, von Farbe ist es schwarz, gräulich, grün,
lich oder gelblich, am Rande ist es durchscheinend,
wird in Gestalt von Kugeln bei Chiar di Luna ge,
funden. Die Kugelgestalt habe dieses Glas in der
Luft, als dasselbe in seinem weichen Zustande dahin
von den Vulkanen ausgespien, erhalten.

„Die Insel Palmarola sei eben so, und noch
vielmehr durch die nämlichen Einwirkungen verän,
dert und zerstört worden, als die Insel Pontia; stelle
gleichsam nur noch die Ruinen von einem großen
Gebäude vor. Höchst wahrscheinlich habe diese In,
sel und Zanone mit Pontin zusammengehangen, und
seien durch Erdbeben und die Bewegung des Waß,
sers getheilt worden. Man fände da fast alle Abän,
derungen von weisser Lave, die zuweilen prismatisch

kristal,

kristallisirt, ferner einen weissen zarten Tuff, wie auf Pontin.

Die Insel Zanone. Wahrscheinlich sei diese ehemals mit Calvi vereiniget gewesen, sie sei nicht durchaus vulkanisch, sondern am Kap Elbr ganz kalkartig; man finde auch da schönen Alabaster. Es hätten also Wasser und Feuer an ihrer Bildung gearbeitet. Ein Dritthell ihrer Masse sei kalkartig, die übrigen zwei vulkanisch. Die Laven dort fast alle von weisser Farbe, meistens sehr hart, von quarzartigem Ansehen, auch Prismen von weisser Lave.

(Nun folgt ein vortrefliches und lehrreiches Verzeichniß der Laven vom Aetna.) Der Heerd von allen Vulkanen schien vorzüglich in demjenigen Felsen entstanden zu seyn, welcher Hornblende, Hornsteine und Thonschiefer enthielt; denn fast alle ihre wesentlichen Produkte vom ersten Alter gehörten zu dieser Klasse von Steinen; es seien jene, welche die schwarzen gleichartigen porösen, oder dichten Laven und die schwarzen Schlacken bildeten; es schiene sogar, daß diese Felsen vorzüglich die eine Entzündung hervorzubringen fähigen Stoffe enthielten, sie möchten nun entweder häufiger Schwefelkies enthalten, wie der Verf. in tropähnlichem Hornfels von den Pyrenäen sehr viel Schwefelkies gefunden, oder die zuweilen ziemlich entwickelte und freie Vitriolsäure,

welche,

welche, wenn die Umſtände günſtig wären, durch
ihre Wirkung auf phlogiſtiſirtes in ihnen enthaltenes
Eiſen eine Art von Entzündung hervorbringen könnte. (In einer Anmerkung erwähnt er einer Beobachtung, er habe nämlich bei Fundaco in Sizilien einen
ſchwarzen Hornſchiefer geſehen, welcher einen Theil
von einem ſehr großen erzhaltigen Berg ausmachte;
im Sommer ſei deſſen Oberfläche mit Schwefel bedeckt, dieſer ſei in einem faſt ſeifenartigen Zuſtande
wegen dem Ueberſchuß von Vitriolſäure, und Ver-
miſchung mit Alaun und Eiſenſalzen.   Die innere
Gährung, wodurch der Schwefel und die beige-
miſchten Salze gebildet werden, verurſache zuweilen in dem Felſen einen ſolchen Grad von Hitze, daß
er rauche, und das Waſſer, welches aus dieſem
Berge komme, ſei warm.   Granite und andere gra-
nitähnliche Felsſteine enthielten zwar auch zuweilen
Schwefelkies, und verwitterten, wenn ſie der Luft
ausgeſetzt wären.   Dieſe Wirkung aber erfolge weit
ſeltner in dieſem, als in dem vorhin erwähnten Felſen; die erſtern enthielten weniger Eiſen, welches ein
zu dieſer Gährung erfoderlicher Stoff ſei (die un-
terirdiſchen Feuer fänden daher weit weniger Nahrung in Felſen von Granit, als in jenen, die eine
thonigte Baſis hätten, und daher finde man auch
ſehr ſelten den Heerd eines Volkanen darinn).   So
wie in einer Kette von Granitgebirgen oft der

Granit

Granit an verschiedenen Theilen derselben in Anse=
hung der aggregirten Theile verschieden sei, dort
Granaten, dort Schörl, dort Glimmer ꝛc. enthalte,
so verhalte es sich auch mit den Laven von verschie=
denen Orten. In dem Vesuv z. B. enthielten die=
selben viele Granaten, im Aetna Feldspath, auf den
pontischen Inseln seien die Granit= auf dem Aetna
die Porphyrlaven häufig.

Die Produkten des Aetna seien nicht so mannich=
faltig, als jene des Vesuvs, weil lezterer viele Fos=
silien, ohne daß das Feuer auf sie gewirkt hätte,
auswerfe. Die Laven des Aetna enthielten nur
Feldspat, schwarzen Schörl und Krisolite, jene des
Vesuvs meistens Granaten, Schörl von verschiede=
nen Farben, und Glimmer. Der Aetna scheine nie
Granit bearbeitet zu haben; man finde da keine
eigentliche Bimssteine, keine wahre vulkanische
Gläser.

Noch ein wichtiger Unterschied der vulkanischen
Produkte hänge von der Stärke und Dauer des
Feuers, und nach andern Umständen beim Ausbru=
che ab. Die Lavaströme des Aetna breiteten sich
zuweilen sehr weit, drei Meilen breit, und zehen
Meilen lang, aus; auch wenn der Vulkan nicht
wüte, seie er nicht unthätig; er sublimire Schwefel
von verschiednen Farben, und verschiedne Salze
würden gebildet, auch im Verborgenen arbeite er

an der Umänderung seiner Produkte, welche durch den flüchtigen Schwefelgeist verändert würden, ihre Farbe, Härte und andere Eigenschaften, die sie vom Feuer hätte, verlören. Der Verf. theilt die Lave des Aetna I. in dichte 1) gleichartige, welche keine heterogene Körper einschliessen und sehr selten auf dem Aetna; man findet sie auf den Bergen de la Cirita, und unter den Laven in den Gegenden um Paterno, sie kommen nach äußern und chemischen Merkmalen Hornschiefer und feinkörniger Hornblende am nächsten; nur sind sie etwas härter, und geben fast alle am Stahle geschlagen Feuer; auch wenn sie nicht sehr schwarz sind, wirken sie auf die Magnetnadel, geben eine weise Guhr. — Ihre Bestandstheile seien Bittersalzerde und Eisen, aber in verschiedenen Stücken oft in gar verschiednem Verhältnisse; nicht jene welche am härtesten wären, enthielten am mehrsten Kieselerde, jene aber, die am stärksten den Thongeruch hätten, enthielten am meisten Bittersalzerde. 2) Spatartige Laven mit vielen gleichfärbigen Feldspathflecken; sie seien nur in Ansehung ihrer Farbe vom Porphir verschieden, sehr häufig auf dem Aetna, hätten ungeheure Ströme in seinem ganzen Umkreise gebildet, dienten vielen andern zusammengesezten Laven zur Grundlage; sie enthielten etwas mehr Kieselerde und weniger Eisen, als die gemeinen gleichartigen Laven, seien

schmelz

schmelzbarer; hätten nicht den Thongeruch, wenn sie
angefeuchtet würden, nähmen einen schönen Glanz
an. — 3) Porphirartige Laven, so nennt der
Verf. alle diejenigen; welche Kristallen von Feldspath
in einer anderst gefärbten Grundlage enthielten —
Diese Art seie am häufigsten auf dem Aetna und bilde über die Hälfte der dichten Laven des Aetna,
und man könne sogar sagen, der Porphir seie die
Grundlage von fast allen Laven dieses Vulkans;
zuweilen seie auch noch nebst dem Feldspath schwarzer
Schörl und Krisoliten in der nämlichen Grundmasse
enthalten: die meisten dieser porphirartigen Laven
nähmen einen schönen Glanz an, und könnten in
Rüksicht ihrer Schönheit dem natürlichen Porphir
fast an die Seite gesezt werden. — 4) Laven,
welche Kristallen von schwarzem Schörl enthalten.   Hieher gehören jene, die in einer Grundmasse, was immer für Schörlkristallen, entweder ohne,
oder doch nur mit sehr wenig Feldspath, enthielten;
könnten also nicht als Porphire betrachtet werden;
diese Art seie sehr häufig auf dem Aetna, mehrere
neuere Ströme bestünden daraus, unter andern jener vom Jahre 1669. der wegen seiner weiten Ver-
breitung, und der Verheerung, die er angerichtet,
bekannt.   Der Verf. ist der Meinung, die Schörl-
kristalle dieser Art seien kein Produkt des Feuers,
sondern seien schon vorhin in demjenigen Stein ge-

   wesen,

wesen, den das Feuer zur Lava gemacht. — Im Porphir seien die Feldspathflecken und Kristallen nicht schon vorhin gebildet, und in die weiche Grundmasse desselben gleichsam eingedrukt worden, sondern würden aus der Grundmasse bei der Epoche ihrer Präzipitation erst gebildet. — 5) Laven, welche Krisolitkörner enthalten. — Diese schienen entweder eine Masse mit der Grundmasse auszumachen, könnten von ihr nicht getrennt werden, seien sehr klein, unrein, undurchsichtig, weich, oder groß von gelbgrünlicher Farbe, sehr hart (härter, als Quarz) durchsichtig, ließen sich leicht trennen, und hinterließen in der Grundmasse einen Eindruk; diese leztern müßten schon vorher, ehe sie in ihre Grundmasse wären aufgenommen worden, bereits gebildet gewesen seyn. — Sie seien nicht durchs Feuer hervorgebracht, denn sie verhielten sich im Feuer fast wie Quarz, die lezten seien auch wahre Edelgesteine, die erstern aber quarzartig, und nur zufällig anders gefärbt. — — Die Einwendung, welche gegen die Präexistenz der Krisolite könnte gemacht werden: daß man sie nämlich in dem natürlichen Felsen nicht finde, sucht der Verf. dadurch zu heben, daß wir bei weitem noch nicht alle zusammengesetzten Steine kennten, und daß die Vulkane aus einer solchen Tiefe Steine auswürfen, wo wir noch nicht hätten hinkommen und Untersuchungen anstellen können. —

6) Laven

6) **Laven mit Eisenkörnern.** Eisenocher mache in einer dichten Grundmasse gelbe Flecken, oder Körner, so wie die Schörl und Krisolitkörner. — II. Löcherichte, zellichte Laven. — Der Beobachter müsse behutsam seyn, und genau erst die Localumstände betrachten, ehe er einen löcherichten Stein für vulkanisch erklärte, es gäbe verschiedne Steine, die durch Verwitterung Löcher bekämen, wo das Feuer keinen Antheil hätte. — Der Verf. habe Serpentinsteine gesehen, welche an der Luft runde und unregelmäsige Löcher, die jener einer Lave vollkommen glichen, erholten. — Auf den Pireneen habe er Hornblende gefunden, die an ihrer Oberfläche verwittert, und so wie einige aus Vulkanen ausgeworfne Laven löcherich gewesen. Diese Laven seien in den noch brennenden Vulkanen viel häufiger, als in den erloschenen. —

Nun führt der Verf. die Hauptphänomene an, welche man bei dem Ausbruche eines Vulkans beobachtet, um die Art zu erklären, wie die zellichten und löcherichten Laven entstünden. Sie seien keine alte, dichte Laven, die wieder vom Feuer durchgebrannt würden, und würden nicht deswegen löcherich, weil sie nur den ersten und geringsten Feuersgrad ausgehalten, sondern sie würden auf der Oberfläche der fließenden Lavaströme durch eine innere Gährung der fließenden Masse gebildet, könnten aber

 auch

auch in der Mitte der dichten Laven enthalten seyn,
indem der Lavastrom Schlacken und löcherichte Laven wieder in sich einschlöße; man finde aber auch
zuweilen fremde Steinarten in denselben, z. B.
Agathe, Quarz, Kalzedon, Kalkspath, Zeolit; diese
hätten sich nach dem Erkälten desselben gebildet, die
Krisolite, Feldspath, Granitkörner wären schon
vorhin, ehe der Stein in Fluß gebracht worden,
darinn gewesen. Die Laven, welche löcherich würden, müßten fixirte Luft enthalten, die durch besondre schwereinzusehende Umstände elastisch würde,
denn die nämliche Materie blähte sich zuweilen auf
und bliebe ein andermal dicht. Es gäbe Lavaströme,
welche eine größere Anlage zu dieser Gährung hätten, und keine eigentlich dichte Lava hätten; diejenigen, welche mehr Bittersalzerde enthielten, schienen eine größere Anlage zu haben, löchericht zu werden; das Aufblähen des Lavastroms leitet der Verf.
vom Schwefel und seiner entzündbaren Luft, die
sich in einer gewissen Hitze losreiße, her. — Der Bei-
trit des Wassers vermehre diese Gährung in dem
brennenden Schwefel, wodurch dann schrökliche Explosionen bewirkt würden. — Daher dann die innere Bewegung der Vulkane durch Regen vermehrt
würde; nur diese Kraft könne die kochende Lava bis
an den bewußten Gipfel des Aetna erheben, der
wohl 4000 Lachter höher als der eigentliche Feuer-

schlund

schlund seyn dürfte. — III. Schlacken, Pozzolan=
erde, Asche, Sand. — Die Schlacken seien von
ten löcherichen Laven darinn verschieden, daß sie
durch das Feuer schon mehr verändert worden, mehr
Blasen und eine unebnere Oberfläche erhalten.
1) Solche, welche von aussen auf den Lavaströmen
sitzen, und entweder vom Strome mit fortgerissen,
oder in seinem Laufe erst gebildet worden, theils
mehr schwammig und leicht, theils dichter, schwe=
rer und härter wären. — 2) Solche die aus dem
Schlunde selbst bis auf eine entsezliche Höhe aus=
geworfen würden; diese Schlacken bildeten fast al=
lein alle kegelförmigen Berge um den Aetna herum;
von welchem Vulkan sie auch seien, glichen sie sich
alle einander darinn, daß kein Merkmal an ihnen
von ihrer ursprünglichen Basis wahrzunehmen seie,
doch seien zuweilen bei genauerer Untersuchung in
ihrem Innern Stükchen von Schörl, Feldspath,
Krisoliten und Graniten zu unterscheiden. — 3) Poz=
zollanerde, seie aus thonigten Stoffen gebildet,
auf welche der Schwefel nicht so viel vermag, und
welche der Verglassung widerstanden, nicht durch
Feuer veränderte Lave, sondern gebrannte Thon=
arten; sie seie selten blasig, nie löcherig, nicht so
häufig wie die Schlacken, man finde sie nicht so
häufig in den Bergen von Sizilien, als in jenen
von Italien; in einigen seie gar keine; sie fiele, da

Ec 4

sie

sie schwerer seie, zuerst, und näher an der Mündung des Vulkans herunter, daher finde man sie auch im Mittelpunkte der vulkanischen Hügel. — 4) Vulkanische Asche würde wegen ihrer Leichtigkeit oft a weite Entfernungen in der Luft fortgetrieben; jene vom Aetna komme bis nach Malta und die afrikanischen Küsten; sie solle sogar bis nach Syrien und Egypten getrieben worden seyn, sie seie thonartig, würde durchs Feuer rothgebrennt, enthielte 30—40 Pfund Thonerde im Zentner, das übrige seie Quarz und etwas Eisen, zuweilen auch etwas Salmiak. — 5) Vulkanischer Sand bestehe aus groben, harten, schweren Körnern, und diese seien Stücke von demjenigen Schlacke, wie die kegelförmigen Berge bildeten, damit seien 1669. die Ebnen von Nikoloßi, und der Fuß des Mantenuovo überschüttet worden. — 6) Einzelne Schörlkristallen, häufig unter den Schlacken und dem Sande des Aetna, und oft sehr regelmäßig, zuweilen in der Mitte ein wenig aufgebläht. — 7) Einzelne Feldspatkristallen, häufig an dem Fuse des kegelförmigen Bergs Montzellicro. — 8) Einzelne Krisolitenkörner, seltener als die vorigen und ganz unverändert. — 9) Vulkanische Breccie, Schlacken mit dichten und löcherichten Laven zusammengeleimt auf dem Aetna. — Zwote Klasse, vulkanische Produkte, die sich in ruhigen Zeiten bilden. I. Luftarten 1) Schwefelluft ver-

ändere

ändere die Farbe der Schlacken, und gehe mit ihrer Basis verschiedne Verbindungen ein, lösche die Lichter aus, werde vom Wasser eingesogen, das sie säuerlich mache, der Rückstand brennbare Luft. 1) Saure Kochsalzluft, man erkenne sie an ihrem spezifischen Geruche; noch mehr aber an den verschiedenen zerfliesenden Salzen, welche sie in Verbindung mit verschiedenen Stoffen der Schlacken mache. 3) Schwefelleberluft, sehr häufig zuweilen am Aetna, man könne sie an den Ritzen, in welche sich der Schwefel anlege, auffangen. 4) Die phlogistifirte, 5) Entzündbare; er habe sie an verschiedenen Quellen des Aetna z. B. di Santa Venere aufgefangen. 6) Feste Luft. Häufig in verschiedenen Gegenden der Basis vom Aetna, besonders in einer Quelle von kaltem Wasser Aqua rossa genannt. II. Schwefel, die Sublimation des Schwefels seie häufiger in den halberloschenen z. B. der Solfatara bei Neapel; am Aetna finde man nur wenig und nur in seinem Hauptschlunde. III. Sublimirte Salze, zuweilen in den Spalten des Schlundes, zuweilen häufiger in den Höhlen der Laven. 1) Salmiak, weiß, sehr rein, derb von unregelmäsiger Gestalt mit kubischen Kristallen auf zelliger Oberfläche, sehr häufig in den Höhlen mehrerer Laven vom Aetna. — Eisenhaltiger Salmiak, Kupfersalmiak, in den Laven des Ausbruchs von 1781. — Vitrioli-

scher

ſcher Salmiak, zerflieſende Salze aus Kochſalz-
ſäure, Eiſenocher, Kalk und Bitterſalzerde; Luft-
ſäurehaltiges Mineralalkali häufig bei Bronte in
den Höhlen eines ſchon alten Lavaſtroms. IIII. Sublimirte Metalle, Kriſtallen von ſpiegelndem Eiſenerz auf Blöcken von dichten porphirartigen Laven,
dünne wie glimmerglänzende Eiſenblätchen. ꝛc.
V. Vulkaniſche durch Dünſte veränderte Stoffe,
und Produkte ihrer Verwitterung.— Die ſauren
Dünſte bewirken nur eine einfache Zerlegung, keine
Verwandlung in den Laven; vorzüglich in den halb-
erloſchnen Vulkanen gienge die Veränderung der Laven im Großen vor, im Aetna ſeie daher dieſelbe
nicht ſehr gemein, nur geſchehe ſie im Innern ſeiner
Schlünde, auf die da-befindliche Schlacken, und
Laven; ihre Farbe, Dichtigkeit, Härte würden da
verändert ꝛc. Dritte Klaſſe, vulkaniſche Stoffe, welche Veränderungen erleiden, die vom
Brennen unabhängig ſind I. durch Einwirkungen der Luft oder der Atmosphäre veränderte.
Je leichter, zerreiblicher, weniger verglaßt, thon-
artiger, eiſenhaltiger ſie ſeien, deſto eher würden ſie
auf beſagte Art verändert; auf einen Lavaſtrom,
der weniger Schlacken hat, könne es 1000 Jahre
anſtehen, bis er einen Zoll dik Erde bekomme, die
für Gewächſe tauglich wäre; habe er eine Bedeckung
von Schlacken, ſo reichen vielleicht ſchon 200 hin,

liegt

liegt er gegen Mittag, oder trift ihn Regen und Feuchtigkeit weniger, so wird es ebenfalls länger dauern; noch schneller gehe es mit der Veränderung, sobald einmal Pflanzen darauf zu wachseu angefangen haben; es lasse sich also auf der daraufliegenden Erdschichte gar nicht auf das Alter der Lave schliesen; was der Feuerschlund auswerfe, verwittere noch schneller, schon nach einem Jahrhundert habe man am Monte Rosso wieder Wein gebaut. 1) Leichte und löcherige bloo durch die Einwirkung der Atmosphäre veränderte vulkanische Stoffe. 2) Laven, dichte durch den Einfluß der Atmosphäre veränderte Stoffe, die sich im Innern der Laven nach ihrem Erkalten gebildet. a) Kalkspath durch das Einsintern des Wassers in die Ritzen der Laven gebildet, häufig in den Laven, die von Kalksteinbänken bedekt, und lang unter Wasser gestanden. Die Laven des Aetna, welche Kalkspath enthielten, wären zuverläsig vom Wasser bedekt gewesen, sie glichen zuweilen dem Mandelsteine. b) Zeolit der Laven entstünde auf die nämliche Art wie der Kalkspath in den Laven, man finde ihn in den Laven der Ciclopeninseln und der Berge bela Trezza. c) Kies in Laven. III. Laven in regelmäsigen Gestalten 1) in prismatischen Säulen, diejenigen Laven, die sich in freier Luft durch eine langsame Zerstreuung ihrer Hitze erhärteten, würden in unförmlichen Massen,

sen, diejenigen Ströme aber, die sich ins Meer stürz-
ten, und darinn gähling erkalteten, in prismatische
Säulen getheilt, auch am Vesuv gab es Lave in Säulen, wo sie sich ins Meer ergoß, z. E. bei Portici, um
den Aetna schlösen mehrere dergleichen Säulen 2
bis 300 Lachter über der Meersfläche gleichsam einen
Kreis, zuweilen seien sie gegliebert. 2) Laven in
Kugeln; einige erhielten, wenn sie der Vulkan
ausgeworfen hat, in ihrem Fall ihre Kugelgestalt,
diese seien selten auf dem Aetna. Andre nehmen
bei dem Erstarren eine solche an bei Monte Rosso,
in dem Mittelpunkte eines Lavastroms; ein feuriger
Strom könne diese Gestalt ungeheurer Lavablocken
geben; indem er in seiner fortschreitenden Bewegung sich um sich selbst rollte oder welzte, einige
würden durch Wasserströme oder Meereswellen ge-
rundet, andre bei dem Verwittern. 3) Laven in
Tafeln; Vierte Klasse, Stoffe, die ohne vulkanisch zu seyn, zur Geschichte des Aetna gehören. Alle zeigten ein sehr hohes Alter des Aetna an, doch müßten schon sehr viele andre Berge
vor ihm gebildet gewesen seyn. Der dritte Abschnitt
dieses vortreflichen Werkes enthält zwo Nachrichten vom letzten Ausbruche des Aetna, die eine von
Herrn Lassement, die andre von dem Ritter Gionani.

Nachdem der Aetna 10 Jahre lang ruhig gewesen, so fieng er am 15 Julius 1787. wieder zu wü-
ten

ten an, und in die Hälfte des Julius dieses Jahres, war sein Ausbruch am stärksten, dieser ist wegen der Menge von Asche, Sand, leichter und zerreiblicher Schlacken, die er auswarf, und die den Berg bedekten, sich über einen Theil von Sizilien verbreiteten, sogar bis nach Malta getrieben wurden, merkwürdig. Blöcke anderthalb Pfunde schwer wurden bis an das Thal del Buc, nämlich 5½ Meile weit, und Schlacken mit Sand vermischt 12 Meilen weit geschleudert, und machten da eine 3 Zoll dicke Lage. Ein Lavastrom eine Meile breit und neun lang, der sich den 16 und 17 Julius bildete, war am 18. nur einige Lachter weit gekommen, ein anderer, der, wie er ausfloß, nur eine halbe Meile breit war, wurde am Ende eine ganze Meile breit und theilte sich in mehrere, er war 16 Schuh dik; am Philosophenthurm war die Schlackenlage 3 Fuß, am Fuß des Kegels, der noch 2 Meilen vom Schlunde entfernt war, 2 Schuh dik; viele einzelne abgerundete Blöcke fand man, die der Vulkan gegen West Südwest ausgeworfen und in der nämlichen Richtung einen Lavastrom, der anfangs nur eine halbe Meile breit war, nachher aber drei Meilen weit sich erweiterte, und 2½ Meilen lang war.

XLVIII,

XLVIII.

Oberdeutsche Beiträge zur Naturlehre und Oekonomie für das Jahr 1787. gesammelt und herausgegeben von Karl Erenbert von Moll. Salzburg 1787. 304. Seiten in Octav.

Wir standen lange an, ob wir dieses Buch, das uns schon ein wenig zu alt schien, anzeigen sollten. Seinem Plane nach soll es der erste Band einer periodischen Schrift seyn, darinn Gegenstände der Physik, der reinen und angewandten Mathematik, der Naturgeschichte, und der Oekonomie im weitläufigern Verstande, abgehandelt werden; selbst Anatomie und Physiologie werden nicht ausgeschlossen. Wir hatten im vorigen und diesem Jahre vergeblich auf die Fortsetzung gewartet, und dachten schon, daß es ins Stecken mochte gerathen seyn; nun aber hören wir für gewiß, daß es, wiewohl unter einem veränderten Titel werde nächstens fortgesetzet werden. Die in gegenwärtige Bibliothek gehörige Abhandlungen sind.

III. Ueber die Nectarien von S. F. v. P. Schrank.

Voraus einige allgemeine Begriffe; 1) Nur dann seien Kunstwörter brauchbar, wenn sie einen deutlichen

deutlichen Begriff gewähren, die Sprache abkürzen, und zu keinen Verwirrungen Anlaß geben. 2) Eine philosophische Sprache müße nicht mehrere Wörter haben, als nöthig sind. 3) Die eingeführten Begriffe müssen allgemein anwendbar seyn, und gleichförmig angewandt werden. 4) Die Kunstwörter müssen in ihrer ursprünglichen Bedeutung keinen Begriff enthalten, der der bezeichneten Sache nicht zukomme. Nun aber wird gezeigt, daß 1) die Nectarien keinen deutlichen Begriff geben: denn der, den aus dem Gebrauche, die Schriftsteller von diesem Worte machen, sey blos negativ, nämlich: alles das, was weder Kelch, noch Blume, noch Staubgefäß, noch Stempel, und doch in der Blüthe ist, ist Nectarium. 2) Es sey ein überflüßiges Wort, weil alles, was in der Blüthe ist, eines der ebengenannten Stücke, oder doch eine Drüse, Schuppe u. s. f. sey, also ein Ding, das schon sonst einen Namen hat, folglich sey Nectarium ein überflüßiges Wort, das noch dazu höchst verschiedene Dinge anzuzeigen angewendet wird, folglich 3) einen schwankenden Begriff, und wohl oft 4) einen solchen gebe, der mit seiner urspünglichen Bedeutung streitet.

Nach diesen vorangeschikten Bemerkungen wird gezeigt, I. daß einige Nectarien wahre Blumenblätter seien, was aus der Anatomie, die

die der B. mit den Blüthen des Galanthus nivalis, verschiedener Arten des Helleborus, des Isopyrum fumaroides, der Aquilegia vulgaris, des Delphinium Consolida, einiger Arten der Nigella, der Passiflora cærulea, einiger Fumarien erweisen wird; dadurch wird es aber oft nothwendig, daß die ganze Blüthe in der Beschreibung ein anderes Aussehen bekömmt: so haben die Arten des Helleborus allerdings, und noch dazu einen grossen Kelch; Galanthus hat eine sechsblättrige Blume u. s. f. II. Einige Nectarien seien blos ein Theil der eigentlichen Blume, z. B. der Sporn bei Viola, Pinguicula, Antirrhinum, die Schuppe oder Drüse am Grunde der Blumenblätter des Ranunculus, das getheilte Plättchen am Nagel der Blumenblätter bei Silene, die innere Röhre in der Narcissenblüthe, die Furchen an den Blumenblättern der Lilien, die gezähnten Schuppen am Blumenschlunde bei Nerium, die Nectarien bei Periploca und Asclepias. III. Einige Nectarien scheinen nach andern Gesetzen entwickelte Staubgefäße zu seyn. Dahin werden die des Trollius, des Sauerdorns, des Aconitum gerechnet. IV. Einige Nectarien seien nichts anders als die Staubgefäße selbst; das sey der Fall bei Campanula, Ruscus, Amaryllis. V. Einige Nectarien seien nur eine Modification des Blüthebodens, davon die Reseda,

die

die Lippenpflanzen, der Ehrenpreis, das Sedum, und die Syngenesisten als Beispiele angeführet werden. VI. Einige Nectarirn seien eigentliche Drüsen, die aber keinen Saft auswärts absondern; dies sei der Fall bei Parnassia, den kreutzblüthigen Pflanzen, bei Geranium. Endlich VII. Einige Nectarien seien die Narben des Stempels; hier wird nur die Friszgattung angeführt, und durch Pflanzenanatomie und Beobachtungen gewiesen, daß das, was Linne Blumenblätter nannte, Griffel oder vielmehr Narben seien, und das was er Narben nannte, die wahren Blumenblätter, oder vielmehr Stücke des dreitheiligen einblättrigen Blumenblattes seien. Gelegenheitlich werden einige andre botanische Beobachtungen, gleichsam zum Ausruhen, zwischen den vielen anatomischen Beschreibungen eingeschaltet.

IV. Beschreibung einer Wasserseide. Von ebendemselben.

Angegeben wird sie fürs System mit Conferva *filiformis* simplicissima, aequabilis, geniculata: glomerulis seminum in quovis articulo longitudinaliter dispositis.

V. Mikroskopische Unterhaltungen von ebendemselben.

1) Hydrachna stylata; sie hat nur zwei Augen, einen Bau, wie H. undulata, einen hellgrünen Kör

 per,

per, und auf demselben drei braune Flecken; der Hin-
terrand sei lappig, und habe einen kurzen Stiel.
2) Hydrachna bipunctata; roth, mit schwarzbraunen Flecten: zwischen den hintersten zween gelbe
Puncte. 3) Volvox Sphaerula, komme auch auf
einem ästigen Stiele vor, reisse aber ab, und treibe
dann im Wasser, wie Volvox Globator, ziehe aber
manchmal seinen Stiel nach sich. 4) Volvox Pileus,
habe viele Aehnlichkeit mit Madrepora Pileus, wie sie
Tournefort abbildet. 5) Gonium polysphaerium;
ein flacher Teller aus zahlreichen in eine gemeinschaftliche Haut eingeschlossenen Kugeln. 6) Tri-
chod Bomba; einige Bemerkungen darüber.

VI. Das Gebirgwasser bei dem Königsee in
Berchtesgaden. Untersucht von H. Serro.

Die Quelle des Wassers, von dem hier die Rede
ist, liegt in einem engen Thale hinter dem Fürstli-
chen Jagdschloße am Königssee; in diesem engen
Thale hat sich ein ordentlicher Gletscher gebildet,
der in der Gegend den Namen Eiskapelle erhalten
hat. Das Wasser dieser Quelle ist ungemein rein
und leicht, und so wenig, als es bei einem unge-
künstelten Wasser möglich ist, mit heterogenen Theilen gemischt.

IX. Ueber die Donnersteine.   Von einem Uns
genannten.

Bei Mauerkirchen Rentamts Burghausen in
Oberbaiern hatte der Donnerstral 1768. in einen
Acker geschlagen; in dem gemachten Loche fand man
einen Stein 2½ Fuß tief, der 32 Pfunde schwer,
aussen mit einer schwarzen Rinde überzogen, innen
her aschengrau war, und glänzende Metallförner im
Gemenge hatte, die auf dem Bleye in der Kapelle
schwammen. Dies war die Nachricht, welche der
Hr. B. von diesem Steine erhielt; er rieth auf Eisen,
und als er Bruchstücke erhalten hatte, fand er es
wirklich. Der Acker war Thongrund, die Thoner
de kann durch Brennliches zu Eisen reducirt werden
(wenn sie nemlich, wie meistens, Eisenocher in
der Mischung hat), das that nun die electrische Ma
terie des Bleyes. Gelegenheitlich wird noch eine
ähnliche Geschichte aus dem Eichstädtischen erzählt,
und eine dritte aus den Schriften der Parifer Aka
demie für das Jahr 1772. angeführt. (Nachrichten von
ältern Donnersteinen hat der Fürstbischof von St.
Blasien in seiner Alemannischen Reise S. 57 und 330
der beutschen Ausgabe gesammelt; eines neuern aus der
Neutrer Gespannschaft vom J. 1771 thut Bucholtz,
im IV. Stücke des Naturforschers Meldung, und er
klärt seine Entstehung fast eben so, wie der B. gegenwär
tiger Abhandlung. Auch Lavoifier hat einen solchen

Db 2   Stein

Stein untersucht; vorzüglich merkwürdig ist die grosse
Eisenmasse, davon Güßmann im Lithophyl. Mitif.
p.127. Meldung thut, sie oben so erklärt, und zugleich
wahrscheinlich macht, daß das gediegene Eisen, das
Pallas in Siberien (und wir setzen dazu, eine andere
die man in Amerika) gefunden, gleichen Ursprung
gehabt habe.

X. Geographisch ⸗ mineralogische Uebersicht
der Salzburgischen Berg⸗und Hüttenwerke.
Aus Briefen eines Salzburgischen Berg⸗
mans an einen seiner Freunde.

Erster Brief. Das vornehmste Salzburgische
Goldbergwerk ist das im Thale Gastein im Pongau,
das schon sonst durch sein Gesundbad berühmt ist.
Die vorwaltenden Steinarten, derselbigen Gebirgs⸗
kette seien Gneuß und Granit; die Gebirgart des
Rathhausberges selbst, in welchem das Erz bricht,
ist Gneuß; dieser Berg ist hoch, steil, und rauh;
die edeln Gänge streichen von Morgen gegen Abend,
fallen ziemlich flach gegen Südost, und zertheilen
sich zuweilen in Trümmer; die Mächtigkeit ist bald
von wenigen Zollen bis zu einem Fuße, bald von ei⸗
nigen Schuhen bis zu einer Lachter, und fällt dann
bald wieder auf einige Zolle herab. Der Gangstein
ist meistentheils Quarz, hin und wieder auch Gneuß.
Das tausend Kübel Pochgänge, einer von 108--111

Pfund

Pfund, steigt von einigen Lothen bis zu einigen Mar‐
ken am Golde; an güldischem Silber aber hält das
tausend Kübe. 5--10 Mark. Die Erze brechen bald
derb, bald eingesprengt, und sind a) Blenglanz,
b) Kupferkies, c) Schwefelkies, d) Arsenikkies,
e) Weißgüldenerz. Das zweite Goldbergwerk heißt
der hohe Goldberg im Thale Rauris ebenfalls im
Pongau; er ist von einem wilden Ansehen, von un‐
gemeiner Höhe, und macht selbst einen Theil der
Gebirgskette aus; niedriger noch als die Gruben
liegen, trägt er breite Gletscher. Die Gänge strei‐
chen von Morgen nach Abend, verflächen sich in ei‐
nen starkspitzigen Winkel nach Südost, und sind
selten über einen Fuß mächtig. Die Gangart ist
durchaus Quarz; und wenn dieser stark eisenschüßig ist,
so ist er gewöhnlich am Golde sehr reich. Das Tau‐
send Kübel enthält manchmal 20--75 Mark Wasch‐
gold, aber im Durchschnitte kömmt das Tausend sel‐
ten über 3 Mark. Die einbrechenden Erzgattungen
sind a) Blenglanz, b) Kupferkies, c) Schwefelkies,
d) Arsenikkies, e) Blende) und f) Weißgüldenerz.
Das dritte Goldbergwerk ist der Hierzbach im Thale
Fusch im Unterpinzgau. Die Gebirgsart ist Quarz‐
schiefer, die Gänge streichen fast in der Mittags‐
stunde, und verflächen sich nach Morgen; sie sind
nicht sehr mächtig, und die Arbeit wird nicht sehr
getrieben. Die vorkommenden Erzarten sind a) Bley‐

              glanz,

glanz, b) Kupferkies, c) Schwefelkies, und d) Arsenikkies.

Zweiter Brief. Das vierte Salzburgische Goldbergwerk ist zu Schellgaden im Lungau. Man baut dort an zwei Goldbergwerken, das eine am Gangthale, das andre am Birkek. Die Gebirgsart ist Gneuß, der hier und da in Glimmerschiefer gleichsam übergeht. Hier bricht das Gold in Erzlagern, wie sie Charpentier nennt. Sie streichen von Norden nach Süden, unter einem flachen Fallen nach Morgen, theilen sich öfters in Trümmer, und sind selten über 1.-2 Fuß mächtig. Die Gangart ist Quarz, und die einbrechenden Erzarten sind a) Bleyglanz, b) Kupferkies, c)Schwefelkies, d) Arsenikkies, die alle güldisches Silber enthalten. Das Gold ist größtentheils in Körnern von der Größe einer Linse bis zum unsichtbaren Goldstaub; das Tausend Kübel, jeder zu 100 Pfund, giebt selten mehr als 12--14 Loth Waschgold. Anderthalb Meilen davon ist in der Rathgülden ein Arsenikbergwerk im Betriebe, das aber der Verf. nicht gesehen hat. Das Silber- und Bleybergwerk zu Ramingstein im Lungau ist nun aufgelassen. Die Gebirgsart ist Gneuß, oder eigentlich Cronstets Muhrstein, und der, nur milder, macht auch die Gangart aus. Die Erze brechen in Lagern, streichen ungefähr in der sechsten Stunde, und verflächen sich stark gegen

gen Südost; sie sind meistens 2--3 Fuß mächtig. Die einbrechenden Erze sind a) Bleyglanz, b) Kupfer= kies, c) Schwefelkies. Das fünfte Goldbergwerk ist bei Zell im Salzburgischen Zillerthale, und theilt sich in zwei besondere Bergwerke ab, die von einem Schich= tenmeister verwaltet werden. Das eine liegt am Rohrberge, das andere am Zeinzenberge, am Fuße eines hohen und steilen Gebirges, eines Zwei= ges der Tauernkette. Die Gebirgsart ist Quarz= schiefer, die Erze sitzen in Lagern auf, streichen aus Morgen nach Abend, und verflächen sich in einen sehr spitzigen Winkel. Die Gangarten sind Quarz, Quarzschiefer, und hier und da Ocher; das Gold ist in Körnern, auch angeflogen, gewöhnlich staubför= mig. Brennt man reiche Stufen in starkem Feuer, so schwizt das Gold oft wie Thau aus den Pflanzen, hervor. Die einbrechenden Erze sind a) Arsenik= kies, und b) Schwefelkies.

Dritter Brief. Das Erzstift hat vier Kupfer= werke im Betriebe. **Leogang, Kirchgang, Mühl= bach,** und **Großarl;** am ersten Orte ist auch ein Vitriolwerk, und an den beiden lezten ein Schwe= felwerk. Der Leogang liegt im Unterpinzgau, ist ein langes Thal, und hat die Gruben in einem Ne= benthale, dem Schwarzleograben. Der Fuß des Gebirges besteht da, wo die Gruben sind, aus Kalk= stein, Thonschiefer, mergelartigem Schiefer, und

 Gyps;

Gyps; die Erze brechen in kurzklüftigen, aber meis
stens viele Lachter mächtigen Lagern, streichen gegen
Abend, und fallen gegen Mittag. Die Steinarten
der Erzlager sind Kalkstein, verhärteter Thon, Gyps,
auch Kalk= und Flußspath. Die Erzarten sind a)
Kupferkies, b) graues Kupferglas, c) Bleyglanz,
seltner d) Kupferfahlerz, e) Schwefelkies, f) Ku=
pfergrün, g) Kupferblau, h) schwarzes Bleyerz,
i) natürliches Quecksilber, k) Zinnober, l) Kobold,
m) spatiger Eisenstein, n) kalkartiger Eisenocher.
Zum Schmelzwerke in der Leogang werden auch die
Limberger Kupfererze verführt. Limberg ist ein Ge=
birg eine Stunde weit vom Markte Zell im Unter=
pinzgau entfernt. Die Gebirgsart ist Thonschiefer,
mit Quarzlagern gemengt. Die Gangart ist Quarz,
und die Erzarten sind a) Kupferkies, b) Schwefel=
kies, c) Kupferfahlerz, d) Kupfernikel, und, aber
höchst selten e) gediegen Kupfer. Die Grubenwas=
ser führen aufgelöstes Kupfer, daher man ein Ce=
mentwerk angeleget hat. Das zweite Kupferbergs
werk ist im Brixenthale bei Kirchberg. Hier blüh=
ten vormals viele Bergwerke, dauerten am längsten,
und erloschen erst beim Eintritte der lezten Hälfte
dieses Jahrhunderts. Die Hauptprodukte waren
Kupfer, Silber, und Bley. Vor wenigen Jahren
hat man an drei Dertern wieder Hand an das Werk
gelegt; diese Orte sind. 1) Brunnalpe, ein ho=

hes Gebirg; die Gebirgsarten der eblen Revier sind Thonschiefer und Kalkstein, die unordentlich in Lagern über = und nebeneinander liegen; die Erze brechen eben so unordentlich im Kalksteine, oder zwischen den Thonschiefer= und Kalksteinlagern. Die Erze sind a) Kupferfahlerz, b) Kupfergrün, c) Kupferblau, d) Kupferkies, e) spätiger Eisenstein, f) Zinnober. 2) Soissenkaar; die Gebirgsart ist Thonschiefer; die Erze brechen in Lagern, die mit den Gesteinlagern von Morgen nach Abend streichen, und sich nach Mittag hin verflächen. Die Steinart der Erzlager ist Quarz, und die Erze sind a) Kupferkies, und etwas Schwefelkies. 3) Am Götschen; die Gebirgsart, Gangart, und die Erzarten, wie am Foissenkaar.

XVI. Nachricht von einer kleinen Reise nach Weltenburg. Von F. v. P. Schrank.

Weltenburg, eine Benedictinerabtey liegt an der Donau; hier wird der Rinnsaal des Flußes von hohen Kalkfelsen eingeschlossen, und hat dadurch mitten im flachen Theile von Baiern die eine, obgleich nur verjüngte, Alpengestalt. Der Verf. that in botanischen Absichten eine Reise dahin, und zeigt hier den mineralischen Theil seiner Beobachtungen an. Man habe da einen artigen, aber etwas weichen, gelben Marmor, der aber nicht in grossen

Stücken

Stücken bricht; an einem nicht weit vom Kloster entfernten Orte breche ein nadelförmiger Kalkspath. Bei Kehlheim breche ein milchrahmfärbiger, sehr reiner, etwas abfärbender Kalkstein, der an der Luft nicht lange aushält, und sich im Scheidewasser ohne Rükbleibsel auflöst; er nennt ihn Calcareus cretaceus, und sezt ihn als eine eigene Art neben den Calcareus aequabilis. Bei Abensberg breche eine milchweiße Thonerde, die sich schmierig anfühlt, leicht bröckeln läßt, aus den allerfeinsten Theilchen besteht, mit Wasser knistert, weniger mit Scheidewasser, und in rauchendem Salpetergeiste unbeweglich ist, mit Wasser gemischt, wie Seife schäumt, und vom Verf. den Bolarerden beigezählt wird. Unter Kehlheim sey ein Dachschieferbruch; der Schiefer sey gelblicht, mergelartig, klingend, und lasse sich in ganz dünne Platten spalten; man finde in demselben viele Abdrücke, davon vornehmlich ein wohlerhaltener Monoculus Polyphemus L. und ein Sichling, Cyprinus cultratus B l o c k, merkwürdig sind, auch verschiedene Kalkspathbälle, die der Verf. einer hier ehemals gesessenen Art Meersterne zuschreibt. Am Ende ein kurzes Verzeichniß einiger Thiere.

XLIX.

XLIX.

Nicolai Iofephi Iacquin Collectanea ad Botanicam, Chemiam, et Hiftoriam naturalem fpectantia, cum Figuris. Vol. II. Vindobonae. 1788. In größtem Quart. 374. Seiten und 18. Kupferplatten, meiftens mit Farben beleuchtet.

Wir können den erften Band diefes prächtigen, aber eben darum koftbaren Werkes nicht anzeigen, weil feine Ausgabe für unfere Bibliothek zu alt ift: er kam fchon 1786. heraus; aber wir wollen das, was in dem Bande, den wir vor uns liegen haben, enthalten ift, zum Beften derer, die fich Bücher von folcher Koftbarkeit nicht wohl anfchaffen können, in einem gewiffenhaften Auszuge liefern.

I. Thaddaei Haënke Obfervationes botanicae, in Bohemia, Auftria, Styria, Carinthia, Tyroli, Hungaria factae.

1) *Cynogloffum fcorpioides*, caule proftrato; foliis lanceolatis fcabris; pedunculis axillaribus, unifloris; feminibus umbilicatis, glabris. Die Pflanze ift in Böhmen zu Haufe und hat fehr viele Aehnlichkeit mit Myofotis fcorpioides L. liebt feuchte, fchattigte Stellen, und ift ein Sommergewächs. Der Stengel äftig, niederliegend; die Aefte fchwach, aufftehend, wechfelfeitig, einfach oder nur am Ende armäftig.

armäftig. Die untern Blätter find in der blühenden Pflanze meiftens weg; die mittlern faft gegenüber, kurzgeftielt; die obern wechfelfeitig, ftiellos, lanzettförmig, ziemlich fpißig. Die Blüthenftiele einzeln, aus den Blattachfeln; die Blume von Farbe wie bei Myofotis fcorpioides, aber kleiner. 2) Acroftichum Marantae, eine in Böhmen feltene Filix, die nur auf faft ungangbaren Felfen vorkömmt in Gefellfchaft des After alpinus und Galium Bocconi; auch in der Steyermark komme fie vor. 3) Campanula bononienfis, aus Böhmen. 4) *Androface obtufifolia Allion.* aus Kärnthen, im Judenburger Gebirge. Die Wurzel nichtig, aber doch perennirend; zahlreiche Blätter am Grunde des Stengels, in Rofen gefammelt, etwas faftig, elliptifch, ziemlich ftumpf, vollkommen ganz, in einen Blattftiel verengert, am Rande faft haarig gefranzt; der Schaft gerade, fadenförmig, rund; die Blüthen in einer armen Dolde; die Kelche am Grunde faft fünfeckig und gelblichtgrün, fonft fattgrün, die Blumenröhre weinfuppenfärbig, die Platte weißlicht, gegen den Schlund etwas röthlicht. 5) *Galium Bocconi Allion.* aus den Böhmifchen und Schlefifchen Gebirgen; auch aus den Steyermärkifchen, und vom Schneeberge in Defterreich. Die Wurzel perennirt, und ift vielköpfig; die Stengel fadenförmig, niedergeworfen; die Blätterquirle gewöhnlich aus 6--9,

fchmalen

schmalen schief wegstehenden, am Ende etwas breitern, mit einer weißlichten Spitze versehenen Blättern; die Blüthen weiß, oder wässerig röthlicht.
6) *Gentiana frigida*, corollis quinquefidis, cam-
panulatis, terminalibus, sessilibus, folis obtusis,
radicalibus, lineari-oblongis, caulinis lanceolatis;
caule subbifloro, eine neue Enzianart aus den höchsten Seccauer Gebirgen; auch auf dem Karpath.
Die Wurzel perennirt, ihre Faserwürzelchen sitzen
in Quirlen; sie trägt einen oder noch mehrere Stengel, die 2--3 Zoll hoch, oft aber kaum zugegen sind;
sie sind eckig, mit Purpurstrichen bemalt, haben
linienförmige Gegenblätter, deren Grund verwachsen, und an der Spitze 1--3 Blühten. Die Blume
weiß, papierähnlich, mit blauen Puncten und Strichen scheckig, zween Daumenbreiten lang, fünf-
spaltig. 7) *Leontodon croceum*, foliis linearilan-
ceolatis, acutis, retrorsum dentatis, superne
subhirsutis; scapo laevi; calyce erecto, ovato,
hirsuto; flore croceo; aus den Judenburger Gebirgen. Die Wurzel perennirend, fast abgebissen.
Der Schaft rund, röhrig, gestreift, glatt, selten
mit einem oder dem andern linienförmigen kleinen
Blatte besezt, einblüthig, unter der Blüthe ein wenig aufgetrieben und schwärzlicht zottig. Die Wurzelblätter ändern ab, linienförmig, oder linienförmig lanzettförmig; die Blüthe ansehnlich, von Saf-
ranfarbe;

ranfarbe; die Saamenkrone ſtiellos, gefiedert.
8) Saxifraga autumnalis. 9) *Gnaphalium norwegi-
cum* O e d. Sei auch H a l l e r n bekannt geweſen, der
es aber für G. ſylvaticum hielt; es iſt auf den höchſten Bergen Böhmens, und der Oberſteyermark zu
Hauſe, auch auf dem Schneeberge bei Baaden.
Die Wurzel perennirend, abgebiſſen; der Stengel
gerade, einfach, aufrecht, röhrig, etwas eckig; die
Wurzelblätter, wenn ſie da ſind, vom Baue wie
bei Plantago lanceolata, die Stengelblätter ſchmal,
2 -3 Zoll lang: die Blüthenähre am Ende, mit Blättern untermengt; die Kelchſchuppen am Grunde
grün, dann vertroknet, ſchwärzlicht, oft ſattſchwarz;
der Blütheboden nakt, die Saamen mit einer Haarkrone. Es unterſcheidet ſich von G. ſylvaticum
durch die lanzettförmigen, breitern, dreinervigen
Blätter, die gedrängtere Aehre, und die ſchwarzen
Kelche. 10) Cardamine petraea, von Medling,
Baaden. Arabis hiſpida L. ſei zuverläſſig eben dieſelbe Pflanze. 11) Senecio incanus, aus den Gebirgen der Oberſteyermark, Tyrols, Kärnthens.
12) Rumex digynus. In den hohen Alpen der
Steyermark, Tyrols. 13) Erigeron uniflorum.
14) *Hieracium ſtaticifolium*, eine Gebirgpflanze aus
Tyrol, die auch in Niederöſterreich bei Baaden vorkömmt, und ſchon ſonſt von A l i o n i, H a l l e r, Ge-
r a r d, S e g u i e r beſchrieben worden. Vom H. porri-

folium

folium gewiß verſchieden durch ſeinen nakten áſtigen
Schaft, lanzettförmig linienähnlichen weitläuftig
und ſchwach gezähnte Blätter; die Blüthen einzeln
auf langen, aufwärts dicker werdenden Stielen,
groß, hellgelb; die Haarkrone der Saamen einfach.
15) Silene Saxifraga. 16) Aquilegia alpina. Es ſei
falſch, was Klune ſagt, die Pflanze habe gerade
Sporne, ſie ſind nicht weniger krumm, als bei den
gemeinen, daher werden die Namenbeſtimmungen bei
der Arten ſo berichtiget.

Aquilegia (alpina), nectariis incurvis, petalo
    lanceolato brevioribus; caule paucifloro;
    foliolis lateralibus feſſilibus, lobis linearibus
    parallelis.

Aquilegia (vulgaris), nectariis incurvis, petalo
    ſubaequalibus; foliolis omnibus petiolatis,
    lobis ſubrotundis obtuſiſſimis divergentibus.

17) Ledum paluſtre. 18) Polypodium montanum, oder Hallers Polypodium triplicatopinna-
tam pinnulis tertiis ſemipinnatis, lobulis bifidis.
19) Veronica alpina. 20) Epilobium roſmarini-
folium, oder Scopolis Epilobium foliis alterni,
linearibus, ſtylo declinato, aus Tyrol und Kärnthen. 21) Ophrys Loeſelii vom Neuſiedlerſee aus
Ungarn. 22) Aſter tripolium, eben daher. 23) Arabis coerulea, Hallers Leucojum foliis oblongis
dentatis, ſpica nutante. 24) Hieracium Taraxaci,
aus

aus den Salzburgergebirgen, und den Tyrolischen.
25) Phyteuma hemisphaerica, aus Kärnten, der
Steyermark, und Oesterreich, eine Gebirgsbewohne-
rinn. 26) Phyteuma pauciflora, aus Tyrol, eine
niedrige, kaum dreizollige Pflanze; die Blumen
tiefblau; die Kelche und Blüthenblätter gefranzt.
27) Cerastium strictum. 28) *Gentiana prostrata*
corollis quinquefidis, caulibus unifloris prostratis;
foliis obtusis subimbricatis. Sie ist auf den Salzburgischen Alpen Kartal und Frosnitz mit Laserpi-
tium simplex, Astragalus campestris, Swertia
carinthiaca, und Cynosurus sphaerocephalus zu
Hause; ein Sommergewächs (hat viele Aehnlichkeit
mit G. bavarica, und verna, aber der Stengel ist
besser mit Blättern bedekt, und die Blätter sind untereinander alle gleich); die Blumenstücke sind lanzettförmig, sehr spitzig, inwendig wässerig blau,
aussen in Grün ziehend. 29) *Potentilla salisbur-*
gensis foliis hirsutis, radicalibus quinatis, inciso-ser-
ratis obtusis; caulinis ternatis, caule ascendente,
debili, compresso, pauciflóro; foliolis calycinis
dentatis; aus den Salzburgischen Alpen Kartal
und Geschlös, wo sie in der Nachbarschaft der höchsten Seenhütten von den Felsenritzen herabhängt.
30) Pedicularis flammea; die Blumen seien gelb,
und nähern sich zuweilen dem Oraniengelb, seien
aber niemals schwarzroth, welche Farbe Linne in
seiner

seiner Mantiffa angab, und was nachher in den spätern Ausgaben des Syftema vegetabilium nachgeschrieben ward. 31) *Anthemis corymbofa* foliis fubpinnatis linearibus acutis; caule fimplici erectiufculo villofo; petalis obovatis obtufiffimis tridentatis; aus ebendenfelben Gegenden mit *Potentilla Salisburgenfis*, wo fie erft gegen das Ende des Augufts blüht; die Blüthen, auch die des Blüthentellers, milchweiß, aber die leztern von gelbem Blüthenftaube etwas fcheckig gemacht. Ueberhaupt viele Aehnlichkeit mit *Anthemis alpina*, aber mit einem Blüthenftrauße, da jene ftandhaft einblüthig ift. 32) *Gentiana bavarica*. 33) *Cynogloffum fylvaticum*; ftaminibus corolla brevioribus: foliis lanceolatis, afperis, planis, fubfeffilibus, remotis, aus den bergigen Waldungen Niederöftreichs. Von Cynogloffum officinale, fchon durch fein Anfehen verfchieden, reingrün, und ohne jenes graue filzige Wefen, auch weniger blättrig. 34) *Campanula pufilla* foliis omnibus ferratis: radicalibus cordato ovatis, firmis, nitidis: caulinis linearibus, alternis, remotis. Ebendie, welche bei Bauhin unter dem Namen *Campanula alpina* rotundifolia minor vorkömmt, und auch fchon von andern unter den Spielarten der Campanula rotundifolia angeführt worden. Die noch übrigen zwo Arten, die unter

Ee

dem

dem Namen Campanula rotundifolia bei den Schriftstellern stehen, sind:

Campanula (rotundifolia) foliis glabris: radi-
    calibus reniformibus, serratis, flaccidis:
    caulinis sparsis; lanceolato - linearibus inte-
    gerrimis. Die gemeinste Art der Ebenen.

Campanula (linifolia) foliis subhirsutis: radi-
    calibus obovatis, subrotundis, serratis: cau-
    linis confertis, linearibus, integerrimis: den-
    tibus calycinis setaceis. Auf steinigen und
    sonnigen Stellen der Gebirgsthäler. Sie hat
    schon S c o p o l i von der vorigen getrennt.

35) *Carex alba*, eben das Gras, was bei Haller
Carex, spicis femineis, raris petiolatis teretibus
acutis, marem aequantibus heißt. 36) *Dianthus
glacialis*, floribus solitariis subcaulibus: squam-
mis calycinis elongatis, acuminatis, tubum supe-
rantibus: foliis linearibus flore longioribus. Aus
den Salzburger Alpen Kartal und Frosnitz, wo er
die Nachbarschaft der Eisfelder und Schneemassen
liebt. Die Pflanze sei gewiß von Dianthus alpinus
verschieden, der eine grosse ansehnliche Blüthe hat,
da bei gegenwärtigen die Blumenblätter unansehn-
lich, um die Hälfte kürzer als die Kelchröhre sind,
aber doch einen Nagel von der Länge des Kelches
haben. Die Kelchzähne am Rande und den Spitzen
vertrofnet, weißlicht. 37) *Silene rupestris* 39) *Melica*

lica uniflora. - 39) *Gentiana elongata,* corolla quinquefida infundibuliformi; caule elongato filiformi fubnudo unifloro; calyce oblongo aequali; foliis radicalibus aggregatis, auß ben Tyroler Geßbirgen. (Biele Aehnlichkeit mit G. verna, aber) nur ein Paar ſtumpfer Blätter an der untern Hälfte deß viel ſchmächtigern Stengels; die Blumenſtücke lanzettförmig, ziemlich ſpißig, vollkommen ganz. 40) *Phalaris alpina* panicula ſpicata, cylindrica, hirſuta: glumis calycinis aequalibus, lanceolatis, ariſtatis, carina ciliato hirſutis. Eben daß Graß, was Haller *Phleum* ſpicis paniculatis, hirſutis, calycibus lanceolatis und Scheuchſer *Gramen typhoides alpinum,* ſpica graciliori delicata et villoſa nennt. Auß den niebrigern Alpengegenden Deſterreichß, Tyrolß, und der Steyermark. 41) *Feſtuca heterophylla* foliis laxis: radicalibus ſetaceis, caulinis planis latioribus; panicula rara ſecunda: ſpiculis ſubſexfloris, lanceolatis, glabris, ariſtatis. Dieſes Graß, daß ſich ſchon durch die angegebenen Kennzeichen hinlänglich unterſcheidet, hat auch Haller gekannt, und num. 1438. ſeiner Hiſtoria beſchrieben. Der Werf. hat es auf dem Schneeberg in Deſterreich in Geſellſchaft deß *Antirrhinum alpinum* und *Papaver alpinum* gefunden. 42) *Feſtuca varia,* panicula ſubaequali, ſtriata pauciflora; ſpiculis teretibus paucifloris glabris ſubari-

ſtatis;

ſtatis; foliis ſetaceis, aus den Steyermarkiſchen
und Tyroliſchen Alpen. Die Blätter an der Wur‹
zel häufig, nur eines am Halme. Die Riſpe auf‹
recht, mit etwa 10—15 Blüthen (Aehrchen); die
Riſpenäſte meiſtens einzeln.

II. Nicolai Ioſephi Iacquin *Phalaena
vitiſana.* Die Flugzeit dieſes Wiklers iſt dann,
wann die Trauben des Weinſtoks mit ihrem Stiele
noch kaum zween Zolle lang, und die Blüthen noch
geſchloſſen ſind. Nach vollbrachter Paarung legen
die Weibchen ihre Eyer in die noch unaufge‹
ſchloſſene Blüthen, von welchen die Räup‹
chen leben ſollen, die die Knoſpen mit vielen Fäden
umſtricken. Dieſem Uebel ſind am meiſten jene Wein‹
ſtöcke ausgeſezt, welche an den Wänden in Gelän‹
dern gezogen werden, viel weniger aber die, welche
im Freien ſtehen. Die ausgewachſene Raupen ſind
etwa 3—4 Linien lang, unrein grünlicht mit einem
rothbraunen Kopfe und Halsbande, an denen die
Farbe doch auch manchmal in Schwarz zieht. Um
die Zeit, wann die unbeſchädigten Beeren etwa die
Gröſſe eines Senfkorns erreicht haben, verwandeln
ſich die Räupchen in Püpchen auf eben der Stelle,
wo ſie bisher gelebt hatten, und nach vierzehn Ta‹
gen kommen die Schmetterlinge aus, daß man alſo
davon in einem Jahre zwo Zeugungen hat, aber
die zwote Zeugung lebt, wie der Verf. darthut, auf ei‹

ner

ner andern Pflanze, ohne daß man doch sagen könne, auf
welcher. Der Wikler ist drei Linien lang; seine Hinterflügel sind auf beiden Seiten, die Oberflügel nur auf der
untern einförmig grau; oben sind sie muschelbraun,
braun, und grau (diese Farben in einander vertrie-
ben) bandirt und gefleckt, ohne daß die Gestalt dieser
Farbenzeichnungen an allen Stücken standhaft wäre.

Um den Raum der Platte, worauf die Zeichnungen für die Geschichte des Rebenwiklers sind,
auszufüllen, ließ der Verf. Larve, Hülse, und das
vollständige Thier einer Art Blattwespe, die er auf
dem Elsenbeerbaume fand, zeichnen. Er glaubt,
daß es Tenthr. lucorum sei, woran wir aber zweifeln. Die Larve ist grün, mit einem oraniengelben
Kopfe; die Hülse zu ihrer Verwandlung webt sie
sich an ein Aestchen hin; die Blattwespe hat keulen-
förmige Fühlhörner, ist schwarzbraun, und die Flügel sind am Ende schwärzlicht. Wir haben diese
Beschreibung nach den Abbildungen gemacht, hätten
es aber gerne gesehen, daß es dem Verf. beliebet
hätte, sie im Texte anzugeben.

Nicolai Iosephi Iacquin plantarum rario-
rum descriptiones ad specimina sicca factae.

1) *Asclepias syriaca* caule volubili; foliis inferioribus cordatis, superioribus ovatis; umbellis
sessilibus. Die *Nausera Patsia* des Rheede. Die
Blätter gestielt, gegenüber, vollkommen ganz, glatt,

bislicht.

dißlicht. Die Blüthendolden stielles, aus den Blattwinkeln nur aus der einen Achsel, nicht auch aus der
entgegengesezten; die Doldenstralen kurz. 1) *Adi-
anthum decurrens* fronde bipinnatifida, aus Martinique. Das Blatt eigentlich einfach gefiedert, die
Blättchen gefiedert zerschnitten, wechselseitig, aufwärts allmählig kürzer, am Strunke in einem
schmalen Streifen herablaufend; die Stücke breit
keilförmig, stumpf, in 3 — 5 stumpfe, vollkommen
ganze, auch wohl ausgerandete, und an der Spitze
mit einem Fructificationshäuptchen versehene Lappen zerschnitten. 3) *Asplenium anthriscifolium*,
frondibus pinnatis; pinnis obtuse lobato-serratis,
aus Martinique. Das Blatt fast wie bei Tordylium Anthriscus; der Strunk am Grunde schwarz,
an den Blättchen grün und feinborstig. 4) *Polypodium plantagineum* frondibus lanceolato-ob-
longis, glabris, integerrimis; fructificationibus
serialibus. Das Blatt fast wie bei der Hirschzunge,
aber breiter, etwas am Strunke herablaufend, und
am Ende in eine sehr stumpfe Spitze verengert;
aus der Mittelribbe laufen beiderseits schiefe Quer-
ribben aus, die von zwo Reihen Fructifications-
puncten begleitet werden. 5) *Acrostichum longifoli-
um* frondibus lineari-lanceolatis, acutis, integerrimis; sterilibus erectis, fertilibus spiraliter revolutis, aus Martinique, wo es auf Bäumen wächst.

Voß

Vollkommen lanzettförmig. Der Strunk in der frucht-
tragenden Pflanze fleisig, in der unfruchtbaren nakt.
6) *Asplenium sorbifolium*, frondibus pinnatis:
pinnis longe lanceolatis, acuminatis, crenatis,
aus Martinique. Der Strunk schwarz; die Blättchen groß, vollkommen lanzettförmig, deren
Mittelribbe die Seitenribben unter einem sehr
wenig scharfen Winkel abgiebt: jede zwo Seitenribben sind mit vielen bogenförmigen Querlinien verbunden, auf welchen die Fructificationen
sitzen. 7) *Arenaria liniflora.* Nur die Abbildung
davon. 8) *Eugenia periplocifolia* foliis integerrimis, acuminato - lanceolatis; pedunculis paniculatis axillaribus et terminalibus. Die Blüthenstiele gegenüber, dünne. Die Stielchen gegenüber; die Blätter gegenüber; die Blüthen klein
die Blumenblätter weiß. Ein Martinikisches
Bäumchen. 9) *Eugenia paniculata* foliis integerrimis ovatis obtusis; pedunculis paniculatis axillaribus et terminalibus, ein Martinikisches Bäumchen; die Blätter gegenüber, sehr kurzgestielt. Die
Blumen weiß. 10) *Laurus martinicensis* foliis
oblongis acuminatis venosis planis; racemis paniculatis. Aus Martinique. 11) *Viscum mucrosta-
chys* foliis lineari - lanceolatis; spicis exillaribus
filiformibus, aus Martinique, eine Schmarotzer-
pflanze; die Aehren 3—5 Zolle lang. (Die Blätter

Ee 4

sind,

sind, nach der Zeichnung, eher das, was man länglicht nennt: eine in die Länge gezogene Zeichnung eines Eyes). 12) *Chionanthus charibaea* foliis utrinque glabris, longe acuminatis; calycibus ciliatis, ein Baum auf Martinique. Die Blätter gegenüber. Die Blüthen in 3 ästigen Rispen; das Blumenblatt fast röhrenlos: die Stücke sehr lang, linienförmig. Die Linneische Bestimmung der Arten dieser Gattung tauge nicht viel, weil alle gerispete Blüthen haben; *Ch. virginica* habe glatte Kelche; *Ch. Zeylanica* unten zottige Blätter. 13) *Melastoma cinnamomifolia*, foliis subintegerrimis triplinerviis lanceolatis acuminatis. Die Blüthen zehnenärmig, in Trauben. Ein Martinikisches Bäumchen.

IV. Rev. Franc. Xav. Wulfen Plantae rariores carinthiacae.

Als eine Fortsetzung der schon im ersten Bande der Collectanea angefangenen Beschreibungen. 141) *Aconitum tauricum* caule subsimplice; racemo florum brevi compacto; galea humili, breviter rostrata, antrorsum repando-subfornicata; foliis nitentibus quinquepartitis; segmentis oblongis, latiusculis laciniatis; laciniis remote inciso dentatis. Schon Clusius habe diesen Sturmhut gekannt, und unter dem Namen *Aconitum Lycoctonum IIII. Tauricum* beschrieben; die Blühezeit daure vom Junius bis in den September, und die

Heimat

Heimat seien die Kärntischen Tauern. Die Blüthe sehr dunkelblau, fast schwarz veylenblau; der Helm niedriger als beim Napellus, vorwärts geschnabelt; Kapseln nur drei. Die ganze Blüthentraube kürzer als bei andern Arten des *Aconitum*, mit sehr gedrängt aneinander sitzenden Blüthen, ohne alle Blüthenblätter, nur kleine stützende Schüppchen am Grunde der Blüthenstiele. 142) *Arabis thaliana.* 143) *Artemisia glacialis,* sericeo villosa, incano virescens; foliis radicalibus subbipinnatis: pinnis foliisque caulinis subpalmato - tri - quinqueve partitis, lange petiolatis. Es sei wahrscheinlich, und fast gewiß, daß die beiden Artemisien bei H a l l e r Num. 125 und 126 einerlei Pflanze, und die gegenwärtige sey, die eine Bewohnerinn der höchsten Alpen ist, aber abändert a) mit sehr wenigen Blüthen, die am Ende des Stengels in eine Dolde gesammelt sind; b) mit grössern Blüthenhäuptchen, die einzeln am Ende und an den Seiten auf Stielen sitzen; c) mit ganz kleinen Blüthenhäuptchen in gestielten Dolben, die aus den Achseln hervorkommen. 144) *Cistus salvifolius,* subarborescens, exstipulatus; foliis oppositis petiolatis, oblongo ovatis rugosis, subcrenulatis, utrinque hirsutis; pedunculis florum longissimis, ante anthesin nutantibus; auf dem Karsch. Er ward schon von mehrern Schriftstellern beschrieben, die hier angeführt werden. 145)

Ee 5

Cam-

Campanula Zoisii, caulibus subtrifloris; foliis radicalibus ovatis, longe petiolatis; caulinis oblongo-obovatis, sessilibus. Sie wohnt auf den höchsten Felsen der Alpen, und blüht im August. Die Wurzel kriechend; die Stengel (mehrere aus einer Wurzel, und nicht alle blühend) 1—3 blüthig; die Blätter klein, die am Stengel gleichsam in einem Blattstiel herablaufend, aber eigentlich Saßblätter, die obersten kurz, linienförmig spitzig. 146) *Thlaspi praecox*, siliculis obcordatis; foliis carnosis, glabris, glaucis, subcrenulatis, in petiolum decurrentibus: caulinis sessilibus, semiamplexicaulibus, obtuse cordato sagittatis; petalis calyce longioribus. Gewiß von Th. montanum L. verschieden, wohin es Scopoli gezogen, und wofür es der Verf. selbst sonst gehalten hat. Stengel und Blätter graugrün, letztere zahlreich; die Wurzelblätter unten mit der Zeit bläulicht rothwerbend. 147) *Silene pumilio*, caulibus (lieber ramis) unifloris: floribus maximis; calyce subcoriaceo ventricoso, campanulato, hirsuto. Eine herrlich schöne Art dieser Gattung, aus den Kärnthischen Tauern, Der Verf. liefert keine Beschreibung dazu, weil er sie anderwärtig gegeben; wir wollen sie ersetzen, so viel wir aus der Abbildung lernen können. Der Stengel niederliegend, kriechend, mit den vertrockneten Resten der Blätter bedeckt, vielköpfig; die Aeste

kurz

kurz aus den Vertheilungen des Stengels (der eine
Wurzel vorstellt) wie Stengel aus einer vielköpfigen
Wurzel hervorkommend, unten mit den Resten abs
gestorbener Blätter bedekt, oben dicht mit liniens
förmigen, stumpfen Blättern besezt; die Blüthens
stiele aus den Enden, einzeln, einblüthig, fein steifs
borstig, mit kurzen lanzettförmigen Gegenblättern;
die Blüthe groß ansehnlich wie bei einem Rhodo-
dendrum; der Kelch roth, anfänglich walzenförmig,
endlich (wie der Fruchtknoten heranwächst) baus
chig aufgetrieben; die Blumenblätter rosenroth,
ausgeschweift: die Schuppen am Schlunde (Nectaria) linienförmig.   148) *Hieracium incarnatum,*
scapo multifloro; foliis radicalibus obovato-ob-
longis, repandodenticulatis hirsutis.   Der Schaft
rund, grün, aber älter nebst den Blüthenstielen
rothbraun, dünn, aber doch stark genug; die Halbs
blümchen blaßfleischroth: die Röhre weiß. 149) *Hot-*
tonia palustris.   150) *Satureja rupestris,* pedunculis solitariis, lateralibus bisdichotomis, secundis; foliis ovato-lanceolatis, serrulatis, subtus
foveolato-punctatis; ward auch schon vom Scopoli beschrieben, und abgebildet.   Die Blume nur
von der Länge der Röhre des Kelchs, weiß, am
Schlunde der Unterlippe rothgetropft. 151) *Satureja*
montana.   152) *Melissa grandiflora.*   153) *Salix*
Myrsinites; davon die gewöhnliche Bestimmung in
folgens

folgende deutlichere verändert wird. Salix foliis
petiolatis ovatis ferratis glabris fubtus reticulato-
venofis; capfulis nudis, pedunculatis, ex ovata
bafi in conum attenuatis. 153) *Salix phylicae-
folia*; auch hier der Charafter deutlicher fo: S.
foliis petiolatis ovato-lanceolatis glabris, margine
undulato ferratis, fupra viridibus fplendentibus,
fubtus halitu incano-glaucefcente obductis. 155)
Rhamnus pumilus. Die Blätter kurzgeftielt, eyr
förmig, feißig, nicht fowohl fägezähnig als gekerbt.
156) *Geranium argenteum*. 157) *Potentilla fub-
acaulis*; der verbefferte Character ift: P. foliis ternatis fubquinatifve, oblongo-obovatis, dentatis,
utrinque tomentofis, fericeo incanis; fcapis de-
cumbentibus; petalis emarginatis, flavis. 158)
Boletus fuaveolens. 159) *Boletus hirfutus*, acaulis, femicircularis, plano-convexus, albiffimus,
fupra hirfutiffimus, lineis concentricis alternis
depreffis: fubtus poris rotundato-angulatis. Weniger fleifchig als der vorige, nur etwa 5—6 Linien
hoch, ohne Geruch. 160) *Boletus odoratus*, acaulis, plano-convexus, fubpulvinatus, aurantia-
cus; fubtus flavus, halitu albido oblitus; poris
inaequalibus rotundato-angulatis, odore caryo-
phylli. An Fichtenftöcken im October. 161) *Sca-
biofa graminifolia*. 162) *Calla paluftris*. 163)
Echinophora fpinofa, davon der Linneifche Character

ter so verdeutlichet wird: E. caule ramoso diffuso;
foliis subbipinnatis; foliolis triquetris, spina tu-
bulata terminatis. 164) *Circaea alpina.* 165)
Alyssum gemonense. Die Wurzelblätter länglicht
eiförmig, fast in den Blattstiel hinablaufend: die
Stengelblätter viel kleiner, schmäler, sparsamer,
fast lanzettförmig; alle samt dem Stengel mit einer weißlichten Decke aus den in der Gattung
gewöhnlichen gestirnten Borsten bekleidet. 166)
Sisymbrium lippizense, siliquis declinatis bre-
vibus; foliis inferioribus pinnatis, summis in-
feriorumque foliolis integerrimis. Sehr ähnlich dem S. tenuifolium, aber höchst wahrscheinlich verschieden. Die Wurzelblätter und untersten
Stengelblätter sehr weitläuftig und nur einfach gefiedert mit 2—3. Blättchenpaaren, nur einem an
den höhern Stengelblättern; die Blättchen selbst
höchst einfach, schmal, vollkommen ganz, linienförmig verkehrt eiähnlich, die untern allmählich kleiner. Die Blume sattgelb. Die Pflanze ist auf
dem Karsch zu Hause. 167) *Sparganium natans.*
168) *Genista hispanica.* 169) *Genista sericea*
foliis lanceolatis, subtus sericeo villosis, ramis
teretibus, striatis, erectis; racemis paucifloris
secundis; bracteis calyce longioribus. Es sei
möglich, daß sie mit *G. florida L.* einerlei Art sei,
aber sie ist sehr zwergartig, und gleich vom Grunde

an áſtig, unb bie Stengel ſinb zahlreich, bünn unb
aufſtehenb, waß alleß bei G. florida anberß iſt.
170) *Geniſta humiſuſa*, bei welcher bie Linneiſche
Angabe ber Kennzeichen ſo veránbert wirb: G. foliis obtuſe-lanceolatis, per oras piloſo-ciliatis;
ramis in orbem proſtratis, ſtriatis, pubentibus;
floribus erectis, pedunculatis, interrupto-faſci-
culatis; leguminibus glabris. 171) *Polypodium
alpinum*, Hallerß Polypodium pinnis pinnarum
pinnatis, laxiſſime diviſis, lobulis obtuſis dentatis. Ein ſehr zarteß Gewáchß, baß nach ſeinem
Umriß lanzettförmig iſt, weitláufig unb wechſelſei-
tig breimal geſiebert: bie Bláttchen ber zweiten
Bláttchen linienförmig, an ber Spitze eingeſchnit-
ten. 172) *Tremella iuniperina.* 173) *Tremella clauariaeformis*, gelatinoſo-pulpoſa, gregaria,
ſimplex, compreſſo-ſubulata, ſubpyramidata, bi-
cornutave, aurantiaca. Auf Wachholberſtámmen
im April, bie ganz voll bamit geſpikt ſinb. Dieſe
unb bie vorige Art ſah ber V. einen Saamen in
Staubgeſtalt außſtreuen, wann ſie an ber Sonne
ſtanben. 174) *Byſſus cobaltiginea*, capillacea,
perennis, roſea; filamentis tenerrimis, arcte in-
tertextis, ſericei inſtar panni. Kallſteine bei Werfen ſinb ber Wohnort bieſeß Byſſus. Die Roſen-
farbe iſt ſtanbhaft. 175) *Lichen tauricus*, fru-
ticuloſus, decumbens, ſubcentrifugus, vage ſub-

ramo-

ramofus, niveus; caule ramulisque lacvibus, fi-
ftulofis, fubulatis, vom Rabſtädter und Raßfel-
der Tauern unter den Gebirgweiden zwiſchen Aſt-
moofen. Dem L. ſubulatus und L. cornutus ähnlich, aber er wächſt auf ſchwarzer Modererde, ohne ſchuppigen Grund, iſt ſtandhaft glatt, ohne
Mehlklümpchen, Becher, oder Schuppen, wächſt
buſchig gleichſam aus einem Mittelpuncte, und legt
ſich nieder. 176) *Lichen marmoreus*, Hallers
Lichen cruſta tenuiſſima inſeparabili ſubcarnea;
ſcutellis ſanguineis, ſubhirſutis, auf Kalkfelſen,
eine mehlige Rinde, deren Umriß, und die durch-
ſetzenden dunklern Streifen geſchlängelt ſind; ſtatt
der Schüſſeln kleine in den Stein gegrabene, ſchwarz-
rothe, mehlige Grübchen. 177) *Lichen coralli-
nus* leproſo-cruſtaceus, niveo-ſubcineraſcens,
effloreſcens in ſtipites ſimplices compoſitosque con-
fertim aggregatos, teretes, farctos, erectos, fine
convexos. Auf Felſen, die aus Steatite und fettem Quarze gemengt ſind. 178) *Lichen pertuſus.*
179) *Lichen cinereus;* viel Aehnliches mit L. pertuſus, nicht ſo ſehr an ſich ſelbſt, als weil leicht
eine kurze Beſchreibung des einen von dem andern
verſtanden werden könnte. Eine kalkartige Rinde,
von graulichter Farbe, auf welcher kleine ſchwarze
ziemlich gedrängte Warzen nur mit ihrem Mittelpuncte auffitzen, die endlich zu Schüſſelchen werden,

ben, die einen weiſſen, endlich fein gekerbten Rand
bekommen. 180) *Lichen albocoerulefcens*, lepro-
fus, cruſtaceus, continuus, impalpabilis, albus;
tuberculis tandem planatis, cinereo - coerulefcen-
tibus, margine annulari atro - circumfcriptis. Auf
Steinen. Eine der ſchönſten Flechten ihrer Familie.
181) *Lichen atro - albus.* 182) *Lichen atro - virens.* 183) *Lichen viridi - ater*, leprofos, cru-
ſtacco - papillofus, pallide e flavo virefcens; tu-
berculis tandem fubfcutellatis, atris. Auf Steinen. 184) *Lichen rigidus*, ward ſchon im zweiten
Bande der Mifcellanea auſtriaca beſchrieben; hier
wird nur die Abbildung nachgehölt, und der Character durch: L. imbricatus, foliolis teretibus
compreſſiufculis, ramulofo - multifidis, atris,
centrifugis; fcutellis hemifphaerico - concavis,
feſſilibus pedunculatisque, concoloribus. 185)
Lichen reticulatus, filamentofus, ramofiſſimus,
decumbens; filamentis tenerrimis, reticulatim
coadunatis, atris, opacis. Die höchſten Alpenfpitzen bringen biefe Flechte hervor, die ſie wie eine
Wolle überzieht. 186) *Lichen puſtulatus.* 187)
Lichen polyphyllus. 188) *Lichen ochroleucus.*
Schrebers *L. muralis.* 189) *Lichen olivaceus.*
190) *Lichen omphalodes. L.* Er iſt im feuchten
Zuſtande grün mit ſchwarzrothen Schüſſelchen, die
einen weißlichten Rand haben; trocken iſt er braun,

mit gleichfärbigen Schüſſelchen, die einen gleichfärs
bigen oder weißlichten Rand haben; er ist an den
Stämmen faſt aller Laub äume, aber nur in wenis
gen Floren. 191) *Lichen pulchellus*, foliaceus,
centrifugus, albo-cineraſcens, foliolis ſubpin-
nato-lobatis, ſubtus per oras crinitis; glomerulis centralibus pulverulentis cinereo - coerulefcen-
tibus obſitus; ſcutellis cinereis, albo-marginatis;
an Steinen. Die Schüſſelchen kommen äuſſerſt ſels
ten vor; unten iſt die Flechte ſchneeweiß. 192)
Salix fufca. 193) *Fumaria acaulis*, ſcapis nudis, foliorum longitudine; foliis pinnatis: pinnis trilobis, ein Sommergewächs des öſterreichis
ſchen Littorales; die Blüthen blaßgelb, ſchmal;
der Sporn krumm. 194) *Hypecoum littorale*, fi-
liquis articulatis, compreſſis, arcuatis; petalis integris; exterioribus longioribus, lineari ſpathulatis.
Aus den gleichen Gegenden mit der vorigen Pflanze.
Nur Wurzelblätter, die weitläuftig doppelt gefies
dert ſind, und gewiſſermaſſen denen einiger Dolbens
gewächſe ähnlich ſehen. Mehrere Schäfte aus derſelben Wurzel, alle ſehr dünne, mit einer Blüthens
dolde am Ende, die aber ſehr arm iſt; die Blumen
gelb. 195) *Spergula laricina.* Die Blätter ſind
mit klebrigen Zotten beſezt, und die Achſelblätter
bündelförmig. 196) *Agrimonia agrimonoides.* Sie
hat nur 6 — 8 Staubfäden. 197) *Vinca maior.*

Ff   Die

Die Pflanze unterscheidet sich sehr auffallend von V. minor durch ihre gestielten stumpf herzförmig eiähnlichen Blätter, deren Oberfläche filzig, der Rand, wie die Kelchstücke, haarig gefranzt ist. 198) *Lycopodium alpinum.* 199) *Buxbaumia aphylla.* 200) *Phascum muticum.* 201) *Phascum cuspidatum.* 204) *Bryum phascoides,* Dillens sphagnum acaulon minimum, foliis in centro ciliaribus. 205) *Bryum sphagnoides.* Dillens Sphagnum nodosum birsutum et incanum. 206) *Bryum recurvum,* Hallers (in den Opusc. bot.) Bryum capillaceum crebris per caulem capitulis. 207) *Bryum contortum,* Hallers Bryum-caule folioso, calyptra cylindrica, ciliata, longe aristata (also Leersia ciliata Hedw.) 208) *Fontinalis capillacea* L. 209) *Lichen flavovirescens,* leprosus, crustaceus, tener, ex flavo virescens; tuberculis lentiformibus triste luteis, auf Steinen. 210) *Lichen fusco-ater,* leproso crustaceus, farinaceus, obscure griseus; tuberculis lentiformibus, immarginatis, atris; auf Steinen und Bäumen. Er ward schon von Linne angezeigt; aber viel zu kurz bestimmt.

VI. Nicolai Iosephi Iacquin Syderoxylum.

Es gebe in beiden Indien eine Menge ganz verschiedener Bäume, die sehr hartes Holz haben, und daher von ihren Landsleuten den Namen Ei-

sens

ſenholz bekommen; welchen **Dillenius** zuerſt
auch in die Botanik eingeführt, und damit einen
Baum belegt hat, der bei **Linne** nun Syderoxy-
lom inerme heißt. **Linne** hat in der Angabe der
Kennzeichen dieſer Gattung ſehr gewankt, und iſt
bei den Arten, ſowohl in Angabe der Kennzeichen
als der Synonymien um nichts zuverläſſiger. Auch
ſeien die verſchiedenen bisher bekannt gewordenen
Arten ſo ſehr in ihrer Fructification abweichend,
daß es bisher, wenn ſie anders beiſammen bleiben
ſollen, unmöglich fällt, ſie von den Jacquinien, den
Arten des Chryſophillum, und andern verwandten
Pflanzen zu unterſcheiden; nur durch genaue Beſchreibungen der Arten könne man ſich in dieſem
Dunkel Licht ſchaffen, und in dieſer Abſicht wird
mit Beſchreibung viererlei Arten der Anfang gemacht, nachdem H. J. ſchon anderwärtig die Beſchreibungen des Syd. melanophleum und foetidiſſi-
mum gegeben hat.

Syd. mite, was **Millers** Syderoxylum mas
inerme iſt, kömmt vom Kap, hat eine braune
Rinde, lanzettförmige, geſpizte, ſteife, zahnloſe
Blätter, weiſſe Blumen. Der Kelch fünftheilig,
klein, wegſtehend: die Stücke vertieft, ſtumpf.
Die Blume einblättrig, radförmig: die Platten
lang, ſtumpf, vertieft. Kein Nectarium. Staubf. 5.
Fruchtkn. oben, rundlicht. Kein Griffel. Narbe einfach.

                    Syd.

Syd. inerme, des **Dillenius** Syderoxyli primum, dein Coriae Indorum nomine data arbor, kömmt vom Cap; hat eine aschenfärbige Rinde, stumpfe, länglicht verkehrt eiförmige, dicke, steife, glatte Blätter. Der Kelch und die Blume fast wie bei der vorigen Art; aber ein Nectarium aus fünf lanzetförmigen gespizten Schuppen, die mit den Blumenstücken abwechseln, und fast gleiche Länge haben. Der Fruchtknoten oben, eiförmig; der fadenförmige Griffel so lang als die 5 Staubfäden.

Syd. tenax, **Jacquins** Chrysophyllum carolinense, ändert ab mit und ohne Stacheln. Die Rinde braun. Die Blätter lanzettförmig, stumpf, vollkommen ganz. Die Blume weiß. Der Kelch 5—6 blättrig: die Blätter vertieft, stumpf, länglicht. Die Blume präsentirtellerförmig: die Röhre kürzer als der Kelch, die Platte 5—6 theilig; die Stücke länglicht, stumpf. So viel Schuppen des Nectariums, als Stücke des Blumenblattes, etwas kürzer als sie, und mit ihnen abwechselnd, lanzettförmig, oft dreispaltig. Staubfäden so viel als Blumenstücke, und auf sie hingelegt. Ein Griffel. Die Frucht eine Steinfrucht.

Syd. mastichodendron, des **Catesbey** Cornus foliis laurinis, fructu maiore luteo; Linné hat diese Art nicht. Die Blätter ziemlich langstielig, ganz. Der Kelch kurz, fünfblättrig; die Blätter

ter vertieft, stumpf wegstehend. Die Blume gelb, radförmig: die Platte fünftheilig: die Stücke eiförmig, vertieft. Fünf Schuppen des Nectariums mit den Blumenstücken wechselsweise, und um die Hälfte kürzer, pfriemenförmig, wegstehend. 5 Staubfäden. Der Fruchtknoten spizt sich in einen pfriemenförmigen Griffel. Eine Steinfrucht.

VII. Nicolai Host Cimex Teucrii.

Die Wanze wohnt auf Teucrium supinum (Reaumür, der sie ebenfalls gekannt hat, fand sie auf Teuc. Chamaedrys), hat mit C. pyri, und C. cardui, die man bei Fabricius unter den Acanthien suchen muß, ungemein viel Aehnliches, scheint aber eine eigene Art zu seyn, unterscheidet sich aber von beiden durch folgende Kennzeichen, die wir aus der Vergleichung dieser Wanze mit den übrigen ihrer Gattung abstrahiren.

Acanthia Teucrii, membranacea fuscocinerea; corporis margine omni albo nigroque variegato; thoracis scutelllque carinis longitudinalibus tribus; antennarum articulis duobus nigricantibus.

Man hat sie gegen den Anfang des Augusts in den monstros gewordenen Blüthen zu suchen. Die Larve ist lang, kegelförmig, roth, mit weissen Fühlhörnern, Füßen, und Flügelrudimenten.

 VIII.

VIII. Nicolai Iosephi Iacquin obfervationes botanicae.

201) *Helonias pumila.* Neu, aus Carolina.
Die Blume weiß; die Blätter lang lanzettförmig,
vollkommen ganz: die Mittelribbe kielförmig. 202)
Agave virginica. Die Blumen grün; die Blätter
dik, nervenlos, am Rande knorpelig gezahnt,
aber so fein, daß das freie Auge die Zähne kaum
sieht. 203) Neu, aus Guinea. Die Blätter gefiedert; die Blättchen unten geadert, oben schwarz-
grün, mit weißgrünem Mittel; der Stengel aufrecht; die Blüthentraube sehr lang, walzenförmig;
die Blumen erst roth, dann blau; die Hülse geglie-
dert hin und wieder gebogen. 204) *Albuca altiffima*, schon von Dryander in den schwedischen
Abhandl. unter dem Namen Albuca (altiffima) petalis interioribus apice glandulofis inflexis, foliis fubulatis canaliculato - convolutis. 205)
Ophrys cordata. 206) *Ipomaea luteola.* Neu,
aus Amerika, die Blätter herzförmig, weitläuftig
gezahnt; die gemeinschaftlichen Blüthenstiele aus
den Blattwinkeln einzeln, gablich, dann träubig
und fast vierblüthig. Die Blume lang trichterför-
mig, gelb. 207) *Orchis variegata.* Von Haller num. 1275. beschrieben. 208) *Orchis militaris.* Von Haller num. 1277. beschrieben. 209)
Aftragalus exftavus, aus Ungarn und Thüringen.

Die

Die Blumen gelb. 210) *Celsia linearis.* Neu; der Kelch fünfblättrig; die Blumenplatte unregelmäſſig, roth, Staubf. nur 4. Folia terna (ternata?), lanceolato-linearia. 211) *Conza carolinenſis.* Neu; ein Bäumchen aus Carolina. Der Stamm glatt, die jüngern Zweige filzig; die Blätter länglicht lanzettförmig, vollkommen ganz, beiderſeits filzig. 212) *Pteris caudata* L. 213) *Myrica ſegregata.* Neu; aus Amerika; ein Strauch. Die Blätter schmal lanzettförmig, vollkommen ganz; die Beere blau. 214) *Althaea narbonenſis.* Neu; der Stengel und die Adern der Rüfſeite der Blätter von geſtirnten Haaren grau; die untern Blätter fünflappig, ſtumpf; die obern dreifingerig: die Stücke lanzettförmig. 215) *Dolichos gladiatus.* Der Stengel windet ſich; die Blüthenſtiele aus den Blattwinkeln dichttraubig; die Hülſe an der innern Nath mit vier Rändern. 216) *Convolvulus crenatus.* Neu; aus Peru. Der Stengel windet ſich; die Blätter länglicht herzförmig mit einer wehrloſen Stachel; die Blume weiß, am Rande gekerbt. 217) *Gomphrena braſilienſis.* Die Blüthen weiß; die Blüthenhäuptchen einzeln und gehäuft; die Blätter lanzettförmig, vollkommen ganz, ſpitzig. 218) *Celoſia virgata.* Neu; ſtrauchartig; die Blätter ſpatelförmig, ſpitzig, vollkommen ganz; die Blattanſätze ſichelförmig; die Blüthen grünlicht in Aeh-

neu

neu Aehren aus den Achseln und an den Enden; die Narbe dreitheilig. 219) *Ipomoea leucantha*. Neu; aus Amerika. Die Blätter herzförmig, vollkommen ganz; der Kelch mit Haaren gefranzt; die Blüthenstiele einzeln aus den Blattwinkeln, einblüthig. 220) *Clitoria brasiliana*. 221) *Passiflora lutea*. 222) *Aeschynomene Sesban*. 223) *Solanum peruvianum*. 224) *Solanum virginianum*. 225) *Solanum lanceaefolium*. Neu; aus Südamerika. Der Stengel perennirend, holzig, sehr dornig; die Blätter lanzettförmig; die Blüthentrauben aus den Achseln; die Blumen weiß. 226) *Solanum carolinense*. 227) *Solanum nodiflorum*. Neu; aus der Morizinsel. Ein wehrloser Strauch; die Aeste fast gablich, rundlicht, an den Abtheilungen knotig. Die Blätter eiförmig, spitzig, vollkommen ganz; die Blüthen in Dolden, aus den Knoten der Aeste unter den Blättern. Die Beeren schwarz. 228) *Cynanthum carolinense*. Neu. Der krautartige Stengel windet sich; die Blätter länglicht herzförmig, oben etwas zottig, unten rauh. Die Blätterstiele einzeln aus den Winkeln der Blätter; die Blüthen fast in Dolden; die Blumen braun. 229) *Asclepias citrifolia*. Die Blätter gestielt, gegenüber; die Dolde am Ende; die Stengel krautartig einfach, aufrecht. Die Blüthen wie bei A. corassavica. 230) *Calea aspera*. Neu; aus Südamerika. Die Stengel

Stengel viereckig; die Blätter gegenüber, gestielt, ungleich sägezähnig, fast breynervig ; die Blüthen= stiele lang, einfach, ober armästig; die Saamen= krone hinfällig. 231) *Galega capensis.* Neu; die Blüthentrauben den Blättern gegenüber, armblü= thig; die Blätter mit 4 — 5 Blättcheupaaren ge= fiedert; die Hülsen gerade, linienförmig, runb; die Blumen roth. Ein Halbstrauch. 232) *Sanicula marilandica.* 233) *Mesembryanthemum cordifoli- um.* 234) *Gnaphalium eximium.* 235) *Kiggella- ria integrifolia.* Neu. Der *Kiggellaria africana* vollkommen ähnlich, auch in der Blüthe, nur daß *K. afric.* sägezähnige Blätter hat, und *K. integrif.* vollkommen ganze. 236) *Ipomoea pentaphylla.* 237) *Coreopfis limenfis.* Neu, ein Halbstrauch. Die Blätter breit eiförmig, fast dreinervig, beiders seits filzig, gestielt. 238) *Mimosa tamarindifolia.* 239) *Verbena prifmatica.* 240) *Salvia pfeudo- coccinea.* Der *S. coccinea* so ähnlich, wie ein Ei dem andern, aber ein Halbstrauch, und die Blätter eiförmig. 241) *Gladiolus gramineus.* 242) *Poa ficula.* Die Aehre zweizeilig, flach zu= sammengedrukt. 243) *Allium fuaveolens.* Neu: aus Oesterreich. Der Bollen wie bei der gemeinen Zwiebel; von der Dicke des kleinen Fingers, und länglicht; der Schaft blattlos; die Wurzelblätter linienförmig, spitzig, etwas dik, rinnenförmig; die

Ff 5

Scheibe

Scheide zweiklappig; die Blüthen wohlriechend.
244) *Cyperus alternifolius.* 245) *Hibiscus diver-*
sifolius, aus Ostindien; ein neuer Baum. Die untersten Blätter fünflappig, die obern dreilappig,
die obersten ungetheilt, lanzettförmig, sägezähnig;
der Stamm feinzottig, dornig; die Blüthenstiele
einbläthig, aus den Blattwinkeln; die Blumen
schwefelgelb: am Grunde schwarzblutroth. 246)
Ledum latifolium. Neu; die Blätter eiförmig,
an den Seiten zurükgerollt. Nur 5 Staubfäden.
Bei einigen Blüthen fehlt allenthalben ⨯. 247) *Eu-*
phorbia angulata, sehr ähnlich der E. dulcis, aber
der Stengel gestreift eckig, und nur am Grunde rund.
248) *Euphorbia ferrata.* 249) *Malpighia coccige-*
ra. 250) *Agave foetida.* 251) *Ornithogalum*
comofum. 252) *Ornithogalum caudatum.* Neu;
die Staubfäden wechselsweife breiter am Grunde;
die Traube lang; die Blüthenblätter vertrofnet, um
die Hälfte kürzer als die Stielchen; die Blume beiderseits grünlicht mit milchweissem Rande. 253)
Ornithogalum fuaveolens. Vom Kap; neu. Die
Traube arm, weitläufig; die Blüthenblätter so lang
als die Stielchen, mit dem Schafte gleichfärbig;
die Blumen beiderseits grün mit gelbem Rande. 254)
Ornithogalum tenellum. Vom Kap; neu. Die
Staubfäden alle pfriemenförmig; die Trauben arm,
weitläufig; die Blüthenblätter um die Hälfte kürzer

als

als die Stielchen; die Blumenblätter weiß, auſſen
mit einem grünen Streifen; die Blätter sehr schmal,
rinnenförmig.   255) *Ornithogalum pyramidale.*
Iſt in Portugall zu Hauſe, er trägt aber die Wie-
neriſchen Winter im Freien.   256) *Ornithogalum
latifolium.*   Eine Arabiſche und Aegyptiſche Pflanze, die doch die harten Winter zu Wien ſehr gut
aushält.   257) *Mesembryanthemum cuneifolium.*
Die Blumen blaßroth; die Blätter keilförmig lanzett-
ähnlich uebſt der ganzen Pflanze mit Waſſerblaſen
beſäet.   Es kömmt vom Kap.   258) *Tragopo-
gon capensis.*   Die Kelche achtblättrig; die Kelch-
blätter am Rücken rauh; die Blätter holzſägeför-
mig, ſtachlichgezahnt.   259) *Iris Xiphium.*   260)
Iris variabilis; kleiner als die vorige, und viel
ſchmalblättriger.   261) *Iris virginica.*   262) *Lachenalia punctata.*   Vom Kap; neu.   Der Kelch
fehlt; die Blumen röhrig, ſechsblättrig: 3 Blumenblätter mehr auſſen, am Grunde mit den 3 innern
zuſammengewachſen; alle weiß, mit rothen Puncten.
263) *Euphorbia Nicaensis Allion.*   264) *Chenopodium caudatum.*   Aus Guinea; neu.   Die
Blätter rautenförmig elähnlich, ſtumpf, zuweilen
ausgerandet, vollkommen ganz; die Blüthentraube
am Ende, lang, einfach äſtig mit gehäuften ſtiel-
loſen Blüthenknaueln. 265) *Echium glaucophyllum.*
Neu; vom Kap.   Ein Strauch.   Die Blätter bei-
der-

berseits glatt, am Rande feinstachlig gefranzt. Die Blumen blaulicht, etwas purpurfärbig. 266) *Andromeda mariana.* 267) *Geranium scabrum.* 268) *Samyda serrulata.* Keine Staubfäden; 18 Staubbeutel. 269) *Hedysarum vespertilionis.* 270) *Solanum diphyllum.* 271) *Budleja capitata.* Neu. Die Blätter lanzettförmig, gespizt; die Blüthen kopfförmig. 272) *Galega cinerea.* Aus Jamaica. 273) *Verbena mutabilis.* Neu; aus Amerika. Nur zween Staubfäden; die Aehren fleischig, blattlos, sehr lang, mit einem Blüthenansaße unter jeder Blüthe; die Blätter eiförmig, sägezähnig, am Blattstiele herablaufend; ein Strauch. 274. *Piper umbellatum.* 275) *Rhamnus volubilis.* 276) *Sida palmata.* Cavenil. 277) *Elymus Hystrix.* 278) *Poa ciliaris.* 279) *Enphorbia literata.* Dauert die Winter aus. Die Dolbe fünfstralig; die Stralen tragen dreistralige kleinere Dolben; und diese lezten Stralen ein Blüthenpaar; die Blätter stiellos, lanzettförmig, feinsägezähnig: die untersten mit einem braunen V förmigen Flecke; die Umschlagsblätter der kleinern Dolben deltaförmig. Der Fruchtknoten glatt. 280) *Eupatorium myosotifolium.* Neu; aus Amerika. Die Blätter lanzettförmig, stumpf, beiberseits zottig, abwärts lang herab verschmählert. 281) *Trichosanthes foetidissima.* Neu; aus Guinea. Die Früchte aus einem runden

Grunde

Grunde pfriemenförmig; pelzig; die Blätter länglicht herzförmig, klebrig, beiderseits behaart. Die
Pflanze stinkt wie faules Fleisch. 282) *Bupleurum
arborescens.* Der Stamm holzig, aufrecht, doch
schwach. 283) *Leyferagnaphalodes.* 284) *An-
dropogon barbatus.* 285) *Chenopodium guincenfe.*
Aus Guinea; neu. Die Blätter gestielt, dünne,
deltaförmig eiähnlich, scharfbuchtig gezahnt; die
Trauben ästig, an den Enden und in den Blattwinkeln. 286) *Cacalia villofa.* Vom Kap; neu.
Die Stengel krautartig, gestreift; die Blätter lei-
erförmig, etwas dik; die obern spitzig, lanzettförmig, sägezähnig eingeschnitten. 287) *Galega filiformis.* Neu, aus Amerika. Die Blüthenstiele
aus den Blattwinkeln; die Blüthen zu dreyen; die
Blätter dreifingerig; der Kelch gefärbt. 288) *Galega longifolia.* Neu; aus Amerika. Die Blüthenstiele aus den Blattwinkeln; die Blüthen paar-
weise; die Blätter dreifingerig, das mittlere Blättchen länger. 289) *Malachra alceaefolia.* Neu;
aus Martinique. Die Blüthen kopfförmig, gestielt;
die Blätter fünflappig, mit herzförmigem Grunde.
Die Blume gelb. 290) *Malachra fafciata.* Neu;
von Karaccas. Die Blüthen kurzgestielt, kopför-
mig; die Blätter langstielig, sägezähnig: die untern 5, die obern 3 lappig; der Stengel zwischen
den Aesten mit Bandstreifen. 291) *Dracaena termina-
lis.*

lis. 292) *Geranium ovatum* (gehört unter die Familie der *Gerania myrrhina*). Die Blüthenstiele 1 — 3 blüthig; die Blätter länglicht, stumpf, ungleich und stumpf sägezähnig. 293) *Portulaca quadrifida.* 294) *Indigofera dendroides.* Ein neues bäumchenähnliches Sommergewächs aus Guinea. Die Blätter gefiedert: die Blättchen länglicht; die Blüthentrauben vielblüthig; die Hülsen walzenförmig, gerade; der Stengel einjährig. 295) *Indigofera hendecaphylla.* Ein anderes neues Sommergewächs aus Guinea. Die Blätter mit eilf Blättchen ungepaart gefiedert; die Blüthenstiele vielblüthig; die Hülsen vierkantig, gespizt hangend. 296) *Indigofera hirsuta..* 297) *Philanthus speciosa.* Neu. Der Stamm baumartig; die Blätter gepaart gefiedert, blüthentragend; die Blättchen wechselseitig, lanzettförmig; die Frucht eine Kapsel. 298) *Euphorbia pilulifera.* 299) *Cassia fensitiva.* Neu; aus Jamaika (sie gehört in die Familie der Sennen). Die Blätter mit 4 — 5 Blättchenpaaren gefiedert: die Spule hohlkehlig; eine gestielte cylindrische Glandel zwischen jedem Blätterpaare; die Blüthenstiele vielblüthig; die Hülse gerade, zusammengedrükt, zottig, erhaben punctirt. 300) *Dioscorea villosa.* 301) *Dioscorea triphylla.* 302) *Galaxia graminea.* 303) *Ipomoea angustifolia.* Neu; aus Guinea. Die Blüthenstiele einzeln

jeln aus den Blattwinkeln, einblüthig; die Stengel fadenförmig, schwach, kaum ästig; die Blätter
linienförmig. Die Blumen gelb. 304) *Ornitho-*
galum maculatum. Neu, vom Kap. Die Staubfäden alle pfriemenförmig; die Blumenblätter gelb,
wechselsweise breiter und braun gefleckt; die Wurzelblätter linienförmig, hohlkehlig. 305) *Melochia*
caraccasana. Neu. Die Blüthen in gestielten Häupt-
chen; die Blätter herzförmig, beiderseits filzig; der
Stamm aufrecht. Ein Strauch. 306) *Gladiolus*
carneus. Neu, vom Kap. Die Blätter degenför-
mig; die Aehre arm-(4) blüthig, abwechselnd zwei-
seitig; das oberste Blumenstük das breiteste, das
entgegengesezte das schmälste. Die Blume fleisch-
roth. 307) *Guilandina Moringa.* Die Frucht ist
eine breischalige, sehr lange dreieckige Kapsel, die
von den Saamen aufgetrieben und hockerig wird;
sie ist einfächerig. Die Saamen einreihig, in der
Axe der Kapsel.

Wir fühlen wohl, daß diese Anzeige ein wenig
weitläufig ausgefallen; aber bei einem so reichhaltigen Buche konnten wir unmöglich kurz seyn; und
vielleicht verdienen wir sogar von jenen, die dieses
kostbare Werk selbst besitzen, einigen Dank für die
Auszüge, die wir davon geliefert haben.

L.

L.

Aanhangſel van het Werk, de nitlandſche Kapellen, voorkommende, in de drie waereld-
deelen Aſia, Africa en America, door den
Aeere Pieter C r a m e r, vervattende naauw-
keurige Afbeeldingen van ſurinamſche Rupſen
en Poppen; als mede van veèle zeldzaame en
nieuwe ontdekte nitlandſche Dag en Nagt - Kapellen.   By een verzameld en beſchreeven door
Caſper Stoll, lid van het Natuurönderzo-
kend genoodſchap te Halle.   Ouder deſzeliſ
öpzigt allen naar het leven getekend, in het
koper gebragt en met natuurlyke koleuren
afgetekend. — Supplément à l'ouvrage, intitulé les Papillons exotigres, des trois parties du
monde l'Aſie, l'Afrique et l'Amerique, par Mr.
Pier re C r a m e r contenant les figures exaĉtes des
chenilles et de chryſalides de Suriname, com-
me celles des pluſieurs rares et nouvellement
decouvertes Pappillons et Phalênes, raſſam-
blées et decrites par Mr. C. St o l l, Membre
de la ſocieté des contemplateurs de la nature à
Halle et ſous ſa direĉtion déſinées d'après la
vie

vie et milles en cuivre avec leurs couleurs na-
turelles.   à Amsterdam, chés S. I. Baalde.
MDCCLXXXVII. 1ſtes Heft 42. S. ohne
die Vorrede, mit 8 ausgemahlten Kupfertafeln.   in gr. 4.

Da wir von exotiſchen Raupen, auſſer fünf oder
ſechs Gattungen, welche uns die Marianin bekannt
gemacht hat, weder Abbildungen noch Nachrichten über ihre Verwandlungsgeſchichte haben, ſo
müſſen wir die von Hrn. Stoll unternommene Arbeit als ein ſehr angenehmes und wichtiges Ge-
ſchenk erkennen, welches jeden Liebhaber der Entomologie, der ſeine Sammlung nicht blos zum An-
ſchauen beſitzet, ſondern ſich auch zugleich die Verbindung der Familien zum Studium macht, auſſer-
ordentlich intereſſiren muß.

Die von Hrn. Stoll in Abbildung gelieferten
Raupen ſind von einem Liebhaber der Entomologie
bei einem mehrjährigen Aufenthalte in Surinam gezogen, gezeichnet und einem Freunde und Gönner
des Hrn. Stoll zugeſendet worden.

Der Inhalt dieſes Hefts iſt folgender.

I. Tafel 1te Figur Raupe und Puppe des Pap.
Eques Tr. Amoſis. (Cramer 3 Th. Tab. 269. Fig.
A. B.) Die Raupe hat gleich jener des Pap. Ma-

chaon

chaon die zweihörnerförmigen Werkzeuge am Kopfe
als das Kennzeichen der Raupe der Ritterpapilions;
sie lebt auf den Zitronenbäumen in Surinam; in
14 Tagen entwickelt sich der Schmetterling. 2te Fi=
gur: die Raupe des P. E. Tr. Anchises (Cramer IV.
Th. tab. 348. fig. C. D. (Hrn. Stoll sezt das Wort
Mále Männchen hier bei, welches Rezensent, da die
Raupen bekanntlich geschlechtslos sind, nicht ver=
stehen kann). Sie hat eben die karakteristische Werk=
zeuge wie vorhergehende, mit welcher sie auch ei=
nerlei Aufenthalt gemein hat. 3te Figur: Raupe
und Puppe des P. Helicon. Calliope (Cramer.
3ter Th. tab. 246. fig. C.) 4te Figur: die Raupe von
dem P. H. Euterpe (Cramer 3ter Th. tab. 246. fig.
D.) Sie wohnt auf dem Pisang (Musa Linn.) die
Entwiklung des Schmetterlings aus der Puppe ge=
schieht in 9 Tagen. 5te Figur: die Raupe des P.
H. Amphione. (Cramer 3ter Th. tab. 232. fig. E:
F.) Sie wohnt auf dem Cacaobaum; die Entwik=
lung geschiehet in 10 Tagen. 6te Figur: Raupe
und Puppe des P. H. Thalia (Cramer 3ter Th. tab.
246. fig. a.) 7te Figur: Raupe und Puppe des Pap.
nymphal. phalerat. Vanillae. (Cramer 3ter Th.
tab. 214. fig. A. B.) sie wohnt auf der Granadilla,
fructu citriformi, foliis oblongis Tournefort.
Eine dieser Raupen verpupte sich bei ihrem Beobachter
am 28ten Mai, und am 1ten Junius kroch schon der

Schmet=

Schmetterling aus. 8te Figur: Raupe des P. h.
ph. Eupalemon. Cramer 2ter Th. tab. 143. fig. B.
C.) sie wohnt auf dem Tamarindenbaume.

II. Tafel. 1te Figur: die Raupe, Puppe und
der Schmetterling. P. Eques argonauta Fabius.
(Cramer 1ter Th. tab. 90. fig. C. D.) Sie wohnt auf
der Pfefferpflanze. (elle se nourrit des feuilles de
la plante *Piperis*) die Entwiklung geschieht in 11.
Tagen. (Rezensent würde Anstand nehmen, diesen
Schmetterling zu den Rittern zu rechnen). 2te Figur: Raupe und Puppe des P. E. A. Petreus (Cramer 1ter Th. tab. 87. Sulzer tab. 13. fig. 4. P. E.
Ach. Peleus). Sie lebt auf dem Cachoubaum. 3te
und 4te Figur: Raupe und Puppe des P. n. ph.
Dirce (Cramer 3ter Th. tab. 212. fig. C. D.) Sie
lebt auf der Caſſavepflanze. (daß aus der Raupe fig.
3. der weibliche und jener fig. 5. der männliche Falter entstehen solle, bedörfte doch wohl noch einer
nähern Bestätigung; Rezensent hält es noch zur Zeit,
bis eine lange Reihe von Erfahrungen es näher bestätiget, für einen bloßen Zufall, wenn auch dieses
ein paarmal sollte zugetroffen haben, und betrachtet
beide Raupen als bloſe Varietäten, deren wir auch
in Europa mehrere antreffen. Gleiche Bewandt-
niß mag es auch oben mit der Raupe des Pep, an-
chis. haben.)

Gg 2

III.

III. Tafel. 1te Figur: Raupe und Puppe des P. Dan. cand. Marcellina. (Cramer 2ter Th. tab. 163. fig. A. B. C. Pap. Sennae.) Sie wohnt auf den Zitronen= und Kassienbäumen. 2te Figur: Raupe und Puppe des P. n. g. Sophorae (Cramer 3ter Th. tab. 253. fig. A. B. C.) auf den Kakao = und Kokosbäumen. Die Entwiklung geschiehet in 14 Tagen. 3te Figur: Raupe und Puppe des P. n. g. Cassiae (Cramer 2ter Th. tab. 105. fig. A. B.) auf den Kassienbäumen. 4te Figur Raupe und Puppe des P. n. g. Berecynthia (Cramer 2ter Th. tab. 184. fig. B. C.) wohnt auf den Kakaobäumen. Die Entwiklung geschiehet in 12 bis 14 Tagen.

IV. Tafel 1te Figur: Pap. n. ph. Liriope mit Raupe und Puppe. (Cramer 1ter Th. tab. 1. fig. C. D.) wohnt auf Wiesen an kleinen weissen Blumen. 2te Figur: Raupe und Puppe des Pap. Dan. cand. Lyncida. Cramer 2ter Th. tab. 131. fig B.) wohnt auf der Baumwollenstaude. Die Entwiklung geschiehet in 9 Tagen. 3te Figur: Raupe und Puppe des Pap. n. ph. Neaerea (Cramer 2ter Th. tab. 75. fig C. D.) wohnt auf dem Kaffeebaume. Die Entwiklung geschieht in 9 Tagen. 4te Figur: Raupe und Puppe des Pap. n. g. Ariadne (Cramer 2ter Th. tab. 180. fig. E. F.) wohnt auf Zitronen= bäumen. Die Entwiklung geschieht in 13 Tagen. 5te Figur: Raupe und Puppe des Pap. pleb. rur.

Endy-

Endymion. (Cramer 3. Th. tab. 244. fig. C. D. E. F.) wohnt auf der Granadillapflanze. 6te Figur: Raupe und Puppe des Pap. pleb. rur. Cupido. (Cramer 2. Th. tab. 164. fig. D. E. F. G.) wohnt auf den Zitronenbäumen, läßt sich aber auch mit den Blättern des Baumwollenstrauches nähren.

V. Tafel. 1te Figur: P. n. g. Chloë. 2te Figur: Pap. pl. rur. Gelon. 3te Figur: Pap. pl. rur. Philanthus. 4te Figur: Pap. pl. rur. Teleclus. 5te Figur: Pap. pl. urb. Archytas. 6te Figur: P. n. g. (?) Titea (Rezensent würde diesen Falter eher zu den Plebeiern rechnen) sämtlich aus Surinam.

VI. Tafel 1te Figur: Raupe und Puppe des Pap. E. Argon. Arcesilaus. (Cram. 4. Th. tab. 294. fig. A — D. wohnt auf dem Zuckerrohr. Entwickelt sich in 11 Tagen. 2te Figur: Raupe und Puppe des Pap. E. Arg. Leonidas. (Cramer 4. Th. tab. 388. fig. C--F.) wohnt auf dem wilden Pflaumenbaume. 3te Figur: Raupe des Pap. n. ph. odilia. (Cram. 4. Th. tab. 329. fig. C. D.) wohnt auf der Kassarnpflanze (Iatropha manihot L.) 3te Figur: Raupe und Puppe des Pap. n. ph. Erefimus. (Cramer 2. Th. tab. 175. fig. g. H.) wohnt auf dem Guajacenbaum. 4te Figur: Raupe des Pap. n. ph. Obrinus. (Cram. 1. Th. tab. 49. fig. E. F. 4. Th. tab. 388. fig. C. D.) auf den Zi-

 tro-

tronenbäumen. Entwickelt sich in 10 Tagen. 6te Figur: Raupe und Puppe des Pap. n. ph. Aceste. (Cramer 2. Th. tab. 121. fig. E. F.) wohnt auf dem Kakaobaume. 7te Figur: Raupe und Puppe des Pap. pl. rur. Crotopus. (Cramer 4ter Th. tab. 336. fig. E. F. tab. 390. fig. G. H.)

VII. Tafel. 1te Figur: Raupe und Puppe des Pap. n. ph. Mermeria. (Cramer 1. Th. tab. 96. fig. B. 4. Th. tab. 299. fig. E. F.) wohnt auf Pomes ranzenbäumen. Entwickelt sich in 14 Tagen. 2te Figur: Raupe und Puppe des Pap. pl. urb. *Apastus*. (Cram. 2. Th. tab. 3. fig. D. E.) wohnt auf dem Baumwollenbaume. 3te Figur: Raupe und Puppe des Pap. pl. urb. *Acastus*. (Cramer 1. Th. tab. 41. fig. C. D. 3. Th. tab. 199. fig. E.) wohnt auf dem wilden Pflaumenbaume. 4te Figur: Raupe und Puppe des Pap. pleb. urb. Fulgerator. (Cram. 3. Th. tab. 284. fig. A. B.) wohnt auf den Zitronenbäumen. 5te Figur: Raupe und Puppe des Pap. pleb. urb. falatis. (Cram. 4. Th. tab. 393. fig. E.) wohnt auf der Batataspflanze (convolvulus Batatas L.) 6te Figur: Pap. pleb. urb. Menes samt Raupe und Puppe. (Cramer 4. Th. tab. 393. fig. H. I.) wohnt im Grase. Die Entwiflung aus der Puppe geschiehet in 5 oder 6 Tagen.

VIII.

VIII. Tafel. 1te Figur: Pap. pleb. urb. Bromius mit Raupe und Puppe. Jene wohnt auf einer Gattung des folani, welche die Landeseinwohner Maçai nennen. 2te Figur: Raupe und Puppe des Pap. pleb. urb. Euribates. (Cramer 4. Th. tab. 393. fig. D.) wohnt auf dem wilden Zitronenbaume. 3te Figur: Phal. Vincentiata. 4te Figur: Phal. Iulianata. 5te Figur: Phal. Hubneriana. 6te Figur; Phal. Striatalis. 7te Figur: Phal. renaudalis. Diese 4 Phalänenarten sind von Herrn Renaub, Doktor der Arzneifunde in Curinam entdecket worden.

LI.

Observations sur la physique, sur l'histoire naturelle, et sur les arts etc. par M. l'Abbé Rozier, par M. Monyez le jeune, et par M. de la Métherie etc. Tome XXXIII. et XXXIV. 1788--1789. Paris au bureau de Journal de physique, rue serpente.

S. 24. *Volcan de la Trevaresse plus connu sous le nom de Volcan de Beaulieu; par M. de Joinville.*

Zuerst eine Beschreibung dieses ausgelöschten Volkans, nebst einem Verzeichniß der volkanischen Pro-

dufte

dukte desselben (im ersten Theile dieser Abhandlung)
dann die Theorie von der Entstehung dieses Volkans (im zweiten Theile derselben).

Nur auf dem Hügel von Trevaresse gegen
Nordwest, zwo Meilen und eine halbe von Ais finde
man Spuren eines ausgelöschten Volkans; der übrige Theil des Hügels, und die ganze Gegend bestehe
aus Kalkstein, Thon, Gips, fossilen Muschelschalen, und Stücken von versteinerten Hölzern. Aus
der ganzen Beschreibung ergiebt sichs, daß das
Meer über dieser ehedessen ganz volkanischen Gegend müsse gestanden seyn. Auf der höchsten Spitze
des volkanischen Hügels findet man auch Anzeigen
eines alten Kraters. Die volkanischen Produkte
daher sind: 1) Eine dichte graue, vom Magnet anziehbare Lave, von feinem Korne, sehr
gleichartig, hat einen thonigen Geruch, und sieht
wie Hornstein aus. 2) Porphyrartige Lave.
Die Grundmasse ist die vorige Lave mit eingemischten weissen, zum Theile rhomboidalischen weissen
Flecken. 3) Granitartige Lave aus Feldspat,
Schörl, Glimmer und vielleicht auch Quarz, der
aber nicht deutlich zu unterscheiden ist. Alle diese
Theile sind gar sehr verändert worden, obschon sie
keine Spur von Verglasung zeigen. Der ganze
Felsstein hat das Ansehen eines kleinkörnigen, etwas löcherigen Granits. 4) Eine löcherige Lave.

Man

Man findet sie in der niedrigsten Gegend des volkanischen Hügels. Einige der Zellen dieser Lave sind
leer, andre sind mit einem gelben Ocher angefüllt.
Die meisten sind mit kristallisirtem Kalkspate bekleidet. (Der Verfasser glaubt hier, wie uns deucht,
irrig, die Kristallisation dieses Kalkspaths sei auf
trockenem Wege durch das Feuer geschehen.) 5)
Volkanischer Thon von verschiedenen Farben.
6) Thon mit eingemischten Blättchen von Kalkspath. Hierinn findet man Stücke von versteinkohl-
tem Holze. 7) Schwarzer Glimmer in sechsseitigen Tafeln. 8) Schwarzer volkanischer Schörl.
9) Volkanisches grünes Glas. 10) Pechstein
mit einer thonigen Kruste bedekt, mit Flecken von
Jaspis und Kiesel, die am Stahle Feuer geben.

S. 37. *Sur les clavicules et sur les os claviculaires, par. M. Vic. d'Azyr.*

Herr Vicq d'Azyr hat auch an vielen derjenigen vierfüßigen Thieren Schlüsselbeine entdekt, bei
welchen vor ihm noch kein Zergliederer dieselbe bemerkt hat. Sie sind aber darinn von den bis hieher beschriebenen verschieden, daß sie viel kürzer, unregelmäsiger und in der Dicke der Muskeln verborgen, und zum großen Theile ligamentös sind: daher er selbige bei einigen Arten Schlüsselbeinähnliche Knochen (os claviculaires) genennt.

Wenn man die vierfüßigen Thiere nach diesem

Ge-

Gesichtspunkte eintheilen wollte, so könnte man (meint der Verf.) drei Ordnungen derselben festsetzen; in die erste gehörten diejenigen, welche ein vollkommnes Schlüsselbein hätten, in die zwote diejenigen, die ein unvollständiges, oder nur schlüsselbeinähnliche Knochen hätten, in die dritte jene, die keins von beiden hätten.

Herr Vicq d'Azyr sagt: kein Schriftsteller habe vor ihm von den schlüsselbeinähnlichen Knochen der Katze und des Meerschweines Erwähnung gethan; er habe sie bei dem Hausmarter; bei der Wiesel entdekt, und man würde sie bei allen andern Thieren mit gespaltenen Klauen finden: allein wir finden schon diese Beine vom Eichhorn und Igel in Meyer, von der Katze in Douglaß, von dem Marter in Blasius, von dem Maulwurfe in Büffon, von verschiedenen Mäusen und vom Hamster in Meyer beschrieben; auch finden wir darinn etwas in einer Dissertation, besonders von den kleinen Schlüsselbeinen der Katze, des Maulwurfs, der Mäuse und des Tigers, welche im Jahr 1766. in Leipzig herauskam, und die Ueberschrift hat: *Zootomiae specimen sistens comparationem clavicularum animantium brutorum cum humanis,* auth. *I. G. Haase* et *C. Frey.* Hier werden nun kurz diese Beine vom Kaninchen, von der Ratte, vom Hasen, von der Katze und dem Meerschwein beschrieben.

S. 39.

S. 39. Observations sur les rapports, qui paroissent exister entre la Mine dite Cristaux d' Etain et les cristaux de fer octaedres par M. de Rome de l'Ilc lues à l' Acad. elect. de Mayence à Erfort le 3. April 1786.

Das, was die Zinngraupen mit den achtseitigen Kristallen des Eisens gemein haben, besteht darin, daß, wie Pelletier beobachtet, beide Fossilien elektrische Erschütterungen fortpflanzen. Nun, heißt es, wisse man, daß die metallischen Kalke, und die kalkförmigen Erze alle ibioelektrisch seien: man könne daher weder die Zinngraupen, noch die achtseitige Kristallen von Eisen für wahrhaft kalkförmige Erze ansehen, auch habe man weder Schwefel, noch Arsenik durch die chemische Analyse in beiden entdekt. Ferner könne man auch nicht annehmen, daß die Zinngraupen und besagtes Eisen in ganz metallischem Zustande sich befinden: doch sei zur Herstellung des Zinns bei den Zinngraupen, und des Eisens bei den besagten Eisenkristallen weiter nichts als der Beitritt von brennbarer Luft (die ihnen im natürlichen Zustande mangelte) nöthig. Der Verfasser sucht nun aus verschiedenen Erscheinungen zu beweisen, daß ein freier Grundstoff sowohl bei den Zinngraupen, als bei den besagten Eisenkristallen die Ursache der Kristallgestalt von beiden, und daß diese das *causticum, acidum pingue*

von

von Meyer sei. Wir bekennen aber frei, daß
seine Beweise uns von der Wahrheit dieser Behauptung nicht überzeugen, um so weniger, da ein acidum pingue wahrscheinlich nicht existirt, und das
caufticum was anders als eine fette Säure ist, ob
wir wohl gerne zugeben, daß in den Zinngraupen
nicht blos Zinnkalk, sondern eine mineralifirende
Säure enthalten ist.

S. 45. *Description d'une panthère noire par
M. de la Métherie.*

Felis fusca maculis nigris fparfis auf der zwoten
Tafel abgebildet.

Herr de la Métherie hat dieses Pantherthier in
London gesehen; es scheint eine neue Art von Linnes
Katzengattung zu seyn. Es ist nicht Pennants
schwarzer Tiger. Es ist 2 Fuß und 3 Zolle hoch,
5 Fuß lang. Sein Schwanz ist lang und dik, der
Kopf hat die nämlichen Verhältnisse, wie beim Pan-
terthiere, die Schnauze ist breit, die Ohren find
kurz, und die Augen klein. Die Pupill hat eine
hellgraue, das übrige des Auges eine gelblich graue
Farbe. Die Beine find stark und dik, seine Bewegungen find leicht, sein Blik ist wie jener beim Pan-
terthiere unruhig und wild. Der einzige Unterschied, welchen man zwischen diesem Thiere und
dem Panther bemerkt, ist seine Farbe, welche dem
erften

erſten Anſehen nach ſchwarz ſcheint: wenn man es aber näher betrachtet, ſo ſieht man, daß es dunkelbraun iſt. Man bemerkt noch dunklere Flecken auf dieſer Grundfarbe, und wenn es die Haare ſträubt, ſo ſieht man, daß ſie unten etwas gelb ſind.

S. 48. *Obſervations fur l'irritabilité des vegetaux par M. Jame Edouard Smith M. D.*

Der Verfaſſer, welchem die Reizbarkeit der Staubfäden von der Berberisſtaude ſchon lange bekannt war, machte in der Abſicht verſchiedene Verſuche, um den Siz derſelben zu entdecken, und berührte daher mit einem ſehr feinen Stük von einer Feder verſchiedene Theile der Staubfäden, z. B. der Staubbälge an verſchiedenen Stellen an ihrer Spitze, am Rande, Rücken, an ihrem untern Theile ohne Wirkung. Sobald er aber mit dem nämlichen Stük Feder von dem Staubbalge an bis an die Baſis des Staubfadens fuhr, ſo beugte ſich der Staubbalg, ſo bald er den beſagten untern Theil des Faſdens berührt hatte, mit großer Gewalt nach der Narbe zu. Dieſen Verſuch hat er öfters mit einer ſtumpfen Nadel, Schweinsborſte, Feder und mehrern andern Sachen, welche dieſen Theil nicht verletzen konnten, immer mit dem nämlichen Erfolge wiederholt. Wenn er die Staubfäden dergeſtalt bog, daß ſie die Narben berühren mußten, ſo blieben

ben jene so lange gebogen, als er das Instrument, womit er dieses verrichtete, dran hielt; so bald er dieses wegzog, so kehrte der Staubfaden vermöge seiner natürlichen Schnellkraft wieder nach dem Blumenblatte zurük: sobald er aber ben reizbaren Theil des Staubfadens berührte, so beugte sich in dem Augenblicke derselbe nach der Narbe, und der Staubbalg blieb auf derselben liegen. Eine gählinge und etwas starke Erschütterung brachte zuweilen die nämliche Wirkung hervor, wie die Berührung des reizbaren Theils. Diese Reizbarkeit ist in jedem Alter der Staubfäden merkbar, nicht allein zur Zeit, wo der Blumenstaub so eben ausgestreut werden soll.

Die Staubfäden scheinen bei denjenigen Blüthen, die nur so weit geöfnet sind, daß man eine Schweinsborste hineinbringen, und deren Staubbälge noch nicht ganz entwickelt sind, eben so reizbar zu seyn, als bei den vollkommen geöfneten Blüthen; sogar bei mehrern alten Blüthen, auch wenn die Blumenblätter so eben abfallen wollen, oder schon abgefallen sind, erhalten sie immer die nämliche Reizbarkeit noch. Wenn der Verf. den Fruchtknoten von einigen Blüthen wegnahm, und die Staubfäden alsdenn reizte; so bogen sie sich fast ganz nach der entgegengesezten Seite der Blüthe zu. Wenn die gereizten Staubfäden eine Zeitlang gebo-

gen

gen waren, so kehrten sie nachher in ihre natürliche Stellung von selbst wieder zurük.

Der Zwek, den die Natur dadurch zu erhalten trachtet, scheint nicht schwer zu erreichen zu seyn. Wenn die Staubfäden in ihrer natürlichen Lage sind, so sind die Staubbälge von den Blumenblättern, in deren Höhle sie sich befinden, vor dem Regen geschützt. Da bleiben sie wahrscheinlich, bis einige Insekten in die Blumen kriechen, um aus ihrer Basis den Honig zu holen; sie müssen alsdenn nothwendig die reizbarsten Theile der Staubfäden berühren. Da nun die Insekten gerade zur heissesten Witterung fliegen, wo der Blumenstaub zur Befruchtung am geschiktesten ist, so wird also der Fruchtknoten zu jener Zeit befruchtet. Um von dieser Sache ganz sich zu überzeugen, müßte man den Versuch machen, und einen Blumenzweig von der Berberisstaude in eine solche Lage bringen, daß weder ein Insekt, noch eine andre reizende Ursache auf die Staubfäden wirken könnte, und alsdenn beobachten, ob die Staubbälge sich der Narbe näherten, und ob alsdenn die Saamen befruchtet waren.

Der Verf. bemerkt, daß man noch bei andern Pflanzen dieses Phänomen beobachte z. B. bei den Staubfäden des *Cactus tuna* L. Die Bewegungen der *Dionaea muscipula, Mimosa pudica*, der *Drosera*

sera erfolgten ebendaher.   Man müsse aber diese Bewegungen nicht mit andern vermengen, die von blos mechanischen Ursachen erfolgen.   So seien z. B. die Staubfäden bei der *Parietaria* gleichsam in einer gewaltsam gebogenen Lage in ihrem Kelche erhalten, welche, da sie sehr elastisch sind, sich, sobald der Kelch ganz entwickelt, oder auf eine andre Art entfernt wird, sich gähling ausstrecken, und ihren Blumenstaub mit einer Art von Heftigkeit ausstreuen ꝛc.

Es gäbe auch einige Pflanzen, die so wie Thiere eine Art von freiwilliger Bewegung besäßen; so beugten sich z. B. bei der Raute, wie schon Linne beobachtet, ein Staubfaden nach dem andern nach der Narbe zu, und der Staubbalg legte sich auf die Narbe. (Noch ein auffallenderes Beispiel an dem *Hedysarum gyrans*, dessen Blätter fast in beständiger, doch regelmäsiger Bewegung sind, ohne daß man eine äussere auf sie wirkende Ursache entdecken könnte, hat der Verf. vergessen.   Wir sind aber doch weit entfernt, dergleichen Bewegungen für willkürliche bei den Pflanzen anzusehen.

S. 53. *Lettre de M. Crell sur une nouvelle espèce de pierre etc.*

Hier wird von dem sonst von Isenflamm genannten würflichen Lüneburger Quarz Meldung gethan,

gethan, Herr Crell schreibt nun, daß dieser Stein
Boraxsäure enthalte. Die Kristallen liegen in einem weißröthlichen schuppigen Gips, sind von
lichtgrauer Farbe, haben Steinglanz, sind undurchsichtig, nur in den Kanten durchscheinend;
zum Theile vollkommen Würfel, zum Theile aber
Würfel mit abgestumpften End- und Seitenwin-
keln; sie enthalten nebst der Kalkerde und Boraxsäure auch Kieselerde. (Ausführlichere Nachricht
davon kann man in Crells chemischen Annalen
finden.)

S. 53. *Lettre de M. l'Heritier à M. de la
Métherie, sur la Monoecia, la verbena globifera, et l'urtica arborea.*

Der Zwek dieses Briefes ist, einige Fehler zu berichtigen, welche sich in das bekannte Werk des
Verf. Stirpes novae etc. betitelt, eingeschlichen,
wovon die Tafeln und die Anzeige der Fehler, so noch
nicht sobald herauskommen werden, zu berichtigen.

Die *Monoecia* (eine neue Pflanzengattung steht
dort in der Klasse mit 4 Staubfäden und einem
Staubwege; sie wird in den französischen Gärten
schon lange gezogen, hat aber nie Frucht gebracht,
welches jedoch kein Wunder ist, weil diese Gattung
getrennte Geschlechter auf 2 oder mehrern Blumen
hat, und alle sowohl in Paris als London gezogene

Hh   Pflanzen

Pflanzen dieser Gattung männlich waren; ihre Blumen haben zwar Fruchtknoten, die ziemlich dik, gleichwohl aber unvollkommen sind. und jeder, der nicht die weiblichen Individuen gesehen, wird sie für Zwitter halten.

Aus den Manuskripten von König, die der Verf. von Banks erhalten hat, hat er eingesehen, zu welcher Klasse diese Gattung gehöre, und welches die wahren Karaktere derselben sind, die auch hier ausführlich angegeben werden.

Verbena globifera ist nicht in Amerika, wie es in besagtem Werke heißt, sondern nach Banks, und Solander auf dem Vorgebirge der guten Hoffnung zu Hause. Die Synonimie, welche dabei angeführt wird, *Nepeta maxima* flore albo, spica habitiori Sloan hist. 1. 173. tab. 108. fig. 1. ist ebenfalls unrichtig, denn diese ist die *Nepeta pectinata* Linn.

Von der *urtica arborea L.* ist der Verf. überzeugt, daß sie eine Parietaria sei; die Karaktere und die Beschreibung dieser Pflanze sind sehr vollständig hier abgefaßt. Sie wird unter dem Namen *Parietaria arborea* in dem zweiten Hefte seiner stirpes novae nicht gestochen, sondern gemalt vorgestellt werden. In dem nämlichen Hefte wird die *Aristotelia Macqui*, welche in besagtem Werke etwas schlecht abgebildet war, gemalt erscheinen.

S. 8n

S. 81. *Journal de physique Aout 1788. Aperçu des Mines de Sibérie par M. Portin correspondant de l'Academie des Sciences de Petersbourg.*

Die Natur hat selbst aus den Erzgruben von Sibirien drei Abtheilungen gemacht, welche weit voneinander entlegen sind. Die erste, welche Europa am nächsten ist, ist jene von Katharinenburg im Eingange in Sibirien, an der östlichen Grenze der größten Kette der uralischen Gebirge, wo sie in der Länge eine Strecke von ungefähr 150 Meilen einnimt; sie ist parallel mit dieser großen Gebirgskette, welche sich von Norden gegen Süden zwischen dem 75 und 80. Grade der Länge, von dem Eismeere an bis dorthin den 50. Grad der Breite erstrekt. In dieser Gegend wird etwas weniges Gold, viel Kupfer, und sehr viel Eisen gefunden.

Die zwote Abtheilung ist jene von Kolyvan, 500 Meilen von Katharinenburg westwärts am Mittelpunkte von Sibirien in denjenigen Hügeln, welche die ersten Stufen der altaischen Gebirgskette ausmachen.

Das Hauptprodukt der Gruben von Kolyvan ist Silber, wovon man jährlich an 60000 Mark erhält; dieses Silber ist goldhaltig; Kupfer gibts weniger da, und gar kein Eisen.

Hh 2

Die

Die dritte Abtheilung ist jene von Nertschinsk 702 Meilen weit von Kolyvan, westwärts, zwischen dem 135 bis 140. Grad der Länge und 50 bis 53. Grad der Breite in Daurien, welches der östliche Theil von Sibirien ist, von da dem großen See Baikal an, zwischen den Flüssen Chilka und Argun, die sich in den östlichen Ozean ergießen. Die Gruben dieser Gegend sind überhaupt Bleygruben; das Bley ist silberhaltig, man erhält von lezterm Metalle jährlich 30000 Mark. Das Silber enthält etwas weniges Gold.

In der Gegend von Katharinenburg findet man sogar auf der Oberfläche des Bodens eisenschüssigen, etwas weniges goldhaltigen Ton. Nur eine einzige Grube (Beresof) drei Meilen nordwestwärts von der Stadt Katharinenburg, wird bearbeitet. Sie ist vorzüglich wegen dem rothen kristallisirten Bleyerz, das man daraus erhalten, und wegen einem kubisch kristallisirten Eisenlebererz berühmt. Die ganze Gegend, welche die Basis der großen uralischen Gebirgskette ausmacht, besteht aus Gneus, Hornschiefer und Serpentin. Dort bricht auch ein eisenschüssiger, klüftiger Stein, welcher Gold hält, aber nur aus 20000 Pfunden erhält man ein Pfund Gold. Seit 15 bis 18 Jahren hat man kein rothes Bleyerz, auch keine große Würfel von Eisenlebererz mehr gefunden.

Die

Die Kupfergruben dieser Gegend sind sowohl wegen der Menge des Metalls, das man daraus erhält, als wegen der Schönheit der Kabinetstücke wichtig. Die hauptsächlichsten sind jene zu Turinski 120 Meilen von Katharinenburg, nordwärts, und jene von Eumechefski 15 Meilen weit von der nämlichen Stadt südwestwärts. Das merkwürdigste, was man in den drei Gruben von Turinski findet, ist 1) gediegenes in Würfeln und Achtecken kristallifirtes Kupfer von schönem Glanze und Goldfarbe, zuweilen taubenhalsfärbig, die Gangart ist Marmor oder Ton. 2) Gediegenes Kupfer in sehr glänzenden Blättern in den Klüften eines olivenfärbigen Hornsteins, und derbes gediegenes Kupfer in großen 50 bis 60 Pfund schweren Massen. 3) Kupferglaserz purpurfärbig bald in achtseitigen, wie Rubin durchsichtigen, bald in haarförmigen zinnoberrothen Kristallen. 4) Sehr schönes Kupferatlaserz in großen Strahlen auf erhärtetem Eisenocher, oder auf grauem Kupferglaserz. 5) Schöne Kupferglasurkristallen auf dem nämlichen Glaserze. 6) Ein kupferhaltiger, jaspisartiger Speckstein von lasurblauer, und berggrüner Farbe, welcher 30 Pfund Kupfer im Zentner enthält. 7) Ein grün und weis melirter Malachit. 8) Denbritischer Braunstein auf einer Quarzmutter rc.

Die

Die Gebirge, in welchen diese Gruben sich vorfinden, bestehen aus einem Porphyrfelse, dessen Theile tonigter, dunkelolwengrüner Schörl, kleine rhomboidelische Feldspathkristallen, und runde Quarzstückchen sind. Dieser härtere, am Stahle geriebene, oft feuergebende Fels, der in großen Massen, ohne daß man eine Ablösung bemerken könnte, vorkömmt, ist mit einem weichern, porphyrartigen deutlich geschichteten Steine bedekt.

Nach den Gruben von Turinski ist jene von Gumecheföki die ansehnlichste; sie liegt 15 Meilen von Katharinenburg südwestwärts. Diese Grube ist vorzüglich ihrer schönen Malachiten wegen berühmt, welche eine sehr schöne Politur annehmen. Auch findet man da schönes purpurfärbiges kristallisirtes, aber undurchsichtiges Kupferglaserz. Zwischen diesen zwoen, an Kupfer so reichen Gegenden findet man ganze Berge von Eisenerzen und Magneten. Das Eisenerz ist meistens schwarz und dicht, und oft glaskopfartig. Die zween Haurtmagnetberge sind jener, welcher Raskanar genennt wird, und ein andrer bei der Schmelze von Tagbil: den besten Magnet liefert der erste; er ist 60 Meilen von Katharinenburg nordwärts gelegen. Fünfund zwanzig Meilen von Katharinenburg nordwärts bei der Burg Murzinsk findet man in dem Granit viele Abern von gefärbten Kristallen, Amethysten, böhmischen Topasen.

sen, Kryfoliten, Aquamarinen, fächsischen Topafen, aber nicht häufig. Hundert Meilen von Katharinenburg auf der Südseite gegen die mitternächtliche Grenzen der großen Kette sind Hügel, und zuweilen ziemlich anfehnliche Berge, die aus Hornstein oder Petrofilex bestehen, in welchem verschiedene Adern von Jaspis, Jaspachat und unter andern der vortreffliche bandirte Jaspis mit rothen und grünen gleichlaufenden Streifen, und ein grünlicher mit silberweißen Flecken befprengter Feldspath (eine Art von Avanturino) brechen.

Die Gruben von der Kolyvanifchen Abtheilung. sind 1) Zmeof (Schlangenberg), die reichfte Grube an edlen Metallen in Sibirien. Hier bricht in einem talk- oder ferpentinartigen Schiefer, filberhaltiger Kupferkieß in Hornstein, in deffen Ritzen blättriges gediegenes Silber, und eine dünne Lage von fprödem Glaserze; in Schwerspath etwas gediegen Gold und Silber, und graues derbes Silbererz. In dem erften Jahre, als man diefe Grube bearbeitete (1745), waren die Stufen weicher, man fand auch häufig Silberhornerz da. 2) Tchernpanofski, drei Meilen von Zmeof in einem Hügel, der aus einem quarzigten, fchwärzlichen klüftigen, mit Eifenocher vermifchten Felfen befteht. Hier brach im Jahre 1782 Silberhornerz, Glaserz, gediegenes reines Gold. 3) Semnofski, zwei Meilen von Zmeof

süd-

südwestwärts. Hier bricht in einem kießigten Schiefer kalkförmijes Bleyerz, Blende und Silber, gebiegenes ästiges und kristallisirtes Kupfer in Mergelschiefer, auch Gallmei von weisser Farbe, klüftig, blättrig, sehr hart auf der Oberfläche mit kalkspathähnlichen Kristallen von der nämlichen Art. 4) Die Grube Philipofski ist die lezte Silbergrube von Bedeutung, welche man in diesem Dystrikte entdekt hat. Die Stufen, die der Verf. aus dieser Grube gesehen, sind ein gräulicher Hornstein, jenem von Zmeof ähnlich, dessen Klüfte mit Silberhornerz, Glaserz und gebiegenem blättrigem Silber bekleidet sind. 5) Aleiski Loktefski ist eine der Krone gehörige Kupfergrube. Hier bricht in einem eisenschüssigen erhärteten Tone derber Kupferkies, und leberartiges Kupferglaserz, auch in weissem Mergel gebiegenes Kupfer in Körnern, und in Blättern. Was aber für Liebhaber schöner Stufen am interessantesten ist, ist nebst dem schönen Kupferatlaserz der kupferhaltige Selenit von Aquamarinfarbe in kleinen kurzen Kristallen; er füllt meistens die Höhlen der tonigten Gangart, die noch dabei mit weissen glänzenden Kalkspathkristallen bekleidet sind, aus. 6) Aleospinski, ist eine Kupfergrube, in welcher auch Bley bricht. Man erhielt daher sehr schöne Kabinetstücke; sie ist in Granit, und die Gangart selbst ist eine Art von granitartigem Gesteine. Die Höhlen dieser Gangart

art sind mit kristallisirtem Kupferblau und Berggrün, und mit Kristallen von Bleyspath, die zuweilen eine Rinde von Malachit haben, bekleidet; es ist aber eine arme, und itzt verlassene Grube. 7) Tchagsbirski ist eine Bley- und Kupfergrube, besonders aber reich an Zink. Eine der merkwürdigsten Mienern dieser Grube ist ein weisser geträufter, wie Alabaster halbdurchsichtiger Galmei. Zuweilen ist er grünlich, und enthält eine ziemliche Menge Kupfer (eine in der Natur seltene Mischung aus Zink und Kupfer). Unter den übrigen zahlreichen, aber, ihres Gehalts wegen unbeträchtlichen Gruben, ist hier noch 8) Nicolaefski erwähnt, 20 Meilen von Zineof, südwestwärts gelegen. Sie ist wegen den isolirten achtseitigen, mit Kupfergrün überzogenen Kristallen von Kupferglaser; merkwürdig, welche man in einem eisenschüssigen, besonders aber in Pechstein gefunden hat, welcher eine dunkle rothe und olivenfärbige Grundmasse mit runden gelben und weissen Flecken, die diesem Steine das Ansehen einer Bretschia geben, hat. Die Fortsetzung folgt.

S. 112. *Troisieme voyage mineralogique fait en Auvergne par M. Monnet.*

Sie gieng durch Montaigu die große Landstrase hin, die nach Besse zuführt. In den ersten Bergen, die ihm da aufstießen, fand er, daß der Granit gleichsam in Bänken mit einem sand- und kalkar-

tigen

tigen Gesteine abwechselte. Er fand aber bei einem
Steinbruche, wo er alles genauer beobachten konnte,
daß besagter sandigkalkartiger Stein in den ausgehölten Vertiefungen gleichsam nesterweis eingeschlossen war; und die obern Theile dieses Felsens denselben wieder bedeckten. Bei dem Dorfe Ringa ist
ein sehr ansehnlicher, oben sehr platter Berg; auf
seinem Gipfel ist er rundherum mit sehr regelmäßig
liegenden Basaltsäulen eingefaßt. Der Berg Saint
Pierre-Colamine hat ein sehr trauriges, fürchterliches Ansehen; man sieht da nichts als schlackenar-
tige, schwammige rothe und grünliche Laven, kurz
einen gräßlich zerrissenen Berg; es ist einer der minder ältern Volkanen von Auvernien. Man bemerkt
noch in dem benachbarten Thale den herabgeflossenen
Lavastrom, welcher, je weiter man in dasselbe herabsteigt, desto dicker wird. Bei St. Floret ist der
sehr große und weit sich erstreckende Berg Puy de
la Velle von dem Dorfe sogenannt, welches gerade
unter seiner Kolonade von Basalten liegt; er hat
viele Aehnlichkeit von dieser Seite mit jenem von
Coran. Dieser Berg nimmt einen Umfang von mehr
als 3 Meilen mit seiner Basis ein.

Längst der Spitze des Berges Rentierre ist eine
der größten Kolonaden von Basalten, die man in
Auvernien antrift; man sieht da Säulen, die 80
Schuhe hoch sind; an einigen Stellen sind diese

Säulen

Säulen mit einer grauen Lava überzogen, auch füllt
die Lava die Zwischenräume zwischen den Säulen
aus. Oben hat aber dieser Berg eine sehr schöne
Ebene, die mit fruchtbarer Erde und Bäumen bedekt ist. Aus den Thälern dieser Gegend entspringen diejenigen Wässer, von welchen die Saint Ger-
main entsteht.

Bei dem Dorfe Charboniere sieht man Adern
von Steinkohlen, die im Granite hinkriechen; sie sind
aber von der Art, daß sie nicht viel Ausbeute versprechen; anders verhält es sich mit jenen auf der
andern Seite unter Saint Florinel, welche zuweilen
50 Fuß mächtig sind, und häufig Bäuche und Bu-
del machen (merkwürdig ist es, daß sie von einem
zerreiblichen Granite von späterer Bildung bedekt
werden). Der Berg Allier, gegen Nonette über gelegen, ist hoch, und wie ein Zuckerhut gestaltet. Seine ganze vulkanische Masse (die Basaltsäulen) ruht
auf einem tuffartigen Sandsteine, welcher das Innere dieses Berges vom Granite an bis an die vulkanische Masse ausmacht. Besagter sand- und kalkartiger Stein bricht bankweis, ist in den obern, näher
an der Oberfläche der Erde gelegenen Bänken grob-
körniger, unten feinkörniger, und mehr kalkartig.

Hr. Monnet zeigt nebst vielen andern auch
durch dieses Beispiel, daß viele Steine an der Oberfläche der Erde aus gröbern Körnern bestehen, und

daß sie sich also nicht nach ihrer spezifiken Schwere können aufeinander gelegt haben.

Vic le Comte liegt sehr mahlerisch und angenehm; es liegt in einem großen und angenehmen Becken, das mit sehr hohen und volkanischen Gebirgen umgeben ist, und gegen Westen eine Aussicht auf Mont d'or u. s. w. läßt. Die drei hauptsächlichsten volkanischen Gebirge, die dieses Becken umgeben, sind der Berg Ecouya, Saint Romain, und Saint Hypolite. Keiner hat säulenförmige Laven. Auf dem Ecouya fand Monnet in pouzollanartigem Gesteine viel wie zeolitsäulenförmigen Kalkspath. Auf dem Berge Saint Romain findet man die Laven in horizontalen Schichten. Auf dem Berge Hypolite findet man auf einer Seite halbkalthalbquarzartige Gesteine, welche wenig vom Feuer verändert sind.

Schließlich erinnert auch Hr. Monnet, daß es zweierlei Basalte gebe, einer, welchen er natürlichen Basalt nennt und der zu den ursprünglichen Felssteinen gehört. Als Beispiel davon führt er die schwarzen Steine an, die man bei Raon l'Etaple in Lothringen findet; den andern nennt er basaltartige Lave, wovon in gegenwärtiger Reisebeschreibung öfters die Rede war.

Septembre S. 191. *Description des Volcans éteints d'Ollioules en Provence par M. Barbaroux de Marseille, Avocat premiere. Memoire contenant la description du Volcan de la Courtine.*

Wir wollen hier nur das wenige ausheben, was der Verf. am Ende dieser Abhandlung anführt, da die Beschreibung des besagten Vulkans zu weitläuftig ist, nämlich: er habe nie unter den Laven desselben Krisoliten, weder Granaten, kaum Schörl oder Glimmer gefunden; Feldspath und Zeolit seien da rar, den Quarz allein finte man häufig so wie das weisse Glas, oder Kalzedon, auch Kalkspath, welcher sich in verschiedenen Gestalten zeigte.

S. 214. *Lettre de M. Brugnatelli à M. de la Métherie sur la fructification de la rose tremière etc.*

Die Resultate derjenigen Beobachtungen, welche Hrn. Volta über die Befruchtung der *Alcea rosea* gemacht hat, sind folgende: 1) Die Natur arbeite in dem Innern der Blüthelnospe zuerst an den wesentlichen Theilen, den Staubfäden uub den Fruchtknoten. 2) Der befruchtende Staub zeige sich in den Staubbälgen in Gestalt von kleinen Kugeln, wenn die Blüthenknospe noch nicht den dritten Theil ihres Wachsthums erreicht habe, unb ehe die Blumen

blätter

blätter gebildet seien. 3) Die Staubbeutel öffneten sich drei oder vier Tage vor der Blume, und ehe die Krone den Kelch durchbohrt habe. 4) Sobald die Staubbälge zum Vorscheine kämen, seien die Narben mit Blumenstaube bedekt, und man sähe mehrere Körnchen, welche bis in den Eierstok drängen, um da die Saamen zu befruchten; woraus also klar erhelle, daß die Befruchtung dieser Pflanze schon einige Tage vorher, ehe die Blume sich öffnet, ihren Anfang nehme..

1 S. 215. *Lettre de M. de R e g n i e r, membre de plusieurs academies et sociétés à M. de la M é. t,h e r i e sur la cristallisation des êtres organi. sés.*

Hr. Regnier glaubt aus einigen in den Gruben St. Marie aux Mines gemachten Beobachtungen, für die Meinung des Hrn. de la Métherie günstige Schlüsse ziehen zu können.

Es wachse in den Bleygruben von St. Marie aux mines sehr häufig der *Lichen radiciformis, webusnea radiciformis, S c o p.* alles alte Holz sei damit bedekt gewesen, und man habe alle Nüanzen von dem vollkommnen Zustande dieser Pflanze an bis auf ihre ersten Spuren von Organisation beobachten können. Ein Tropfen von etwas mucilaginösem Wasser erscheine auf der Oberfläche des Holzes; dieser Tropfen

werbe

werde nach und nach undurchsichtiger, indem er neue organische Theile annehme. (daß doch immer Schlüsse mit unter die Beobachtungen gestreut werden, als gehörten sie auch dazu, die doch aus dem Vorhergehenden noch nicht folgen, wie dies hier der Fall ist). Die Basis erhärte, verlängere sich, das Ende bleibe noch immer hell, aber desto undurchsichtiger, je näher es dem Körper der Pflanze sey. Wenn diese Flechte einige Zolle lang wäre, verschwinde jener Tropfen Wassers, und die Pflanze scheine sich zu entwickeln, und durch ihre äußeren Organe zu nähren; alsdenn veräudre sich ihre Farbe, die weisse nämlich in die schwarze durch die Nüanzen von Gelb und Braun. Es sey sicher, schließt er, daß sich diese Pflanze nicht durch eine Intus-susceptio in den ersten Augenblicken ihres Daseyns nähre, sie habe, indem sie sich bilde, den nämlichen Durchmesser, den sie erhalten muß, und ihr Ende, wo die moleculae organicae mit dem Wasser über ihre Oberfläche hinfliessen und sich vereinigen, zeigt seine Bildung an. (Wir sehen die Bündigkeit dieses Schlusses nicht ein, wenigstens folgt das nicht, was der Verf. hier behauptet, aus seinen Beobachtungen. Wir wollen hier nicht untersuchen, wie der Saamen von besagter Flechte in die Grube gekommen seyn könnte; denn die Natur schlägt tausenderlei Mittel ein, die Saamen der Pflanzen oft an sehr

ent

entfernte und verstekte Oerter hinzubringen. Bleiben
nicht verschiedne Saamen an Thieren hangen, werden
sie nicht durch Wasser überall hingeführt u. s. w.?
Die Meinung, daß organische Theilchen sich überall
befinden, und durch eine Zusammenhäufung ein or=
ganisches Ganze bilden sollen, hat gewiß noch mehr
Unwahrscheinlichkeit.

(Nebst dieser Flechte findet man noch mehrere
andre Pflanzen in den Gruben, auch Moose, die ei=
ne eigne Gestalt haben, sagt der Verf.) Hätte der=
selbe doch die Moose etwas beschrieben, die er da
gesehen! Daran liegt sehr viel. Von den Moosen
sind wir izt ganz überzeugt, daß sie sich durch Saa=
men fortpflanzen. Webers *lichen radiciformis*
scheint aber eher zu den Schwämmen zu gehören,
und wächst nicht blos, wie der Verf. hier sagt, in
den Gruben, sondern auch in den Häusern.

S. 287. *Extrait d'un memoire intitulé: Recherches sur un arbrisseau connu des anciens
sous le nom de lotus de Lybie par M. des Fon-
taines de l'academie des sciences.*

Die ältern Naturkündiger haben bekanntlich
verschiednen ökonomischen Pflanzen den Namen Lotus gegeben, wovon zwo besonders berühmt gewor=
den sind. Einer ist in Egypten zu Hause, und wächst
dort in den Kanälen, durch welche das Wasser aus

dem Nile auf die Felder geleitet wurde; es ist der *Ne-nuphar* der Araber, von den neuern Botanikern *nymphea lotus* genannt. Die andre Art von Lotus, wovon in dieser Abhandlung die Rede ist, wächst auf den Küsten von Lybien, und ein zahlreiches Volk, welchem derselbe zur Nahrung dient, hat seinen Namen daher.

Während des Aufenthalts des Verf. auf den Küsten der Barbarei, und an den nämlichen Orten, wo ehedessen der Lotus der Alten wuchs, hat derselbe nichts vernachläßigt, eine so interessante Pflanze zu entdecken. Das Resultat seiner Untersuchungen war, daß es der *Rhamnus lotus* des Linne sey, ein Baum, welcher auch noch ist in dem mittägigen Theile des Königreichs Tunis häufig wächst. Shaw hat schon denselben unter dem Namen *Zizyphus silvestris* beschrieben und abgebildet: die Beschreibung ist aber unvollständig, und die Figur stellt weder Blüthetheile, noch Früchte vor. Linne hat ebenfalls die Unterscheidungskennzeichen nicht richtig angegeben. Hier findet man nun diesen Baum ziemlich ausführlich beschrieben. Seine Früchte dienen den Völkern in jener Gegend zur Nahrung schmecken wie Feigen oder Datteln; sie bereiten auch einen Wein daraus, der sich aber nicht lange hält.

S. 301. Extrait d'une lettre de M. Westrumb à M. Crell sur le sel sedatif nouvellement decouvert dans le Quarz cubique de Luxebourg.

In Crells chym. Annalen ist dieser Brief eben falls eingerückt, worinn Hr. Westrumb von der Zergliederung des Sedatiffspaths, und seiner Bestandtheile Nachricht ertheilt. Diese sind folgende: Sedativsalz, fast $\frac{6}{10}$ Kalk- und Bittersalzerde von jeder $\frac{1}{10}$ Alaun, und Kieselerde $\frac{2}{100}$ Eisentheile von $\frac{1}{100}$ bis $\frac{2}{100}$.

S. 309. Lettre de M. Fontana à M. de la Métherie sur un Vitriol de Magnésie trouvé dans des carrières de gypse.

Zu Guarené, St. Victoire und in den benachbarten von Turin 20 Meilen entlegenen Dörfern sind Steinbrüche von Gyps, an welchem, wenn man ihn der freyen Luft, besonders gegen Mittag zu aussezt, man einen Salzbeschlag wahrnimmt; dieser macht in 15 Tagen eine sechs Linien dicke Rinde, und wird in großer Menge abgefrazt und benuzt. Als nun Hr. F. diese Steinbrüche gesehen, so schloß er, dieses Salz sey aus dem Gypse erzeugt worden. Nachdem er sich durch Versuche, durch Auflösung dieses Salzes in Wasser, und Kristallisiren überzeugt hatte, daß dasselbe Bittersalz war, so stellte er nun auch mit dem Gypse Versuche an, um zu sehen, ob er Bittersalzerde darinn entdecken könnte; allein alle Versuche, die er in dieser Rük, sicht anstellte, waren umsonst; er konnte keine Spur von Bittersalzerde darinn entdecken. Nach dieser Beobachtung wird also offenbar Bittersalzerde in Kalkerde umgeändert. Die Luft ist bei dieser Erscheinung die einzige wirkende Ursache. Der Verf. verspricht ferner Untersuchungen über diese Erscheinung, die allerdings wichtig ist, anzustellen; und wenn er etwas tiefer in die Geheimnisse der Natur einbringen sollte, dasselbe bekannt zu machen.

S. 311. *Quelques observations sur la lettre de M. Brugnatelli par M. de Regnier.*

Hr. Regnier wirft Linne vor, er habe aus wenig Thatsachen ein zu allgemeines Gesetz wegen der Befruchtung der Pflanzen festgesezt. In seiner Abhandlung de sexu plantarum würden nur achtzehn Erfahrungen und vier Beobachtungen angeführt; er hätte wahre Beobachtungen und genauere Versuch anstellen sollen. Spallanganis Versuche seyen zum Theile anders ausgefallen u. s. w. (allein sind denn nicht von andern Naturkündigern nach Linne sehr häufige Versuche und Beobachtungen in dieser Rüksicht angestellt worden, die all das bestätigen, was Linne behauptet hat?)

S. 313. *Extrait d'une lettre de M. Klapproth à M. Ferber sur l'analyse de l'apatit.*

Der Apatit des Hr. Werners besteht nach
Klapproths Versuchen aus Kalkerde und Phosphorsäure.

S. 321. *Quatrieme voyage mineralogique fait
en Auvergne par M. Monnet.*

Hr. Monnet fand auf dieser Reise bei Pont-
Aumur zween volkanische Berge; der eine scheint
einer der jüngsten von Auvernien zu seyn, sein Ka-
rafter, die lezten Ströme von Lava und die zum
Theile geschmolzenen, von demselben ausgeworfenen
Steine sind deutlich. Auf der andern Seite, eine
viertel Meile von Pont-Aumur ist der andre sehr
zerrüttete Volkan; die Lave erstrekt sich über 500
Toisen weit gegen das Thal hin. Hier werden Steine zum Bauen gebrochen. Der ganze Grund des
Beckens, und alle Anhöhen des Bodens von da aus
bis Pont-Gibeau bestehen aus grauem Granite,
der sich an einigen Gegenden blättert, wo Hr. Monnet Abern von gemeinem Schwefelkies angetroffen
hat. Alles was zunächst an dem Flusse Sioule liegt
bis bei Saint Pourcain ist fast von der nämlichen
Art, ausgenommen auf der Seite von Evaux Mont-
lucon, Montaigu, und Ebreuil, wo sich einige
Abern

Abern von Kohlen und Spießglase finden. Der Granit bei Pont Gibeau enthält Abern von Bleiglanz, Schwefelkies und Blende. Bei Saint Pierre le Chatel bricht weisses Bleierz in einer eisenschüssigen quarzigen Gangart, welches aber übrigens in diesen Abern nur selten vorkömmt. Der Granit dieser ganzen Gegend enthält grünen und schwarzen, in Säulen und gedrängten Nadeln kristallisirten Schörl. Auch ist in dieser Gegend bei Jadel eine Quelle von mineralischem Wasser. Dieses enthält, wie die übrigen von Auvernien alkalische Erde, mineralisches Laugensalz in Menge, und fire Luft. Einer der berühmtesten Berge von Frankreich ist der Puy de Dome. Einige Mineralogen haben daran gezweifelt, daß er volkanisch sey; allein wenn man ihn genau untersucht, so findet man leicht die Unordnung und die Wirkung der lezten Auswürfe än denjenigen Stellen, wo seine Steine nicht durch das Wasser weggeführt worden sind. Die kleinen Hügel, die rechts und links an ihm liegen, scheinen von den Auswürfen dieses großen Berges entstanden zu seyn.

In der Gegend von Prechonet findet man eine große Menge von Eisenerz unter einer Rinde von einer röthlichen und sandigen Erde. Das Eisenerz, welches man zwo Meilen rund um Prechonet im Umkreise entdekt, giebt wegen dem beigemischten

 Zinke

Zinke nur ein brüchiges Eisen. Unter der Erdschichte, welches besagtes Eisenerz enthält, findet man Granit, welcher alle Erhabenheiten dieser Gegend bildet, einige derselben sind mit volkanischen Produkten, andre mit besagter eisenschüssigen Erde bedekt. Der Fels enthält aber da sehr viel Glimmer, und ein großer Theil davon ist Gneus. Bei Bialon, Parbisse de Messein, anderthalb Meilen von dem Schlosse Prechonet ist schuppiger Kalfstein, wie eingetcilt in diesem Felsen, kleine Abern von Steinkohlen, welche schief durch diesen Felsen durchsetzen; und bei Chalmeyron findet man Abern von Bleierz, dessen Gangart ganz kohlenartig ist. Die Kohlenarten laufen in diesem uranfänglichen Felsen in gerader Richtung, sind aber zusammengebrükt, die Kohlen, die sie enthalten, sind sehr gut, aber nie in der Menge, daß sie bauwürdig wären. (Hätte doch Herr Monnet den Granit, welcher erwähnte Kohlenarten bedekt, genau untersucht, oder die Beschaffenheit desselben angegeben; höchst wahrscheinlich ist es kein uranfänglicher unveränderter Granit.)

Aurillac liegt in einer sehr angenehmen Tiefe, wo ein kleiner angenehmer Fluß hinläuft, in dessen Bette, so wie in der Stadt selbst man viele schöne uranfängliche Steine, als Basalte, feine Granite, Porphyre mit grauen und rothen Flecken und mehrere Arten von Quarz findet. Diese Steine müssen fen von einem sehr ansehnlichen Alter seyn, weil man mit Grund vermuthen kann, daß sie eher von Gebirgen losgerissen sind, als sie durch das volkanische Feuer verändert worden, und vielleicht nach den ersten Erschütterungen: denn man findet in den benachbarten Bergen keine jenen in den tiefsten Thälern und Flüssen befindlichen ähnlichen Steine. Am merkwürdigsten ist aber, daß alle Anhöhen in dieser Gegend von Kreide gebildet sind, in welchen man große Maßen von einer löcherigen Lave hie und da zerstreut antrift. Man muß also zwei Dinge glauben: 1) Daß die uranfänglichen Steine, wovon die Rede war, schon zuvor, ehe diese Kreide auf dem Boden sich niedergesetzt hat, losgerissen waren, und nachher von dieser Kreide bedekt wurden, und 2) daß in diesem Kreideboden die Volkane entstanden sind. Merkwürdig ist es auch, daß die Laven, indem sie über besagte Kreide geflossen, Theile davon, mit welchen sie so wie mit Feuersteinen, die ebenfalls in der Kreide sind, zusammenhängen, mit fortgeführt. Die Kreide in Wasser gelegt, zergeht darinn, wie unvollkommen gebrannter Kalk. Einige der Feuersteine sind etwas gebrannt, andre roth. Nach und nach wird die Kreide gröber, und endlich zu Kalkstein; worinn man viele Theile von Muscheln, auch ganze Muschelschalen findet. Bei *Ar. pajon*, welches im Thale eine starke Meile von *Au.*

rillac

rillac liegt, sind schöne Blöcke, oder große Felsen von kieselartigen Steinen, an welchen man alle Nüanzen von dem Uebergang des Kalksteins und der Muscheln in Kiesel sieht.

Bei Vic ist der Berg Cantat der höchste und ansehnlichste Vulkan; er ist das in Ansehung seiner benachbarten Gebirge, was der Puy de dome in Ansehung der seinigen ist; er ist zwar von seiner Basis an gerechnet nur 1100 Fuß hoch, sitzt aber auf einem an sich schon erhabenen Boden auf. In Ansehung seiner Zusammensetzung gleicht er, so wie die anliegenden Gebirge dem Puy de dome und den Gebirgen von Mont d'or.

Bei Chambeuil, eine halbe Meile von Murat, sieht man am Rande des Wegs am Tage Spuren von verschütteten Holzkohlen, welche mit vulkanischer Asche, also wahrscheinlich von den Vulkanen bedekt worden sind, auch ein durchsichtiges, schwarzes vulkanisches Glaß, wie ißländischer Agat. Chaudes Aigues, eine Festung ist wegen seinen heißen Quellen berühmt. Sie entspringen an mehrern Stellen aus dem Granit, und sind in so großer Menge, daß sie eine große Bach haben; das Wasser erhält seine Wärme sehr lange, es sind die heißesten, die man kennt, indem der Thermometer darinn bis auf 60 Grade steigt. Das Wasser enthält etwas weniges mineralisches Laugensalz, und etwas

Koch-

Kochsalz, schmekt wie Kalkwasser und wird häufig
zu den gemeinen Bedürfnissen des Lebens genüzt.
Zwo Meilen von Saint Floure sind die höchsten ur=
anfänglichen unveränderten Gebirge. Margerides
ist eine ungeheure Masse von Granit, die im Win=
ter unbewohnbar ist da die Spize fast immer mit
Schnee bedekt ist; doch ist an einigen Stellen diese
Masse mit einer dicken Erdrinde bedekt. Hier ist
der natürliche Geburtsort derjenigen uranfänglichen
Felsenstücke, wovon man abgerissene Stücke (von
schönem Quarz, Porphyr, feinem Granit ꝛc.) in
dem Thale von Aurillac und anderstwo findet.
Bei Brioude wird der Granit grobkörnig und zer=
reiblich; man findet darin Adern von Spiesglas.
In dieser ganzen Gegend sind die Laven sehr selten,
aber bei Langeac kommen sie wieder zum Vorschei=
ne. Man sieht da mehrere durch vulkanisches Feuer
veränderte Gebirge. Bei Saint Arcon ⅔ Meilen
von Langeac sind die regelmäsigste, schönste und
höchste Basaltsäulen von Auvernien. In der Ge=
gend von Langeac sind Adern von Spiesglas und
gute Steinkohlen. Auch findet man dort Flußspat,
der dieser Gegend eigen ist, von violetter und gel=
ber Farbe (Herr Monnet behauptet, der Flußspat
enthalte keine Säure, welches aber gewiß falsch
ist). Die sogenannten niedrigen Gebirge von Au=
vernien bei Chaise - Dieu, Arlant und Ambert be=

Ji 5

stehen

stehen aus blosem Granit, und man findet keine
Spuren, daß vulkanisches Feuer da gewüthet habe.
Bei Dore l'Eglise findet man in einer sandigen
und thonigen Erde gediegenen Schwefel ꝛc.

S. 343. *Lettre de M. Medicus à M. de
Regnier fur diverses objets relatifs à la bo,
tanique.*

In diesem Briefe ist vieles enthalten, was schon
Herr Medicus in seiner Abhandlung über die Mal‑
venfamilie und die Klasse der Monadelphien abge‑
handelt, auch findet man einige Anmerkungen über
einige Differtationen von Cavanilles. Ayenia
pusilla L. gehöre nicht in die Klasse der Pflanzen
mit verwachsenen Staubfäden und Staubwegen
(gynandria); sondern in die Malvenfamilie, und
zwar zu der Malvengattung; er nennt sie malva daye‑
nia inermis, Theobroma; sie gehöre zu der Malvenfa‑
milie, und zu dem derselben untergeordneten Hibiscus,
und müsse Hibiscus abroma fastuosa heißen. Sify‑
rinchium, *Ferraria, Celosia, Pancratium Mal‑
pighia* Melia hätten verwachsene Staubfäden.
Thunberg habe unrecht gehabt, daß er die Klasse
der Gynandria unterdrükt, denn es gäbe wahrhaft
Pflanzen, welche verwachsene Staubfäden und
Staubwege hätten. Cavanilles habe nicht wohl
gethan, daß er in seiner Abhandlung von der Sida

die

die Unterabtheilungen auf die Anzahl der Saamen
gegründet habe. Sehr viele Sachen können auf
die Zeitigung der Saamen Einfluß haben, und es
sei selten, daß alle in einem Eierstocke befindliche
zur Reife kämen; in der Gestalt und dem Bau der
Früchte lägen solche auffallende Kennzeichen, derer
man sich zur Bestimmung der Gattung bedienen
könnte. Die Frucht der *Anoda* habe nicht, wie
Cavanilles anführe, eine Kapsel, sondern mehrere einsaamige aus drei Theilen, wovon einer das
Behältniß (receptaculum), der andre die kleinen
Platten, der dritte die halbe Kapsel (capsula dimi-
diata, oder vaginula ist) zusammengesezte Kapseln.
Herr Medicus nennt sie *Sida anoda lavateroi-
des*. Bei der Anoda hastata des Cavanill ist die
clavicula doppelt; sie heißt bei Herrn Medicus
Sida cavanillea hastata. Bei der *Sida morifolia*
seyen die fünf einsaamige Saamenkapseln aus der
Vereinigung des receptaculum, und der clavicula
anders, als bei der Anoda, und der Cavanillea
gebildet. Die Gattung nennt Herr Medicus
Lamarkia, die Art *Sida Lamarkia morifolia*.
Herr Cavanilles hätte, da er die neue Gattung
Palaua festgesezt, auch die Gattungen *Napaea*,
und *Malvinda* des Dillenius aus den nämlichen
Gründen beibehalten sollen. *Sida periplocifolia*
habe ebenfalls an seiner Frucht auszeichnende Karaktere

raktere genug, um eine eigne Gattung, welche M.
Wiſſadula, die Art *Sida Wiſſadula periplocifolia*
nennt, auszumachen. Der Karakter von der *Abu-
tilon* des Tourneforts ſey auffallend; der untere
Theil der Saamenkapſel ſey feſtgeſchloſſen, und die
Spalten jeder Kapſel öfneten ſich nicht ganz ꝛc.
Die *Sida crifpa cavanill.* ſei auch' eine eigne Gat-
tung, die Kapſel derſelben einfach, und vielklap-
pig; die Klappen öfneten ſich in ihrer ganzen Länge.
Die Gattung heißt bei Herrn Med. Heritiera, die
Art *Sida heritiera crifpa.*

S. 371. *Suite des Extraits du porte-feuille de
l'Abbé Diequemare: Multiplication des
grands polypes marins.*

Der große Meerpolype ſei ein für alle die Fel-
ſen- und Seebewohner fürchterlicher Feind. Er mache auf Krebſe, Kroppen, Fiſche und alle Thiere,
die er da antreffe, Jagd, und ſäuge ihre zarteſten
Eingeweide aus. Hr. Diquemare beſchreibt hier
die Art ſeiner Fortpflanzung; er fand auf einer
Muſchelbank in einer Vertiefung einen Lappen von
Eier des großen Meerpolypen. Dieſe ſind durch-
ſichtig, wie weiſſes Glas, und in vier bis fünf und
zwanzig Zellen eingetheilt, wo in jeder ein kleiner
Polype enthalten iſt. Der Lappen, den er fand,
beſtand ohngefähr aus 800 Eier, jedes Ei enthielt

25 Po-

25 Polypen, der ganze Lappen also 20000. Hier sind auf der ersten Tafel ein Ei und ein kleiner Polype abgebildet. Als Herr Diquemare einen männlichen und weiblichen Polypen dieser Art aufschnitt, fand er in dem Eierstocke des lezten 20 solcher Lappen; es sind also in dem Eierstocke eines einzigen mehr als vierhunderttausend Junge enthalten. Folglich vermehrt sich dieser Polype. beiläufig 15 oder 16mal mehr, als die Häringe.

S. 421. *Analyse de Prase, et de la Chrysoprase, ou Calcedoine verte de Cosemitz en Silesie; extraite d'un Memoire lu à l'academie de Paris par M. Sage.*

Herr Sage hält den grünen schlesischen Praser für einen durch Kobolt und Nickel gefärbten Kalzedon; seine Versuche stimmen also mit jenen von Klapproth in der Hauptsache überein, nur daß dieser ihn für einen durch Nickel gefärbten Quarz hält.

Tome XXXIV.

Lettre de M. de Badier à M. de la Métherie sur le Scolopendre Polype.

Hier wird ein Meerpolype beschrieben, der wegen der 72 Ringen, aus welchen sein Körper zusammengesezt ist, und wegen der 144 Beine, die er an den Seiten hat, Skolopenderpolype vom Verf.

Verf. genennt wird. Er war 13 Linien lang, und hatte eine halbe Linie im Durchmesser. Sein Mund oder Kopf war aus 20 Aermen oder Fäden von verschiedner Länge, von ⅓ Linie bis drei, zusammengesezt. Diese Fäden hatten an den Seiten einen Bart, wie eine Feder. Er hatte eine gelblichröthliche Farbe, wie Melonenfleisch. Der Verf. hat beobachtet, daß dieser Polype sich in eine durchsichtige, von ihm selbst gebildete, Haut, wie in eine Röhre, die länger, als sein Körper, war, eingeschlossen, aus welcher er seinen Körper herausstrekte, und sich wieder dahinein zusammenzog. Jene schien er aus einer fettigten Feuchtigkeit, womit sein Körper überall bedekt ist, gebildet zu haben. Ferner hat er gesehen, daß er sich in vier Stücke getheilt, welche alle zu vollkommenen Polypen wurden. Das Resultat seiner Beobachtungen über diesen Polypen ist: daß seine Theilung in vier Stücke, die Farbe und Flecken der Fäden und des Körpers beständig seyen, die Anzahl der Ringe und Aerme oder Fäden der Mundöfnung aber abändere. Ein ähnlicher von grüner Farbe sey vom vorigen nur in der Farbe und darin verschieden, daß er sich in zwei Stücke theile. Auf der zweiten Kupfertafel findet man die Abbildungen derselben.

S. 116. *Lettre de M°°* à *M. de la Méthérie sur la différence très essentielle, qui existe*

*ſie entre les pierres dites Pechſtein de Mesnil-
montant et les vrais Pechſtein de Hongrie, d'
Auvergne etc.*

Pechſtein von Menil-montant aus Ungärn und
Auvernien, wurden in Vitriolſäure gelegt; auf
dem erſten hat ſich nach einiger Zeit Bitterſalz; auf
dem lezten aber, zwar lange nachher, Alaun gezeigt.
Der erſte enthalte alſo die Bittererde (ſo wie der
ſächſiſche) und nähere ſich den Spekſtein- und Ser-
pentinſteinarten.

S. 119. *Lettre de M. l'Abbé Cavanilles à
M. Medicus.*

Herr Cavanilles ſucht hier den ihm von
Herrn Medikus in Anſehung ſeiner Gattung
Anoda gemachten Vorwurf, als hätte er die Frucht
derſelben nicht genau zergliedert und einen Fehler
begangen, zu widerlegen. Er verſtehe, ſagt er, unter Kapſel eine Saamenumhüllung, welche dieſelben vollkommen und ganz einſchließe, und
die ſich, wenn die Frucht reif ſeye, an einer
oder mehreren Stellen öfne. Bei ſeiner *Anoda*
liege aber keiner der Saamen, weder bei der grünen, noch bei der reifen Frucht, vollkommen eingeſchloſſen, und abgeſondert, auch nicht einmal ver-
mittels der ſogenannten Halbkapſeln, Gabeln und
Bänder des Herrn Medikus. (Herr Cav. hat
hier

hier nach seiner von der Kapsel gegebenen Definition zwar Recht; allein Herr Medikus bestimmt die Halbkapseln folgendergestalt, daß der Saame in denselben äusserlich zur Haatscheide, oder auch noch schwächer von einer eignen Bedeckung frei umkleidet seie; das übrige der Saamenhöhlen aber von dem gemeinschaftlichen Receptaculo gebildet werde; er theilt sie in einfache Halbkapseln und in doppelte ein; von den ersten führt er *Anoda* oder *Sida cristata* = L., und von den lezten seine *Cavanillea* oder *Sida cristata* β L. als Beispiele an; was das lezte angeht, so ist es ganz wahr, daß diese eine doppelte von Herrn Medikus sogenannte Halbkapsel habe, die bei der ganz reifen Frucht ganz deutlich von einander getrennt, und woran die innern nicht, wie Medikus sagt, eine mit Zirkelförmiglaufenden weissen Fäden gezierte Haut, sondern gitterförmig oder durchbrochen ist. Herr Cavanilles fährt aber weiter fort, und sagt: er verwerfe die von Medikus angegebenen Kleinigkeiten von doppelten Bändern ꝛc. als unzulänglich, um deswegen eine neue Gattung daraus zu machen. Alle Arten seiner Anoda hätten die nämlichen Fruktifikazionstheile, die Malvinden und Abutilons kämen ebenfalls in den nämlichen generischen Kennzeichen mit einander überein; wegen kleiner Fortsäze, Haare und dergleichen Kleinigkeiten können

ten

ken keine neue Gattungen aufgestellt werden. Von Linné sagt der Verf., daß er zwar fast täglich grobe Fehler entdecke, die derselbe begangen, wenn er von Pflanzen redete, die er nicht gesehen, dem ungeachtet aber sein weitumfassendes Genie und Kenntnisse bewundere. Es käme aber seinen Nachfolgern, die so glüklich wären, die Pflanzen in der Natur zu sehen, und in einem günstigern Himmelsstriche, als Schweden ist, zu leben, zu, diese Fehler zu verbessern, dabei aber den eiteln Wahn nicht zu haben, als könnten sie selbst nicht fehlen. Seine *Sida morifolia* habe fünf vollkommene Kapseln; vielleicht habe Herr **Medikus** eine andre Pflanze statt dieser vor sich gehabt.

In Ansehung der Karaktere von der *Ayenia* habe Herr **Medikus** Unrecht, **Linné** deswegen zu tadeln. Herr **Cavanilles** behauptet, daß sie ganz richtig angegeben seien, er wirft ihm vor, es seie nicht genug, zu sagen, daß dieser Schriftsteller eine sehr fehlerhafte Beschreibung von dieser Pflanze gegeben habe; man müsse es auch beweisen, und eine andere davon geben, welches er noch nicht gethan hätte. Das lezte ist falsch; denn in den botanischen Beobachtungen vom Jahre 1782 hat Herr **Medikus** von S. 114. bis 125. sehr genau und weitläuftig sich über die *Dayenia inermis* erklärt, eine sehr ausführliche Beschreibung davon gegeben,

unb

unb bie von Linne, theils jene in den schwedischen
Abhandlungen, theils die in der lezten Ausgabe seis
ner gener. plant. damit verglichen; nach seinen Bes
obachtungen gehörte diese Pflanze in die zehnte
Klasse des Linne.

Von den zwei Gattungen des Herrn Medis
kus *Wissauda* und *Heritieria*, behauptet Herr Cas
vanilles, daß sie wieder eingehen und unter *Sida* gebracht werden müßten; denn daß die Saamen
stark oder gar nicht anhlengen, daß sich die Kapsel
wenig, oder mehr öfnete, seien Merkmahle, welche
nicht hinreichten, um beswegen Gattungen zu vers
mehren.

S. 127. *Lettre etc. sur la Molybdene d'Altemberg en Saxe par M. Pelletier etc.*

Herr Pelletier behauptet in diesem Briefe ges
gen Ißmann, Sage und andere, daß das Wass
serblei von Altemberg in Sachsen mit Schwefel vers
bunden seie, und beweist dieses durch einige hier
angeführte Versuche.

Seite 129. *Mémoire sur la Quinquina Piton
ou des montagnes, Quinquina indigene de la
Guadeloupe et de la Martinique par M. de
Badier.*

*Cinchona montana foliis ovatis utrinque glabris
stipulis basi connata vaginantibus, corymbo
terminali, corollis glabris.*

Herr

Herr Babier hat von dieser neuen Art von China im Jahre 1777 einen Ast und etwas von der Rinde mit nach Paris gebracht. Hier findet man eine ausführliche Beschreibung sowohl der Fruktifikationstheile, als auch der übrigen, und eine Abbildung eines blühenden Zweiges auf der ersten Tafel. Herr Waller hat die Rinde derselben chemisch untersucht, und gefunden, daß sie keine vafinöse Theile, wie die übrigen, enthalte. Diese Chinarinde habe die Eigenschaft, brechen und laxiren zu machen, und zugleich die Wechselfieber zu heilen.

S. 183. *Observations de M. l' Abbé Cavanilles de l' Academie des sciences d'Upsal sur la cinquième fascicule de M. l' Heritier.*

Herr Cavanilles macht hier dem Herrn Heritier sehr bittre Vorwürfe, daß er in seinem fünften Hefte Pflanzen beschrieb, die schon zuvor von ihm seien beschrieben worden, daß er das Resultat seiner Beobachtungen über Pflanzen benuzt, große und oft unnütze und fehlerhafte Abbildungen davon gegeben, ohne die Quelle anzugeben, woraus er einen Theil seiner Ideen, welche er vorträge, geschöpft habe. Die Botaniker könnten die Pflanzen dieses Heftes nicht für neue ansehen, ob er schon denselben vorbatirt, und ihre Namen verändert

 habe.

habe. Nun werden in zwo gegeneinander überstehenden Kolumnen die Pflanzen angeführet, die Heritier und vor ihm Cavanilles beschrieben und
abgebildet. Es werden verschiedne Fehler angemerkt, besonders, was die Abbildungen angeht.
Gegen den Saz von Heritier, daß die Abwesenheit des äussern Kelches nicht zureiche, deswegen
eine neue Pflanzengattung zu errichten, und daß
die wenigern oder mehreren Lappen des äussern
Kelches nicht das geringste Hinderniß machen könnten, nach welchem die von Cavanilles errichteten Gattungen *Palaua*, *Solandra* und *Pavonia*
eingehen müßten, wendet der Verf. ein:

1) Daß mehrere Malvenarten z. B. carolinia-
na, angustifolia, operculata, elegans, abuteloi-
des die nämlichen Fruktifikationstheile hätten, wie
die Sida, den äussern Kelch ausgenommen, welcher
bei der lezten fehlte; folglich müßten jene zahlreiche Arten alle unter die Sidagattung gebracht werden.

2) Die Malachra hätte ebenfalls alle Karaktere der Sida, den äussern Kelch ausgenommen.

3. 4. 5. Eben so verhält es sich mit den Gattungen der Urena, Althaea und Lavatera, folglich
müßten nach den Grundsätzen von Heritier ein
großer Theil der Gattungen aus der Malvenfamilie eingehen, und die Gattungen Sida, Malva,

La-

Lavatera, Althaea Urena ſamt ben breien von Ca=
vanilles errichteten Solana Laguna und Pavonia
machten nur eine aus, die 192 Arten enthielte. Man
findet ferner noch verſchiedne wichtige Bemerkungen
hier von verſchiedenen Pflanzen, die zur Malvenfa=
milie gehören.

S. 201. *Sur deux Cetacées echoués vers Hon-
fleurs le 19. Septembre 1788. par M. Bauſ-
ſar d ancien Lieutenant de Fregatte de la na-
tion françoiſe etc.*

Den 19 September erſchienen dieſe zwei Wall=
fiſche zwiſchen der Bank von Ratier und Saint Sau-
veur. Einer war klein von der Spitze des Mauls
an bis an den Schwanz 12'6", der größere 23 Schuhe
6 Zoll lang. Von beiden werden hier ſowohl die
äuſern, als innern Theile genau beſchrieben; auch
iſt von beiden eine Abbildung beigefügt. Der Verf.
ſagt, er habe bei keinem Schriftſteller weder eine
Beſchreibung, noch eine Abbildung davon angetrof=
fen, Hr. Dicquemare ausgenommen, der im
Jahre 1765 einen ähnlichen von 21 Schuhe langen
abgebildet (Uns ſcheint es, nach der Abbildung
und Beſchreibung zu urtheilen, Balaena roſtrata
von Müller zu ſeyn; doch iſt das Maul nicht ſo
lange, als Müller daſſelbe beſchreibt).

Kl 3   S. 206.

S. 206. Suite des extraits du portefeuille de l'Abbé Dicquemare suite aux floriformes.

Der Polype, den hier Hr. Dicquemare beschreibt, und wovon Tab. 2. eine Abbildung beigefüget ist, hat ganz die Gestalt einer Blume, aber ohne Stamm, ist ohngefähr 3 Linien hoch, und sehr leicht. Seine Theile haben die gröste Aehnlichkeit mit einem Blumenstiele, einer Krone, Kronblätter, Staubfäden, und Stempel. Wenn man aber die Bewegungen dieses Polypen auch mit jenen verführerischen der sogenannten Sinnpflanzen verglicht, so wäre es doch leicht, einzusehen, daß jener ganz verschiedene und höhere Kräfte besitzen müsse. Die Bewegungen jener Pflanzen seien immer einförmig, und gar nicht nach ihren Bedürfnißen verschieden; sie nähmen nichts zu sich, und stießen nichts von sich; dieser Polype nähme aber vermittelst seiner ausgestrekten Aerme Stükchen von Fischen und dergleichen, brächte sie bis an seine Mundöffnung, schlukte sie hinunter, und verdauete sie; ja er habe sogar beobachtet, daß als er einen Zweig von einer Koralline hatte, welche wahrscheinlich aus einer weit zärtern Substanz bestund, und also eine diesem Thiere weit angemeßnere Nahrung enthielt, er 8 Stunden lang nichts von dem annahm, was er ihm sonst darreichte.

S. 213.

S. 213. Analyse du Sappare par M. de Sauſ-
ſure fils.

Dieſer von noch keinem Mineralogen unterſuchte
Stein ſeie bei den Sammlern unter dem Namen
blauer Schörl bekannt. Man finde ihn im Granite
bei der Stadt Lyon, auf dem Gottharbsberge, und
bei Botrepfnei Banff-ſhire in Schottland, wo er
Sappare genennt würde. Man ſtude ihn meiſtens
im Quarz, in welchem viel Glimmer eingemengt; er
beſtehe aus ganz dünnen, ſchmahlen, halbburchſichti-
gen, übereinanderliegenden Blättern; ſeine Beſtandtheile ſeien Ton oder Alaunerde 66,92, Bitterſalz-
erbe 13,25, Kieſelerbe 12,81, Kalkerde 1,71, Eiſen
5,48.

S. 250. Diſſertation ſur la conformation de la
téte des Caraibes, et ſur quelques uſages biſar-
res attribués à des nations ſauvages par M.
Arthaud, Secretaire du Cercle des Philadel-
phes extrait.

Der Verf. ſucht hier aus mehreren Gründen zu
beweiſen, daß die beſondere Bildung des Kopfes
bei den Karaiben natürlich, und kein Werk der Kunſt
ſeie. Man findet hier eine Abbildung eines knöchernen Kopfes von einem Karaiben.

S. 261. *De l'Adulaire et de ses caractères extérieurs par M. Struve.*

Hier werden weitläufig die äusern Kennzeichen dieses Steines angegeben. Der Verf. hält ihn blos für eine Abänderung des gemeinen Feldspaths; er seie ohngefähr das in Ansehung des gemeinen Feldspathes, was der isländische Spath in Ansehung des gemeinen Kallspathes seie.

S. 296. *Lettre de M. de Reynier à M. de la Métherie sur la nature des galles.*

Hier werden die Beobachtungen von Albrechtif bestättigt, daß die Gallauswüchse nicht alle durch Insekten, sondern auch von Frühlingsfrösten entstünden, die alsdann auf die jungen Knospen wirkten, wenn sie sich so eben entwickeln wollten.

S. 353. *Sur la Chénille processionaire du Pin appellée Pityocampe par les anciens, par M. Dorthes D. M. M. Membre de la Société royale des sciences de Montpeiller etc.*

Eine sehr ausführliche Beschreibung der Gestalt, Sitten, des Aufenthaltes und der nützlichen und schädlichen Eigenschaften der Processionsraupe, welche sich auf dem Pinus sylvestris, und P. picea aufhält, und nur des Nachts in Gesellschaft, und zwar zweier oder dreier, selten mehrerer, neben einander ausgehen, um ihre Nahrung zu suchen. Der Nachtfalter, welcher aus derselben entsteht, ist Bombyx Pityocampa, alis reversis, griseis, strigis tribus obscurioribus, posticis pallidis, puncto anali fusco.

Die Alten haben sich dieser Processionsraupe in den nämlichen Fällen, wie wir der spanischen Fliege, bedient; auch befindet sich in kleinen auf ihrem Rücken befindlichen Höhlen ein Staub, welchen sie nach Willkühr durch eine elastische Bewegung von sich werfen, der auf der Haut eine Röthe, und nachher kleine Wasserblattern verursacht. Der Verf. hat Versuche mit der Seide der Nester von dieser Raupe gemacht, aber gefunden, daß derselbe, besonders wenn sie in Wasser gekocht wurde, fast in einen Brei zerflossen.

S. 446. *Observations sur la Prehnite de M. Werner par M. Sage.*

Herr Werner habe diesem grünen Steine vom Vorgebirge der guten Hoffnung diesen Namen dem Hauptmanne Hrn. Prehn zu Ehren gegeben; eigentlich habe ihn aber der Abbe Rochon zuerst vor 15 Jahren in Frankreich bekannt gemacht. Man könne aber solche Tivialbenennungen, die nichts bedeuteten, in der Lithologie nicht annehmen. Er habe ihn zuerst Krysolit vom Kap genennt; aber nachher gefunden,

Kk 5

daß

daß er, die Farbe ausgenommen, sonst nichts mit
den Kryſoliten gemein habe, ſondern zu den Schörlen gehöre. Nach Klapproths Verſuchen, welcher ihn ebenfalls Kryſolit nennte, enthielte er Kieſelerde, Alaunerde, Kalkerde, Eiſentheile, Luft und
Waſſer; faſt die nämlichen Beſtandtheile habe auch
Hr. Haſſenfratz gefunden.

LII.

Naturſyſtem aller bekannten in- und ausländi-
ſchen Inſekten von Carl Guſtav Jablonsky. Der Käfer II. Theil I. Heft. Mit neu-
en illuminirten Kupfertafeln, und den Text-
bögen a bis d, und A bis H. Berlin, 1787.
bei Joachim Pauli, Buchhändler. 128 Seiten, ohne die Erklärung der Inſtruktivtafeln
gr. 8.

Mit dieſem Theile ward der von dem Verfaſſer ent-
worfene neue Plan, vermög deſſen dieſes Werk künftighin heftweiſe erſcheinet, zum erſten in Ausübung
gebracht. Der Eingang dieſes Theiles beſtehet in
einer Erklärung und Beſchreibung der Freßwerkzeuge
der fünf erſten Käfergattungen des Fabriziuſſiſchen
Syſtems, zu der drei Kupfertafeln gehören, auf denen dieſe Werkzeuge nebſt einigen andern äußerlichen

chen und innerlichen Theilen der Käfer, durch meistens vergrößerte Figuren erläutert werden. Herr
Jablonsky wollte hierdurch jenen Liebhabern der
Entomologie, besonders Anfängern, welche das Fa-
briziussische System studieren, hinreichende Begriffe
von der Gestalt und Lage der benannten Theile verschaffen, und ihnen dadurch dieses sehr mißliche
Studium erleichtern; nächstdem soll auch dieser Aufsatz zur Erläuterung der im ersten Theile der Käfer
enthaltenen allgemeinen Betrachtung über diese In-
sektenklassen, dienen. Bei der Auswahl der Käfer,
die der Verf. zur Zergliederung genommen hat, ist er
größtentheils dem Degeer gefolget, doch liefert
er keine Kopien aus diesem und ähnlichen Werken,
sondern die Abbildungen sind durchaus (die innerlichen Theile ausgenommen) nach der Natur gezeichnet.

Der Instruktivtafeln sind drei, welche zum Unterscheidungszeichen von den übrigen mit Buchstaben
bezeichnet sind. Die Tafeln A und B. enthalten bloß
Abbildungen der Freßwerkzeuge in 48 Figuren, und
zwar in folgender Ordnung:

Tafel A. Die Zergliederung eines Käfers aus
der Gattung *Scarabaeus* Linn. und *Fabricii* nämlich des *Scarabaeus stercorarius*,
oder des gemeinen Roßkäfers. Fig. 1. oder ganze Käfer in voller Ansicht mit allen Gliedern in natürlicher

türlicher Größe von oben. Fig. 2. von unten. Fig.
3. der Kopf mit allen seinen Theilen. Fig. 4. die
abgesonderte, etwas vergrößerte Brust von oben.
Fig. 5. eine Flügeldecke in natürlicher Größe von
der oberen konvexen Seite, und fig. 6. dieselbe von
unten, und nach der innern konkaven Seite. Fig. 7.
der ganze Körper von oben in natürlicher Größe.
Fig. 8. der ganze Körper, nämlich Bruststük, Brust
und Hinterleib von unten in natürlicher Größe. Fig.
9. die vergrößerte Unterlippe (Labium Fabr.). Fig.
10. eine vergrößerte äussere Kinnlade (Mandibula
Fabr.). Fig. 11. eine innere Kinnlade (Maxilla
Fabr.). Fig. 12. nach dem Verfasser die Oberlippe.
Fig. 13. eine der vorderen Freßspitzen (Palpi Fabr.)
in einer ansehnlichen Vergrößerung. Fig. 14. eine
der hinteren Freßspitzen, in derselben Vergrößerung. Fig. 15. eine sehr vergrößerte Abbildung von
den Fühlhörnern. Fig. 16. die sehr vergrößerte
Kolbe mit den drei lezten fast gleichgroßen Gliedern.
Fig. 17. ein Vorderfuß ohne die Blätter, in ansehnli-
cher Vergrößerung. Fig. 18. ein sehr vergrößerter
(♂.) Fuß (Fußblatt.) (Tarsus Fabr.). Fig. 19. der
vergrößerte Hinterfuß. Fig. 20. ein ausgedehnter
Flügel in natürlicher Größe.

Tafel B. II. Die Zergliederung eines Käfers aus der Gattung *Scarabaeus* Linn. *Mela-
lontha Fabr.* (Von den Gattungen Troa und Trichius

chius werden weiter unten Fragmente nachgetragen). Fig. 1. der Kopf von dem Scarab.(*Melol.*) Fullo in natürlicher Größe. Fig. 2. ein weibliches Fühlhorn von Melolontha villosa **Fabr.** Fig. 3. die sehr vergrößerte Lippe von der Melolontha sollitialis. Fig. 4. die vergrößerte äußere Kinnlade. Fig. 5. die sehr vergrößerte innere Kinnlade. Fig. 6. eine vergrößerte, aus vier ungleichen Gliedern bestehende vordere Freßspitze. Fig. 7. eine vergrößerte hintere Freßspitze. Fig. 8. ein vergrößerter ganzer Vorderfuß von dem männlichen Melolontha Fullo. Fig. 9. ein vergrößerter ganzer Hinterfuß. Fig. 10. ein vergrößertes Schienbein von einem weiblichen Melol. Fullo. Fig. 11. ein vergrößerter Hinterfuß des Weibchens. III. Die Zergliederung eines Käfers aus der Gattung *Scarabaeus* **Linn.** *Cetonia Fabr.*, nämlich der Cetonia curata. (des größten Goldkäfers). Fig. 12. der ansehnlich vergrößerte Kopf nebst dem Brustschilde. Fig. 13. die sehr vergrößerte Oberlippe (nach dem Verf.). Fig. 14. die vergrößerte Unterlippe. (Labium *Fabr.*). Fig. 15. die äußere Kinnlade sehr vergrößert. Fig. 16. eine sehr vergrößerte vordere Freßlippe. Fig. 17. eine der hintern Freßspitzen sehr vergrößert. Fig. 18. die eigentliche Brust (Pectus.) von unten in natürlicher Größe. Fig. 19. ein vergrößerter Vorderfuß. Fig. 20. einer von den

Mittel

Mittel = oder Brustfüßen vergrößert. Fig. 21. ein
vergrößerter Hinter= oder Bauchfuß. IV. Fig. 22.
der Kopf eines Käfers aus der Gattung *Trox
Fabr.*, nämlich des Trox fabulofus. Der Verf.
konnte von den übrigen inneren Mundtheilen keine
Abbildungen geben, weil diese ungemein klein sind,
und fast ganz verschlossen im Munde liegen, so daß
er keinen derselben unterstützt herauszubringen ver=
mochte. V. Einige innere, zu den Freßwerkzeu=
gen gehörigen Theile aus dem Munde eines Kä=
fers aus der Gattung *Trichius. Fabr.*, nämlich
des Trichius fafciatus. Fig. 23. die sehr vergröß=
serte Lippe. Fig. 24. eine innere Kinnlade sehr ver=
größert. Fig. 25. die obgedachte vordere Freßspitze
sehr vergrößert. Fig. 26. eine Freßspitze des hin=
teren Paares. Fig. 27. ein vergrößertes Fühl=
horn.

Tafel C. VI. nach **Rösel** abgebildete innere
Theile aus dem Körper einer Larve und eines
Käfers aus der Gattung *Scarabaeus* **Linn**. et
Fabr. nämlich des Nashornkäfers Sc. Naficornis.
Fig. 1. die geöfnete Larve, worinn sich der Magen
und die Gedärme zeigen. Fig. 2. der Magen nebst
den Gedärmen, nachdem dieselbe von der Haut und
den Luftröhren abgesondert worden sind. Fig. 3.
das männliche Zeugungsglied, und was dazu gehöret.
Fig. 7. die Theile des weiblichen Zeugungsgliedes,

was

wobei zugleich auch der Kopf, Schlund, Magen, und die Gedärme des Käfers zu sehen sind. Ob nun gleich Rezensent versichert ist, daß das Fabriziusische System, wegen den ausnehmenden Schwierigkeiten, mit denen es verknüpfet ist, nie in allgemeine Anwendung kommen werde, so muß doch nichtsbestoweniger dieser von dem Hrn. Jablonsky hier gelieferte Aufsaz jedem Liebhaber der Entomologie sehr schäzbar seyn, da man hier in wenigen Bögen und Platten alles, und noch ein Mehreres beisammen findet, was man in anderen Werken unter mancherlei Gegenständen zerstreuet, mit vieler Mühe zusammensuchen muß.

Dieses Heft enthält die zwote Kolbenkäferfamilie der ersten Abtheilung des Verfassers, nämlich die Ungeschildeten mit gehörntem Brustschilde (exscutellatos thorace cornuto), und von der zwoten Abtheilung, nämlich der Kolbenkäfer mit unbewaffnetem Brustschilde, aber gehörntem Kopfe (thorace inermi, capite cornuto), einen Theil der ersten Familie, nämlich die geschildete (scutellatos). Ob nun Herr Jablonsky wohl that, daß er die Hauptkarakteristik seiner Familien auf so schwankende und ungewisse Kennzeichen, dergleichen nach vielfältigen Erfahrungen die Höcker und Hörner sind, bauet, muß Rezensent gegenwärtig dahin gestellet seyn lassen, indem er sonst die ganze

Ja

Jablonskysche Eintheilung aus dem ersten Theile, der jedoch zuweit ausser den Gränzen der Epoche, über die er sich ausdehnen kann, gelegen ist, nachholen müßte.

Der in diesem Hefte beschriebenen Käferarten sind 42., wovon 7 hier zum erstenmale abgebildet, folglich neu sind; nämlich:

Scarab. nemestrinus. tab. 7. f. 6. (Fueßly Arch.) — Iacchus tab. 7. f. 7. (Neu.) — Oedippus. (Nicht abgebildet.) — Sabaeus. (Nicht abgebildet.) — Splendidulus. (Nicht abgebildet.) — Pactolus tab. 8. f. 1. (Neu.) — Festivus tab. 7. f. 8. 9. (Drury.) — Pithecius tab. 8. fig. 2. 3. (Voet.) — Seniculus tab. 8. f. 4. 5. (Fueßly Arch.) — Rosalius. (Nicht abgebildet.) — Ammon. (Nicht abgebildet.) — Midas. (Nicht abgebildet.) — Hamaedryas tab. 8. f. 6. (Voet.) — Lunaris. tab. 8. f. 7. 8. 9. — Lar tab. 9. fig. 1. (Voet.) — Abbreviatus tab. 8. f. 10. (Voet.) — Rhadamistus. (Nicht abgebildet.) — Belzebub. (Nicht abgebildet.) — Bifasciatus tab. 9. f. 1. (Neu.) — Faunus tab. 9. f. 3. (Voet.) — Capuzinus tab. 9. f. 4.? (Neu.) — Rhinozeros tab. 9. f. 5. 6. (Voet.) — Barbarossa tab. 9. f. 7. (Voet.) — Satyrus. (Nicht abgebildet.) — Lamaicensis tab. 9. f. 8. 9. (Drury.) — Tuberosus tab. 10. f. 1. (Voet.) — Silenus tab. 10. f. 2.

f. 2. (Voet.) — Sirychtus. (Nicht abgebildet.) — Aries tab. 10. f. 3. (Reu.) — Appelles. (Nicht abgebildet.) — Coronatus. (Nicht abgebildet.) — Hylax. (Nicht abgebildet.) — Didymus tab. 11. f. 2. (Drury.) — Polyphemus. (Nicht abgebildet.) — Goliathus tab. 11. f. 1. (Drury.) — Hircus tab. 10. f. 5. (Reu.) — Farctus. (Nicht abgebildet.) — Retufus. (Nicht abgebildet.) — Piceus tab. 11. f. 3. (Fueßly.) — Inuus tab. 11. f. 4. (Voet.) — Aygulus. (Nicht abgebildet.) — Subterraneus tab. 11. f. 7. (Reu.)

Nebſt dieſen Käfern iſt auch tab. 7. das Ei, die Larve und die Puppe des Scarab. Naſicornis abgebildet.

Seite 43. trift die Bemerkung, daß der Scarab. Lunaris vorzüglich Anhöhen liebe, mithin ſeine Brut in niedrigen Gegenden nicht abſetze, mit der Lebensart dieſes Käfers in der Gegend um Mainz nicht zu. Rezenſent findet ihn nur äuſſerſt ſelten auf Anhöhen; ſein gewöhnlicher Aufenthalt iſt eine ſehr niedere Wieſe, die ſchier alle Jahre den ganzen Winter durch unter Waſſer ſtehet, und öfters ſogar noch zu der Zeit, wo dieſer Käfer ſchon längſt erſchienen iſt, und auf den einzelnen kaum abgetrokneten Stellen derſelben angetroffen wird.

Aus

Aus den naturhistorischen Briefen wissen wir nun gewiß, daß Seite 124. Schranks und Molls Scarab. subterraneus nicht hierher gehöre; was also der Verfasser Seite 125. und 126. über diese beide Zitate sagt, fällt hinweg. Seite 127. giebt er zu einem standhaften Karakter dieses Käfers ein Grübchen vornen am Brustschilde an, und muß doch selbst gestehen, daß es bei vielen Exemplaren gar nicht bemerket werde, welches leztere auch Au zenfent aus der Erfahrung bezeugen kann. Ueber diesem schwankenden Kennzeichen vergißt er aber das eigentliche Unterscheidungszeichen des Scarab. subterranei, welches schon Linne in seiner Karak teristik festgesezt hat, nämlich die tief ausgehöhlten und eingekerbten Streifen auf den Flügeldecken (Strias crenatas) anzuführen, welche allein, nebst dessen Größe, und fast zylindrischen, auf der obern Fläche etwas plattgedrüktem Körper ihn vor allen ähnlichen größeren und kleineren Käfern hinlänglich kenntbar machen. Herr Jablousky kannte den Scarab. terrestris noch nicht, und glaubt daher, daß dieser mit dem Subterraneus die höchste Gleich heit haben müsse; freilich würde man, wenn man sich blos an dem meistens fehlenden Grübchen hal ten wollte, oft genug irre geführet werden: allein übrigens ist die Gleichheit so auffallend nicht; es braucht nur einige Uebung, um bei dem ersten An=

blick

blicke beibe Käferarten sogleich von einander unter=
scheiden zu können.   Von Moll hat in einer Pa=
rallelle den Unterschied zwischen dem Scarab. subterraneus, terrestris und fossor in den naturhistori=
schen Briefen 1. Th. Seite 156. sehr gründlich aus=
einander gesetzt.

Wir haben nun noch die diesem Hefte beigefügte
zwölfte Tafel zu betrachten, wovon die Beschrei=
bungen erst in dem folgenden Hefte vorkommen.
Ob nun gleich Rezensent noch zur Zeit in Ermang=
lung des Textes hierüber nichts ausführliches sagen
kann, so findet er es doch nöthig, wenigstens eini=
ge vorläufige Erinnerungen hier einzurücken.

Die auf dieser Tafel abgebildeten Käferarten
sind: Scarabaeus fossor, (fig. 1.) — Scybalarius,
(fig. 2.) — Testaceus, (fig. 3.) — Fimetarius,
(fig. 4.) — Vaccinarius, (fig. 5.) — Erraticus,
(f. 6.). — Conflagratus, (f. 7.) — Conspurcatus,
(f. 8.) — Sordidus, (f. 9.) — Granarius, (f. 10.)
— Haemorrhoidalis, (f. 11.) — Pusillus, (f. 12.)
— Inquinatns, (f. 13.) — Bimaculatus. (f. 14.)
— Putridus, (f. 15.) So nennt nämlich der Ver=
fasser diese Käfer: allein nach den Abbildungen zu
schließen, dörfte hier noch manch beträchtlicher An=
stand obwalten; worüber Rezensent einige Beispiele
geben will: Der Scarab. erraticus des Verfassers
fig. 6. kann unmöglich der Linneische Käfer die=

ses Namens seyn; **Linne** sagt ausdrüklich, daß
dieser nur einen Höcker auf dem Kopfschilde führe
(capite tuberculo unico), und der **Jablonsky**-
sche hat deutlich drei; auch der Scarab. inquinatus
fig. 131 scheinet Rezensenten nicht ächt zu seyn; man
darf nur das Archiv der Insektengeschichte und die
dort von Herrn **Herbst** gelieferte sehr getreue Abbildung vergleichen, und man wird dessen Zweifel
gegründet finden. **Herbsts** Käfer hat unter andern
Kennzeichen blos an der Spitze des vordern Brust-
schilderandes einen gelben Flecken, welches auch
bei des Rezensenten Exemplaren pünktlich überein-
trift, und die **Jablonskysche** Abbildung zeiget
einen karminrothen, die ganze Länge des Brust-
schildes sich hinziehenden Rand. Doch Rezensent
wird vermuthlich hier unnöthige Erinnerungen machen: denn da Herr **Jablonsky** bekanntlich tod
ist, so ist es nicht zu zweifeln, daß der Fortsetzer
dieses Werkes, Herr **Herbst** diese Unrichtigkeiten
zu dem folgenden Hefte verbessern werde.

LIII.

LIII.

Naturſyſtem aller bekannten inn= und ausländ=
iſchen Inſekten als eine Fortſetzung der von
Büffonſchen Naturgeſchichte. Nach dem
Syſtem des Ritters Carl von Linne, zu
bearbeiten angefangen von Carl Guſtav
Jablonsky, und fortgeſezt von Johann
Friederich Herbſt, Prediger bei der Ma=
rienkirche zu Berlin ꝛc. Oder Schmetterlin=
ge, dritter Theil. Mit zwei und dreißig Ku=
pfertafeln. Berlin 1788. bei Joachim Pau=
li, Buchhändler. 232 Seiten ohne die Vor=
rede gr. 8.

Herr Jablansky gab von dieſem Theile nur
das erſte Heft, welches die Bögen A. bis F. ent=
hält, heraus; das zweite, durch welches dieſer
Theil vollſtändig gemacht wird, und welches von
dem Buchſtaben G. anfängt, iſt von der Fortſetzung
des Herrn Herbſt, den erſten Bogen ausgenom=
men, welcher noch von dem Verſtorbenen verferti=
get iſt. Herr Herbſt hat ſich angelegen ſeyn laſ=
ſen, die Weitſchweifigkeit des Jablonskyſchen
Textes, welchen aber der Verſtorbene ſelbſt ſchon
in den lezten Heften merklich verbeſſert hatte, ſorg=

fältig

fältig zu vermeiden, und die Beschreibungen in einer gedrängten, aber doch verständlichen Kürze zu liefern. Auch hat das Werk dadurch an äußerer Schönheit gewonnen, daß jede Beschreibung einer einzelnen Art nun mit einer neuen Seite angefangen wird, welche Verbesserung aber nach Rezensentens Dünken schiklicher mit dem Anfange eines neuen Bandes eingeführet worden wäre, indem zweierlei Einrichtungen in dem nämlichen Bande einen gewissen Mißstand erregen, der dem Leser aufs fällt. Die Kupfertafeln sind um ein Merkliches besser und korrekter, als in den vorhergehenden Theilen; sie enthalten die Abbildungen von 67 Arten griechischer Ritter, welche aber, einen einzigen ausgenommen, schon durchgängig, und zwar größtentheils in dem Cramerischen Werke abgebildet gefunden werden. Sie sind:

Papilio eques achivus, Hecuba tab. 21. (Cramer.) — Metellus tab. 22. fig. 3. tab. 23. fig. 1. (Cramer.) — Perseus tab. 22. fig. 1. 2. (Cramer.) — Telemachus tab. 23. fig. 3. 4. (Cramer.) — Nestor tab. 24. fig. 1. 2. (Cramer.) — Achilles tab. 25. fig. 2. 3. (Cramer.) — Helenor tab. 26. fig. 1. 2. (Cramer.) — Menelaus tab. 24. fig. 3. tab. 25. fig. 1. (Cramer.) — Adonis tab. 26. fig. 3. 4. (Cramer.) — Rhetenor tab. 27. fig. 1. 2. (Cramer.) — Amphimachus

chus tab. 27. fig. 3. (Sulzer.) — Demophoon tab. 27. fig. 4. tab. 28. fig. 1. (Cramer.) — Pheridamas tab. 28. fig. 2. (Cramer.) — Syfiphus tab. 28. fig. 3. (Cramer.) — Lycomedes tab. 28. fig. 4. (Cramer.) — Meander tab. 28. fig. 5. 6. (Cramer.) — Eurylochus tab. 29. (Cramer.) — Idomeneus tab. 30. fig. 2. (Cramer.) — Ilioneus tab. 30. fig. 1. (Cramer.) — Teucer tab. 31. fig. 1. 2. (Cramer.) — Automedon tab. 31. fig. 3. tab. 22. fig. 1. mas fig. 2. 3. foem. (Cramer.) — Drufius tab. 33. fig. 1. (Cramer.) — Gambrifius tab. 33. fig. 2. 3. (Cramer.) — Amphitrion tab. 34. fig. 1. (Cramer.) Andromachus tab. 34. fig. 2. 3. (Cramer.) — Odius tab. 35. fig. 1. 2. (Sulzer.) — Phidippus tab. 35. fig. 3. 4. (Cramer.) — Aegifthus tab. 36. fig. 1. 2. (Cramer.) — Demoleus tab. 36. fig. 3. 4. (Cramer.) — Erychthonius tab. 36. fig. 5. 6. (Cramer.) — Nireus tab. 37. fig. 1. 2. (Cramer.) — Ripheus tab. 37. fig. 3. 4. (Cramer.) — Euripylus tab. 37. fig. 5. 6. (Cramer.) — Aurelius tab. 38. — Cresphontes tab. 39. fig. 1. 2. mas, fig. 3. foem. (Cramer.) — Thoas tab. 40. fig. 3. 4. (Cramer.) — Menellheus tab. 40. fig. 1. 2. (Cramer.) — Polycaon tab. 41. fig. 1. 2. (Cramer.) — Turnus tab. 41. fig. 3. 4. (Cramer.) — Chalcus tab. 42. fig.

1. 2. (Cramer.) — Dolicaon tab. 42. fig. 3. 4.
(Cramer.) — Ajax tab. 42. fig. 5. 6. (Cra‐
mer.) — Protesilaus tab. 43. fig. 3. 4. (Cra‐
mer.) — Antipathes tab. 43. fig. 1. 2. (Cramer.)
— Miltiades tab. 44. fig. 1. 2. (Aubenton.) —
Aristeus tab. 44. fig. 3. 4. (Cramer.) — Sinon
tab. 44. fig. 5. 6. (Cramer.) — Machaon tab.
45. fig. 1. 2. — Podalyrins tab. 45. fig. 3. 4. —
Torquatus tab. 45. fig. 5. 6. (Cramer.) Brutus
tab. 46. fig. 1. 2. (Cramer.) — Amilochus
(nicht abgebildet.) — Alcibiades (nicht abgebildet.)
— Codrus tab. 46. fig. 3. 4. (Cramer.) — Oron‐
tes tab. 47. fig. 1. 2. (Cramer.) — Stelenes tab.
47. fig. 3. 4. (Cramer.) — Agamemnon tab.
48. fig. 1. 2. — Antheus tab. 48. fig. 3. 4. (Cra‐
mer.) — Phorcas tab. 48. fig. 5. 6. (Cramer.)
— Demolion tab. 49. fig. 1. 2. (Cramer.) —
Xuthus tab. 49. fig. 3. 4. (irrig Ruthus.) — Pom‐
pilius tab. 49. fig. 5. 6. (Cramer.) — Diome‐
des tab. 50. fig. 1. (Cramer.) — Leilus tab. 50.
fig. 2. 3. (Cramer.) — Ulysses tab. 51. fig. 1. 2.
(Cramer.) — Sloanus tab. 51. fig. 3. 4. (Cra‐
mer.) — Lavinia (nicht abgebildet.) — Chiron
tab. 52. fig. 1. 2. (Cramer.) — Orsilochus tab.
52. fig. 3. 4. (Cramer.) — Crithon tab. 52.
fig. 5. 6. (neu.) — Curius (nicht abgebildet.) —
Periander (nicht abgebildet.)

Bei

Bei den Schmetterlingen Machaon und Podalyrius befremdete es Rezensenten, daß von keinem Raupe und Puppe abgebildet worden ist. Aus Bedenklichkeit, schon vorhandene Abbildungen zu vervielfältigen, konnte es wohl nicht geschehen seyn, denn sonst hätten ja auch die Schmetterlinge selbst, und noch mehrere andere wegbleiben müssen. Da es nun einmal in dem Plane des Werkes liegt, daß sich die Liebhaber müssen gefallen lassen, manches noch einmal zu bezahlen, was sie schon in anderen Werken bezahlet haben, so ist es billig, daß auch für sie so gesorget werde, daß sie in einem solchen Werke alles beisammen finden, was nur irgend von den darinn vorkommenden Arten entdecket, und anderwärts beschrieben und abgebildet ist, damit sie, um sich die Verwandlungsgeschichte eines bekannten Schmetterlinges in Abbildungen anschaulich darzustellen, nicht genöthiget sind, ihre Zuflucht auch noch zu andern, nicht minder theuren Büchern zu nehmen, welches hier noch um so verdrießlicher fallen müßte, als es, alle Umstände zusammengenommen, ohnehin sehr wahrscheinlich ist, daß die jetzige Generation von Entomologen die gänzliche Beendigung dieses weit ausgedehnten Werkes nicht einmal erleben möchte, und dadurch Ursache erhielte, über dessen doppelte Unvollständigkeit desto unzufriedner zu seyn.

Ll 5

LIV.

LIV.

A voyage round the World, but more particularly to the northwest coaſt of America, performed in 1785 — 88. etc. By Captain
Nathaniel Portlock. London, by Stock-
dale, 1789. gr. Quart, 384 S. und zwanzig Kupfertafeln.

Dieſe Reiſebeſchreibung iſt das Gegenſtük zu der
bereits im 2ten Stük S. 181. angezeigten Dixon-
ſchen Reiſe. Portlock war Capitain des gröſſeren
Schifs, König Georg, Dixon des kleineren, Köni-
ginn Charlotte, und gewiſſermaſſen unter jenes Befehl. Beide wurden von einer Geſellſchaft Kauf-
leute ausgerüſtet, die unter der Firma der König Ge-
orgensſundcompagnie zuſammentrat, um den Pelzhandel zu treiben. Obgleich geographiſche Entdeckungen nicht zum Plan der Reiſe gehörten, haben beide
Befehlshaber nicht wenige Beiträge zur Geographie
der weſtlichen amerikaniſchen Küſte geliefert, viele
ueue Häfen, Inſeln und Meerengen entbekt, und
die Lage der ſchon bekannten hie und dort berichtigt.
Capitain Portlock hat für die Naturgeſchichte ei-
uen und andern Beitrag geſammlet, nämlich auf
den Falklandsinſeln den gelbflüglichten Ammer (Em-
beriza) den Regenpfeifer (Charadrius) mit reſtfär-
bigem

bigem Kopf, und die aschgraue Lerche, wovon sich auch eine Spielart in Neuseeland befindet. Diese Vögel sind sehr gut abgebildet, und außerdem findet man noch eine Abbildung einer weissen Meerschwalbe (Sterna nivea) die bereits in Latham's Synopsis, VI. p. 363. beschrieben ist. Interessant ist ein Verzeichnis der Pflanzen und der Vögel am Cooksfluß in Amerika, weil die meisten darinn angeführten Arten, sich laut dem Zeugnis des Verf. an der ganzen Küste von Nordwestamerika, die er besuchte wieder finden sollen. Vielleicht ist es unsern Lesern nicht unangenehm, dieses Verzeichnis hier zu übersehen, um sich von der Art der dortigen Flora einen allgemeinen Begrif zu machen: Vaccinium vitis idea, Adoxa moschatellina, Rubus idaeus, Fragaria vesca, Leontodon taraxacum, Artemisia vulgaris, Ribes alpinum, Vaccinium myrtillus, Gnaphalium divicum, Erigeron acre, Achillaea millefolium, Empetrum nigrum, Lilium Kamtschatense, Plantago major, Heracleum panaces, Veronica --, Jris --, Angelica sylvestris, Rumex acetosa, Alisma plantago aquatica, Ledum palustre, Arbutus uva ursi, Myrica gale, Rubus chamaemorus, Aconitum napellus, Ranunculus --, Astragalus alopecuroides, Polygonum bistorta, Orchis latifolia, Betula nana, Lupinus luteus, Allium vineale, Imperatoeria, Sdum verticillatum,

Pinus

Pinus canadenſis, Betula alnus, Populus alba,
Sinapis juncea, Aſtragalus uralenſis, Aquilegia,
Saxifraga nivalis et granulata, Siſymbrium mo-
nenſe, Draba verna, Polypodium vulgare, Con-
vallaria ſtellata, Rumex acutus, et aquaticus.
Nach dieſen Namen zu urtheilen, hat man haupt-
ſächlich diejenigen Pflanzen hier aufgezeichnet, die
Amerika mit Europa gemein hat. Es iſt zu wünſchen, daß die beiden Reiſebeſchreibungen, bei der
deutſchen Ueberſetzung zuſammengeſchmolzen werden
mögen, wie ſolches die Abſicht des Buchhändlers,
Herrn Spener in Berlin, zufolge ſeiner Ankündigung auch wirklich zu ſeyn ſcheint.

LV.

A narrative of Four journeys into the country of
the Hottentots and Caffraria, in the years
1777, 78 and 79. By Lieut. William Pater-
ſon. London by Johnſon, 1789. gr. Quart,
171 S. mit 17 Kupfern und einer Karte.

Dieſe vier Excurſionen in das Land der Hottentoten und Kaffern enthalten eine naturhiſtoriſche
Nachleſe zu Sparrmanns Reiſen in die innern
Gegenden des Vorgebirges der guten Hofnung und
ſeiner Dependenzen. Der Verf. ſcheint Naturgeſchichte,

schichte und insbesondere Botanik zu seinem Haupt=
augenmerk gemacht zu haben, und wer etwas an=
deres in seiner Beschreibung suchte, würde ziemlich
unbefriedigt bleiben. In dem wüsten, unbewohnten
Lande, wo man oft mehrere Tagereisen machen muß,
ehe man an einen einzelngelegenen Bauernhof kommt,
ist die Beschäftigung mit den Schätzen der Natur im
Pflanzenreiche das Einzige, was den müden Reisen=
den für die Beschwerlichkeit der Reise schadlos hal=
ten kann. Wer sich einen Begriff von den Mühse=
ligkeiten dieser afrikanischen Wanderungen machen
will, der kann sich hier, in Sparrmanns Nach=
richt, und in der von dem Ritter Thunberg jüngst
in Schweden herausgekommenen ersten Abtheilung
seiner großen Reise, Raths erholen. Von den Ko=
lonisten, den Hottentotten, Buschmännern, oder
solchen Stämmen, die mit den übrigen sowohl als
mit den Kolonisten oft in Uneinigkeit leben, und auf
Raub ausgehen; endlich auch von den an der Ost=
küste, nordwärts vom großen Fischfluße wohnenden
Kaffern, findet man hie und dort einige eingestreute
Bemerkungen. Die zum Theil gut gezeichneten und
schön gestochenen Kupfer, stellen folgende Gegen=
stände vor. 1. Amaryllis disticha, deren Zwiebel
den Hottentoten dient, um ihre Pfeile mit dem Saft
derselben zu vergiften; 2 bis 5, Aloë dichotoma,
von welcher man das bekannte purgirende Harz

sammz

sammlet; 6. eine neue Hermannia; 7. deßgleichen
eine Stapelia, wovon aber hier nur das hyberna-
culum mit ein paar hervorkeimenden Blättern abgebildet ist; 8 und 9, eine Euphorbia, deren Saft
das durchdringendste vegetabilische Gift in Afrika ist,
zumal wenn man eine Art Raupen von einer andern
Pflanze hineinthut. 10. Ein neues Geranium mit
sehr langen Stacheln, 11 und 12. Buschmänner
und Hottentotten, nicht sehr kenntlich abgebildet.
13. Geranium spinosum von dem vorigen verschieden, 14. eine noch nicht benannte Pflanze aus der
Klasse Pentandria Monogynia, mit einem sechs
Fuß hohen, ganz mit Stacheln besezten Stamm,
langen krausen Blättern und röthlichen tubulirten
Blumen. 15. Eine ziemlich schlechte Abbildung der
Giroffe oder des Kameloparbalis. 16. und 17. eine
neue Mimossa, ein großer Baum, und ein blühender Zweig desselben, worauf zugleich eine neue Gattung von Dikschnäbeln (Loxia) sizt. Die Karte
ist die Sparrmannische, fast ohne alle Veränderung.
Ein Anhang handelt von den thierischen und vegetabilischen Giften in jener Gegend von Afrika. Die
gehörnte Schlange (Coluber cerastes), die Strumpf-
bandsschlange, die gelbe Schlange und mehrere andere Arten werden hier genannt, und die Wirkungen ihres Gifts erzält: allein die Beschreibungen
sind nicht methodisch und daher ohne weiteren Bei-

saz noch unbrauchbar. Der schwarze Scorpion soll fast eben so giftig. wie die Schlangen seyn, und der Verf. weiß ein Beispiel, daß ein Bauer, der in den Fuß gestochen war, in wenigen Stunden darnach sterben mußte. Das beste Gegengift soll Oel seyn. Bei dieser Gelegenheit erwähnt er auch die bramischen Pillen, womit man in Indien den Biß der Covra Manilla, einer sehr giftigen Schlangenart kurirt. Die Pflanzengifte sind häufig in der Capsgegend. Die vorhinerwähnte Amaryllis heißt von der Wirkung die sie hervorbringt, das tolle Gift; man schießt das Wild mit den Pfeilen, die mit diesem Gift inficirt sind. Mit der Euphorbia vergiftet man mehrentheils die Brunnen, aus denen die Thiere trinken. Eine hiesige Art Sumach (Rhus) hat ebenfalls einen giftigen Saft; man muß sich, wie in Amerika bei der Sammlung des Saftes von Rhus Toxicodendron, die Augen in Acht nehmen, wenn man den Baum verwundet. Ein viertes Gift, das sogenannte Wolfsgift, oder eigentliches Hyänengift, sind die Nüße eines kleinen Strauchs, die geröstet und gepülfert auf ein Stük Aas gestreut, der gefräßigen Hyäne das Leben kosten.

LVI.

LVI.

Mineralogisches und bergmännisches Wörter:
buch über Namen, Worte und Sachen aus
der Mineralogie und Bergwerkskunde von
Joh. Sam. Schröter. Erster Band, von
A. bis Berg. Frankfurt bei Varrentrapp
und Wenner. 1789. 451 S. in gr. 8.

Der Hr. Verf. fand für nützlich seinem lithologi-
schen Lexikon, welches nun mit dem achten Bande
geendiget ist, ein mineralogisches folgen zu lassen,
mit dem, wenn es erst recht zwekmäßig seyn sollte,
auch nothwendig die Bergbaukunde verbunden werden mußte; und da wir über diesen Gegenstand bis
izt noch nicht viel Brauchbares haben, so verdient
Hr. S. wirklich allen Dank, und um so mehr, da
derselbe bemüht war, diesem Wörterbuche so viel
möglich eine sistematische Gestalt zu geben. Nach
dem vom Verf. schon wirklich vollendeten Entwurfe
versichert er, daß das ganze Werk nicht über sechs
Bände steigen werde, und von dessen rastlosen Fleis-
se überzeugt, haben wir zur beschleunigten Fortsetzung
alle Hoffnung.

LVII.

LVII.

Ioannis Mill e r i illuſtratio ſyſtematis ſexualis Linnaeani, quem e textu anglico editionis minoris
translatam, nunc emendatam additamentis va-
riis propriis praecipue terminorum botanicorum
notioni inſervientibus, atque indicibus neceſ-
ſariis locupletatam accuravit D. Frid. Guil.
W e i ſs, Sereniſſ. Landgravio Haſſiae Rhint.
Rotenb. a conſiliis aulicis et Archiater Vol. I.
Francofurti ad Moenum apud Varrentrapp et
Wenner 1789. 495 S. in 8vo. et Ioann.
Mill e r i Tabulae iconum centum quatuor plantarum ad illuſtrationem ſyſtematis ſexualis Linnaeani, auctoris manum artificioſam ſumma
induſtria imitando, ſculptura expreſſae a Carolo
Go e p ſ e r t o Schlettſtadienſi reviſae; addendo
atque corrigendo paſſim litteras o ac ſigna re-
liqua, ut textui accurate reſpondeant, atque
nomina plantarum in tabulis indicando uſui
magis accommodatae a D. Frid. Guil. W e i ſs
etc. Vol. II. e c.

Millers großes, und prachtvolles Werk: Illuſtratio ſyſtematis ſexualis Linnati, per Ioann.
Millerum. An illuſtration of the ſexual Sy-

stem of Linnaeus, by Iohn Miller; kam in London in 15 Heften vom Jahre 1770. bis 1777. in groß Folio heraus, und enthielt 212. Kupfertafeln, wovon 108 illuminirt waren; es waren hier die Karaktere von 104 Pflanzen, die verschiedene Gestalten der Blätter durch Abbildungen erklärt und die Kunstwörter in lateinischer und englischer Sprache erläutert. Einstimmig war schon damals der Beifall aller Botaniker in Ansehung seines großen Werths; und wie vortheilhaft der alte Linne, welcher damals noch lebte, von demselben geurtheilt, beweisen seine an Miller deswegen geschriebene Briefe, in welchen er sein innigstes Vergnügen und Dankgefühl, deshalben demselben äussert, und unter andern sich folgender Ausdrücke bedient: *Hoc opus magis illustrat meum systema, quam centum alia: hoc me rapiet in tuum servitium devotissimum etc.*

Allein dieses prächtige und nützliche Werk konnte wegen seinem ungemein hohen Preiß nur für die Bibliotheken der Großen, oder von reichen Akademien angeschaft, also keineswegs, wie dasselbe es verdient hätte, gemeinnützig werden.

Der berühmte Verfasser ließ sich also auf Bitten so vieler Liebhaber der Kräuterkunde dahin bewegen, sein kleines Werk, *an illustration of the sexual system of Linnaeus, by Iohn Miller Vol. I.*

London 1779. *octav maj.* herauszugeben; und so
hatten die Engländer, und die ihrer Sprache Kun-
digen das Glük, das nun viel wohlfeilere nüzliche
Werk benutzen zu können: aber jene, welche die
englische Sprache nicht verstehen, mußten zeither daſ-
selbe entbehren.   Durch gegenwärtige Ausgabe aber,
an welcher besonders, was die Besorgung der Kupfertafeln angeht, Hr. Kriegsrath M e r k großen Antheil
hat, die von G ö p fe r, einem Schüler des berühmten englischen Künstlers Ryland gestochen sind, und
an welcher die Hrn. Verleger nichts ersparht haben,
um dieselbe so vollkommen, als möglich zu machen,
ist auch für lezte gesorgt.

Diese Ausgabe hat nun gewiß auch sehr viel
unter den Händen des seiner Verdienste und
Kentnisse halber bekannten Botanikers, Hrn.
Hofr. W e i ß gewonnen. Dieser Gelehrte hat nicht
nur einige sehr wichtige Fehler in den Tafeln des
Originals verbessert, den Text mit Anmerkungen
bereichert, sondern auch eine sehr vollständige, deutliche, und lehrreiche Anleitung (Fundamenta syste-
matis Sexualis L i n n a e ani) von S. 1 bis 226.
vorgesezt. — Der Mangel an Raum verstattet es,
für diesesmal nicht mehr von diesem Werk zu erwähnen, das gewiß unter die nüzlichsten, welche seit
langer Zeit herausgekommen sind, verdient gerech-

      net

net zu werden, und den Beifall aller Kenner erhalten wird.

LVIII.

Unterhaltung für Conchylienfreunde und für Sammler der Mineralien I. St. Erlangen bei W. Walther 1789. 106. S. gr. 8. mit zwei Kupfertafeln.

Wie wir am Ende der Vorrede lesen, so ist Hr. Schröder, der Herausgeber dieser periodischen Schrift, von welcher vier Stücke zusammen einen Band ausmachen sollen. Weil der Hr. Herausgeber in diesen beiden Fächern selbst eine große Sammlung besizt, und ihn besonders seine Dänischen Freunde reichlich mit Conchylien versorgen, so macht er uns Hoffnung, das neueste und wichtigste seiner Beobachtungen vorzutragen. In gegenwärtigem Stük befinden sich folgende Abhandlungen.

I. Einige noch unbeschriebene Schneckendeckel.

Schon hat Hr. S. im fünften Bande seines Journals für die Liebhaber des Steinreichs und der Conchyliologie S. 357 — 488. eine weitläufige Abhandlung über die Schneckendeckel, vorzüglich der Seeschnecken abdrucken lassen, und diese Abhandlung mit einer Einleitung über die Schnecken-

deckel

deckel überhaupt auch mit 26 Abbildungen begleitet.
Auf diese Abhandlung bezieht er sich gegenwärtig,
und redet hier vorzüglich von den hornartigen Dek#
keln, deren Bestandtheile wir noch nicht genau ken#
nen. Sie sind mit dem Thiere selbst sehr genau
verbunden; dasselbe muß sie aber doch abwerfen
können, wie man an vielen seltenen Schnecken sah,
die man ohne ihre Deckel aus der See zog; aber
eben dieß mag auch die erste Veranlassung zu der
Meinung gegeben haben; daß nicht alle Seeschnecken
mit Deckeln versehen wären. Die Verschiedenheit
dieser Schneckendeckel ist sehr groß. Um sie zu klas#
sifiziren (was uns auch höchst unnöthig dünkt), hält
Hr. Verf. die Linneische Methode über die Schnecken
für unbrauchbar. Sie ist es auch, da verschiedene
Arten einer und ebenderselben Gattung, verschiede#
ne, bald hornartige, bald schalenartige Deckel ha#
ben. So hat z. B. Turbo pica einen hornartigen,
turbo marmoratus und rugosus hingegen haben
schalenartige Deckel. Nach des Hr. Verf. Meinung
soll man bei Klassifikazion der Schneckendeckel die
äußere Form zum Grunde legen, um doch wenig#
stens etwas anzugeben, was einigen Unterschied der#
selben für das Auge darlegt; da unterscheiden sich
die hornartigen Deckel dadurch von einander, daß:

   1) einige völlig rund sind, und daher fast einen
     Zirkel umschreiben;

Mm 3

2)

2) andere faſt rund ſind, und daher eine unter,
broch'ene Zirkelfigur haben;

3) noch andere oval, aber breit;

4) noch andere oval, aber ſchmal ſind;

5) noch andere lang und ſchmal erſcheinen; und
endlich;

6) andere neritenförmig gebaut ſind, oder einem
platten Nautilus gleichen.

Die hier vorkommende zuvor noch umſchriebene
Schneckendeckel 1) von Trochus cornutus. Linn.
2) von dem kleinen dünnſchaligen genabelten Perl,
mutterkräußel; 3) von dem kleinen ſchwarzen gedruf,
ten, mit einzelnen leberfarbenen Tupfen verſehenen
Kräuſel; 4) der Deckel von dem ſchiefſtrahligen Kräuſ,
ſel; 5) der Deckel kleiner ſchneckenförmig gewunde,
ner Wurmgehäuße, welche leztere man für Abände,
rungen von der ſerpula triquetra des Linne an,
ſehen kann; 6) der Deckel von der neritenartigen
Strandmondſchnecke; 7) der Deckel vom nordiſchen
Kuikhorn; 8) der Deckel von Buccinum patulum
Linne. Die Fortſetzung künftig.

II. Beiträge zur Kritik über die richtigen
Synonimien, für das Linneiſche Conchy,
lienſyſtem; oder Beleuchtung und Berichti,
gung der Widerſprüche der Neuern, wenn
ſie ſich auf Abbildungen älterer Schrift,
ſteller

steller vor **Linne** beziehen. **Erster Bei‐
trag. Beispiele aus Rumpf.**

Wie viel an richtigen Zitaten, besonders bei der
Conchyliologie liege, und wie leicht der Anfänger
irre geführt werden kann, wenn er auch bei der be‐
sten Beschreibung eine falsch angegebene Abbildung
vergleicht, ist schon ohne Beweis bekannt. **Linne's**
Conchyliensistem würde ungleich deutlicher seyn,
wenn man sich auf seine angezogenen Abbildungen
allezeit verlassen könnte, und nicht die neuern Con‐
chyliologen noch mehr Verwirrung hierinn verur‐
sacht hätten. Darüber stellt nun Hr. S. aus **Rumpf**
Beispiele auf und begleitet sie mit kritischen Anmer‐
kungen.

III. **Conchyltologische Rhapsodien, besonders
über neue oder wenig bekannte Ent‐
deckungen und Berichtigungen conchyliolo‐
gischer Gegenstände.**

I. Einige noch nicht allgemeinbekannte, zum
Theil erst neuerlich bekannt gewordene Miesmu‐
scheln: (Mytilus **Linne**).

Mytilus smaragdinus ist hier t. I. Fig. abge‐
bildet, theils ihrer Schönheit und Seltenheit willen,
theils aber auch darum, weil das von **Mar‐
tini** angefangene und von **Chemnitz** fortgesetzte
Conchylienwerk seiner Kostbarkeit wegen nicht in

 vielen

vielen Händen ist. Allein wenn beide Ursachen gelten sollen, dann muß uns wohl Herr S. noch viele hundert Abbildungen liefern, um uns das Martinische Werk entbehrlich zu machen. Uebrigens hat auch seine Abbildung vor der Chemnitzischen keine Vorzüge.

Die hier t. I. f. II. abgezeichnete Miesmuschel hat zwar viele Aehnlichkeit mit fig. I. ist aber doch bei genauerer Untersuchung, in ihrem Bau und Zeichnung hinlänglich unterschieden. Sie ist auch bei Chemnitz Th. VIII. t. 84. fig. 746. abgebildet, aber hier besser illuminirt. Sie kömmt von der Küste Guinea, und konnte also die Guineische Smaragdmuschel, Mytilus Smaragdinus Guineensis heissen.

Die zimmetfarbene Miesmuschel mit Zigzagfiguren, und grünem Rande (Mytilus Zigzag Schr.) ist ausser hier noch nirgends beschrieben oder abgebildet; sie ist breiter und gewölbter, als die vorhergehende. Die äussere Zeichnung ist schön und sonderbar. Man sieht auf einem zimmetbraunen Grunde eine große Menge dunkelbrauner kleiner Zigzagfiguren, die sich in der Gegend des Wirbels verlieren. Der Rand hat eine graue Einfassung. Inwendig ist sie pfirschigblutfärbig mit Glanze und Farben des Regenbogens, sonderlich, wenn man die Muschel wendet. Wenn sie Herr S. die zim-

met-

metfarbene Miesmuschel nennt, so darf sie nicht
mit dem gleichen Namen bei Herrn Chemnitz Th.
VIII. S. 152. t. 82. fig. 731. vermechselt werden,
eben so wenig, als der Zigzagfiguren wegen sie dem
Mytilus pictus Chemnitz Th. VIII. S. 160. t. 83.
fig. 739. 740. 741. gleichkömmt.

Noch besitzt Herr S. zwei andere Miesmuscheln
von der Küste Guinea, wovon die eine $2\frac{1}{4}$ Zoll groß,
dunkelbraun und mit einer doppelten grünen Einfassung versehen ist, die andere aber der Smas
ragdmuschel am nächsten kömmt, nur daß sie breis
ter und flächer ist, eine braune Farbe und sehr feis
ne bogenförmige Querstreifen hat.

Auch unter der eßbaren Miesmuschel Mytilus
edulis giebt es eine große Anzahl von Abänderungen, von denen diesmal hier zwei von der Insel
Feroe beschrieben werden.

2. Einige nordamerikanische Conchilien.

Die Conchilien, von denen hier die Rede ist,
sind sämtlich aus Newport Rhode-Island in Nords
amerika, wovon einige neue Arten, oder doch wichs
tige Abänderungen sind. Wir gedenken hier der
nordamerikanischen Korbmuschel Mactra Americae
septentrionalis bei Chemnitz Th. X. S. 350.
t. 170. fig. 1656. Mactra solidissima Americae septentrionalis. — Die Handelsmuschel, die Coms

merz

merzmuſchel d. Venus mercenaria Linn. XII. p.
1131. ſp. 123. iſt ſchon bei Liſter Hiſt. conchyl.
t. 271. f. 107. abgebildet, und auch im VI. Theile
der Berl. Schrift t. 6. f. 12. 3. und bei Herrn
Chemnitz X. t. 171. f. 1659. 1660.

Eine eiförmige mit feinen Querſtreifen bezeich-
nete an beiden Seitenrändern mit blaſſen roſenro-
then Strahlen verſehene dünnſchalige Tellmuſchel,
die hier beſchrieben wird, findet man weder in
Linne noch Chemnitz, wenn es nicht allenfalß
eine Abänderung von Tellina albida. Linn. p.
1117. ſp. 50. iſt.

Eine eiförmige, an der Vorderſeite mehr abgerundete quergeſtreifte roſenrothe Tellmuſchel 1 Zoll
lang, 1¼ Zoll breit, und ganz das Auſſenmaß der
vorigen, iſt ſowohl von dieſer völlig verſchieden,
als auch von der Chemnitzſchen quergeſtreiften
Telline X. S. 349. t. 170. f. 1654. 1655.

Eine weiſſe mit drei braunlichen geripten Lei-
ſten, und einem verlängerten Schnabel verſehene
Purpurſchnecke hat etwas Aehnlichkeit mit der tab.
115. fig. 1068. bei Martini Th. III. abgebildeten;
da derſelbe aber S. 380. verſichert, daß es eine un-
vollendete Schale vom Schöpferchen ſey, ſo kann
es die hier beſchriebene nicht ſeyn. Auch kann ſie
nicht zu murex ſaxatilis des Linne gehören, weil
ſie

sie auf ihren Wülsten keine Lappen hat. Sie ist
nicht frondosa.

IV. Mineralogische Rhapsodien. Schreiben
des Herrn v. B. an den Herausgeber über
eine seltene Versteinerung aus Schweden.
Nebst der Antwort des Herausgebers.

Herr von B. giebt Nachricht von einer Versteinerung, die er unter dem Namen eines gothländi-
schen Entrocheten erhalten hat. Da aber die Breite dieser Versteinerung oder derselben oval und wulst-
förmig an einander sitzender Glieder langer Durchmesser 2½ Zoll beträgt, und vier übereinandersitzen-
de Glieder auch eine solche Höhe haben: was für
ein ungeheuer großer Encrinit mußte das nicht seyn,
der in Vergleichung anderer bereits bekannter En-
criniten gegen ihren Stiel zu diesem angeblichen En-
trochit verhältnißmäßig passen sollte? Allein wäre
es nicht möglich, daß er bei aller Größe seiner
Trochiten doch nur einen Stiel hatte, den man verhältnißmäßig aber nicht groß nennen könnte? Der
so berühmte Pentacrinit in Mannheim hat einen
Stiel von mehr als 87 Zollen, und doch ist dieser
Stiel nicht dicker, als die gewöhnlichen Asterien-
säulen sind; und seine Krone ist nach diesem Stiele
wirklich groß. Wer hätte von einem so dünnen
Stiele eine so ungewöhnliche Länge erwartet? Wenn
nun ein dünner Entcrinitenstiel ungewöhnlich lang

seyn

seyn kann, so kann ein ungleich dickerer ungewöhnlich kurz seyn, und seine Krone braucht darum nicht
von ungewöhnlicher Größe zu seyn.

2) Gypsstein ein Hygroskop.

Im XIX. Stücke des Naturforschers hat Herr
Hofrath Schreber das Weltauge als ein Hykro-
skop beschrieben, und bei dieser Gelegenheit angemerkt, daß einige Kalksteinarten z. B. marmor
flyaticum und strumosum Linn. manche Sandsteine und eine an der Wolga brechende Schieferart
die in der Luft befindlichen Feuchtigkeiten an sich
ziehen. Herr S. hat nun dieselbe Erscheinung auch
an dem sogenannten kubischen Quarz gesehen.

3) Versteinte Kiebizeier (Bulla ampulla Linn.)
    und Porzellanen aus Westindien und aus dem
    Meklenburgischen.

Unter die äusserst seltenen Versteinerungen gehören die sogenannte Kiebizeier, die Linne Bulla
ampulla nennt und die Porzellanen. Ueberhaupt
sind alle Blasenschnecken sehr selten, das Beispiel
in Scheuchzers querelis et vindiciis piscium,
das er t. 5. abbildet und Veneris concham lapi-
deam nennt, ist das sogenannte Taubenei Bulla
naucum L., und man kennt daran nur noch einige
Beispiele, eines von Turnau in Franken, welches in Schröders Journal für die Liebh. des

Stein-

Steinr. Th. 4. S. 437. beschrieben ist; und von
Bulla ovum ist in desselben Einleitung Th. IV. t. 7.
f. 3. eine Zeichnung gegeben. Herr Hofr. Walch
sagt im XI. St. des Naturforschers S. 158. daß
man zu Sternberg im Mecklenburgischen versteinte
Blasenschnecken finde, welche sich mit den Kiebiz‐
eiern vergleichen liessen, aber kaum eine Linie lang
wären. Herr Schröder hat zwar in seiner vollst.
Einleitung Th. IV. S. 386. und t. 9. f. 8. 10. ver‐
steinter Kiebizeier aus Feroe gedacht, die aber Herr
Pastor Chemnitz im II. Bande der Beschäftigun‐
gen naturforschender Freunde zu Berlin richtiger Por‐
zellanen nannte. Aber ein schönes Exemplar von
Kiebizeiern erhielt neuerdings Herr S. aus Westin‐
dien, die in grauem festem Kalksteine stecken, in
welchem sich viele Spuren ehemaliger Würmer, viel‐
leicht auch von Pholaden zeigen, die aber ihre Scha‐
len völlig verloren haben. Zu den im Steinreiche
bekannt gewordenen Porzellanen, die in Schrö‐
bers vollst. Einleitung S. 389. angeführt werden,
kömmt nun noch ein neues hier beschriebenes Bei‐
spiel, welches aus Sternberg im Mecklenburgischen
ist, und über einen halben Zoll an Größe hat.

4) **Kronstedts Trapp, aus Island.**

Herr S. beschreibt hier eine Stufe aus Island,
von der er nicht weiß, ob sie daselbst ganze Berge
oder

oder doch wenigstens beträchtliche Gänge ausmache. Sie hat eine schwarze etwas ins graue übergehende Farbe, ein sehr feines dichtes Korn, einen genauen Zusammenhang ihrer Theile und eine ziemliche Härte, schlägt aber am Stahl kein Feuer, sondern macht einen weißgrauen Strich und ein dergleichen Pulver, wenn man sie mit Eisen schabt. Im Zerschlagen springt sie in unbestimmte Stücke, die wie die Stufe selbst etwas schieferartiges an sich haben. Im frischen Bruche sieht man viele schwarze glänzende Theilchen und Spath in Adern oder kleinen Nestern. Die ganze Oberfläche ist mit einer Chalcedonrinde überzogen.

5) Tourmalin aus Grönland.

Man kannte bisher nur die Gegenden Zeylon, Brasilien, Ferröe, Tyrol und Sachsen, in welchen sich Tourmalin fand, man kann nun also auch Grönland als einen neuen Geburtsort dieser Steinart hinzufügen, der um so merkwürdiger ist, da der hier beschriebene acht Seiten hat, und also eine neue Abänderung seiner Kristallfigur ist.

6) Messing-Labrador.

Bei der Anzeige des achten Stüks von Crells chemischen Annalen werden wir die dort beschriebenen Bestandtheile desselben anzeigen.

7) Ruß-

7) Ruſſiſcher Schillerſpath.

Man lernte ihn aus Pallas neuen norbiſchen Beiträgen zuerſt kennen,

V. Die aurorafärbige Porzellanſchnecke.
Aus den Freundſchaftsinſeln der Südſee.
tab. 2.

Man kennt bisher nur brei Exemplare dieſer Schnecke, wovon ſich das eine im fürſtbiſchöflichen Kabinet zu Mörsburg, das 2te bei Herrn Woos in London und das 3te bei Herrn Spengler in Kopenhagen befindet; die einzige Abbildung, die man davon hatte, iſt in Thomas Martins höchſt ſeltenem Werke (The univerſal Conchologiſt, exhibiting the figure of every known ſhell accurately. drawn and painted after Nature, with a new ſiſtematic arrangement by the Author T. Martyn. London 1784.) weswegen es unſern ganzen Dank verbient, daß Herr S. dieſelbe hier abbilden ließ, und erinnern noch zum Beſchluß, daß gegenwärtiges neue Unternehmen des Herrn S. den wärmſten Dank aller Naturfreunde erhalten muß, weil, wie das erſte Stük zeigt, ſämtliche Abhandlungen höchſt intereſſant und wichtig ſind.

LIX.

Briefe über Kalabrien und Sizilien. Erster Theil. Reise von Neapel bis Reggio in Kalabrien. Zweiter Theil. Reise von Sulle in Kalabrien bis Katanien in Sizilien. Von **Johann Heinrich Bartels**. Göttingen 1787.—89. in 8.

Die Beobachtungen des Verfassers auf dieser Reise erstrecken sich mehr auf Geschichte, Geographie, Regierungsform und Gerichtsverfassung, als auf die Naturgeschichte dieser Länder. Da er aber doch hier und da auch von Naturprodukten redet, so müssen wir unsern Lesern das vorzüglichste davon mittheilen.

An einigen Orten im jenseitigen Kalabrien machte man einige wenige Versuche auf Bergbau, und da soll man folgende Entdeckungen gemacht haben:

In Malani di Casale die Reggio – Bergblau.

In Motta S. Giovanni Monte Rosi genannt - Blei und Silber. Silber wie es heißt, di un color rossigno.

In Stilo di sotto la foresta di S. Giovanni - Markasiten.

Beim Flusse Alli -- Antimonium.

Bei Beronci Kasale von Stilo -- Silber.

Am Flusse Briaticlo bei einem Orte Vignara, Steinkohlen.

Bei Rochetta, weisser Tuffstein.

Bei Tropea -- Porzellainerde.

Bei Squillain -- Blei u. s. w.

Die Form der Berge im diesseitigen Kalabrien ist größtentheils rund, und keine Spur von Lava in ihnen zu finden; die Bestandtheile der Berge sollen übrigens größtentheils kreidartig und leimig seyn, und Kies, Asbest, Spath, Quarz, Granit, Marmor und allerhand Sorten Sand enthalten, die theils in einem unordentlichen Gemische untereinander, theils aber auch in verschiedenen Lagen übereinander liegen. Die Bestandtheile der Berge um Oppido sind Granit, und hin und wieder mit vielem Thon, Leimen und Sand vermischt, und allenthalben trift man Spuren von Seethieren an, nirgends umher aber Spuren von Lava. — Im Vall di Mazara wurden an den Ufern des Nisus zu den Zeiten, als Sizilien den deutschen Kaisern gehörte, Bergwerke bearbeitet, und Blei, Silber, Kupfer, Antimonium, Arsenik, Markasit ꝛc. gewonnen. Die wichtigsten bis izt entdekten Minen dieser Gebirge sind in Savaka, Limina, Fondachelli, Roccalumera, Novarra u. s. w. — Von der Gebirgs-

kette

kette vom Cap Pelorus bis Taormina heißt die höchste Spitze Neptunusberg, und ist wahrscheinlicher
Weise vor dem — und dies vor den Zeiten der Geschichte — ein feuerspeiender Berg in Sizilien gewesen. — Das Gebirge, worauf Taormina erbaut
ist, besteht aus Kalkstein und Marmor. Auf Ka-
taniens Universität ist Cavalliére dell' ordine Gie-
rosolimitano. D. Giuseppe Gionne Prof. der Naturgeschichte. Die Naturaliensammlung im Museum
der Benediktiner in Catanien ist an Seeprodukten
des mittelländischen Meeres beträchtlich, und am
vollständigsten, die vortrefliche Sammlung des Ritters don Giuseppe Gionni.

LX.

Magazin für die Botanik, herausgegeben von
    Joh. Jak. Römer und P. Usteri 1788.
    viertes Stük. Zürich bei J. C. Fueßly 189. S.
    mit 5 illum. Kupfern, dessen 5tes Stük 1789.
    S. 184.

    Eigne Aufsätze sind in diesem Stücke zwei, und
    zwar S. 1. *Observationes quaedam botanicae
    auct. A. Roth. M. d. etc.*

Einige botanische Beobachtungen von Dr. Roth,
1) über den *Lichen spadiceus*. Dieser komme dem
Lich. spinosus von Hagen am nächsten. Seine
                                     Farbe

Farbe ſeie aber kaſtanienbraun ins Purpurrothe fallend, die Schilder groß geſtralt, die lezten Zweige
ohne kleine Hervorragungen; auf der erſten Tafel
iſt er fig. 1. abgebildet.

2) *Lichen plumbeus.* Dieſer ſeie vom pulmonarius gar ſehr verſchieden, ſeine Subſtanz ſeie
mehr lederartig; als blätterartig, er ſeie nicht ſo
tief in Lappen getheilt, als der pulm.; ſondern nur
ſeicht gekerbt, der Rand ſeie dicker, weiß und mehlig, oben habe er eine bleigraue oder graugrünliche
Farbe, er habe zwar Gruben, ſeie aber weniger
nezförmig, und die ſehr ſtumpfen Lappen ſeien nicht
ſo tief, ſondern ſeicht. 2te Tafel 2te Figur.

Endlich führt er auch eine Abänderung von
dem lich. pulmonarius an, die er viviparus nennt.
Der Rand des ganzen Blattes ſcheint von weiſſen,
mehligen Körnchen, welche ſehr viele hellgrüne
Pflänzchen von verſchiedener Größe hervorbringen,
gleichſam kraus zu ſeyn. Auch auf der Oberfläche
des Blatts, wo dergleichen Körnchen ſich befinden,
kommen ſolche Pflänzchen zum Vorſchein. 1te Taf.
fig. 3.

S. 7. *Obſervationes botanicae auct. Carol. Lud.
Willdenow etc.*

Botaniſche Beobachtungen ebenfalls von Kryps
togamiſten, und zwar 1) von dem *Trichoſtomum*

 indi-

indicum. Hr. W. fand dieses Moos unter andern
Naturalien, die er aus Ostindien erhielt. Er beschreibt es sehr ausführlich, und zeigt, daß es von
allen izt bekannten Arten von *Trich.* verschieden
seye, am nächsten komme es dem *Trich. hypnoi-
des*, doch seye dies nicht aufrecht. Die Blätter
haben an der Spitze Haare, die Saamenkapseln
seien runder. 1. Taf. fig. 1. ist a) das Moos in
seiner natürlichen Größe, b) ein vergrößertes Blatt,
c) das vergrößerte Perichaetium, d) die Kapsel
vergrößert, e) ein Zahn vom Peristoma sehr vergrößert, f) der Deckel vergrößert abgebildet.

N. 2. Wird die *Riccia pyramidalis*, eine sehr
seltene, und von niemanden, als Michaeli gese-
hene Pflanze beschrieben.

N. 3. *Lichen melano leucus* wird in dem mittägigen Amerika auf der Rinde von *Cinchona offic.*
gefunden, er kömmt sehr mit dem *lichen saxatilis*
überein, doch ist jener voller Vertiefungen, dieser
glatt; auch haben die Blätter bei dem *lichen sax.*
andere Kappen. 1. Taf. fig. 2.

N. 4. *Lichen tremelloides* ändre sehr ab, je
mehr Moos da sey, unter welchen er wächst, desto
breiter seyen seine Blätter, wenn er aber auf nas-
ten und unbemoosten Plätzen wachse, seyen seine
Blätter ganz dünne.

N. 5. *Lichen cinchonae*, ebenfalls auf der *cin-chona offic.* auf den Stämmen derselben, er mache gleichsam eine Mittelart zwischen *L. vulpinus*, und *L. articulatus*; von dem leztern unterscheide er sich 1) durch seine blässere Farbe; 2) daß er kürzer und ästiger; 3) daß er nur im Alter ästig werde: vom erstern aber 1) durch seine braunschwärzliche Farbe; 2) seine vielen Aeste; 3) daß er im Alter ästig ist.

N. 6. *Verrucaria grisea* (eine neue noch nicht beschriebene Art) crusta tenuissima atra tuberculis griseis. Auf der vierten Tafel Fig. 2. abgebildet.

N. 7. *Agaricus decipiens*, sieht oft wie ein *Hy-drum* aus: die Blätter sind kurz gezähnt, ausge-schnitten, und schon zuweilen den Fasern der Sta-chelschwämme ähnlich. Je älter dieser Blätter-schwamm ist, desto länger werden die Blätter, und desto ähnlicher sieht er einem Hydnum Tab. 2. Fig. 5.

N. 8. *Hydnum rubicundum W.* Häufig um Berlin auf den abgefallenen Hasel- und Erlenzwei-gen, acaule album, aculeis rufescentibus bre-vissimis.

N. 9. *Hydnum candidum*, acaule album, acu-leis longis concoloribus W. hie und da um Berlin auf faulen Eichstämmen. Fig. 7.

Nn 3N. 10.

N. 10. *Cyathus deformis*, arhizus rugofus alpus capfulis oblongis brunneis W. auf abgefallenen Zweigen von Brünnen felten.' Fig. 8.

N. 11. *Peziza marchica* gregaria fufca, concavo compreffa lobata, externe ochraceo papillata W. Fig. 9. häufig in der Mark, und um Berlin auf abgefallenen und abgeftorbenen Baumäften, fie entfteht aus dem grünen Holze.

N. 12. *Stemonitis elongata* Stipite brunneo longiffimo capitulo ovato flavefcente W. Fig 10. auf abgefallenen Blättern, und Moofen felten.

N. 13. *Lycoperdon infundibulum*, infundibuliforme fordide albidum, interne cellulofum W. Fig. 11.

N. 14. *L. pini* gregarium oblongum compreffum aurantiacum, apice dehifcens pulvere concolore W. felten. Fig. 12.

Sphaeria ceratophora folitaria hemifphaeria alba villofa mucrone oblique fulcefcente W. Fig. 13. auf abgefallenen Fichtenblättern.

Endlich find noch 5. neue Arten der *Tremella*, und 2. von *Mucor* befchrieben und abgebildet. Diefe Beobachtungen find ferner Beweife des großen Fleifes, und der Einfichten des Verfaffers in der Kräuterkunde, von welchem fich noch viel zur Er-

weiterung dieser angenehmen und nützlichen Wissenschaft erwarten läßt.

Fünftes Stük.

S. 1. bis 12. Biographische Nachrichten von
J. A. Skopoli.

Wir wollen nur die hier angeführten Schriften
dieses wahrhaft großen und fleißigen für die Naturwissenschaft immer noch zufrüh gestorbenen Naturkundigers ausheben. Seine akademische Probe-
schrift war botanischen Innhalts. *Methodus plantarum enumerandis stirpibus ab eo hucusque reper-
tis destinata.*

Diese Schrift, welche im Jahre 1754. herauskam, ist sehr selten geworden, und kaum mehr zu
haben. Haller sagt in seiner Bibliotheca botanica davon: Vir diligeus, et qui cum natura con-
suevit. Classes a numero petalorum sumit, dein-
de a fructu. In plantis flore, composito et in
graminibus nos fere sequitur. Darauf folgte im
Jahre 1760. die erste Ausgabe seiner Flora carneolica, welche, wie jedem Kräuterkenner bekannt,
immer noch unter die vorzüglichsten Floren gehört.
Er gab sich vorzüglich hier Mühe, die natürlichen
Ordnungen zu vervollkommnen.

Im Jahre 1761. gab er seine physs. chemischen
Abhandlungen vom idrianischen Quekfilber und

 Vitriol,

Vitriol, und den Krankheiten der Bergleute in den Quecksilbergruben heraus, die Schlegel 1771 zu Jena wieder abdrucken ließ, und die Herr von Meidinger 1786. zu München übersetzt lies ferte.

Dann folgte 1) die Anleitung zur Kenntniß der Fossilien: 2) seine *Entomologia carneolica*; von 1769 bis 1772. erschienen seine fünf *Anni historico - naturales*, die hernach auch zu Leipzig deutsch herauskamen.

Während seinem Aufenthalte in Ungarn gab er seine *Crystallographia hungarica*, die *Fundamenta mineralogiae*, und die *Introductio ad universam historiam naturalem*, und *Fundamenta metallurgiae* heraus. Auch erschien im Jahre 1772. die neue Ausgabe der *Flora carneolica*, ganz umgearbeitet, sehr vermehret, und nach dem Linneischen Systeme eingerichtet.

Im Jahre 1776. kam Skopoli als Professor der Chemie und Botanik nach Pavia. Hier gab er heraus: *Institutiones botanicas et chemicas*; dann das prächtige und lehrreiche Werk: *Deliciae Florae et Faunae Insubricae*, wovon nur drei Lieferungen erschienen. Er gab auch da das chemische Wörterbuch vom Macquer ins Italienische übersetzt, und mit vielen Zusätzen vermehrt, heraus. Seine letzte Arbeit, waren die neuen *Fundamenta metallurgi-*

ca,

es, welche auch izt ins Deutſche überſezt ſind. Er ſtarb, nachdem er noch zuvor im dritten Hefte der Delic. Inſubr. von der gelehrten Welt rührend Abſchied genommen, den 3. May 1788. im 65ten Jahre ſeines Alters.

S. 12, Nachrichten, die Berliner Flor betreffend von Karl Ludwig Willdenow.

Hr. Willdenow berichtigt hier einige Fehler ſeiner Flor. berolin. *Juncus Sprengeli* prodr. Fl. berol. 394. T. 4. F. 8. ſey J. ſquarroſus Linn. ſeine Exemplare ſeien nur etwas größer, als gewöhnlich, geweſen.

Aliſma dubia 416. und Aldamaſonium N. 415, beide *Aliſma* parnaſſifolia L.

Roſa molliſſima eine bloße Abart der R. *villoſa*, *cheiranthus ſcapigerus.* 663. T. 5. F. 10. ein monſtrum. Zulezt ſagt Willdenow, die Linnea borealis ſeie auch um Berlin nicht ſelten.

LXI.

D. Georgii Rudolphi B o e h m e r i Bibliotheca ſcriptorum hiſtoriae naturalis oeconomiae aliarumque artium ac ſcientiarum ad illam pertinentium realis ſyſtematica. Pars IV. Mineralogiei volumen I--II. Lipſiae 1789. in 8. apud L. F. I u n i u m. — Hat auch den Titel. — D. H. R. Boehmers fiſtematiſch litterariſches Handbuch der Naturgeſchichte Oeconomie und der damit verwandten Wiſſenſchafften und Künſte, IV. Theil. Mineralreich B. I. II. etc.

Von der Güte dieſes Werks brauchen wir wohl unſern Leſern nichts zu ſagen, da ihnen ſchon der Anfang deſſelben längſt bekannt ſeyn wird. Wer bedenkt, wie beſchwerlich und mühſam eine Arbeit dieſer Art iſt, der wird es wohl Hrn. B. nicht ver= argen, wenn man hier und da eine kleine Schrift vermißt.

<h2 style="text-align:center">LXII.</h2>

Kurze Naturgeſchichte des Thierreichs mit mo= raliſchen Anmerkungen. Ein Leſebuch zum Nutzen und Vergnügen für junge Leute I. Theil. Die vierfüßigen Thiere. Mit 64. Abbildungen. Nürnberg 1789. 8.

„Wir haben hier die vornehmſten Gegenſtände des „ Naturreichs, deren Namen vorkommen können, „ abgehandelt; und da ſich über alles ein guter Ge= „ danke, oder eine ſchöne Empfindung rege machen „ läßt, am Schluſſe jedes abgehandelten Gegen= „ ſtandes

„ standes einen guten Gedanken, eine schöne Em-
„ pfindung rege zu machen gesucht. Mit der Be-
„ handlung aus dem Thierreich, und besonders mit
„ den vierfüßigen Thieren machen wir hiermit den
„ Anfang, welchen das Federvieh und die Vögel,
„ und diesen die Fische und Amphibien und Insekten
„ nachfolgen. Wo hernach noch das Pflanzen- und
„ Mineralreich zwei Theile in verschiedenen Alpha-
„ beten ausmachen wird.

Das Ganze ist nach alphabetischer Ordnung eingerichtet; die Beschreibungen der Thiere höchst unvollkommen, die angehängten Gedanken und Empfin-
dungen, ohne die übelste Empfindung dabei zu spüren, nicht zu lesen, und die Abbildungen schlecht.

LXIII.

Naturkalender zur Unterhaltung für die heranwachsende Jugend, von der Verfasserinn Jul-
chen Grünthal. Berlin 1789. 8.

Zu dem Zwek, für welchen es geschrieben, ist es wirklich brauchbar; die Eintheilung des Werkchens ist
nach den Monaten, und sehr unterhaltend findet
man unter jeder Rubrike, die Geschäfte der Natur, mit jenen der Landwirthschaft verbunden vorgetragen. Mehr davon zu sagen, ist hier der Ort
nicht; denn Neues findet der Gelehrte nicht darinn;
aber seine Bestimmung erreicht es sicher.

LXIV.

Heinrich Smeathmauns Sendschreiben an
den Baronet Joseph Banks, über die Ter-
mitten Afrikas und anderer heisser Klimate. Aus
dem Englischen übersezt, und mit einigen Zusätzen herausgegeben. Mit Kupfern. Göttingen 1789. 110. S. in 8.

Herr Meyer, der sich in der Vorrede als Uebersetzer unterschrieb, wundert sich, daß man von dieser so wichtigen Abhandlung keine weitere Uebersetzung habe, als was davon in Lichtenbergs
Magazin für das neueste aus der Physik B. IV.
St. 3. im Auszug stehe. Wir müssen daher erinnern, daß in den Sammlungen zur Physik und Naturgeschichte B. III. St. 4. Smeathmauns Beitrag zur Naturgeschichte der Termiten in Afrika und
andern heissen Gegenden von S. 387—433. abge-
druft und mit einer Kupfertafel begleitet ist. Dem
ohngeachtet ist gegenwärtige neue Uebersetzung nicht
unnütze, indem der Uebersetzer in Zusätzen bie S. 92.
anfangen, noch basjenige über diesen Gegenstand
beibringt, was andere Gelehrte davon gesagt haben.

Bibliothek

der

gesammten

Naturgeschichte.

Herausgegeben

von

J. Fibig und B. Nau.

Viertes Stück.

Frankfurt und Mainz,
bei Varrentrapp und Wenner.
1790.

Inhalt
des vierten Stücks.

                                               Seite

LXV. C. F. W. Schall, Anleitung zur Kenntniß der besten Bücher in der Mineralogie ꝛc.   557

LXVI. Reise durch Italien nach Egypten auf den Berg Libanon und in das gelobte Land.   561

LXVII. Mr. Macquard, Essais ou Recueil de memoires fur pluſieurs points de mineralogie 1789.   562

LXVIII. Der Schriften der Gesellschaft naturforschender Freunde zu Berlin VIII. Band.   595

LXIX. Fr. Erhart, Beiträge zur Naturkunde, und der damit verwandten Wissenschaften, besonders der Botanik, Chemie, Haus- und Landwirthschaft, Arzneigelahrtheit und Apothekerkunst ꝛc. 4. Bände.   630

LXX. Vorlesungen der Churpfälzischen phisikalisch-ökonomischen Gesellschaft in Heidelberg von 1786 — 1788.   648

LXXI. M. B. Borkhausen Naturgeschichte der europäischen Schmetterlinge nach sistematischer Ordnung.   659

                                    LXXII

LXXII. E. J. Chr. Esper Beschreibung
der Pflanzenthiere, erste Lieferung. 1788. 686

LXXIII. L. Crell, Chemische Annalen für
Freunde der Naturlehre, Arzeneigelahrt-
heit, Haushaltungskunst und Manufac-
turen VII — XII. St. 692

LXXIV. J. J. Ferbers Briefe, mineralogischen Inhalts an Frhrn. von Raknitz
1789. 699

LXXV. Der Naturforscher, 24tes St. 702

LXXVI. J. A. Prevenhuber, Versuch
einer Abhandlung zur Erlangung mineral.
Kenntniße für junge Bergmänner. 718

LXXVII. J. H. Voigt, Magazin für das
Neueste aus der Phisik und Naturgeschichte 5ten Bandes IItes und IIItes St. 719

LXXVIII. Leipziger Magazin zur Naturkunde
und Oekonomie Ites und IItes St. 727

LXXIX. D. L. G. Karsten, Museum Leskeanum, Vol. II. P. II. 731

LXXX. Der Schmetterlinge XXXVIII. Heft.
1788. 732

LXXXI. Vermischte Nachrichten. 738

LXV.

Anleitung zur Kenntniß der besten Bücher in der
Mineralogie und physikalischen Beschreibung,
nach chronologischer und geographischer Ordnung,
gesammelt und herausgegeben von Carl Friedrich Wilhelm Schall, Nebst einer Vorrede von Herrn J. C. W. Voigt. 2te vermehrte Ausgabe. Weimar 1789, 8. 286. S.
nebst Vorrede und 14. Seiten Anhang, welcher die Ergänzung enthält.

Jn der Vorrede gedenkt Herr Voigt eines sehr
wichtigen Punktes, durch welchen vorzüglich sichtbar wird, wie vortheilhaft es ist, wenn eine Beobachtung aus mehreren Gegenden bestätigt werden
kann. Schon lange bemerkte derselbe einen Mangel an hinlänglicher Bestimmung der Kalksteinarten,
und deshalb bemühte er sich, sie genauer zu charakterisiren, als man bisher Vorschriften dazu hatte.
So vortreflich die Wernerische Anleitung nach
den äusserlichen Kennzeichen ist, so fand er sie doch
dazu unzulänglich, weil Kalksteine von zwei ganz
verschiedenen Lagerstädten einerlei Ansehen und Beschaf-

Do

schaffenheit haben konnten. Er bestimmte daher
ihre Lagerstätte genau, und zeigte nebst den äussern Kennzeichen allemal an, ob der Kalk, welchen
er eben beobachtete, unter oder über der Flöße,
Sandstein ic. befindlich war. Aber auch dieses
schien ihm nicht ganz hinreichend, bis er darauf
verfiel, die Versteinerungen mit zum Hülfsmittel zu
nehmen, die Kalkarten näher zu bestimmen. Diese
mit den äussern Kennzeichen und Angabe der darüber und darunter befindlichen Schichten und Gebirgsarten verbunden, könnte zureichend werden,
sich ganz klar und bestimmt über die Kalkarten auszudrücken. Herr Voigt verspricht uns in dieser
Rücksicht Beobachtungen anzustellen, und diesen Gegenstand nach Kräften zu verfolgen. Bekannter-
maßen finden sich in dem bituminösen Mergelschiefer (Kupferschiefer), der ein wahrer Kalkstein
ist, Abdrücke von Fischen. Es ist gewiß sonderbar
genug, daß blos in diesen und nicht in der darüber
und darunter liegenden Schicht dergleichen angetroffen werden. Fischgräten finden sich nur, so viel
man weiß, in dem Pappenheimer Kalkschiefer. Der
Kalkstein, der in den Gegenden um Saalfeld, Blan-
kenburg ic. unmittelbar unter dem Sandsteine liegt,
hat keine andere Versteinerungen, als gespaltene
Gryphiten. Durch alle andere Kalkgebirge ver-
mißte er dieselben, und fand sie bei Eisenach und

Gera wieder, wo der nämliche Kalkstein wie bei Saalfeld ꝛc. sich unter dem Sandsteine verliert ꝛc.

Was nun gegenwärtiges Werk selbst betrift, so wird man dem Herrn Verf. gewiß Kenntniß in der Litteratur nicht absprechen können. Es gehört wirklich zu Arbeiten dieser Art ein sehr großer Fleiß, den man bei Herrn S. nicht vermißt; dem ohngeachtet ist ihm doch manche nicht unbeträchtliche Schrift entgangen.

Da der Titel heißt: Anleitung zur Kenntniß der besten Bücher in der Mineralogie, physikalischen Erdbeschreibung, und S. 52. Bergmanns Sciagraphia regni mineralis angezeigt ist, warum finden wir Gerhards Grundriß 1786. Elbigs Handbuch 1787. Gadb Inledning til Stens Rifels Känning 1787. und mehrere andere nicht an derselben Stelle? Bei Amerika ist Schöpfs Reisen durch Nordamerika 1788. bei Asien Renovanz mineralogisch-geographische Nachrichten von den altaischen Gebirgen 1788. und Mémoire sur les iles ponces, par Mr. Déodat de Dolomieu 1788. ausgelassen. Bei dem Ober- und Niederrheinischen Kreise hätten noch folgende Schriften angeführt werden sollen:

Sistematische Beschreibung der vorzüglichsten in den rheinischen Gegenden bisher entdekten Mine-

 ralen,

ralien, besonders der Queksilbererze von Suckow.
in dem III. Band der Vorlesungen der Kurpfälz. Ge=
sellsch. zu Heidelberg 1783. Beroldingen Be=
merkungen aus einer Reise durch die pfälzischen und
zweibrückischen Bergwerke. Berlin 1788. Linne
geograph. Geschichte der Erde und des Menschen.
Gmelin mineralogische Beobachtungen in einigen
vulkanischen Gegenden am Rhein. s. Naturforscher
XXIII. 1788. Nau über einige Vulkane am west=
lichen Rheinufer. s. Balbingers Journal St.
18. 1788. Göz Beitrag zur Mineralgeschichte
der Grafschaft Hanau. s. Naturforscher St. XXIII.
1788. Rose in Crells Annalen 1788. L Col=
lini in act. Acad. Theod. palat. vol. I. 505. Am=
burgers Versuche mit dem rheingauer Stahlwaß
ser, dem Vielbacher Schwefelwasser, und dem Ober=
lahnsteiner Sauerwasser. Mainz 1786. 8. Physisch=
chemische Anzeige des Lamscheider Mineralwassers.
Frankfurt 1786. 8. Schenk Beschreibung von
Wießbaden Frankfurt 1758.

LXVI.

Reise durch Italien nach Egypten auf den Berg
Libanon und in das gelobte Land. Breslau und
Leipzig 1788. 296. S. in 8.

Diese Reise enthält für den Naturkundiger wenig Interessantes. Auf Zante findet sich eine Pech-
quell, die im Sommer aufwallt. Sie gleicht einem
kleinen See von 5. Fuß im Umfang; steft man einen Stok hinein, so zieht man ihn mit Pech bedekt heraus. Vielleicht, sagt der V. (Abt Binos),
könnte man es einem unterirdischen Brande der
harzigen Hölzer zuschreiben, womit diese Insel vor
Zeiten bedekt war; die Hitze dieses unterirdischen
Ofens treibt das Harz aus dem Holze, das sich mit
dem benachbarten Wasser vermischt, und von ihnen bis an den Ort fortgebracht wird, wo es zum
Vorscheine kommt. Im Lande Gosen findet man
häufig Zuckerrohr und ganze Wälder von Dattel-
bäumen so hoch wie pyrenäische Fichten. Einige
Reisende haben behauptet, daß sich auch Löwen
und Tiger auf dem Libanon aufhielten; allein die
Einwohner versichern das Gegentheil.

LXVII

Eſſais, ou recueil de mémoires ſur pluſieurs points de mineralogie avec la déſcription des pièces depoſées chez le Roi, la figure et l'analyſe chimique de celles, qui ſont les plus intereſſantes, et la topographie de Moſcow. Aprês un voyage fait au Nord par ordre du gouvernement, par M. Macquart, Docteur régent de la faculté de médecine de Paris, Membre de la ſoc. Roy. de Médecine etc. à Paris chêz Cuchet, libraire à l'hotel ſerpent. MDCCLXXXIX.

Verſuche oder Sammlung von Abhandlungen über mehrere Gegenſtände (Punkte) der Mineralogie, ſamt der Beſchreibung der in die königliche Sammlung gebrachten merkwürdigſten Stücke, und der Ortbeſchreibung von Moskau, nach einer auf Befehl der Regierung in die nordiſchen Länder unternommenen Reiſe von Macquart ꝛc. 1789. Paris bei Cüchet ꝛc. 580 S. in 8. mit 7 Kupfertafeln.

Dieſe Reiſe unternahm Hr. M. im Jahre 1783. Sowohl in Petersburg als in Moskau haben ſich ſehr günſtige Umſtände vereint, wodurch derſelbe in den Stand geſezt wurde, die reichſte und zahlreichſte

Samm

Sammlung von Stufen aus den merkwürdigsten Gruben Sibiriens zu erhalten, und also durch die chemische Zergliederung der seltensten, und die Beschreibung derselben, die Kenntniß über die Mineralogie dies.s Landes zu erweitern. Seinen Aufenthalt in Moskau benuzte er dazu, um von dieser großen Stadt eine Topographie zu verfertigen, welches von keinem andern Schriftsteller unter dem nämlichen Gesichtspunkte geschehen ist; denn er schrieb als Naturkundiger, Physiker, und Arzt. Als er durch Polen nach Frankreich wieder zurük kehrte, beschäftigte er sich auch mit den Fossilien und ihren Salzwerken.

Dieses ganze Werk des Verfassers besteht aus lauter einzelnen, größtentheils mineralogischen Abhandlungen, die zum Theil sehr wichtig sind, und viel Neues enthalten, und wovon wir hier das Merkwürdigste anführen wollen.

S. 1. Abhandlung über die besondre Umwandlung verschiedner Gypse in Kalzedon aus Pohlen.

Hr. Carosi hat dem Verf. aus der großen Menge der merkwürdigen Stufen seiner Sammlung Stücke von Gyps gezeigt, wovon jener behauptet, das sie ganz in Kalzedon übergegangen; andre, an welchen diese Metamorphose erst zum Theil vor sich gegangen, und noch andre, an welchen man nur

die

die Spuren von der ersten Bildung bemerkt. Der Verf. zweifelte, wie natürlich, an dieser Behauptung, und verlangte Beweise davon. Carosi vermuthete selbst anfänglich, eine Quarzmaterie müße die seidenartig glänzenden Fäden des Gypses durchdrungen haben, bis ihn genauere Beobachtungen eines andern belehrt haben. Die Gegend, wo er seine ersten Beobachtungen anstellte, ist ein Hügel, der aus folgenden Schichten besteht. 1) Auf der Oberfläche aus Leimen; dann 2) unter dieser Schichte folgt eine fettige unreine, aus Kalk und Eisen bestehende Erde. 3) Auf diese eine Schichte von einem kalkigten Mergelstein, welcher in seiner ganzen Maße von Gypstheilen durchdrungen ist. Endlich kömmt man auf die Mergelschichte, welche den Gyps in verschiednem Zustande enthält.

Man trifft denselben 1) dicht, weis, mit einigen fremdartigen Theilen vermischt an. 2) Durchsichtig, rein aus rhomboidalischen Blättern zusammengesezt. 3) Strahliger oder gestreifter Gyps, eben so weis, wie der erste. Die zwo ersten Abänderungen machen weder Lagen, noch Adern, sondern sie kommen in der Mergelschichte hie und da zerstreut vor. Der Strahlgyps kömmt in ganz kleinen Adern von verschiedner Richtung, welche von einer Linie an bis anderthalb Zoll dik sind, vor.

An diesen 3 Abändrungen von Gyps bemerkt man den Uebergang in Kalzedon mit dem Unterschiede, daß diese Umwandlung bei dem dichten, und durchsichtigen nur auf der Oberfläche, oder nicht weit davon vor sich geht, da im Gegentheile der gefreiste Gyps durchaus von Kalzedon durchdrungen, angetroffen wird. Carosi hat sich sowohl an dem Orte selbst, als an Stücken, die er nach Hause kommen ließ, überzeugt, daß man in dem ersten Grade dieser Veränbrung auf der Oberfläche des durchsichtigen Gypses einen kleinen weissen undurchsichtigen Punkt wahrnehme; nach und nach bildete sich ein Parallelepipedum, in dessen Mitte ein Körnchen von Kalzedon erschien, welches sich unmerklich entwickelte, größer und hell würde, und in dem Verhältniß als es dikker würde, gleichsam aus der Gypsmasse homogene Theile, die zu seiner Bildung beitrügen, auszöge. Alsdenn würden die zwar noch ungleichen und rauh anzufühlenden Parallriepipeden nach und nach regelmäsiger; und in dem Verhältniß, als sich ihre Anzahl verniehrte, erhielt der Kalzedonstoff einen höhern Grad von Vollkommenheit. Anders verhielt es sich beim Strahlgypse: man sehe hier, daß der erste Punkt, aus welchem der Kalzedon entstünde, die Kreißgestalt annehme, daß eine große Men-

ge

ge zusammenfahrender Strahlen sich nach und nach anlegten, alsdenn undurchsichtig weiß würden; die benachbarten Theile schienen nach und nach härter zu werden, und um einen gemeinschaftlichen Mittelpunkt eine Reihe von konzentrischen Zirkeln anzulegen; dieser Kalzedon stellte auf der Masse des Strahlgypses kleine runde und platte Knöpfe vor; nach dem Verhältniß, als ihre Anzahl sich vermehrte, füllte der Quarzstoff ihre Zwischenräume an, und es gäbe Stücke, auf deren Oberfläche nicht eine Spur von Gyps übrig geblieben, sondern nur noch im Innern zugegen wäre.

Carosi hat schon die äußerst merkwürdige Beobachtung gemacht, daß die vorhin beschriebenen Kalzedonpunkte auch auf solchen Stücken, die er mit sich nach Hause genommen, vermehrt, und größer geworden; er hatte diese Punkte, als er die Stücke bekam, genau gezählt, und ihre Beschaffenheit bemerkt, und sogar nach einigen Wochen dieselbe in größerer Menge als auch viel merklicher gefunden. Der Verfasser wollte sich von der Wahrheit dieser Beobachtungen überzeugen. Er hat also die auf einem Stücke von durchsichtigem blättrigem Gypse befindlichen Kalzedonpunkte, ehe er dasselbe in eine Kiste einpakte, gezählt, und deren acht gefunden. Als er zehn Monate nachher dieses Stük wieder

wieder gesehen, fand er derer zwanzig, welche vollkommen gebildet waren. Aus dieser Beobachtung erhellt, daß der Kalzedon in dieser Zeit sich sogar in der Kiste gebildet habe, wo sehr wenig Luft dazu kam; auch hat er beobachtet, daß sich in der Zeit, als er dieses Stük hatte, immer mehr Kalzedon gebildet habe. Hr. M. hat noch einen wichtigern Versuch mit dem nämlichen Stücke gemacht; er hat dasselbe in Polen auf einer sehr richtigen Wage, womit er sich für seine Reise versehen hatte, gewogen, nachdem er die Kalzedonpunkte, welche auf der Oberfläche desselben sich befanden, gezählt hatte; als er das nämliche Stük 3 Monate nachher wieder gewogen, so fand er das Gewicht desselben um mehr als 3 Grane vermehrt. Diese sonderbare Veränderung des polnischen Gypses brachte den Verf. auf die Muthmaßung: derselbe sey vielleicht von dem französischen oder andern Gypse in seinen Bestandtheilen verschieden: allein genaue chemische Versuche, die er damit anstellte, überzeugten ihn vom Gegentheile (aus diesen Beobachtungen und Versuchen folgt doch, wie uns deucht, unwidersprechlich, daß die Natur im Stande sey, eine Steinart in die andre umzuwandeln, da hier offenbar aus Gypsstoff Kalzedon entsteht). Am Ende dieser Abhandlung folgt eine Beschreibung von sehr interessanten Stücken, an welchen diese Beobachtungen angestellt sind, und wo man

man den stufenweisen Uebergang des Gypses in Kalzedon deutlich einsehen kann.

S. 45. Abhandlung über die berühmte polnische Salzgrube von Wieliczka.

Je tiefer man in diese Gruben kömmt, desto häufiger und reiner finde man das Salz; weder Schwefel, noch Erdharz, noch Steinkohlen seien hier, wie in jenen bei Halle, Tyrol und Sachsen, aber wohl eine große Menge von Muscheln, besonders von zweischaligen, und von Madreporen, zu finden.

In dem Innern der Gruben finde man einen Bach von süssem Wasser in einer 3 bis 4 Fuß dicken Lage von weissem sandigem Thone. Man gab sonst vor, dies Wasser liefe über Steinsalz hin, ohne etwas davon aufzulösen, weil man seine Unterlage nicht kannte.

Der Verfasser ist mit Guettard und Scheber der nämlichen Meinung, daß das Steinsalz durch eine Niedersetzung aus dem Meerwasser entstanden sey; die regelmäßigen Lagen von Sand, Thon, Gyps, aus welchen die Berge bestehen, die dasselbe enthalten, die fossilen Muschelschalen und Madreporen, die man darinn findet, beweisen dieses. —

S. 68.

§. 68. Beschreibung der Salzwerke von
Illezky und andern, ein Auszug aus der
Geschichte der von verschiednen gelehrten Reisebeschreibern gemachten Entdeckungen, aus dem Deutschen übersezt.

Man findet diese Beschreibung in der originellen
deutschen Schrift. — Am Ende macht der Verf.
die Bemerkung, daß das die Seen von gesalzenem
Wasser, und jene Gebirge von Steinsalz, wovon
hier die Rede ist, überall umgebende Land sehr viel
Gyps und Versteinerungen enthalte, welches den
neptunischen Ursprung der Salzwerke von Sibirien,
so wie jener von Polen, Oestreich und Siebenbürgen
beweise. —

§. 85. Abhandlung über die Goldgrube,
oder vielmehr über die goldhaltige Eisen-
grube von Beresof in Sibirien.

Hier benuzt der Verf. die schon von Pallas in
besagter Schrift gegebene Beschreibung dieser Grube, sezt aber viele eigne interessante Beobachtungen
dazu. —

Nach Pallas Beobachtungen finde man das
Gold in einem braunen oder schwärzlichen, bald dichten, bald schwammigen eisenartigen Gesteine, in
welchem sich sehr merkwürdige, meistens ganz regelmäßige, auf der Oberfläche gestreifte, am Stahle ge-

schlagen

schlagen feuergebende, Würfel ½ bis 2 Zoll groß
in Menge fänden; die Rinde dieser Würfel bestehe
an gewissen Stellen aus einem Kiese, welchen er *pyri-
tes aquosa* nennt; und ein Theil des ganzen Wür-
fels enthielt zuweilen im Innern diesen Kies. —
Man finde zuweilen kleine Goldblättchen auf der
Oberfläche der Würfel, und im Innern sehr feinen
Goldstaub. Der Verfasser zweifelt sehr an dem, was
er von einigen gehört, daß sie Würfel gesehen hätten, wovon ein Theil gediegenes Gold gewesen.

Das gemeine Erz seie öfters ein solcher aus soli-
den oder schwammigten Würfeln zusammengesezter
Kies; selten finde man darinn Gold, aber häufig
dasselbe in einem gelblich braunen, mit zelligtem Quarze unordentlich gemengten Ocher, und in einem andern ganz weissen Quarz. Man finde besonders in
der Grube von Klyschefsky und Perbunof, so wie
in jener bei Beresof, ein Gestein, das wie Bimsstein
aussehe, und sich mitten in den Goldadern in mehr
oder minder beträchtlicher Masse finde. Dieser seie
aus sehr feinen nach allen Richtungen sich kreutzen-
den Blättern zusammengesezt, sehr leicht und schwim-
me, wie der Bimsstein, auf dem Wasser. Die Zellen dieses Steins, die quarzartiger Natur seien,
enthielten oft eine große Menge von sehr feinem
Goldstaube.

In der Nachbarschaft und zur Seite jener Goldadern finde man auch ganz unveränderte Kiese, Topase, Silber - und Kupfererze, Blei mineralisirtes,
weissen, schwarzen und rothen Bleispath; dieses berühmte rothe Bleierz hängt an vielen Stellen mit
dem Golderz zusammen. —

Der Verf. ist der Meinung, daß erwähntes si-
birisches Golderz aus dem dichten oder kristallisirten
Kiese entstehe. Man finde, sagt er, zu Beresof den
Kies zuweilen dicht, zuweilen würflich kristallisirt,
auf der Oberfläche gestreift, so wie das Eisenlebererz. Er erwähnt einer Stufe, in welcher ein einzelner Kieswürfel von schöner goldgelber Farbe,
und in diesem andre Kiese, welche schon eine Veränderung erlitten haben.

In diesem Falle würde die Farbe derselben viel
blässer, und durch besondre Umstände giengen mit
der Zeit dieselben in Eisenlebererz über. In den Kiesen
von Beresof geschehe die Veränderung vom Umkreise
nach dem Mittelpunkte zu. Die Verwitterung und
der Uebergang dieser Kiese in Eisenlebererz mit Beibehaltung ihrer Gestalt seien eine sehr merkwürdige
Erscheinung in der Mineralogie, denn es geschehe
hier gerade das Gegentheil, was bei der gemeinen,
durch die Luft bewirkten Verwitterung der Kiese er-
folgte rc. Hier führt nun der Verf. mehrere Beispiele von diesem stufenweisen Uebergang vom reinsten

sten Schwefelkies bis zum goldhaltigen Eisenlebererz
an. Sehr merkwürdig sind die Stücke von angefres-
senem Quarze (Quarzum erosum, Quarz vermoulu)
in welchem nach Pallas und des Verf. Beobachtung viel gediegenes Gold in Blättchen meistens enthalten ist, von welchen aber auch einige nach des
Verf. Beobachtungen, statt des Goldes gediegenen
kristallisirten Schwefel enthalten. Die Kristallen
sind im Kleinen, so wie jene von Kadix in rhombois
dalischen Achtecken. Hier werden nun sehr interessante Stufen beschrieben, welche beweisen, daß der
Schwefelkies zuweilen in Eisenlebererz übergehe;
daß aber auch zuweilen nichts von selbigem als ge-
diegener Schwefel zurükbleibe. Der Verf. sieht
zwar die Schwierigkeit ein, welche hier aufstößt,
wenn man erklären will, wie aus besagten Kiesen
der Schwefel zurükgeblieben, und in Kristallen angeschossen sey; vermuthet aber doch, das Eisen habe
sich mit einem Theile von Schwefel verflüchtigt,
und der übrige Theil des Schwefels habe sich in den
Zellen des Quarzes kristallisirt. Nun folgt eine Beschreibung von sechszig Stufen aus der Goldgrube
von Beresof, welche der Verfasser für die königs
liche Sammlung mitgenommen, worunter sehr be-
lehrende und kostbare Stücke sind. Unter andern
N. 6. eine Stufe von Kies, zween Zoll dik, welcher
in Eisenlebererz übergeht; im Mittelpunkte ist der

Kies

Kieß noch unverändert, und das Gold ſieht man an denjenigen Stellen, wo er verwittert iſt. Nro. 7. Ein andres Stük, wo die kubiſche Geſtalt noch vollkommen geblieben, und wo man nur noch einige Atomen von Kies, aber ſehr viel Gold ſieht. Nro. 8. Ein ſehr ſchöner Würfel ganz in Eiſenlebererz übergegangen, in welchem andre kleine Würfel eingeſchloſſen, und das Gold in dem Eiſenerz hie und da zerſtreut vorkömmt, auf der 3ten Tafel Fig. 2. abgebildet. N. 32. Glaskopf, faſt in Eiſenocher verwittert, mit vielen ſehr kenubaren Goldblättchen. N. 46. Ein Stük dichter und zelliger Quarz, in welchem die Eindrücke der geſtreiften Kieswürfel deutlich zu ſehen; in einigen Zellen ſind noch Ueberbleibſel von Eiſenocher, in den meiſten aber gebiegener Schwefel. Nro. 48. Ein ſchönes Stük von zelligem, ſehr leichtem Quarz, in welchem kein Schwefel, aber ſehr viele Goldblättchen enthalten ſind ꝛc.

Der Verf. hat ſowol den beſchriebenen Kies, als das Eiſenlebererz, in welches jener übergeht, chemiſch unterſucht, und nach ſehr genauen Verſuchen gefunden, daß jener aus 27 Gran Schwefel, 40 Gran Eiſen, und 4 Gran Sand; dieſes aber blos aus Eiſenocher und Sand, welcher den 18ten Theil des Ganzen ausmacht, beſtehe. Er wählte vom lezten zu ſeinen Verſuchen ſolche Stücke, in

Pp

wel-

welchen kein gediegenes Gold zu sehen war, und
sonnte in solchen kein Gold entdecken.

S. 137. Erste Abhandlung über die physische
Beschreibung der Grube von rothem Bleispath in Sibirien.

Der Verf. führt zuerst kurz hier an, was Pallas und Lehmann von diesem Erz erwähnt haben,
und bemerkt, lezterer habe nur sehr wenig davon gehabt, und untersuchen können; er habe aber, ohn-
erachtet dergleichen Stufen äusserst selten seien,
auch sehr viele und schöne Stufen zusammengebracht,
und mehr als vier Unzen von den reinsten Kristallen dieses Erzes für seine Versuche aufopfern können. Der Verf. versichert nach dem Berichte mehrerer Reisebeschreiber, und nach den Stufen, die
er gesehen, und in Rußland erhalten hat, der rothe Bleispath komme nie derb, sondern in mehr
oder weniger vollkommner Kristallgestalt vor. Selten seien die ganz vollkommnen Kristallen, in welchen die Pyramidenspitzen vollkommen erhalten,
oder ausgebildet seien. Er beschreibt die Kristallisation des rothen Bleierzes sehr genau, und erläutert diese Beschreibung durch mehrere Abbildungen.
Ein schiefes vierseitiges Prisma, ein rechtwinkli-
ches mit dreiseitigem oder vierseitigem Ende, eine
besondre Kristallgestalt, die man als die Hälfte
eines

eines plattgedrükten sechsseitigen Prisma mit einem
vierseitigen Ende ansehen kann, werden als die
Hauptkristallgestalten dieses Erzes angegeben. Die
Kristallen von rothem Bleierze seien zuweilen so
klein, daß man sie mit freiem Auge kaum sehen könne, die größten ein Quintchen schwer. Die größ-
sern Kristallen seien meistens ohne Endspitzen fast
immer röhrig, oft mit gelblichem bleihaltigem Thone bedekt. Das rothe Bleierz finde sich sehr oft auf
undurchsichtigem rissigem Quarze in den Ritzen desselben. Zuweilen liege es auf der Oberfläche des
kristallisirten Quarzes oder Bergkristalls, auch
komme es auf gelblichem, sanftem zerreiblichem Spek-
steine, welcher auch viele Würfel von goldhaltigem
Eisenlebererz enthalte, vor; in vielen Stücken sehe
man nur die Eindrücke derselben noch. Man träfe,
sagt der Verf., bei diesem rothen Bleierze alle andre Arten von kalkförmigem Bleierze von allen Farben, die man bis hieher kennt, an; am häufigsten
das grüne und von verschiednen Farbennüanzen.
Man sehe in einigen Stücken, wie der Bleiglanz
in grünes Bleierz von verschiednen Schattirungen
übergegangen, und wo die Kristallen des leztern die
Zellen, in welchen vorhin der Bleiglanz gelegen,
einnehmen. (Da hier der Verfasser auch des grün-
lichgelben in sechsseitigsäulenförmigen abgestumpften Kristallen angeschossenen Bleierzes erwähnt, so

Pp 2   wäre

wäre zu wünschen, derselbe hätte dieses untersucht,
ob es so wie das Freiburger ebenfalls Phosphor=
säure enthalte, welches hier besonders merkwürdig
wäre, da es nach des Verf. Beobachtungen aus
dem Bleiglanz entstanden ist.) Aeusserst selten sei
das lichtgrüne, in sechsseitigen, zuweilen an einem,
zuweilen auch an beiden Enden zugespitzten Kristal=
len, angeschossene Bleierz, es breche bei kubischem
goldhaltigem Eisenerz, und sei noch nicht beschrie=
ben. Eben so selten sei auch ein andres grünlich=
schwarzes Bleierz, was in kleinen keilförmig blättri=
gen Kristallen vorkomme. Man finde es auch zu=
weilen derb, und dann sehe es im Bruche wie
Braunstein aus; es bestehe ebenfalls blos aus Blei=
ocher, sei aber um ein Drittheil ärmer, als das
rothe. Den gelben Bleiocher finde man, mit dem
rothen vermischt, in verschiednen Gestalten, bald in
ganz dünnen nadelförmigen, aus sechsseitig säulen=
förmigen, in eine Spitze auslaufenden Kristallen,
bald in Gestalt eines lockern gelben Ochers, welcher
von verwittertem Bleiglanz, in dessen Zellen er zu=
weilen noch mit weissem Bleiocher vermischt zurük=
geblieben, abzustammen scheint. Man finde aber
auch ausehnliche halbdurchsichtige schwefelgelbe Kri=
stallen: diese seien aber äusserst selten. Weissen
Bleiocher finde man sehr oft bei rothem, grünem
und gelbem, auf den nämlichen Stufen, zuweilen in

den

den Höhlen, welche der verwitterte Bleiglanz zu-
rüklasse, zuweilen in den Zwischenräumen, oder auf
der Oberfläche desselben. Eisen sei gar oft in der
Gangart des rothen Bleierzes in verschiedner Gestalt, als Glaskopf, Ocher, goldhaltige Eisenwür-
fel; zuweilen finde man goldhaltigen unverwitter-
ten Eisenkies beim rothen Bleierze. Auf einer Stufe
könne man zuweilen rothes, grünes, schwarzes,
graues, weißes, gelbes Bleierz, goldhaltigen Eisenkies, Eisenlebererz, unveränderten und verwit-
ternden Bleiglanz und Quarz beisammen sehen. Von
dem Nutzen des rothen Bleierzes erwähnt der Verf.,
daß es eine vortrefliche feine, sehr lebhafte orangegelbe
Farbe, die alle andre an Dauer und Schönheit
überträfe, gebe. Der Verf. hat überhaupt nichts
vergessen, was zur nähern Kenntniß dieses merkwürdigen Erzes beitragen kann, und hierin zuverläßig alle seine Vorgänger übertroffen. Nun folgt
eine genaue Beschreibung der kostbaren Stufen von
den bisher erwähnten Erzen, welche er gesehen und
mitgenommen; dann die sehr genaue Beschreibung
der ungemein zahlreichen neuern Versuche von
S. 170 bis 258, wovon das Hauptresultat folgendes ist, daß das siberische rothe Bleierz aus vier
Stoffen bestehe: 1) aus Blei, 2) Eisen, 3) aus
der das Blei verochernden Substanz (oxygéne) und
4) aus Alaunerde.

Pp 3

Die

Die Proportion sei folgende: in hundert Theilen seien von dem ersten 36⅓, vom zweiten 37½, vom dritten 24⅖, vom lezten zwei Theile enthalten.

S. 259. Abhandlung über die sibirischen Kupfergruben.

Eine Meile von Gifertskol-Savod sind die alten Gruben von Gumeschefskoi entlegen. Dort finde man die reichsten Kupfererze in Bänken von sehr fettem Thone, die zwar leicht zu bearbeiten, aber eben deswegen schwer vorm Einsturz zu bewahren seien. Mitten in diesem metallhaltigem Thone streiche von Mittag nach Norden zu eine sehr grade Bank von einem Felsen, welcher einen schönen weissen, dem kararischen ähnlichen, halbdurchsichtigen, eine schöne Politur annehmenden Marmor enthielte. Längst dieser Bank finde man die reichen Erze in Lagen und unregelmäßigen Nestern, auf der rechten Seite derselben nur Kupfererze, auf der linken ein sehr reiches Glaskopferz von Kupfergrün, und andern kupferhaltigen Stoffen durchdrungen. Die Anzeigen auf dieses Erz seien zuerst ein zinnoberrother mit dem Thon vermischter Stoff, dann eine braune ins Schwarze fallende Erde, die etwas kupferhaltig sei. Wenn man diese rothgefärbte Gegenden untersuche, so könne man den Staub von gediegenem Kupfer, wovon sie durchdrungen seien,

unterſch id n, und wenn beſagter Thon verwaſchen
würde, ſo bleibe derſelbe auf dem Boden der Waſch-
maſchine zurük. Nach dieſem kupferhaltigen Thone ſei das ſchönſte und reichſte Erz ein Malachit
von zweierlei Art: ein ſchaligter, welcher ſo wie der
kalkigte Tropfſtein ſich ſchiene gebildet zu haben,
mehr oder weniger zerreiblich ſei. Die andre Art von
Kupfergrün gleiche dem ſedrigen Gypsſpathe, und
ſei aus ſehr feinen ſtrahlenförmigen Nadeln zuſam-
mengeſezt. Aeuſſerſt ſelten ſeien groſſe Stücke von
ſehr hartem grünem Malachit. Der Verf. habe
eins der ſchönſten für den König von 25 Pfund
ſchwer erhalten. Man finde nebſt dieſem auch dort
ein thoniges Kupfererz von blaßgrüner Farbe, ärmer an Gehalt, und ſo hart wie Kalkſtein, auch
Neſter von Quarz mit einem reichen in vierſeitigen
Pyramiden kriſtalliſirten Kupferglaserz granatfär-
big, welches aber äuſſerſt ſelten ſei. Man finde
ferner ganze aus einem erhärteten zinnoberrothen
Stoffe beſtehende Maſſen, welcher beſtimmt zu ſeyn
ſchiene, gediegenes Kupfer hervorzubringen, und
vielleicht als die originelle metalliſche Erde müſſe
angeſehen werden. Man finde dergleichen erhärtete
dichte Maſſen, die in ihrem Innerſten einen Kern
von rothem Kupferlebererz, das zuweilen ein kieſi-
ges oder metalliſches Anſehen habe. Man glaube
wahrzunehmen, wie ſich hier das gediegene Kupfer

in

in dem Thon erzeuge, und die rothe Erde sich ver-
edle und mineralisire.

Der Verf. beschreibt in dieser Abhandlung ausführlich die verschiednen Kupfererze, welche aus den
reichen Kupfergruben Sibiriens ausgefördert werden. (Ueberhaupt brechen hier weichere und manch-
faltigere Kupfererze, als an einem Orte der Welt
unter allen Gestalten von gediegenem Kupfer an bis
zu den verschiedensten und schönsten Kupferkalken.)
Und die ganze Abhandlung beschließt die Beschreibung derjenigen sehr schönen Stücke, welche der
Verfasser mit nach Paris genommen.

S. 306. Abhandlung über die Eisengruben
Sibiriens.

Zuerst von dem von Herrn Pallas gefunde-
nen gediegenen Eisen. Der Verf. ist mit Bergmann, Morneau, Monge, und Sage ei-
nerlei Meinung hierüber, nämlich daß es nicht von
Natur gediegenes, sondern ausgeschmolzenes Eisen sei.

In den Eisengruben von Kutkur und Bulan-
koi breche in einem schiefrigen Gesteine achtseitig
kristallisirtes, jenem von der Insel Korsika ähnliches,
vom Magnet anziehbares Eisenerz (*Minera ferri
calciformis indurata octaaedra*).

Jn

In den Gegenden um den Berg Blagobat
herum enthalte eine schiefrige Gangart oder viel
mehr ein glimmerartiger Spekstein, eine Menge Würs
fel von Eisenlebererz von glatter Oberfläche, äusser
lich von brauner, inwendig von schwärzlicher Far
be. Wahrscheinlich seien sie aus Eisenkies durch
Verwitterung entstanden. Die Magnete, welche
in Sibirien brechen, seien nicht so arm an Eisen
gehalt, wie die Schriftsteller überhaupt von den
Magneten behaupten; sie enthielten hier über 60
bis 62 Pfund Eisen im Zentner. Ganz nahe bei
Nichno-Taliskoi-Savod sei der Magnetberg Wiß
sokogorskoi-Magnitnoi-Sudmik genannt; dieser
obschon ziemlich konische Berg dehne sich etwas in
die Länge gegen Norden und Süden zu aus; seine
vertikale Höhe sei ohngefähr von 40 Toisen. In
den entgegengesezten Seiten gegen Süd und Westen
zu finden sich die meisten und besten Magneterze.
Der Berg sei da von seiner Spitze bis an seinen
Fuß, und sogar noch etwas unter der Horizontal
fläche aus schönem sehr dichtem Stahlerze zusam
mengesezt. Es seien Stücke darunter, die den
dem Eisen eignen Metallglanz und seine natürliche
graue Farbe haben, so wie der Basalt aus Ita
lien von dem Berge Rabikofani kristallisirt; die Kri
stallen seien fast achtseitig. Nach der Oberfläche zu
liege es in einem ocherartigen Thone; dieser werde

Pp 5

ber-

derselbe immer härter. Auch in dem der Westseite
des Berges entgegengesezten finde man dasselbe;
zwischen Nord und Nordwest zeige sich aber ein grauer
tauber Fels; mitten unter dem Erz nehme er seinen
Plaz ein, und bilde die höchste Spize des Berges:
auf der Westseite sei dieses Erz sehr oft von Kupfer
durchdrungen, wodurch dasselbe strengflüssig wird.
Bei Winsloi-Savod auf der Seite von Targil sei
noch ein wegen Magneten berühmter Ort Namens
Dolgogorsloi-Rudnick, wo ein Eisenerz in Massen
vorkömmt. Es ist ein Aggregat von großen und
kleinen eckigen zusammengekütteten Stücken. Diese
Magnete sind stärker, als die vorhin beschriebenen,
im Bauche sehen sie aus, als enthielten sie grünliche Blende. Hier wird einer Stufe von diesem
Erze gedacht, welche 10 Pfund schwer und zum
Theile mit oktaedrischen Kristallen von Magnet be-
delt, und auf den andern Seiten gegen einen harten
Körper, als die ganze Masse noch weich war, ange-
drükt worden zu seyn scheint.

Bei Kischtimskoi-Savod, so wie in der ganzen Gegend dieses Theils des Urals finde man eine
große Menge von glaskäpfigem Eisenerz von verschiedner Gestalt, knöpfig, nierenförmig in Zylin-
dern ꝛc.

Eisenletten (fer limoneux) komme entweder
von dem Uebergang des Glaskopfs in Eisenocher
her,

her, oder finde sich in Massen mit pyramidalem Kalkspathe vermischt. Eisenspath in sehr glänzenden rhomboidalischen Tafeln breche auch in den Gruben Kischtimskoi-Savod. — Adlerstein von ungeheurer Größe aus den Gruben in der Gegend des Urals, die einen Fuß im Durchmesser haben.

Das figurirte Eisen aus Rußland sei eine Art von einem besondern Eisenletten, werde Eisensumpferz, oder mineralisirter Torf von Dworetzkoi genannt; es bestehe aus unordentlich in einander gestektem Schilf, aus Birkenblättern, aus Zweigen von diesem Baume, aus Stengeln und Wurzeln. Die Aeste hätten noch die natürliche Farbe ihrer Rinde erhalten; alles sei mit ziemlich hartem, zuweilen pfauenschweifigem, oft mit einer dünnen Lage von Blutstein bedekt.

In der Gegend des Berges, Blagodat genannt, breche auch Eisenspiegelerz (minera ferri specularis); dieses Eisenerz käme in glänzenden Blättern von verschiedner Dicke, zuweilen kristallisirt, zuweilen gewunden in einer Gangart, die aus Quarz, zuweilen mit Kalkspath, Glimmer und Spekstein vermischt bestünde, vor, und die Erze dieser Art glichen sehr den Schwedischen. Diese Abhandlung beschließt wieder die Beschreibung von 61 Eisenstücken, die der Verf. gesammelt.

S. 340.

§. 340. Abhandlung über den durchsichtigen
Bleispath von Nerchinsky.

Dieser sei der seltenste und reinste unter allen
bekannten weissen Bleispathen; er breche bei Nerchinsky an den Gränzen, die Rußland von den
Ländern, die noch zu China gehörten, scheideten,
wo auch sehr reiche Silbererze brechen. Bleiglanz
sei da sehr gemein. Man finde auch viel derben,
wenig durchscheinenden, oft mit Eisenocher vermischten Bleispath in großer Maße. Oft sei Kupfer, oft Galmey, und sehr oft Silber dabei;
weisser Bleispath in rhomboidalischen Tafeln von
der nämlichen Gestalt, die der Bleiglanz hatte, von
dem er abstammt; Massen von Bleispath mit Eisen und Kupfer von hellgrüner Farbe, auch mit
Kristallen von gelbem Bleispath. Am seltensten sei
der wasserhelle, wie Bergkristall durchsichtige, zuweilen kristallisirte, zuweilen derbe Bleispath. (Mit
Recht glaubt der Verf., daß der in unförmlichen
Massen vorkommende ganz durchsichtige, ebenfalls
durch Kristallisation entstanden sei.) Jemehr die
Durchsichtigkeit dieses schönen Bleispaths jenem
des Bergkristalls sich nähere, desto härter und
schwerer wäre er. Der Bruch des weissen durchsichtigen Bleispaths sei glasig (muschlich). Nach
den genauen chemischen Versuchen, die der Verf.
damit angestellt hat, enthalten hundert Theile von
dies-

diesem Erzblei 67, Kohlensäure 24, von dem verkalkenden Stoffe (oxygéne) 6, Wasser 3 Theile. Sieben und dreißig Stufen von diesem Erz werden am Ende dieser Abhandlung beschrieben.

S. 356. Nachricht von einer Art schwärzlich grünem keilförmigem Bleispath, welcher bei dem rothen von Beresof bricht.

Das einzige Beispiel von keilförmig kristallisirtem Bleispath. Die dunkelgrüne Farbe komme wahrscheinlich vom beigemischten Eisen her.

S. 359. Nachricht von dem Aquamarin, und einigen andern feinen sibirischen Steinen.

Der Verf. hat vollkommen blaue Aquamarine gesehen. Die Aquamarine aus Sibirien finde man in uranfänglichen Gebirgen mit verschiednen Substanzen, als z. B. mit verschieden gefärbtem Quarz, Feldspath, Granit, Schörl, Glimmer vermengt, bald in homogener Masse von undeutlicher Kristallisation, bald mit unkristallisirtem Quarz innigst gemengt, und in seiner gewöhnlichen Kristallgestalt. Man bemerke an ihnen dreierlei Farbennüancen, die gemeinsten seien jene von meergrüner Farbe, dann gebe es welche von sehr hellblauer, und auch welche von sehr schön gelber Farbe, die, wenn sie geschliffen wären, eben so schön aussähen, wie die besten sächsischen Topasen.

Der

Der Verf. hat in Moskau einzelne Kristalle davon gesehen, die einen Fuß lang waren, und 5 bis 6 Zoll im Umkreiß maßen. Diese seien aber äuserst selten. Noch seltener, und was noch kein Natur forscher gesehen habe, seien die sechsseitigen Prismen von Aquamarin mit abgestumpften, sehr regelmäsigen zwölfseitigen Pyramiden, welche dem Verf. zu Gesichte kamen. Ueberhaupt finde man sehr wenig Kristallen von ganz reinem Wasser. In dieser Gegend finde man auch Topase von der nämlichen Kristallisation, die die sächsischen haben. Sie seien meistentheils größer, weißer, zuweilen in Farben spielend ꝛc.

Die siberischen Topaskristallen, die Prismen derselben nämlich seien meistentheils mit sechs Flächen, woron zwei groß, die übrigen klein seien, zugespizt, da die Pyramiden der Sächsischen meistens abgestumpft seien.

Alaunförmigen Rubinspinell in Granit hat der Verf. aus Siberien mitgenommen. Man finde sie in den der Kaiserin zugehörigen, an Persien gränzenden Ländern, so wie in Persien auch Sapfire ꝛc. Granaten seien nicht selten in Siberien; man finde sie in Granitfelsen in sehr kleinen glänzenden Kristallen, in ansehnlichen Massen, in schieferartigen Steinen, in den Kupfergruben, wo sie in 32 seiti

gen

gen Kriſtallen angeſchoſſen ſind, und in vulkaniſchen Tuffſteinen.

Wir können nicht umhin, einige Stufen, die der Verf. am Ende dieſer Abhandlung beſchreibt, hier anzuführen.

N. 1. Ein ſehr koſtbares Stük Granit, welches aus Quarz und innigſt vermengtem Feldſpath beſteht, an deſſen Oberfläche man aber nadelförmige, ſehr regelmäſige, ſechsſeitige Prismen von Aquamarin, Kriſtallen von Rauchtopas, in Rauten kriſtalliſirten Feldſpath, Schörl, Glimmer, und ſehr hellgefärbte Granaten ſieht.

N. 14. Rubinſpinell in einer granitartigen Quarz, Glimmer und ſehr ſchön blau gefärbten ſtumpfſäuligen berillhaltenden Maſſe vom Ural.

S. 375. Nachricht vom ſiberiſchen Amethyſt.

Man finde die Amethyſten in Siberien an ſehr vielen Orten mit dem Bergkriſtall in vertikalen Spalten der Felſen, und in Kieſel, und Agatkugeln. Der Verf. hält den Amethyſt, ob er gleich die nämliche Kriſtalliſation wie der Bergkriſtall habe, für einen reinern Stein, als dieſer iſt, weil man denſelben faſt immer auf der Oberfläche des Quarzes kriſtalliſirt antreffe, zuweilen an beiden Enden, oft auch nur an einem Ende zugeſpizt. (Wir können hierinn nicht mit dem Verfaſſer einerlei Meinung ſeyn.

seyn. In den Bestandtheilen und der Kristallisation ist zwischen dem Amethyst und dem Bergkristall kein Unterschied, er kömmt auch nicht immer, wenigstens anderstwo, auf der Oberfläche des Quarzes kristallisirt vor).

S. 387. Nachricht von dem Quarz, und andern siberischen Steinen.

Man finde in den uralischen Gebirgen und in jenen des Kaukasus sehr ansehnliche Massen von Bergkristall, fast so wie in den Alpen und den Pyrenäen, und jene vom Kaukasus seien noch weisser und durchsichtiger. Sehr grosse Bergkristallen seien in den Kupfer- und Eisengruben eben nicht selten. Da finde man auch vorzüglich die gelben oder braun gefärbten (Rauchtopase) welches im Grunde nichts anders, als von Eisen gefärbte Bergkristalle seien etc. Auch Kristalle mit Wassertropfen treffe man hier an.

Kalzedon von weisser, grauer, gelber Farbe, von gemeiner Gestalt und getropft. Agathe und Jaspisse seien in Siberien sehr gemein, und die lezten kämen in sehr grossen Stücken vor, seien aber nicht so schön als die deutschen und italiänischen, so wie die Kalzedone nicht so weiß, wie jene von Ferroe.

Spekstene von allerlei Farben und geadert, würden hier zu Topfsteinen und dergleichen verarbeitet; am gemeinsten seien die grünen.

Ein

Ein Theil der großen Gebürgketten, die das russische Reich durchstreichen, bestehe aus Granit, den man hier von allen Farben finde.

Unter den Schörlen seien jene von Jenikole zunächst der Insel Aman am schönsten. Er habe ein Stük daher erhalten, wo auf einem blauen Steine, von der Natur des natürlichen Berlinerblaus, aber viel härter, der blaue Schörl in auseinander fahrenden Strahlen auflag.

Flußspath von rother, weisser und grüner Farbe, aber nicht in großer Masse, auch Schwerspath, aber wenig und nicht in schönen Kristallen, wurden auch in Sibirien gefunden, leztere bei Katharinenberg.

Schiefer von allen Farben, und allen Graden der Härte, auch mit Spekstein, Glimmer, Schörl und Feldspath ꝛc. vermischt, seien sehr gemein in Sibirien.

Der Feldspath komme hier in schönen Kristallen, besonders auf Granit, selten in Massen und einzeln vor. Kein Land liefere häufiger den kostbaren Lazurstein, als Sibirien. Man finde ihn auf den Grenzen von China. Doch seie derselbe sehr theuer, weil man so selten recht schönen finde. Der Sibirische habe fast immer weisse Flecken (Kalkspath), die zuweilen 3 Viertel des Ganzen ausmachten; auch finde man oft Kiespunkte darinn.

Qq

Thon

Thon von allen Farben, Kalkstein, Marmor, Kalkspathe, Alabaster, Stahlgyps, kristallisirter Gyps seien sehr gemein.

S. 395. Nachricht vom sibirischen Asbeß und Amiant.

Man finde in Sibirien Asbeft und Amiant unter all den Gestalten, unter welchen man ihn in andern Ländern finden könne, und in solchen Maßen, von welchen man sich anderstwo keinen Begriff machen könne. Ohngefähr 5 Meilen von Eisert ji bi seie auf dem Siffert ein Asbestberg gelegen. Man treffe da an der östlichen Seite eines der dortigen Hügeln eine Asbestader an, die über eine Elle tief seie; diese zeige sich am Tage und umgebe von oben bis unten einen Theil dieses Gebirgs. Er seie in seinem ganzen Umfange in einen schwärzlichen, zuweilen grünen zerreiblichen und glimmerartigen Stein eingehüllt. Der Asbest zeige sich hier einiges sprengt und derb in loßen Maßen von einem bis anderthalb Zentner. Er seie sehr schwer am Tage, und an feuchten Orten der Aber wurde er erweicht, und wurde wie Hanf. An Gegenden, wo Baumwurzeln haben durchdringen könnten, finde man ganz zarte Stücke wie von faulem Holze. Die Fasern desselben, welche am Tage eine Veränderung erlitten, seien biegsam und so fein, daß nach Pallas Versuchen

fuchen Papier daraus verfertigt werden könne. Ganz
nahe am Kanale Newjanskoi feie ein andrer Asbestberg, Scholtowaja Gora oder Seidenberg genannt;
dieser Berg bestehe ganz aus thonigtem Hornschiefer,
und durch diesen harten Fels fezten häufig kleine
Adern grünlichen Asbests, welcher in der Ader aus
untrennbaren Fasern bestehe, an der Luft aber zer-
sezt werde. Man könne an den beschriebenen As-
besten den Uebergang aus Serpentin und Tofstein
in Amiant bemerken.

S. 462. Nachricht von dem sibirischen Talk.

Er breche bei Bilim; derjenige werde am meisten
geachtet, welcher wasserhell und durchsichtig sei, besonders, wenn er in großen Tafeln breche. Man
habe solche von 2 Ellen im Quadrat, aber selten gefunden. Schon jene von ½ Ellen oder einer Elle
seien theuer; die gemeinsten seien jene von ¼ Elle.
Man spalte sie mit einem zweischneidigen Messer in
dünne Tafeln, und brauche sie statt des Glases in
ganz Sibirien zu Fenstern und Laternen.

Der Verf. erwähut auch des kristallisirten Talks
wahrscheinlich gehören beide zur Glimmergattung).

S. 406. Nachricht von der russischen Por-
zellanerde.

Sie seie überhaupt unter dem Namen Thon
von Isselts bekannt, von sehr weisser Farbe; ent-

halte Feldspathstücke, und werde an den Usern des
Sees Mißjöck gegraben.

S. 410. Nachricht von einem Dach= oder
Alaunschiefer.

Sogenannte Bergbutter (eine Mischung aus Vi=
triolsäure, Eisentheilen, und fettem Thone) rinne
aus Blöcken von diesem Schiefer, in verschiednen
Gegenden von Sibirien.

S. 412. Nachricht von dem russischen Leder.

S. 415. Nachricht von der Art aus Birken
Oel zu erhalten.

Von S. 419 bis 443. Beschreibungen von Quarz,
Kalzedon, Jaspis, Spekstein, Granit, Schörl,
Schiefer, Feldspath, Lazurstein, Kalkstein, Spath,
Gips, Fluß= und Schwerspath, Asbest, Glimmer
aus Siberien, die der Verf. gesammelt.

S. 443. Nachricht von verschiednen sibiri=
schen Gruben.

Der Verf. theilt die sibirischen Gruben mit Hrn.
Patrin (siehe Journal de physi. Aout 1789) in drei
große Departements, jenes von Katharinenberg,
jenes von Kolivan und von Nerchinsky ꝛc. Von den
Gruben überhaupt wird gesagt, daß die Eisengru=
ben am häufigsten seien, welche dasselbe unter allen
Gestalten in sehr großer Maße und reichere Erze

liefert

lieferten als fast alle bekannte Eisengruben, unter andern auch natürliches Berlinerblau und Wolfran.

Fast eben so verhielte es sich mit den Kupfergruben. Die Kupfererze seien da sogar reicher und manchfaltiger als jene aus dem Temeswarer Bannat. Nach diesen verdienten die Bleigruben am meisten Aufmerksamkeit, da man in denselben die Bleierze unter allen Gestalten, Farben und in ganz besondern Kristallgestalten finde. Am häufigsten seien sie in dem Nerchinsker Distrikte bei Chilka. Silbererze brächen in Sibirien ebenfalls unter mancherlei Gestalten; gediegenes Silber, Hornerz, Glaserz, Rothgülden, Weisgülden, und Fahlerz am häufigsten bei Schlangenberg. Gold finde man in mehrern Gegenden, besonders bei Beresof in Eisenlebererz. Es brächte auch in weissem Quarz; Schwerspath mit Silberglaserz, Bleiglanz, Schwefelkies, lezters bei Schlangenberg; Platina und Zinn habe man in Sibirien noch nicht gefunden; die Gegenden um Nerchinsky, 1300 Meilen von Petersburg enthielten diejenigen Gruben, wo man die manchfaltigen Metalle auch mehrere Halbmetalle antreffe. Dieß sele auch die einzige Gegend in Sibirien, wo man Queksilbererz (nämlich Zinnober) mit Eisen und Zink vermischt, entdekt habe. Nicht weit davon breche auch Spiesglaß. Die merkwürdigsten Erze dieser Gegend seien die Zinkerze — braune, gel-

be,

be, durchsichtige, derbe und kristallisirte, phospho‍
reszirende und nicht phosphoreszirende Blende.
Zinkspath von grauer Farbe in dreiseitigen Pirami‍
den auf Gallmei; ähnlicher Zinkspath, aber von weis‍
ser Farbe in spitzigen Piramiden, in einer etwas
Eisenhaltigen mit Kupfer, Zinn und Sand ver‍
mischten Gangart von einem ganz besondern und
sehr starken Geruche; durchsichtiger, in Tafeln kristal‍
lisirter Zinkspath; auf einer andern Art von Gallmei,
getropfter, im Bruche schuppichter, inwendig aus
halbdurchsichtigen Blättern zusammengesezter, in
Farben spielender, hornfärbiger Zinkspath.

Von S. 451. bis 527. Ortbeschreibung von
Moskau.

S. 527. Nachricht von Kalk, und kiesel‍
artigen fossilen Steinen von Moskau und
den umliegenden Gegenden.

Aus der Betrachtung der Steine um Moskau
erhelle, daß die ganze Gegend ehebessen vom Meere
bedekt gewesen. Die Bausteine seien dort kalkar‍
tig weis und enthielten eine Menge glänzender or‍
ganischer Theile von Medusenköpfen und Polipen
von allen Arten.

Die interessanteste Fossilien finde man an den
Ufern, der Moscoreca bei Karachova und Ostrov;
man finde da die Meerkörper in zweierlei Zustand,

erstens

erstens in einer ganz schwarzen eisenschüssigen Gangart, in welcher sehr leicht Holz sich petrifizire, mit
Schwefelkies, Fossilien, Muschelschalen, am häufigsten Ammonshörner, und Belemniten in so großer
Menge, als man sie je sonstwo gesehen, zwar selten
ganz, aber mit vollkommner Beibehaltung ihrer
innern Fächer. — Belemniten von einer kaum merk-
baren Größe bis zu 10 Zoll. — Eindrücke von sehr
vielen andern Meermuscheln, von Camiten, Pekti-
niten 2c. seien da sehr häufig wahrzunehmen. —
Ferner finde man die Fossilien in einem harten und
kieselartigen Zustande, und zwar bei Ostrov in den
mit Sand bedekten Hügeln. — Mitteporiten, Asteo-
iten, von aller Art Koralliten, Lithophyten 2c. in
ganz hartem kieselartigem Zustande. —

> Von S. 535. bis ans Ende — Beschreibungen
> der Fossilien und Steine aus der Gegend
> von Moskau. —

LXVIII.

Schriften der Gesellschaft naturforschender
Freunde zu Berlin. VIII. Band. Berlin
bei F. Maurer 1788. 298. S. in 8. nebst
Register und 12. Kupfertafeln.

Mit dem siebenden Bande kam dieses Werk
auch unter folgendem Titel heraus:

Be-

Beobachtungen und Entdeckungen aus der Naturkunde von der Gesellschaft naturforschender Freunde zu Berlin.

Der erste Titel ist für diejenigen, welche die vorhergehenden Bände besitzen, und gerne das ganze Werk unter einem Titel wollen fortlaufen lassen; der lezte für diejenigen, welche sich die Fortsetzung nur allein anzuschaffen Willens sind. Statt daß aber bis dahin jährlich ein Band erschien, kömmt nun unter dem neuen Titel das Werk heftweise heraus, so daß vierteljährig ein solches erscheint, und vier Hefte einen Band ausmachen. Künftighin werden wir dieselbe, so wie sie einzeln erscheinen, anzeigen, ohne einen ganzen Band abzuwarten.

Zweiten Bandes erstes Stük. 162. S. nebst einer Kupfertafel.

I. Beschreibung neuer Blattkäferarten, von El. Fr. Hornstedt, mit einer illuminirten Kupfertafel.

Der Verfasser hat die hier beschriebenen Blattkäfer auf seiner indischen Reise zu sehen Gelegenheit gehabt; es sind folgende:

1. Der japanische Blattkäfer *Chrysomela japonica*. fig. 1. Seine Karakteristik lautet:

„ Chr.

„ *Chr*. ovata, teſtacea, thoracé livido, margine
„ poſtico, punctisque 5 nigris, elytris nigro-
„ coeruleis. “

Aus Japan, von der Größe der *Chryſom*. alvi
(ſollte *alni* heißen).

2. Der roſtfarbige Blattkäfer *Chryſ. ferruginea*. fig. 9.

„ *Chr*. ovata, capite, thoracé pedibusque fer-
„ rugineis, elytris nigro-aeneis, margine in-
„ teriore ferrugineo. “

Er iſt in Malaka, Sumatra und Java zu Hauſe,
und von der Größe und Geſtalt der Chr. marginata.

3. Der zweibindige Blattkäfer *Chryſomela
biſaſciata*. fig. 6.

„ *Chryſ*. oblonga, elytris flavis, faſciis dua-
„ bus coccineis. “

Von Java. So groß wie die chryſomela vulga-
riſſima. (was für einen Käfer wird aber wohl der
Verfaſſer unter dem Namen dieſes noch ſo ſehr pa-
radoxen Inſektes meinen?) — Eine Crioceris F a b r.
nach Beſchreibung und Abbildung zu ſchließen.

4. Der zweigeflekte Blattkäfer. *Chryſomela
bimaculata*. fig. 4.

„ *Chryſomela* oblonga, elytris luteis, macula
„ in medio caſtanea. “

Aus Sumatra; ſeltner zu Java. Von gleicher
Größe mit dem vorhergehenden. Eine Crioceris.

5. Der

5. Der Kaffeebaum=Blattkäfer. *Chrysomela Coffeae.* fig. 7.

„ *Chrysomela* oblonga, thorace sulca(o) trans-
„ versa (o), abdomine viride (i), elytris fla-
„ vescentibus. “

Er ist in den bantamschen Kafferplantagen sehr ge-
hässig. Eine Crioceris.

6. Der morgenländische Blattkäfer. *Chrysomela orientalis.* fig. 3.

„ *Chrysomela* oblonga, flava, thorace rufo,
„ sulco transverso, elytris nigro coeruleis.“

Man findet ihn zu Java, Sumatra, Malaka,
Prinz=Eyland. So groß wie die *Chrysomela* thel-
landrii. (nach der Abbildung wohl noch etwas
größer) Eine Crioceris.

7. Der Bataver. *Chrysomela Bataviensis.*
fig. 12.

„ *Chrysomela* oblongiuscula, capite, thorace,
„ elytris pedibusque lividis. “

Aus Java. Ist fast so groß als die Chrysomela
Nymphaea.

8. Der Fallblattkäfer. *Chrysomela cryptoce-
phala.* fig. 2. 5. 8. 11.

„ *Chrysomela* cylindrica, atra, thorace ely-
„ trisque rubris, maculis nigris, antennis,
„ basi rufescentibus nigris. “

Aus Java. Größe und Gestalt der Chrysomela

(cryp-

(cryptoc.) 4. punctata. Wahrscheinlich, und wie
der Verfasser selbsten einigermaßen zu verstehen
giebt, ist dieses Insekt der Cryptoc. 10. maculatus,
Fabr.

9. **Das Braunhorn.** *Chrysom. fuscicornis*
Linne. 595. 66. fig. 10. Aus Java. Etwas grös-
ser, als die Chrysom. rufipes. Eine Altica, von
der man sich aber aus der Abbildung keine richtige
Vorstellung machen kann.

II. Blochs Abhandlung von den vermein-
   ten männlichen Gliedern des Dornhayes.
   tab. 2.

Schon im sechsten Bande dieser gesellschaftlichen
Schriften hat Herr B. gezeigt, daß diejenigen
Theile des Stachelrochens, die man für die Zeu-
gungsglieder hielt, eine Art von Hände sind, die
zum Festhalten des Weibchens während der Begattung dienen. So sehr es der Wunsch des immer
thätigen Herrn Bloch war, eben diese Theile auch
bei den übrigen Rochenarten zu untersuchen, indem sie vielleicht in ihrem Baue eben so als die
Rochenarten selbst verschieden sind, so fehlte es ihm
doch bisher an Gelegenheit, dergleichen Beobachtungen anzustellen. Durch Herrn Kunstverwalter
Spengler zu Koppenhagen erhielt er endlich zwei
Männchen vom Dornhay, deren innere Unterschei-
                      dung

chung uns vorzüglich in Rüksicht oben genann-
ter Theile hier vorgelegt wird. Ohne daß unsere
Leser die Zeichnung vor sich haben, können wir leider wenig von dieser Abhandlung ausheben, wenn
wir nicht undeutlich werden wollen.

III. M. E. Blochs Nachtrag zur Naturge-
schichte der Dosenschildkröte.

Die Schale dieser Schildkröte ist im ersten Bande abgebildet und S. 131. beschrieben. Hier theilt
uns Herr D. Bloch von ihrer Naturgeschichte dasjenige mit, was er durch einen Brief von dem verdienstvollen Naturforscher Herrn von Wangenheim näheres hierüber erfahren hat.

Man findet sie in Pensylvanien, Neu-Jersey
häufig; sparsamer in Neu-York, und daraus ist
zu vermuthen, daß der gemäßigte Himmelsstrich
des nördlichen Amerika ihr ursprünglicher Geburtsort sei. Ihr Aufenthalt ist größtentheils am Rande der Wiesen in den Feldhecken und Hölzern; in
Sümpfen und andern Gewässern, hat sie aber Herr
W. nie gesehen, welches auch mit dem Berichte
der Landeseinwohner übereinstimmt, die ihr deswegen den karakteristischen Namen Land-Tertler
(Landschildkröte) beilegen. Da diese Schildkröten-
art sich gänzlich verschließen kann, so seie es wahrscheinlich, daß sie in der Wildniß die Wintermonate

vom

vom Dezember bis Ende Februar in einem Grade
der Unempfindlichkeit zubringt. Wenn dieses Thier
seine Klappen zuschließt, so passen sie so fest an ein
ander, daß ein spitziges Instrument nur mit der
größten Gewalt eingeschoben werden kann. Aus
der Wildniß in die Stuben versetzt, gewöhnt sie sich
sehr bald an die menschliche Gesellschaft, und bleibt
alsdenn auch den Winter hindurch in dem nämli
chen Grade von Lebhaftigkeit wie im Sommer.

VI. Auszug eines Schreibens des Herrn
    Carl Gruber von Grubenfels an Hrn.
    Dr. Bloch von Berlin, datirt Mailand
    den 26ten Sept. 1786..

Zwanzig Meilen von hier entlegen, sind in dem
Gebiete Valzasing 4. Bleiwerke entdekt worden, wo
von der Zentner Erz 42 ℔ reines Blei, und 6 Mark
reines Silber enthält. Uebrigens entdekt man eine
beträchtliche Menge silberhaltigen Schwefelkieses,
kristallisirte Quarze, wilde Granaten, mineralisir
tes Eisen, Wißmuth, Marmor von verschiedenen
Farben, besonders weissen, welcher hier Landes
sehr selten ist, figurirte Steine und andere kristall
sirte Körper.

Herr Prof. Zacharia zu Ferrara zergliedert
auf das mühsamste den Stamm und die Wurzeln
der Bäume, daß man die ganze innere Textur bis
auf

auf die kleinsten Fäßerchen sehen kann. Auch fängt
derselbe an Versuche zu machen, mittelst welchen
er gedenkt, eine gewisse Gattung Holzes in kurzer
Zeit petrifizirend zu machen. Er ist hierinn schon
um einen merklichen Schritt näher zum Ziele.

**VII. Winterbelustigungen vom Abt Baron
von Wulfen.**

Hauptsächlich interessante botanische Beobach=
tungen über verschiedene in dem Walde bei Klagen=
furt gefundene Flechten und Moose, und eine lehr=
reiche Kritik über die Beschreibungen und Abbil=
dungen derselben von Dillenius, Linne, Hal=
ler, Michelius, Scopoli u. a. m.

Eine Flechte, die er *l. ochroleucus* nennt, ha=
be zwar viel ähnliches mit Linne's *l. centrifugus;*
bestehe aber nur aus einem Blatte, das sich nur
im äussersten Umfange zertheile, gehöre nicht unter
die lich. imbricatos, und habe kleinere Schüsseln,
als die bei Linne, in Fl. lapp. T. II. S. 2. und
bei Dill. hist. mus. T. 24. S. 75. abgebildete.

Der *lich. candelarius* wird sehr ausführlich
beschrieben; man müsse ihn wohl von andern ihm
sehr nahe kommenden Flechten von l. juniperinus,
parietinus und l. candellarius unterscheiden. Man
müsse sich durch Hallers und Scopolis Aus=
drücke frondes foliaque lobata, lobiis sinuato-laci-
niatis

niatis etc." nicht irre machen lassen; der äusserste
Rand dieser Flechte ist zwar in die Runde herum
gekrauset, die Krause aber nichts anders als ein
vegetabilischer feiner Staub; er gehöre zu den rin-
denartigen, crustaceis, und bestehe aus einer mehl-
artigen Substanz. Die Synonimie von Linné Byſſus farinacea flava werde unrichtig hier angeführt.

Eine Steinflechte, die er I. petraeus nennt,
scheine ihm von Linn. l. sanguinarius verschieden
zu seyn, obschon er fast die nämlichen spezifischen
Karaktere, wie Linne von seinem sanguinarius
angiebt; nie habe er die Halbkügelchen derselben
innerlich roth gefunden.

Lichen fusco ater L. bestimmt er: leprosus,
crusta farinacea obscura ex griseo subnigricante,
tuberculis atris.

Ganz richtig bemerkt hier Herr v. Wulfen,
daß die Farbe dieser Flechte nicht braun, das ist,
lichter oder dunkler schwarzroth, und diese Farbe
drükt doch eigentlich die Benennung fuscus, dessen sich Linne bei Bestimmung der Farbe dieser
Flechte bedient, aus; und nie solle man es in einer andern Bedeutung nehmen, als daß es schwärz-
lichaschgrau, in eine gewässerte Schwärze fallend
sey. Daher sei so viel Unbestimmtheit bei manchen Autoren, so viele Verwirrung der Zitaten,
wo von dieser Flechte die Rede ist.

Lichen

Lichen carbonarius sei bei Linne nicht zu finden, bei Haller schien er N. 2052. beschrieben zu seyn.

Lichen ocellatus wird so wegen der Aehnlichkeit mit der untern Flügelseite des papil. argioli L. also genennt, hat viel Aehnlichkeit mit L. subfuscus L. er ist bestimmt leprosus, crustaceus rimosus e griseo cineritiove subfuscescens, scutellis tuberculisque nigris, margine cinereo integro. Lich. subfuscus L. crustaceus, verrucosus albus, scutellis aggregatis, sessilibus fuscis, margine subcrenulato albo cinctis. Das karatteristische Kennzeichen dieser Flechte bestehe in den braunen, mit einem weißlichen, anfangs einwärts gebogenen und ganzen, dann aber sich gleichsam öfnenden und innerhalb gekerbtem Rande umgebenen Schüsselchen; übrigens finde man diese Flechte in mancherlei Abänderungen. Lichen pixidatus, coccifer und cornucopioides seien specifisch von einander nicht verschieden; Gestalt, Wesen, Farbe, Staub, bisweilen auch Größe, ja sogar die manchfaltigen zufälligen Abänderungen in Bezug auf einfache oder doppelt und dreifach auf einander aufgesezte Becher; alles sei zulezt einerlei. Blos der mehr oder weniger fruchtbare Rand des trichterförmigen Bechers machen den ganzen Unterschied aus ꝛc. Aus dem L. pixidatus werde coccifer und cornucopioides etc. Lichen fimbriatus,

und

und cornutus seien ebenfalls Hauptarten von Becherflechten und mehrere Flechten, welche von Skopoli, Dillenius, Haller, und Linne als verschiedene Arten angeführt würden, seien nur Spielarten derselben.

Lichen physodes L. gehöre nicht zu den imbricatis; er bestimmt ihn folgender Gestalt: foliaceus, decumbens, centrifugus, frondibus fistulosis e centro divergentibus liberis muldifido lobatis, laciniis loborum primum cylindraceis, clausis, apice pulvinatis, crustaceo farinosis, tum subtus apicem versus inflatis dehiscentibus, obtuse emarginatis, supra cinereo subvirescens, inferne antracinus, interne candidus, scutellis subpedunculatis ex viridi tandem ruffo ferruginescentibus. Lichen floridus, hirtus und plicatus kann Hr. von W. nicht mit Haller, Scopoli u. a. für eine und dieselbe bärtige Flechte halten. Auf eben den Sträuchern des L. floridus, deren Aeste eine Menge platter, tellerförmiger, im Umkreis langgezakter Scheiben trugen, bemerkte er hie und da linsenförmig erhabene, ungestielte, wäffrigrothe, kleine Knöpfchen; sie hatten einen ganzen, mit kleinen Spitzen oder Zacken versehenen Rand, und kamen sehr sparsam, blos wo sich die Aeste bogen, und gleichsam abgebrochen waren, zum Vorscheine. Er frägt, ob sie vielleicht nach und nach größer würden, oder später rund herum ihre Zacken bekommen, oder

 ob

ob es Theile des andern Geschlechtes seyen? Der Lichen calybriformis L. ist sehr fein und dünne; daher die mindeste Trockenheit schon vermögend ist, die Härte und Gebrechlichkeit des Stahls ihr gleichsam zu verschaffen. Vermuthlich zielt auch dahin Linne's Beiname: denn bei nassem oder feuchtem Wetter, sind die Fäden seiner Zweige sehr biegsam und zähe, und brechen nicht so leicht ab.

Nicht alle jene Michelische Flechten, die Haller aus desselben T. 45 anführt, scheinen Hrn. von W. zu Linne's Lichen scriptus zu gehören. Er gibt von diesen und seinen Abändrungen hier eine ziemlich weitläufige Beschreibung.

Lichen carpineus L. habe folgende Kennzeichen L. leproso - crustaceus ex cinereo albens, tuberculis haemisphaericis, scabris majusculis, confertissimis, concoloribus; und seie bei keinem als Linne angemerkt.

Doch gehöre hieher Hallers N. 2071. (L. crusta tenuissima scutellis hemisphaericis, albo polline efflorescentibus) ferner Scopolis L. fagineus, Schrebers orbiculatus; diese seien wenigstens Linne's L. fagineus nicht. Der carpineus L. überziehe nicht blos allein die Rinde der Steinbuchen, sondern auch jene anderer Bäume, der Eichtannen, und Felberbäume.

Lichen

Lichen betulinus sey Schrebers L. pallidus.

Eine Flechte, die er L. circumscriptus nennt, bestimmt er folgender Gestalt:

Leproso-cruslaceus albido cinerascens, margine serpentino atro circumscriptus, tuberculis disci lentiformibus.

Der weißlich aschgraue Grund dieser Flechte seie allzeit mit einer schlangenförmigen kohlschwarzen Gränzlinie eingeschlossen, die schwarzen fruchtbaren tubercula fielen nie in rund hohle Schüsseln ein, und er habe dieselbe inwendig nie roth gefunden; dadurch seie er von L. Lich. sanguinarius verschieben; übrigens gehöre hieher Hallers Lichen N. 2065. Scopolis limitatus punctatus etc. und Dillenius Lichenoides T. 18. fig. 3.

Nun folgen noch verschiedene Bemerkungen und Beschreibungen von Moosen, einigen andern Pflanzen und Insekten, die Hrn. v. Wulfen bei dieser Gelegenheit auffliesen, die wir aber ohne weitläufig zu werden, derhalben hier nicht anführen können, auch nicht so wichtig sind, wie die vorigen.

Zweiten Bandes, zweites Stück, mit 124 S. und 2 Kupfern.

VIII. Von dem bildverdoppelnden sogenannten Jsländischen Kristall oder Doppelspath von J. C. Silberschlag. t. 3. 4.

 Dieser

Dieser Körper gehört zu den Kalkspathen, und ist oft in einem hohen Grade durchsichtig, zuweilen aber nebelt sein Glanz. Er stellt nicht nur im Ganzen ein rhomboidalisches Prisma vor, sondern zerbricht auch in lauter kleine Rhomboiden, nicht anders, als wenn er aus lauter verschobenen rautenförmigen Theilen zusammengesetzet wäre. Er hat zwar die gewöhnliche Strahlenbrechung mit durchsichtigen Massen gemein, ist aber doch darinn von ihnen sehr verschieden, daß er die Objekte, die ihm untergeleget werden, verdoppelt. Hr. Werner hat zwar diese Erscheinung sehr ordentlich auseinandergesetzet; aber die Ursachen derselben, die uns Hr. Silberschlag hier sehr deutlich vorgelegt hat, übergangen.

IX. Chemische Untersuchung des Schlesischen Chrysoprases von M. H. Klaproth.

Der Chrysopras wird vorzüglich beim Dorfe Kosemütz im Oberschlesischen Fürstenthume Münsterberg gegraben, woselbst er in den Klüften und Auflösungen eines milden Serpentinsteins sich findet, und vorzüglich Quarze, Hornstein:, Kalzedone, Opale, ferner Amiant, Talk und mehrerlei Erdarten einbrechen. In Betreff der Bestandtheile dieses Minerals sind die Schriftsteller nicht übereinstimmend, am wenigsten aber über denjenigen

Stoff,

Stoff, welcher die grüne Farbe verursachet. Hr.
K. unterwarf ganz reine ausgesuchte Stücke der
chemischen Prüfung, und erhielt aus 300 Granen
folgende Bestandtheile.

Kieselerde	— —	288¼	Grane
Allaunerde	— —	¾	—
Kalkerde	— —	2½.	—
Eisenerde	— —	¼	—
Nikelkalk	— —	3	—
		294¼.	—
Verlust	— —	5¾	—
		300	—

Der mineralogische Karakter des Chrysoprases
ist also ein durch Nikkel grüngefärbter Quarz. —
Zum Schluße dieser Abhandlung führt hier Hr.
K. noch seine Untersuchungen über den Kosemützer
Opal an, wovon eine halbe Unze folgende Bestand-
theile gegeben.

Kieselerde	— —	237	Grane
Allaunerde	— —	¼	—
Eisenerde	— —	¼	—
		237½	—
Verlust	— —	2½	—
		240	—

Rr 3   Opalis

Opaliſirender Quarz würde alſo für dieſe Steinart die angemeſſenſte Benennung ſeyn.

X. Beſchreibung der in der Grafſchaft Stein-
thal im Unterelſaß befindlichen Gänge und
Eiſengruben von Hrn. Baron von Dietrich.

Die Entſtehung der Steinthaler, Granitſchiefer
und Sandſteingebirge denkt ſich Hr. D. zu gleicher
Zeit, und zwar durchs Waſſer; übrigens iſt doch
der dortige Granit ſo dicht, feſt und in ſeinem Kerne ſo verſchieden, daß gar keine Möglichkeit übrig-
bleibt, ihn als einen aus zerſtörtem Granite zuſammengeſezten neuen Granit zu betrachten.

Chenot de Rothau bei Rothau beſteht
aus Granit; in oder neben den auf beiden Seiten
befindlichen Nebenthälern ſetzen die in dieſem Berge
ſtreichenden Eiſengänge am weiteſten ins Feld. In
den hier angelegten Werken findet man blaulichtro-
then, etwas ſchiefrichten Eiſenſtein, ſchlechten aſch-
farbigen Schmirgel, der dort Minette heißt, Kies
in blauen jaspisartigem Schiefer; Eiſenerze von
brauner Farbe mit Sande und gelbem Letten vermengt, wobei das hangende und liegende aus mil-
dem Granite beſteht. In den Eiſengruben des Re-
miamore, der auf der weſtlichen Seite des einen
Nebenthals Minguette liegt, ſind die Erze meiſtens
ſtahl-

stahlderb, bläulich mit metallischem Glanze, hin
und wieder mit Feldspathe und etwas Quarze vermenget. Den Gruben zu Remiamote zunächst liegen die Werke in Baepre. Hier sind die Eisenerze
von rother Farbe, und im untersten Stollen besteht
das hangende aus rother Minette und wildem
Schiefer, das liegende aber aus einem feinen Gemenge von Quarz und Feldspath. Von hier
kömmt man zu den Spaßberger Arbeiten, die ebenfalls auf Eisen gebauet werden. Das hangende besteht hier aus mürbem grobem Granite, oder wohl
gar aus Granitsande, mit ein wenig aschgrauer
Minette vermenget. Zu Waldersbach im Dorfe
selbst streicht ein Hauptgang, auf welchem der Hr.
Verfasser eine Gattung Erze gefunden hat, die im
sechsten Bande dieser gesellschaftlichen Schriften beschrieben ist. Von Waldersbach nach Schöneberg
finden sich Spuren von Eisengängen; bei Hautper-
heur Spuren von Kupfergängen.

XI. Beschreibung der lachenden Gans
männlichen Geschlechtes von D. Joh. Jul.
Walbaum.

Linne hat unter dem Namen Anas erythropus
zweierlei Arten beschrieben, die er als Mann und
Weib ansah. Diesen Irrthum hat schon Gunner
und Pennant bemerket, und hier erinnert es auch

Hr.

Hr. Walbaum. Die lachende Gans hat viele
Aehnlichkeit mit der gemeinen wilden, ist aber kleiner und von ihr hauptsächlich darinn unterschieden,
daß sie einen rothgelblich weissen kurzen Schnabel,
eine weisse Stirne durch einen schwarzen Streif abgesondert, einen braunen Rücken, einen weissen,
mit Schwarz geflekten Unterleib und safrangelbe Füße
hat. Die Länge desjenigen Exemplares, welches
hier beschrieben wird, betrug vom Schnabel bis
zum Schwanze 2 Schuhe und 2 Zolle, und ist von
demjenigen, welches R. besizt, nur um einen Zoll
kleiner. Die übrigen Ausmessungen kommen daher,
diese kleine Verschiedenheit abgerechnet, fast völlig
mit R. seinem überein.

XII. Beschreibung der bunten Sturmmeve
männlichen Geschlechtes, von D. Joh.
Jul. Walbaum (*Larus albus dorso fusca;*
Linne).

Die Arten der Meven sind schwer von einander
zu unterscheiden, weil mancherlei Arten und Spielarten auf dem Meere bei einander herumfliegen,
und sich nur auf steilen Klippen zusammenpaaren,
wo selten ein Mensch hinkommen kann. Zudem
haben einige unter ihnen eine gleiche Farbe, die
nur an wenigen Theilen des Körpers unterschieden
ist, und sich noch mit den Jahren ihres Wachsthu-

mes

mes bis zum reifen Alter verändert. Man findet daher eine Verwirrung dieser Gattung Vögel bei vielen Schriftstellern; indem sie entweder aus einer Art mehrere gemacht, oder verschiedene Arten in eine zusammengebracht, und folglich sie mit einander verwechselt haben. Will man diese Verwirrung vermeiden, so muß man mehr auf die Größe des Körpers, auf die Proportion des Schnabels, auf die Höhe der Füße und auf den Unterschied des männlichen und weiblichen Geschlechtes, als auf die Farbe Achtung geben; weil diese nicht bei allen ein beständiges Kennzeichen ist.

Die hier untersuchte Meve hat einen leichten, eiförmigen, dilbefiederten Körper von der Länge einer großen Ente, einen zusammengebrüsten, zahnlosen, hackigten und vor dem Kinne bufligten, rußschwarzen, großen Schnabel, mit ablangen Nasenlöchern, in der Mitte durchbohret; einen großen Kopf, einen dicken und mittelmäßigen Hals, sehr lange Flügel, röthlichgreise, vierzähnige Schwimmfüße mit halbnakten Schienbeinen und schwarzen stumpfen Nägeln, einen großen abgestutzten Schwanz, und auf dem Leibe buntes Gefieder, worauf weiße, braune und schwarze unordentliche Flecken mit einander abwechseln. Das Weibchen kömmt ebenfalls mit dieser Beschreibung überein; nur in der Farbe liegt einiger Unterschied.

Rr 5

Als

Als einen Anhang zu gegenwärtiger Abhandlung beschreibt uns auch Hr. W. eine weißgraue Sturmmöve männlichen Geschlechtes (*Larus cinereus; Prisson*.

Die Farbe überhaupt betrachtet, ist oben und an den Seiten größtentheils hellgrau; vornen, unten und hinten aber schneeweiß. Insbesondere ist der Schnabel gelblichgreis, wie Horn, mit schwarzen gegen einander überstehenden Flecken bei der Spitze, und einem großen safrangelben Flecken bei dem Höcker des Unterkiefers geziert; an der inwendigen Fläche, gleichwie an den Mundwinkeln orangengelb; der Kopf und Nacken schneeweiß mit länglichen schmalen, aschgrauen Flecken schattiret. Die Kehle, der vordere Theil des Halses, die Brust, der Bauch, der Steiß, der Bürzel und der Schwanz sind schneeweiß. Der Hintertheil und die Seiten des Halses haben zerstreuete aschgraue Flecken; der Rücken in der Mitte und zwischen den Schultern ist hellgrau, dieselbe Farbe haben auch größtentheils die Schulterfedern und die Schwingfedern, sie endigen sich aber mit einer weissen Spitze. Die ersten sechs Schlagfedern haben ausser der angezeigten Farbe hinter der weissen Spitze einen unordentlichen kohlschwarzen Flecken, welcher dem Ende des zusammengeschlagenen Flügels ein buntes Ansehen giebt. Die Füße haben eine gelblichröthlich greise Haut zur

Bedeckung und an den Zehen schwarze Nägel. An
den Augen sieht man einen schwarzen runden Stern,
welcher von einem hellgelben Regenbogen umgeben
wird, und an den Augenliedern einen röthlichgelben
Rand. Die Theile des Körpers haben dieselbe Form,
als man sie an der bunten Sturmmeve findet. Es
ist also kein anderer Unterschied zwischen beiden,
als nur in der Farbe. Aus dem beigefügten Maaß=
se sieht man auch die Gleichheit der Größe.

**Zweiten Bandes, drittes Stük mit 6 Bogen
Druk und 4 Abbildungen.**

XIV. Beschreibung der poleyblättrigen Kal=
mia und der gelbblühenden Roßkastanie
von F. A. J. von Wangenheim. (5te und
6te Tafel).

Die Art von Kalmia, auf der 5ten Tafel, ein
sehr schöner kleiner Blumenstrauch, ist, soviel mir
wissend, noch nicht botanisch beschrieben. Erst seit
wenigen Jahren wurde er durch die englischen Gärt=
ner bekannt gemacht, und mit dem Namen poley=
blättrige Kalmia belegt, so wie einige holländische
Blumengärtner diesen kleinen Strauch in ihren Ver=
zeichnissen roßmarinblättrige Kalmia genennt haben.
Das Vaterland dieses Strauchs ist der kältere Him=
melsstrich von 45 Grad der Breite weiter nördlich
liegend

liegend in Amerika, Neuschottland und der kältere
Theil von Canada, deren Klima mit Schweden und
Norwegen übereinstimmend ist. Die Bestimmung
dieses Strauchs ist: Kalmia polifolia, Corymbis
terminalibus, spicatis foliaceis, foliis oppositis
lanceolatis integerrimis revolutis, subtus glaucis.

Niemand kann das Vaterland der gelbblühenden
Roßkastanien (tab. 6) angeben; so weit man nach-
spüren kann, sind die ersten Pflanzen aus England
gekommen. Die englische und deutsche Benennung
ist richtig, die lateinische Benennung aber Esculus
Pavia lutea ist falsch, weil dieser Baum keine Pavia
ist, und doch ein jeder bei diesem Namen eine Art
Roßkastanie sich vorstellt, deren Blüthen 8 Staubfäden, als den von Linne angegebenen charakteristischen Zeichen haben müssen. Die gelbblühende Roßkastanie hat aber nur 7 Staubfäden, wie die gemeine wilde. Bei näherer Untersuchung der Blüthe,
weil alle Stämme so dem Hrn. W. vorkommen, nicht
aus eigenem Saamen erwachsen, sondern auf
Stämme der gemeinen Roßkastanie entweder ge-
pfropft oder okulirt waren, hat sich seine Muthmaß-
sung, daß die gelbblühende Roßkastanie wohl aus
der Mischung unserer gemeinen wilden und der
rothblühenden Pavia entstanden, noch mehr bestättigt. Zu einer überzeugenden Probe fehlt es
nur noch, den bei uns reifwerdenden Saamen aus-

zuſäen und daraus zu erkennen, ob nicht der mehre=
ſte in die Urart zurüffalle. Ihr Charakter iſt: Aeſculus lutea, floribus heptandris, luteis, viſcoſis,
clauſis: foliis digitatis, foliolis ovato- lanceolatis
ſerratis.

XV. Beſchreibung einiger nordamerikani=
ſchen Fiſche, vorzüglich aus den Neu=York=
fiſchen Gewäſſern von D. J. D. Schöpf.

Wir gedenken hier nur der merkwürdigſten Ar=
ten, und heben von den neuen Arten diejenigen
Kennzeichen aus, die den Unterſcheidungscharakter
beſtimmen.

Muraena anguilla. Man habe 2 oder 3 ver=
ſchiedene Arten in Amerika, ſagt Herr S., aber wir
bedauern, daß er keine Gelegenheit hatte, ſie nach
ihrer körperlichen Verſchiedenheit genauer zu beſtim=
men; die, ſo an der Küſte von Neu=York und
Rhode=Eyland vorkommen, ſind klein und mager,
ihre Farbe iſt ein ſchmutziges Grün. Ungleich gröſ=
ſer, fetter und ſchmakhafter ſind die Aale aus den
ſüſſen Wäſſern der innländiſchen Fiſche und 3 —
4 — 5 ℔ ſchwer. Eine beſonders bittere Art Aale
findet ſich in einigen Gegenden von Neu=England.

Gadus. In Neuyork heißt dieſer Fiſch Tom-cod,
hat zwar mit Gadus Minutus L. viel ähnliches, iſt
aber doch nach der hier gelieferten Beſchreibung ei=
ne

ne neue Art. Der Kopf ist glatt und flach, die
Kiefer mit borstenartigen Zähnen besezt, in der Kienenhaut 7 Strahlen. Die 3 Rückenflossen sind unter sich abgesondert und stumpf. Die erste hat 14,
die zweite 16, und die dritte 21 Strahlen, die lanzetförmige, stumpfe Brustflosse 16 — 17 Strahlen,
die dicht vor den Brustflossen stehende Bauchflossen
5 — 6. Von den 2 Afterflossen hat die erste 18 —
20, die 2te 20 Strahlen. Die Anzahl der Strahlen ist jedoch zuweilen etwas abweichend.

Blennius heist in Neuyork Kingfish, und wird
hier zum erstenmale beschrieben. Der abhängige
Kopf und die Stirne mit Schuppen belegt. In
der Kienenhaut 7 Strahlen. Der Körper von beiden Seiten etwas zusammengedrükt, spiesförmig,
schleimigt, schlüpfrigt, die Seitenlinie gerade,
mit 12 größeren weissen Punkten besezt. In den
Bauchflossen 2, in den Brustflossen 14, in der ersten Rückenflosse 6, und in der zweiten ungefehr
50 Strahlen.

Blennius. In Neuyork Chuls. Die Gestalt
des Kopfes dem vorigen gleich, am Unterkiefer eine
Bartfaser. In der Kienenhaut 7 Strahlen. In
den Bauchflossen 2, in den Brustflossen 14, in der
ersten Rückenflosse 9, in der leztern 60, in der
Afterfl. 53 und in der Schwanzfl. ohngefähr 30
Strahlen. Die Länge des ganzen Fisches ist gegen

18 Zoll, und seine verhältnißmäßige Breite ohngefehr 3½ Zoll.

Cottus glaber. Der Kopf breiter, als der übrige Körper; die Stirne glatt und unbewaffnet, nur 2 oder 3 kleine Stacheln stehen auf dem Kiemendeckel. Die Kienenhaut hat 5 Strahlen. Die Rückenfl. hat 25—26 Str. Die Brustfloße ist dicke und abgestumpft, mit 18 Str. Die dicken Bauchfloßen haben 3, die Afterfloßen 21—22, die abgerundete Schwanzfloße 12 Strahlen. Obschon er dem *Cottus grunicus* von Linne nahe verwandt zu seyn scheint, so macht er doch wegen der viel stärkeren Anzahl der Strahlen in der Afterfloße eine eigene Art.

Pleuronectes. Auf Rhode=Eyland Flounder genennt; die Kienenhaut hat 7 Strahlen, die Augen stehen auf der rechten Seite nahe am Mund. Die Kiefern sind nur zur Hälfte (auf der linken Seite nämlich) mit Zähnen besetzt. Die Rückenfloße hat 66, die Brustfl. 9—11, Bauchfl. 6, Afterfl. 15—22, Schwanzfl. 19—20 Strahlen. Die größte Länge des Fisches ist gegen einen Fuß.

Sparus. In Neuyork Goldfish. Herr S. hat diesen Fisch nie die Größe von 3—4 Zollen übersteigen gesehen. Die Gestalt und Umriß des Körpers gleicht einigen Arten des *Chaetodon.* Der Kopf ist abhängig, mit Schuppen bedekt, und mit ver=

verschiedenen farbenspielenden Streifen belegt. Die Kienenhaut hat 5 Str. Ein runder schwarzvioletter (zuweilen aber auch gelber) Flek stehet am obern Winkel der Kienenöffnung. Die Rückenfl. hat 22 Strahlen, davon sind die 10 ersten stachlicht, und einige der erstern mit einem kurzen weichen Anhang versehen.

An einer andern Art von sparus, die auf Neu york sheeps-head genennt wird, ist der Mund mit starken Zähnen besetzt, die Kienenhaut hat 5 Strahlen (bei einigen will Herr S. auch nur 4 bemerkt haben). Sechs schwarze Querstreife bezeichnen den Leib. Vier derselben gehen vom Rücken herab nach dem Bauche und zwei über den Schwanz. Von sparus virginicus ist er verschieden und eine neue Art.

Ein anderer zu der nämlichen Gattung gehöriger Fisch, welcher den vorigen an Größe, äußerer Gestalt, und in der Zahl der Strahlen in den Flossen ganz ähnlich ist, aber keine so starke Zähne und über den Körper keine Querstreife hat, konnte vielleicht s. argyrops L. seyn. Herr S. hat aber die bei Linne angegebene Verlängerung der drei ersten Rückenflossen nicht bemerkt.

Zur nämlichen Gattung gehört endlich noch ein anderer Fisch, welchen Herr S. auf Rhode-Eyland gesehen. Er gleicht an Gestalt und Größe dem

sheeps-

sheeps - head, die Farbe des Körpers ist aber schmutzigbraun und mit 4, zuweilen aber auch mit 5 oder 6 schwärzlichen Streifen, vom Rücken nach dem Bauche gehend, bezeichnet. Die R. hat 27, die Br. 15. B. $\frac{1}{6}$. A. $\frac{3}{13}$. S. 15 Strahlen.

Labrus. Zu Neuyork befindet sich eine Art Fische, welche dort Lurgall genennt wird; die Anzahl der Strahlen in der Kienenhaut in die abgerundeten Brustflossen bringen ihn unter die Gattung sparus; die weissen Anhängsel der Rückenfloßstrahlen hingegen und die gerade Seitenlinie unter die Gattung Labrus; die Stirne ins Blaue spielend und mit gelben Strichen geziert. Der Körper ist länglich, von der Seite gedrükt. Alle Schuppen haben an der Spitze einen hochgelben Punkt, daher mehrere in die Länge gehende punktirte Linien entstehen. An der Rückenflosse sind die 19 ersten Strahlen stachlicht und mit einem weichen Anhang versehen. Eben so wie die 3 ersten der Afterflosse. Die R. hat $\frac{19}{13}\frac{19}{18}$, B. 14—15; B. $\frac{1}{6}$; A. $\frac{3}{7}$ Schw. 15 Strahlen. Die Länge des Fisches beträgt 1 — 1$\frac{1}{2}$ Fuß.

Labrus. Black-fish zu Neuyork. Die Mundöffnung ist mit einer doppelten Reihe Zähne bewaffnet, die Kienenhaut ist etwas dicke und hat 5 Strahlen, der Körper ist von den Seiten gedrükt, ablang und glatt, die Seitenlinie gerade. Die ersten

Strah-

Strahlen der Rückenfloſſe haben einen weichen faſ
benähnlichen Anhang. Die R. hat 27. Br. 15.
B. ⅕. A. ¹⁄₇. S. 15 Strahlen. Die ganze Länge
beträgt gemeiniglich einen Fuß und darüber.

Perca. Perch, River Perch, zu Neuyork. Die
erſte Rückenfloſſe dieſes Fiſches hat immer nur 13
Strahlen, auſſer dem fehlen ihm die 6 ſchwarzen
Linien und der ſchwarze Flek am Ende der Rücken
floſſe, welche der europäiſche Flußbarſch hat. (Jm
I. St. der Beiträge zur Naturgeſchichte des Mainzer Landes wird ſchon S. 114. erinnert, daß dieſe Anzahl der ſchwarzen Streifen unbeſtimmt, und auch die
völlige Abweſenheit derſelben nichts ſeltenes ſey.)

Perca. Rock-fiſh. Striked Balſ. zu Neuyork.
Der Oberkiefer dieſes Fiſches iſt beweglich, der untere vorſtehend; 7 braune Linien laufen in einer geraden parallelen Richtung vom Kopfe nach dem
Schwanze, die mittlere, welche zugleich die Seitenlinie bildet, iſt breiter und durch beſondere Punkte ausgezeichnet. Dit 2 Rückenfloſſen ſind abgeſondert; in der erſten ſind 8 ſtachlichte Strahlen, von
der 2ten iſt der erſte Strahl ſtachlicht, und die übrigen 12 weich. Br. 15. B. ⅕. A. ³⁄₇. S. 18. Die
Länge des Fiſches iſt 8—12 Zoll. Wahrſcheinlich
eine neue Art.

Perca. Blackfiſh, in Neuyork. Die Seitenlinie iſt ziemlich gerade, die Rückenfloſſen ſind vereinigt.

einigt. Die 10 ersten Strahlen sind stachlicht, und mit einigem weichen Anhang versehen. Die R. hat $\frac{12}{2}$, Br. 18. B. $\frac{1}{8}$. A. $\frac{1}{10}$. S. 18 Strahlen.

Esox, *Lea pike*, *sea snipe*, zu Neuyork. R. hat 9. Br. 12. B. 8—9. A. 14. S. 17—18 Strahlen; übrigens scheint dieser Fisch mit E. Belone L. am nächsten verwandt zu seyn.

Balistes. Von dieser Gattung beschreibt uns Herr S. ebenfalls eine neue Art. Der Kopf ist von den Seiten stark gedrükt, der Mund ein stumpfer vorgeschobener Rüssel mit einer engen Oeffnung in beiden Kinnladen 4 Zähne. Die Kiemenhaut ist ohne Deckel und besteht aus einer kaum $\frac{1}{4}$ Zoll breiten Membran ohne Strahlen. Die Kienen bestehen aus 4 Bögen. Auf dem Kopf zwischen den Augen stehet eine einzelne Stachel; sie ist schräge rükwärts gebogen. Die Anzahl der Strahlen sind, in der R. 1, 35. Br. 12. A. 41. S. 12. Die Bauchfloße fehlte gänzlich.

Einige, wahrscheinlich ebenfalls neue Arten übergehen wir hier, weil genauere Untersuchungen noch ein helleres Licht über dieselben geben müssen. Auch scheint der Fisch, welchen Herr S. unter Petromicon illarinus beschreibt, eine eigene Art zu seyn.

Ss 2   XVII.

XVII. Kurze Beschreibung zweier merkwürdiger Berge, und der darinn befindlichen Stein- und Berggarten von Herrn Danz.

Die 7te Tafel stellt einen Theil des Durchschnitts am Fuße des Pangler Bergs bei Nimtsch im Fürstenthum Brieg vor. Dieser Berg bestehet ganz aus Granit, wodurch ein Trum mit kugel- und säulenförmigem Basalt und Traß 20 Zoll stark gangweise sezt. Im Innern der Basaltkugeln trift man öfters Wasser an. Der übrige graue Granit dieses Berges ist mit grünem Schörl (nach der hier beigefügten Bemerkung eines Ungenannten, soll diese Steinart eher zum sogenannten vulkanischen Chrisolith gehören) und Zeolit durchtrümmert. Zwischen Nimtsch und Kosennüß im Dorfe Diersdorf ist ein Schwefelbrunnen.

Auf der 8ten Kupfertafel ist der Durchschnitt eines Theils von der Stopfelskuppe, welche zwei kleine Stunde von Eisenach liegt, abgebildet. Hier findet sich eine ähnliche Merkwürdigkeit, wie am Pangler Berge bei Nimtsch in Schlesien, nur mit dem Unterschiede, daß hier in der Mitte zwischen dem Basalt ein feiner klarer Sandstein 14 Schuh stark durchsezt.

XIX. Beschreibung und Untersuchung einer unter dem Namen eines neuentdekten seltenen

tenen Katzensilbers von Andreasberg näher bestimmten Abart eines weissen Bleierzes von C. L. v. Bose.

Zu Andreasberg auf dem Oberharz findet man
seit einiger Zeit eine Art Kalkspathdrusen, welche
wegen eines daran zum Theil vermeintlichen Glim-
mers als eine Neuigkeit sehr gesucht wurden. Dieser neue Körper erscheint zum Theil in zusammen-
hängender Oberfläche, zum Theil in einzeln schim-
mernden Blättchen, als ein äusserst subtiles, wie
matt gearbeitetes Silber glänzendes Häutchen, und
ist nach der Untersuchung des Herrn B. nichts anders als Bleispath,-so wie ihm auch das Butter-
milchsilber vom Georg Wilhelm nichts anders
als Bleispath zu seyn scheint.

XX. Chemische Zergliederung des Prechnits von Klaproth.

Das unter diesem Namen bekannte Mineral hat
Herr Prech e zuerst vom Vorgebirge der guten Hoffnung mit nach Europa gebracht, und Herr Wer-
n e r deshalb Prechnit genennt. Aus Mangel der
Kenntniß seiner Bestandtheile, hat es zeither noch
keinen bestimmten Plaz in den Sistemen erhalten,
und deshalb danken wir Herrn Klaproth um
so mehr, da er uns zeigte, daß 100 Theile Prechnit aus folgenden Bestandtheilen zusammengesetzt
sind:

 Kiesel-

Kieselerde	—	—	43 $\frac{1}{2}$
Alaunerde	—	—	30 $\frac{1}{4}$
Kalkerde ohne Luftsäure			18 $\frac{1}{4}$
Eisenerde	—	—	5 $\frac{3}{4}$
Luft = und Wassertheile	—		1 $\frac{1}{8}$

100.

Zweiten Bandes viertes Stük, 6 Bogen Druk und 4 Kupfertafeln.

XXII. Beitrag zur Geschichte der Eingeweibewürmer von M. Braun, t. 10.

Herr B. verspricht uns mehrere Beiträge dieser Art, und wir werden ihm für die Bekanntmachung derselben vielen Dank wissen. In gegenwärtiger Abhandlung lesen wir seine Beobachtungen über denjenigen Wurm, welchen D. F. Müller im ersten Bande dieser Schriften S. 206. nur kurz beschrieb. Herr B. fand in den Eingeweiden einiger Spreebarsche, kleine, schwärzliche, sich bewegende Körperchen; unter dem Vergrößerungsglase zeigten sie sich unter mehreren Gestalten, die hier abgebildet sind. Zum Andenken des Herrn Etats = Raths wird er Planaria lagena heißen.

XXIV. Mineralogische Bemerkungen bei Zerlegung eines Kristalls aus Katharinenburg in Sibirien, welcher unter dem Namen

men eines Topases gesandt worden, vom Apotheker Herrn S. J. Bindheim in Moskau.

Ehe Herr B. die mit angezeigtem Mineral vorgenommenen Versuche beschreibt, erinnert er unter andern von der Kieselerde überhaupt folgendes: Die von einigen in ältern und neuern Zeiten gehegte Meinung, daß es möglich sei, die Kieselerde durch eine zwekmäßige Behandlung, in die eine oder andere absorbirende Erde zu verwandeln, und daher schließen, daß vorzüglich die Kieselerde mit der Thonerde ursprünglich eine und dieselbe sei, ist durch die deßhalb gemachten Erfahrungen noch lange nicht außer allen Zweifel gesetzt, vielmehr stehen derselben noch wichtige Gründe entgegen. Vielleicht werden diese Zweifel durch die von der K. Preußischen Akademie aufgegebene Preisfrage gehoben. Indessen will ich nur für izt bemerken, daß es sich offenbar zeigt, daß, wenn man Kieselerde von allen fremden Beimischungen gereinigt hat, und sich dergleichen doch wiederum darinn befinden, welche man nun dadurch verwandelt zu seyn glaubt, diese nur aus den dazu gebrauchten Instrumenten hergenommen sind, wie solches unter andern aus den Versuchen des Herrn Apothekers Meyer sehr deutlich hervorgeht.

Der

Der untersuchte Kristall besteht aus einer ungleichen sechsseitigen Säule mit dergleichen stumpf zugespizten Piramide; die Farbe gleicht den sogenannten böhmischen Topasen, die man Zitrone nennt. Der Zergliederung zufolge gehört er unter die gefärbten Bergkristalle.

XXV. Ueber einige besonders gebildete Quarzdrüsen von Dr. C. W. Mose.

Das Eigene aller hier beschriebener Drüsen besteht darinn, daß die Flächen der Quarzkristallen nicht wie gewöhnlich ganz, sondern nur an den erhabenen Kanten eben und glatt, in der Mitte hingegen rauh und vertieft sind. Diese Vertiefungen scheinen eben nicht durch ein Einsinken oder Zerfressen entstanden zu seyn; wahrscheinlicher durch eine mit ihnen vorgegangene gewaltsamere Erschütterung.

XXVII. Auszug eines Briefes des Hrn. Dr. Wallbaum an den Herrn Dr. Bloch, die Dosenschildkröte betreffend.

Die hier von Herrn W. eingerükte Beschreibung des Deckels der Dosenschildkröte weicht zwar von der in diesen Schriften vorhergegangenen Beschreibung des Herrn Bloch in einigem ab; dem ohngeachtet ist doch zu vermuthen, daß die beiden Beschreibungen nur eine Art betreffen.

XXVIII.

XXVIII. Etwas über den Demantspath von Klaproth.

Gegenwärtiger Aufsatz ist ein kurzer Auszug einer ausführlichen Abhandlung, welche der Verf. am 3ten April 1788. in der Königl. Preußischen Akademie der Wissenschaften abgelesen hat.

Der Demantspath macht zwei Abänderungen. Von der erstern desselben, welche in China zu Hause ist, kommen die regelmäßigen Stücke in sechsseitiger Säulenform ohne Endspitzen vor, in der Größe von einem halben bis ganzen Zolle Höhe und ⅓ Zoll Breite. Die Farbe ist grau mit mehrern Abstufungen. An den Kanten ist er durchscheinend, seine Schwere ist 3710—1000; die Härte ausnehmend. Auch findet man magnetisches Eisen in kleinen krystallinischen Körnern in ihm eingesprengt. — Die zweite Abänderung oder der indianische Demantspath, welcher von den Einwohnern zu Bombay Corundum genennt wird, unterscheidet sich von voriger durch eine weissere Farbe, und ein deutlicheres spathiges Gefüge, wie auch daß das hier ebenfalls gegenwärtige magnetische Eisen, in noch kleineren Körnern, nicht eigentlich im Steine selbst eingesprengt ist, sondern nur an dessen äussern Seiten ansitzt.

Das Resultat der chemischen Untersuchung des chinesischen Demantspaths besteht darinn, daß der-

selbe,

selbe, nachdem er von dem eingesprengten magnetischen Eisen befreit worden, welches den fünften
Theil des Gewichtes vom rohen Steine betrug, aber
nicht eigentlich zu seiner Mischung gehört, aus Allaunerde und einer besondern bis izt noch nicht bestimmten Erde, im Verhältniß als 2 gegen 1, verbunden, besteht.

LXIX.

Beiträge zur Naturkunde und der damit verwandten Wissenschaften, besonders der Botanik, Chemie, Haus- und Landwirthschaft,
Arzneigelahrheit und Apotherkunst von Frid.
Erhart, königl. großbritt. und Kurf. Braunschweig. Botaniker rc. Erster Band, Hannover und Osnabrük, im Verlage der Schmi-
tischen Buchhandlung 1787. 192 S. 8v.
2ter Band 182 S. 1788. 3ter Band 183.
S. 1788. 4ter Band 184 S. 1789.

Erster Band.

Eigentlich eine Sammlung von denjenigen Abhandlungen des Herrn Erhards, welche in andern Werken, besonders in dem hannövrischen Magazin von 1778 an eingerükt sind. Was hieher gehört, ist meistens botanischen Innhalts.

S. 15.

S. 15. *Andreaea*, eine neue Pflanzengattung. Herr Erhart unterschied schon zu jener Zeit die Fruktifikationstheile der Moose genauer, als seine Vorgänger, und bedient sich zur Beschreibung derselben neuer vor ihm noch nicht gebräuchlicher Kunstwörter. Wären Hedwigs schöne Entdeckungen damals bekannt gewesen, so würde er unstreitig noch viel weiter gekommen seyn: diese Gattung ist von Hedwig nicht als eine neue Gattung aufgenommen worden.

S. 17. *Webera*, eine Pflanzengattung, auch bei Hedwig; nur sind die Gattungskennzeichen von beiden verschieden angegeben; nach Hedwig gehören hieher *Bryum pomiforme hallerianum, trichodes.*

S. 33. *Weissia*, eine Pflanzengattung, scheint nicht Hedwigs *Veisia* zu seyn. Herr Erhart hat die Arten und Synonimien nicht angegeben. Zu Hedwigs *Veisia* gehören *Bryum viridulum* und *paludosum* Linn.

S. 43. Wiedergefundene Blüthe der dicken Wasserlinse (*Lemna gibba*). Michelis Beobachtung von der Blüthe dieser Pflanze ganz bestätigt.

S. 68. Botanische Zurechtweisungen.

Agrostis pumila sei die von ustilago verdorbene *Agrostis stolonifera* Linn. *Carex uliginosa* Linn.

sei

sei *schoenus compressus, Isoetes lacustris. Weigel* ein junges Pflänzchen des *Iuncus bufonius etc.*

S. 70. Nachricht an das Publikum, betreffend die Herausgabe meines Phytophylaziums; ist bekannt.

S. 84. Versuch eines Verzeichnisses der um Hannover wild wachsenden Pflanzen.

Blos ein Namenverzeichniß von einem Theile der Pflanzen, die in jener Gegend wachsen.

S. 121. Botanische Zurechtweisungen.

Lichen fungiformis Weber sei *Lichen byssoides* Linn. *Lichen nivalis luteus* Weber, *Lichen juniperinus* Linnei etc. *Viscum album* werde blos durch den Mistler (*Turdus viscivorus* Linn.) fortgepflanzt.

S. 123. Zwo neue Pflanzengattungen. Georgia (*Mnium pellucidum* Linn.) gehört nach Hedwig zu *Dicranum.* Catarinea (*Bryum undulatum* Linn.) nach Hedwig zu *Polytrichum.*

S. 135. Botanische Zurechtweisungen.

Bis 146. recht lehrreiche und merkwürdige Beobachtungen von vielen Pflanzen.

S. 151. Fortsetzung des Verzeichnisses der um Hannover wildwachsenden Pflanzen.

E. 166. *Grimmia*, und *Hedwigia*, (*Bryum*

apo-

apocarpum α et β **Linn.**) auch bei **Hedwig** unter diesem Namen.

S. 174. Meine Beiträge zum Linneischen *Supplemento plantarum.*

Nebst den schon erwähnten Moosen sind hier folgende Arten eingeschaltet: *Triandria monogynia, Scirpus Baeothryon* **Erhart,** *Hexandria monogynia.* *Juncus Tenageia* **Erhart,** *Trigynia Rumey Nemolapathum* **Erh.** *Icosandria pentagynia Mespilus kanthocarpus* **Erh.** *Mespilus Phaenopyrum* **Erh.** *Pyrus Botryapium* **Erh.** *Pyrus Amelanchier,. Pyrus arbutifolia. Gynandria diandria Serapius xiphophyllum, S. lonchophyllum* (Varietäten nach **Linne**). *Monoecia triandria. Carex Pfyllophora* **Erh.** *C. Leucoglochin. C. Chordorhiza. C. Heleonastes. C. Leptostachys. C. Drymeia. C. Agastachys etc.*

Zweiter Band.

S. 32. Zweite Fortsetzung des Versuches eines Verzeichnisses der um Hannover wildwachsenden Pflanzen.

Einige recht seltene, und von Herrn **Erhart** zum Theile zuerst bestimmte Pflanzenarten. *Scirpus Baeothryon, Juncus Tenageia, Rumex Nemolapathum, Carex Leucoglochin, C. Leptostachys, C. Drymeia, C. Agastachys, Salix incubacea, Empetrum nigrum. Myricagale etc.*

S. 42.

S. 42. Botanische Zurechtweisungen.

Wir wollen unter vielen nur einige anführen.
5) *Rosa pimpinellifolia*, und *Spinosissima* Linn.
seien eine und eben dieselbe Art. 7) *Adonis autumnalis* Murray prodr. p. 59. sey *Adonis aestivalis*
Linn. 8) *Brassica campestris* M. *Brassica orientalis* Lnn. 9) *Lactuca Scariola* Web. spicil p.
21. *Lactuca virosa* Linn. 10) *Lactuca virosa*
Murray L. *Scariola* Linn. 13) *Pinus americana*
Duroi, *Pinus canadensis* bei Linne, *Pinus canadensis* Duroi stehe nicht bei Linne ꝛc. *Iungermannia pulcherrima* Web. und *Iungermannia ciliaris*
Linn. seien zuverläßig eine und ebendieselbe Pflanze;
so verhielt es sich auch mit der *Iungermannia tri-
chophylla* Linn. spec. ed. 2. p. 1601. *I. multiflora*
Linn. mant. p. 130. und *I. sertuarioides* Linn.
Schwarz method. p. 35. und mit *Lichen frigi-
dus* Linn. Schwarz meth. p. 36. und *L. tar-
tareus*. *Lichen glaucus*, und *perlatus* Linn. seien
verschiedne Arten. S. 48. klagt der Verfasser mit
Recht, daß in allen künstlichen Pflanzensistemen so
viele Pflanzen an ihren unrechten Stellen stehen;
gewiß muß dieses die Wissenschaft jedem Anfänger
ungemein erschweren. In dem, was der Verf. p.
51. N. 39. sagt, nämlich, daß es besser wäre, wenn
alle Gattungsnamen von berühmten Botanikern
hergenommen wären, können wir ihm nicht beipflich-

ten;

ten; wir sind gerade entgegengesetzter Meinung; es wäre besser, wenn diese alle ausgemustert wären, und der Gattungsname eine allen Arten gemeine Eigenschaft ausdrükte.

S. 67. Bestimmung einiger Bäume und Sträucher aus unsern Lustgebüschen mit dem motto: Finis erit, naturam adcuratius delineare, quam alius. Dies hat der Verfasser auch hier geleistet; beschrieben sind hier: *Mespilus xanthocarpus* Linn. M. *phaenopyrum* L. M. *Calpodendron Erh. Pyrus amelanchier* L. *P. botryapium* L. *P. arbutifolia* L. *Rosa glaucophylla* Erh. R. *chorophylla* a) *unicolor Erh. eglanteria* Linn. b) *bicolor R. bicolor* [I a c q. *R. collincola* Erh. *cinamomea* Linn. *R. herborlodon* Erh. *R. arvensis* Linn. *R. opsostema* Erh. *R. moschata* Mill. *Betula alnobetula.*

S. 73. Meine Reise nach der Grafschaft Bentheim und von da nach Holland nebst der Retour nach Herrenhausen.

Eine für Botaniker sehr interessante Reisebeschreibung, worinn Hr. Ehrh. nicht nur von denjenigen Pflanzen, welche er unterwegs angetroffen hat (denn er hat die Reise größtentheils zu Fuße gemacht); sondern von den merkwürdigsten in Leiden, Haag und andern sehr reichen Gärten, befindlichen sehr seltnen Pflanzen von verschiednen

holländ-

holländischen Botanikern lehrreiche Nachrichten ertheilt.

S. 167. Botanische Zurechtweisungen.

Aus vielen Bemerkungen nur einige 3 *Scirpus
trigueter* Roth Beitr. VI. p. 5. sei sc. *mucronatus*
L. 8. *Hedera Helix arborea* und' *Sterilis* M u r r.
seien nichts weiter als verschiedne *aetates* einer
und ebenderselben Pflanze. 11. Die Pflanze, deren Wurzel man die sogenannte wilde Cochenille
findet, sei nicht das *Polygonum viviparum* L i n n.
sondern der *Scleranthus perennis* L. 17. *Arenaria
saxatilis* M u r r. prodr. sei *Arenaria verna* L i n n.
20. *Tithymalus* umbella multifida, bifida, invo-
lucris triangulari cordatis, foliis superioribus latioribus G e r a r d galloprov. pag. 540. sei nicht E.
esula sondern E. *cajogala* 29. *Stratiotes aloides* gehöre zu der Klasse *Dioecia*; unter den Moosen gäbe
es vermuthlich keine Hermaphroditen (nach H e d-
wigs Beobachtungen doch einige) 46. *Lichen cespitosus* R e i c h. A. 870. L. *fragilis* L i n n.

S. 177. *Monechia* eine Pflanzengattung (*Sagina erecta* L i n n. *spec. ed p.* I. 128) mit dem
Trivialnamen *quaternella.*

S. 180. *Honkenga* eine Pflanzengattung
(*Arenaria peploides* L i n n. *spec. ed.* I. *p.* 423.)
peploides Erh.

Drit

Dritter Band.

Dieſer Band enthält diejenigen Auffätze des Verf. die er von 1783 bis 84. geſchrieben, und bereits ge= druft ſind. Wir begnügen uns hier nur die Aufſchriften der in unſer G.biet, beſonders in die Botanik einſchla= genden Auffätze anzuführen.

S. 1. bis 19. Gartenanmerkungen, enthal= ten manche ſowohl für den ökonomiſchen, als den Luſtgärtner intereſſante Wahrhei= ten, die von ſelbigen gar ſehr ſollen be= herzigt werden.

S. 19. bis 24. Beſtimmung einiger Bäume, und Sträuche aus unſern Luſtgebüſchen.

Dieſe Bäume, welche man hier genauer als ans berwärts beſtimmt findet, ſind *Cornus alternifolia* Linn. *Rhus cacodendron* Erh. *Prunus Serotina* (*P. virginiana* Duroi) *Mespilus rotundifolia* Erh. *Betula rugoſa* (*B. alnus rugoſa*) Duroi *Betula in-cana* (*B. alnus incana* L.) *Betula laciniata* Erh. *Fagus grandiflora* (*Fagus americana latifolia* Duroi) *Pinus canadenſis* L. *Pinus mariana* Duroi. *Pinus laxa* Erh. (*P. canadenſis* Duroi).

S. 58. bis 94. botaniſche Beobachtungen; ſehr reichhaltig und wichtig.

S. 109. bis 124. botaniſche Zurechtwei= ſungen.

 Be=

Besonders verdienen die Bemerkungen wegen verschiednen Moosen von S. 41. bis S. 59. erwogen zu werden, wo auch manches gegen den sonst so großen Mooskenner Hr. Hedwig erwähnt wird.

S. 132. bis 136. *Rulingia*, eine Pflanzengattung (Arten) *R. anacampseros* 2. *R. triangularis* Linne's *Portulaca anacampseros* und *triangularis.*

S. 137. bis 140. *Berkheya* eine Pflanzengattung, Linne's *Gorteria fruticosa.*

S. 154. bis 166. botanische Zurechtweisungen. Wie immer sehr lehrreich.

S. 171. bis 183. Empfehlung einiger Bäume, deren Anpflanzung in hiesiger Gegend vernachläßigt wird.

Vierter Band.

Dieser Band enthält unter dem Rest einiger schon einmal gedrukten Abhandlungen mehrere noch ungedrukte, von welchen wir unserm Plane gemäß nur der Naturhistorischen erwähnen, deren Innhalt botanisch ist.

S. 15. Bestimmung einiger Bäume und Sträuche aus unsern Lustgebüschen.

Die meisten sind genauer, als bei Linne bestimmt, auch verschiedne als Arten hier angeführt,

wel-

welche man bei Linne, auch in der Ausgabe von Murray nicht findet.

Von *Cornus sanguinea* heißt es statt *arborea cymis nudis, ramis rectis* Linn. *C. arborea* foliis appositis lato - ovatis, subacuminatis, subtus pallide viridibus, pubescentibus, cymis nudis, calyce longitudine nectarii, drupis depresso - globosis. *Cornus Amomum* Mill. dict. heißt hier *C. rubiginosa* und ist bestimmt *C.* arborea foliis oppositis subovalibus, acuminatis, subtus rubiginoso-pubescentibus, cymis nudis pubescentibus, calyce nectario triplo longiore, drupis subovatis, compressiusculis. *Cornus foemina* Mill. dict. heißt hier *C. albida,* C. arborea, ramis rectis, foliis oppositis elipticolanceolatis acuminatis, subtus albidis, cymis nudis, convexis, calyce longitudine nectarii, nucibus globosis. Von *Cornus alba* heißt es noch nebst den linneischen Kennzeichen foliis oppositis, elipticis acuminatis, subtus albidis, calyce longitudine nectarii, nucibus compressis. Von *Prunus spinosa* heißt es Pr. ramis spinosis, pubescentibus, foliis elipticis convolutis subtus villosis, pedunculis solitariis, subpubescentibus, calyce patente, drupa globosa.

Prunus myrobolan, ist hier unter dem Namen *Pr. cerasifera* ramis sub pinescentibus, glaberrimis, foliis elipticis, glabris convolutis, pedun-

culis

culis folitariis tenuiſſimis glaberrimis, calyce reflexo, drupa ſubglobofa pendula, beſchrieben.

Crataegus lucida Mill. diſt. und *Crataegus ſalicifolia* Medicus werden hier als Halbarten (ſubſpecies) von *Meſpilus lucida* angeführt; lezte iſt folgendermaſen beſtimmt: *M. ſpinoſa* foliis ſublanceolatis, ſerratis, ſubſeſſilibus, glabris, viridiſſimis, ſplendentibus, corymbis multifloris, ſegmentis calycinis, linearibus patentibus, longitudine petalorum, fructibus ſubgloboſis, pendulis. Die erſte Halbart nennt er *M. lucida latifolia*, die lezte *anguſtifolia*. Von *Meſpilus cotoneaſter* führt er ebenfalls zwo Halbarten an. *M. cot. rubra* und *M. cot. nigra*. *Meſpilus chamaemeſpilus* L. *Crataegus chamaemeſpilus* Iacq. *Sorbus chamaemeſpilus* Cranz iſt nach des Verfaſſers Meinung eine Art von *Pyrus*. So auch die Varietät *α* und *β* von Linné's *Crataegus aria*; beide betrachtet er als verſchiedne Arten, die erſte unter dem Namen *Pyrus aria*, die zweite unter dem Namen *P. intermedia*. Ferner ſind hier angeführt und beſtimmt *Roſa parviflora*, *R. carolina* Duroi, *R. corymboſa*, *Roſa carolina* Linn. *Roſa lucida* (eine ſeltne, und von Ehrhart, wie es ſcheint, zuerſt beſtimmte Art. R. foliis pinnatis, foliolis ovato-lanceolatis, obtuſiuſculis, groſſoſerratis glaberrimis, nitidis; petiolis ſubaculeatis, glabris, corymbis paucifloris, pedun-

culis

culis ſubhiſpidis, foliolis calycinis integris, und *Roſa rubiginoſa.*

Von *Acer* ſind hier angeführt, und vollſtändiger, als bei Linne beſtimmt: *Acer rubrum* Linn. ſpec. ed 2. *Acer daſycarpum. A. rubrum mas* Linn. *Acer parviflorum. A. penſylvanicum* Duroi. *Acer ſtriatum* Ehrh. Duroi *A. penſylvanicum* Linn. Obgleich die kurze und oft ſehr karakteriſtiſche Beſtimmungen von Linne ihr Gutes haben, ſo muß doch ein jeder Liebhaber der Botanik eingeſtehen, wie oft ſie einen bei Unterſuchung ſo mancher Pflanze noch in Ungewißheit laſſen, und wie viel Licht alſo eine etwas vollſtändigere Beſtimmung, wie jene von Hrn. Ehrhart iſt, bei der Unterſuchung der Gewächſe verbreitet, wenn auch das eine und das andre Kennzeichen, welches er zuweilen mehr als Linne anführt, überflüſſig ſcheinen ſollte.

§. 42. **Kennzeichen ſeltner und unbeſtimmter Pflanzen.**

Circaea intermedia; ſo nennt der Verfaſſer eine Pflanze, die die Größe der *C. lutetiana,* und das Anſehn der *C. alpina* hat, und mit dieſen verwandten Arten auf dem nämlichen Berge wächſt; er beſtimmt ſie folgendermaſen: folia ovato - cordata acuminata, ſubrepando-dentata glabra. *Scrapias microphylla* mit der S. latifolia ſehr verwandt,

die

die aber viel kleiner ist. Folia lanceolata parva, Flores subpenduli nectarii, labium acutum, aucte carinatum, superne lacerulatum, capsula farinoso-pubescente. In bergigten Wäldern des Kurfürstenthums Braunschweig. *Carex crassa* mit einigen Synonimien aus *Michel*. *Carex acutiformis* gleicht dem *Carex acuta*, hat aber 3 Narben, und zugespizte Fruchtbecken, also eine neue Art in Braunschweig an sumpfigten Orten.

Polypodium oreopteris kömmt in der Größe mit dem Pol. filix mas, in den pinnis aber mit dem *Pol. thelypt.* überein, ist aber doch von beiden verschieden, und eine eigne Art.

Phascum curvicollum bei Hannover in einer alten Steingrube gefunden, *Ingermannia birotunda*, I. tenuis, beide hat der Verf. noch von Linne erhalten. *Ingermannia cavifolia*, *Lichen cupularis*, *L. citrinus*, *L. decipiens*; lauter neue Arten, von welchen der Verf. ausführlich die Kennzeichen hier angiebt.

§. 47. Botanische Zurechtweisungen.

Der Verf. ist ohne Rüksicht auf die Autorität irgend eines großen Botanikers freimüthig, theilt seine Beobachtungen und Zweifel über manche streitige und wichtige Punkte in der Botanik mit, und trägt dadurch nicht wenig zur

Erweis

Erweiterung und Vervollkommnung der Wissenschaft
bei, von sklavischer Nachbetung und Afterkritik
gleich entfernt. Wir wollen hier nur einige der wichtigern Bemerkungen ausheben.

Veronica teucrium und *V. rostrata* hält er für
eine und ebendieselbe Art Linne's. *Elymus cani-
nús* und *Bromus distachios*, sind gewiß keine Varietäten einer Art, wie Skopoli glaubte. *Hedera
quinquefolia* ist eine Art von *vitis*.

Die *Alsine segetalis L.* könne, meint der Verf. mit
der *A. media* nicht in einem und ebendemselben Genus stehen; eher gehöre sie zu den *Arenariis L.*
Die *Arenariae* capsulis bivalvibus, staminibus
subulatis sollen ein besonders genus oder wenigstens
eine Abtheilung von der Gattung *Arenaria* ausmachen. *Crataegus crusgalli L.* sei eine species composita: die eine Art sei *Mesp. cuneifolia*, die andre
M. lucida. *Cheiranthus lacerus*, und *Hesperis
lacera* seien eine und ebendieselbe Pflanze. Die ers-
ste Abtheilung der *Achillearum* in Linn. veg. ed.
14. müße zur Ueberschrift haben: *corollis flavis* (sollten nicht nach der Farbe der Blumen, sondern nach
den Blättern eingetheilt werden) das *Satyrium epi-
gogium* sei eine eigne Gattung. Diese Pflanze habe antheras basi caudatas (hätte doch der Verf.
auch die übrigen Gattungskaraktere angegeben!)
das Honigbehältniß von Carex sei nicht dreizähnig,

Tt 4   wie

wie Linne angiebt, sondern zweizähnig, auch passe der Karakter Linne's *Stigmata tria* fast nur auf die Hälfte der Arten von *Carex*, da die übrigen nur zwo Narben haben. *Phascum* habe keine capsulam operculatam (aber doch ein rudimentum operculi) etc.

S. 126. **Dritte Fortsetzung des Versuchs eines Verzeichnisses der um Hannover wildwachsenden Pflanzen.**

S. 145. *Index phytophylacci Ehrhartiani.*

Hr. **Ehrhart** denkt eine neue Auflage von seinem Phyt. zu machen, da die erste vergriffen ist, und viele Liebhaber sich einfinden, welche dasselbe zu erhalten wünschten: es fehlen ihm aber noch Pflanzen dazu. Hier ist ein Verzeichniß von den in demselben enthaltenen Pflanzen. Jede Pflanzenart hat nur einen, nicht wie bei Linne, zwei Namen z. B. Statt *Asperula tinctoria L. Chrozorhiza*; es sind viele Gräser und Kryptogamisten, und nicht viel ganz gemeine Pflanzen darunter.

S. 153. **Botanische Zurechtweisungen.**

Hippuris sei kein Gynandrist, wie Retius und Wildenow behaupten. *Iris* habe keine sechsblättrige, sondern eine einblättrige Krone (ganz wahr; die Krone ist tief, sechsfach getheilt, die Kap-

pen hängen aber unten zusammen (auch ich fand
alle Arten so, die ich gesehen).

Phalaris L. sei ein genus compositum. Einige
Arten haben flores bivalves, andre *tri, quadri,
quinque, sex vaives.* *Phalaris arundinacea* gehöre eher zur Gattung *Arundo.*

Die meisten Arten von *Panicum* hätten einen
zweiblättrigen, nicht wie Linne sagt, einen einblättrigen Kelch.

Phleum arenarium habe lanzetförmige Kelchlappen, also keinen abgestumpften Kelch, cal. trun-
catum, den das Phleum nach Linne haben sollte.

Agrostis pumila sei nichts anders, als eine *Agrostis stolonifera* ustilaginea. *Melica ciliata L.* gehöre
nicht, wie Wildenow schreibt, zur Gattung
Arundo.

Die *Cynosuri digitati L.* machten eine besondre
Gattung aus.

Elymus caput Medusae, und *Hordeum jubatum*
gehörten zu einer Gattung.

Convolvulus habe einen fünfblättrigen Kelch.
Die Gattungen *Convolvulus* und *Ipomaea* müßen
entweder zusammenkommen, oder es müßen beßere
Gattungskennzeichen angegeben werden; er frägt,
an nectarium, an basis filamentorum pilosa? (bei
der *Ipomaea* ist die Röhre der Krone verlängert,
und die Narbe kopfförmig.

Tt 5

Atropa

Atropa physaloides habe ein fünffächriges Saamenbehältniß. Der Linneische Karakter essentialis paßte also nicht dazu.

Aletris farinosa sei die einzige wahre *Aletris*, und doch fehle sie in der 13ten und 14ten Ausgabe des Linn. Pflanzensystems. *Haemerocallis flava* habe corollas planas, *H. fulva* undulatas; man brauche also nicht zu der Farbe, wie Linne, seine Zuflucht zu nehmen, um den Unterschied zwischen beiden anzugeben.

Verschiedne Arten von *Silene* z. B. *S. noctiflora atocion* hätten eine einfächrige, sechstheilige Kapsel, also hätten nicht alle eine dreifächrige.

Vom *Teucrium* sagt Linne labium superius nullum, sed bipartitum. Er frägt, was dies bedeute. (Ja wohl: lezteres sollte gewiß wegbleiben). *Myayrum sativum* mache eine eigne Gattung aus.

Viele Linneische Sidae hätten Capsulas trispermas. Der Linneische Karakter von dieser Gattung sey also falsch (auch kommen viele Pflanzen als Arten von dieser Gattung zusammen, die noch in andern Eigenschaften, besonders aber in ihren Saamenkapseln sehr verschieden sind. Medikus hat weitläufig davon gehandelt.

Ononis hircina Iacq. müße nicht bei *O. arvensis* L. stehen.

Picris

Picris hieracioides habe keinen pappum stipilatum; der character essentialis in Linne Pfl. S. paßte also nicht (ganz wahr). Auch ist es wahr, daß *Leontodon taraxacum* eine ungetheilte, oder einfache gestielte Haarkrone (pappum simplicem stipilatum, und keinen pappum plumosum, wie Wildenow, und Roth schreiben) haben. Es ist ja leicht, sich von dieser Wahrheit zu überzeugen.

Crepis habe nach Linn. veg. ed. 14. p. 703. einen pappum pilosum, und nach p. 719. einen pappum plumosum stipilatum. Er frägt, welches nun recht sei. Wir finden das erste. Es ist freilich eine Schande, daß noch so widersprechende Dinge in der neuesten Ausgabe des Systems, die den Anfänger irre machen müssen, sich finden.

Gorteria rigens sei keine wahre *Gorteria*. In der 14. Ausg. des Linn. Pfl. Syst. stünde bei der Gattung Filago noch immer unrichtig: pappus nullus. *Micropus* habe nach Linn. veg. ed. 14. p. 707. ein receptaculum nudum und nach, p. 796. ein paleaceum (schänblich genug).

Die Gattung *Coix* habe Linne nicht gut beschrieben. Jede männliche Blume habe zwei, und jede weibliche drei Honigbehälter. Die weibliche Blume habe drei unfruchtbare Staubfäden; was Linne als die Krone von der weiblichen Blume beschrieben, sei was ganz anders.

Dies

Dies sind nur einige aus vielen von den botani=
schen Berichtigungen des Verfassers, für welche ihm
jeder biedermännische Liebhaber der Botanik, dem
nur um Wahrheit zu thun ist, herzlichen Dank ha=
ben wird.

LXX.

Vorlesungen der Kurpfälzischen physikalisch
ökonomischen Gesellschaft in Heidelberg von
dem Winter 1786 bis 1788 mit 3 Kupfer=
tafeln 3ter Band 8. 644 S.

Mannheim in der neuen Hof=und akademi=
schen Buchhandlung 1788 S. 331. Ueber
den Ursprung und die Bildungsart der
Schwämme von Fr. Kas. Medicus vor=
gelesen den 16ten Jänner 1788.

Zuerst eine kurze Geschichte der Meinungen, die
seit den Zeiten der Griechen bis auf die unsrige hier
in Epoche gemacht. (Doch sind Batanea, Schä=
fer, und Gleicher vergessen worden) von Hr.
Hedwig sagt der Verf. daß er durch all das, was
er von dem Saamen der Schwämme anführte,
noch seine Wirklichkeit nicht bewiesen habe; daß we=
der dieser Schriftsteller noch irgend ein anderer
durch zuverläßige Erfahrungen bewiesen habe, daß
das,

das, was Hr. Hedwig semen maturum der Schwämme nennte, und als solchen abgebildet dar= stelle, aufgegangen, und Schwämme von der näm= lichen Art hervorgebracht habe. (Ich kann nicht umhin, hier eine Beobachtung von Majolius anzu= führen, die so ziemlich unbekannt geblieben, und wenn sie wahr wäre, allerdings sehr viel bewiess. Ich will aus den Memorie sopra la Fisica et istoria naturale Tom I. p. 172. seine eigne Worte hier einrücken: „ In riprova di chiò sappia, che aven-
„ do trovato un di quei funghi malefici chiamato da'
„ Gasparo Bavino nel suo pinacc Fungus foeti-
„ dus penis imaginem referens, eda Giovanni
„ Bavino Fungus phalloides (Linnaei Phallus
„ impudicus) lo lasciai qualche giorno in una cali-
„ nella d'acqua, e vedi, che dalla sua sommita aveva
„ gettato alcuni granelletti ovali, li quali andavano
„ al fondo del vaso, gli adunai, e posti con
„ la terra in uno dei catini, dove era la pietra fun-
„ gifera, in poci giorni nacquero cinque o sei
„ *di detti funghi della stessa figura di quello, da*
„ *cui aveva levato il seme.* “

Es bleibt aber dennoch wahr, was Hr. Mebi= cus sagt, daß es so vielen, und möchte sagen, fast allen Naturkundigern, welche in dieser Rüfsicht Versuche angestellt haben, unter welche vorzüglich Hr. Necker gehört, es nicht gelungen seye, aus
dem

dem Staub oder den Körnern, welche man für
Saamen der Schwämme hält, junge Schwämme
der nämlichen Art aufkeimen zu sehen, und hätte
Herr H e d w i g dieses so bei den Schwämmen, wie
bei den Moosen bewiesen, so wäre wohl kein Zweis
fel mehr in dieser noch äusserst dunklen Sache übrig.

Die feine weißlichte staubähnliche Masse an dem
untern faitigen Theile des Schwammes der Nußbäus
me, welche Hr. H e d w i g als Schwammsaamen bes
schreibt, hält Herr M e d i k u s für ungebildeten
Schwammstoff, und daß dies kein Saamen seyn
könne, sagt er, bewiese seine ausserordentliche Theils
barkeit und Auflösung; eine Eigenschaft, die bei
keinem Saamen denkbar sei.

Die Meinung des Herru M e d i k u s, was den
Ursprung und die Bildungsart der Schwämme ans
geht, schließt sich an jene des Herru N e c k e r s ziems
lich an (dessen Abhandlung Traité sur la mycito-
logie etc. par N a t a l i s J o s e p h de N e c k e r etc.
à Mannheim chez Fontaine 1783. allerdings sehr
wichtig ist). Er ist darinn mit demselben ganz einvers
standen, daß die Schwämme weder ins Pflanzens
noch ins Thierreich gehören, sondern ein *Eductum*
seien, das nur da entstehe, wo das Pflanzenleben
aufgehört habe, und der Anfang einer natürlichen
Auflösung eintrete, deren weiter fortgesezten Gang
man Fäulniß nenne. Nach Herru N e c k e r entstes

hen

hen die Schwämme ganz allein aus abgestorbenen Vegetabilien. Herr Medikus aber glaubt, daß sie zwar vorzüglich Edukten des Pflanzenreichs seien, aber auch aus thierischen Stoffen entstehen könnten. Die Schwämme sind nach seiner Theorie ein Edukt des Pflanzenreichs, wodurch das Mark und die gestandenen Säfte derselben nach erfolgter Entbindung, und anfangender Zersetzung abgestorbener Pflanzentheile mittelst dazu kommender gehöriger Menge von Wasser, und einem angemessenen Wärmegrad in Schwämme anschießen, und also Erzeugungen einer vegetabilischen Kristallisation sind.

Diese Meinung sucht nun der Verf. durch folgende Gründe zu bestätigen:

1) Man finde gerne Schwämme, wo entweder an noch lebenden, oder abgestorbenen Bäumen oder Strünken angebrannte Stellen seien. Nach Deders, Gleditschens und andrer Beobachtungen wachse der phallus esculentus in Tannenwäldern, vorzüglich auf Brandstätten häufig. Durch das Brennen würde nun aber gewiß der Saame der Schwämme zerstört werden, wenn je ein solcher in der Natur vorräthig wäre. Wahrscheinlich stürben jene Vegetabilien, aus denen die Morgel entspringt, dadurch ab, giengen dann in Auflösung, die durch

die

die Feuchtigkeit befördert wird, durch welche sowohl, als durch den gehörigen Wärmegrad die zersezten Säfte sich in Mergeln umbildeten über.

2) Nichts bringe leichter Schwämme zum Vorscheine, als der Pferdemist. Daß der Schwammsaamen in demselben enthalten seie, sei nicht glaublich (es ist wenigstens schwer zu begreifen, wo immer der Saame vom Ag. fimetarius und campestris in den Mist sollte gekommen seyn, der, wie ich selbst gesehen. gar nicht in der Luft einmal gelegen, sondern aus dem Stalle oder sonst bedekten Dertern gerade in die Beete gekommen ist, und doch diese Schwämme hervorgebracht). Herr Medikus erklärt dies anders: das Pferd verdaue schnell, und es gienge dabei keine gänzliche Auflösung des Futters vor, da sogar viele Haberkörner nicht einmal die Kraft zu keimen verlöhren, wenn sie durch den Darmkanal der Pferde gegangen. Es seie also darinn ein sehr geringer Grad der Auflösung vorgegangen, und dies sei ebenderjenige, der die Pflanzen zur Schwammhervorbringung geschikt mache. Wo eine wirkliche Zerstörung durch Fäulniß vorgegangen, da sei der Schwammstoff mit zerstört. Wenn bei verfaulten Vegetabilien Schwämme gefunden würden, so säßen sie immer auf jenem auf, das erst in einer anfangenden Auflösung sei, und die Schwämme wären nur durch das Verfaulte

durchs

durchgedrungen. Dies wird nun hier durch einen Versuch bestätigt. Aus diesen zwei Standorten zieht nun der Verf. folgenden Schluß: Daß alle Vegetabilien, die ihr Pflanzenleben verlohren haben, oder auch Theile an sonst gesunden Vegetabilien, die durch äusserliche Beschädigungen, oder durch Krankheiten ihres Pflanzenlebens beraubt worden, und in dem ersten Grade der Auflösung befindlich seien, die wahre Mutter der Schwämme seien. Ein sehr gemäßigter Grad von Feuchtigkeit und Wärme befördere diese Auflösung, da hingegen beide in stärkerem Grade die Fäulniß befördern, und eben dadurch der Schwämme Entstehung hinderlich seyen.

Nun folgen einige Versuche und Beobachtungen, aus welchen der Verfasser zu bestimmen sucht, was in diesem ersten Grade der Pflanzenauflösung bewirkt werde. Wir wollen hier die Resultate und Schlüsse, die er daraus zieht, anführen:

1) Alles, was in wirkliche Fäulniß übergegangen, sei keiner Hervorbringung der Schwämme mehr fähig.

2) Alle Vegetabilien und Theile derselben, die ihres vegetabilischen Lebens beraubt seien, werden durch den ersten Grad ihrer Auflösung die wahre Mutter der Schwämme.

U u

3) Das

3) Das verhältnißmäßig dazugekommene Waß
fer beförbere das schnelle Zunehmen der Schwämme.

4) Die erste Schwammbildung zeige sich da=
durch, daß die Pflanzentheile mit einem spinn=
artigen Gewebe überzogen werben, welche in jenem
Grade der Auflösung befindlich sind. Dies Gewebe
vom feinsten Bau vermehre sich nach und nach, und
wenn es sich vergrößere: so verlängere es sich end=
lich in einen Schwamm, dessen Ursprung immer ein
solches Spinnengewebe seie.

5) Er, der Verf., habe zweimal auf dem Strohe
des Pferdemistes gesehen, wie dieses feine Gewebe
sich bilde. Es fuhren weisse Punkte in die Höhe,
die folgenden schlossen sich entweder an den ersten
an, oder durchkreuzten sich zu einem Gewebe.

6) Er halte dies für Folgen der Elasticität,
die aus den Vegetabilien aber selbst ausgefahrene
Materie nicht mehr für einen unveränderten vegeta=
bilischen Stoff, sondern für ein durch Wasser, Wär=
me, vielleicht auch salzige Theile neu gebildetes
Wesen, das in dieser Umbildung einen neuen Bil=
dungstrieb erhalten, der sich auf Schnell= und An=
ziehungskraft zu gründen scheine.

7) Die durch den Pflanzentod verdikten, und
nun in eine neue Auflösung übergehenden Säfte
seien in den Vegetabilien der Hauptstoff der Schwäm=
me.

me. Zu dieser Muthmaßung verleitete ihn die einem gutartigen Eiter so ähnliche Materie, die sich auf dem Lohbette so häufig vorfand. Indessen möchten auch noch andere von den festen Theilen sich dabei befinden, weil er bei der nämlichen getrokneten Masse des feinsten leicht zu verstäubenden Staubes angetroffen worden.

8) Das schwammartige Edukt des Lohbetts scheine ihm ein wegen Mangel hinlänglicher Feuchtigkeit in seinem Bildungstriebe gestörter Champignonsstoff zu seyn. In der Tiefe des Lohbetts, wo daher mehr Feuchtigkeit ist, die auf der Oberfläche desselben beinah fehle, verwandle derselbe sich in wirkliche Fäden. Haben diese Wasser genug, so schiessen sie, wie aus den Versuchen und Beobachtungen des Verf. erhellt, in wirkliche Schwämme an. Er vermuthe daher, daß das Wasser sich mit figire, und einen Hauptbestandtheil des Champignons ausmache. Fehle aber das Wasser, so komme die Kristallisation, oder gänzliche Bildung derselben nicht zu Stande, sondern nur eine Art von Cremorähnlichem, wie bei abgedünstetem Salzwasser.

9) Eben so scheine es dem Verf., daß dasjenige, was für Saamen der Schwämme gehalten werde, nichts als ungebildet gebliebener Stoff der Champignonsmaterie seye.

Uu 2

10) Wenn

10) Wenn demnach abgestorbene vegetabilische Theile in dem ersten Grad der Auflösung sich befänden, und wenn sie zu diesem Zustand gelangt seien, den gehörigen Feuchtigkeits- und Wärmegrad hätten: so entwikle sich aus demselben ein eigner Stoff, dessen Bildungstrieb durch Elasticität und Anziehungskraft geleitet, Schwämme hervorbringe; und dies nenne er vegetabilische Kristallisation. Folgende Bemerkungen beschliessen nun diese Abhandlung. 1) Der Verf. sei zwar überzeugt, daß jedes Vegetabile seine eigne Schwammart hervorbringe; (dies können wir nicht zugeben, da wir eine und eben dieselbe Schwammart zuverläßig auf verschiedenen Vegetabilien angetroffen; unter nehreren Beispielen wollen wir nur den *Boletus versicolor* Linn. anführen; es wird sehr leicht seyn, sich zu überzeugen, daß dieser aus Stämmen von verschiedenen Bäumen herauswachse) er glaube aber, daß diese einzelne bestimmte Art in der Natur schwer zu entdecken, und wir nur mit mannichfaltigen Abarten bekannt seien. Eine Menge von Schwämmen seien ein Edukt verschiedener Pflanzen, die in dieser Vereinigung in einen Bastardschwamm ausschössen. Es seie daher zu wünschen, daß diejenigen, welche von Schwämmen schrieben, sich bemühten, das Vegetabile mit aller nur möglichen Evidenz anzugeben, das ohne alle Beihülfe eines

an-

andern einen Schwamm hervorgebracht habe. 2) Frägt er, ob das nämliche Vegetabile unter allen Umständen immer den nämlichen Schwamm hervorbrächte? (Wir glauben, nein). 3) Frägt er, ob die Vegetabilien allein Schwämme hervorbrächten? und sucht durch einige Beobachtungen das Gegentheil zu zeigen, nämlich daß auch animalischen Theilen diese Eigenschaft nicht abzusprechen seie. Herr Medikus zeigt sich hier, wie in all seinen übrigen Schriften, als einen selbstbenkenden Naturkündiger, und sollte er sich auch hier geirrt haben, so giebt doch diese Abhandlung den Naturforschern reichen Stoff zum Nachdenken, und den Wink zu wichtigen Versuchen und Beobachtungen.

S. 361. Sistematische Beschreibung der vorzüglichsten in den rheinischen Gegenden bisher entdekten Mineralien, besonders der Quekfilbererze. Von Adolph Sukow.

Die Beobachtungen und Erfahrungen, welche die Herrn Collini, de Lui, Ferber und andere über die Mineralien der rheinischen Gegenden gemacht haben, verdienen es gewiß von einem Sukow verglichen und geordnet zu werden. Die Ordnung, nach welcher Herr S. bei dieser Beschreibung zu Werke geht, ist die Kronstedtische. Um

                    nicht

nicht zu weitläufig zu werden, ist R. hier nur gesonnen, noch dasjenige allenthalben beizusetzen,
was er auf seinen Reisen durch dieselbigen Gegenden beobachtet hat, und in diesem Versuche nicht
angeführt worden ist.

Fadenstein spatum calcarium fibris capillari-
bus albis longioribus distinctis concentratis. v.
Born. Ind. foss. brach ehemals in einem Schachte
an der westlichen Seite von Flonheim.

Schöne Kalkspathe findet man in der Nachbarschaft von Lautereckn im Oberamte gleiches Namens,
und bei Wohnsheim in dem Schachte, der auf Quecksilber betrieben wurde.

Da außer Herr Suckow noch niemand von
den badischen Zeolithen geredet hat, und auch dieser Gelehrte nur im Vorbeigehen von denselben
S. 575. n. 6. redet, so wird es hoffentlich unsern
Lesern nicht unangenehm seyn, wenn R. die verschiedenen Arten anzeigt, die er zeither davon erhalten hat.

1. Zeolith von erdigter Konsistenz, so daß er sich
   mit dem Nagel schaben läßt, von hellweisser
   und milchweisser Farbe.

2. Derber Zeolith, halbhart, von milchweisser
   oder lauchgrüner Farbe.

3. Strah-

3. Strahlichter Zeolith von eben erwähnter und zuweilen von violetter Farbe.

4. Zeolith in würflichten Kristallen, die gewöhnlich durchscheinend oder auch halbdurchsichtig, höchstselten aber von milchweisser Farbe sind.

5. Zeolith in sechsseitigen Scheiben kristallisirt.

6. — — in dreiseitigen Säulen.

7. — — mit vierseitiger Säule ohne Pyramiden..

Kugelbasalt in den mittägigen Bergen hinter Flohnheim, und vulkanische Pretzschia bei Münster an der Nahe.

Steinkohlen eine Stunde hinter Meisenheim. und im Oberamte Lauterecken gegen Ostsüd, eine kleine Stunde hinter dem Oberamtsstädtchen gleichen Namens, so wie auch eine kleine Strecke hinter Ofenbach, welcher Ort den Rheingrafen von Grumbach zugehört.

LXXI.

Naturgeschichte der europäischen Schmetterlinge, nach sistematischer Ordnung, von Moriz Balthasar Borkhausen. Zweiter Theil. Sphinxe, Schwärmer. Mit einer ausgemahlten Kupfertafel.

 Sifte

Sistematische Beschreibung der europäischen
Schmetterlinge von dem Verfasser des nomenclator entomologicus.   Zweiter Theil, von
den Sphinxen, Schwärmern.   Frankfurt
1789. bei Varrentrapp und Wenner. 239
Seiten ohne Vorrede und Einleitung, gr. 8.

Wir haben schon im zweiten Stücke unsrer Bibliothek S. 323. die Vereinigung dieser beiden nüzlichen Werke angekündiget, und müssen den Herrn
Verfassern das Zeugniß geben, daß der Erfolg unsrer dort geäusserten Erwartung auf das vollkommenste entsprochen habe.

Den Anfang dieses Theiles macht eine Einleitung, von dem Herrn Advokat Schneider verfaßt, und ursprünglich für den zweiten Theil der
sistematischen Beschreibung der europäischen Schmetterlinge bestimmt; sie ist von beiden Herrn Verfassern mit wichtigen Anmerkungen begleitet worden,
und zerfällt in drei Abtheilungen. Die erste handelt: I. Von der Erziehung der Schmetterlinge aus
Raupen und Puppen. II. Von Zubereitung der
Schmetterlinge. III. Vom Fange der Schmetterlinge. IV. Von Anordnung einer Schmetterlingssammlung. V. Von Aufbewahrung der Schmetterlinge. VI. Von Vertauschung und Versendung

der

der Inseften. — Nun gebricht es uns zwar freilich nicht an dergleichen Unterrichten für Anfänger: allein theils sind sie in großen kostspieligen Werken zerstreuet, theils auch, und zwar meistens, zwecklos, und ungereimt. Ein Beispiel von Lezterem kann man in unserer Bibliothek II. St. Seite 268. sehen. Die Herren Verfasser verdienen daher sehr vielen Dank, daß sie sich die Mühe gegeben haben, das Zerstreuete zu sammeln, und mit ihren eignen wichtigen Erfahrungen zu vermehren, so, daß ihre Arbeit nicht allein für Anfänger, sondern selbst für geübtere Entomologen ein nicht geringes Interesse gewinnt, und daher auf alle Weise anempfohlen zu werden verdienet.

Sehr bequem ist S. 7. der Vorschlag, die eingefangenen Raupen unter umgestürzten Biergläsern aufzubewahren, indem sich bei dieser Methode nicht allein das Futter länger frisch erhält, sondern auch die Oekonomie des Insekts besser beobachten läßt, indessen hat sie aber wieder auf der andern Seite die Unbequemlichkeit, daß die mephitischen Eigenschaften der Pflanzenausdünstungen die Raupen der Gefahr des Verderbens aussetzen, wenn man nicht die Vorschläge des Herrn Verfassers genau befolget, und besorget ist, daß der äußeren reineren Luft öfters Eintritt in die Behälter verschaffet werde.

Seite

Seite 13. Note (17.) scheint es uns überflüssige Empfindsamkeit, daß Herr B. die schnelle Tödtung der aufzubewahrenden Insekten als eine Pflicht einschärfet, um zu verhindern, damit sie, wie er sagt, nicht zu lange gequälet werden. Wir müssen den Herrn B. zu seiner Beruhigung über diesen Punkt auf die Beobachtungen des Abbé Poiret (Lichtenbergs Magaz. für das Neueste aus der Physik und Naturgesch. 3ter B. 2. St. S. 40. 41. u. f.) verweisen, und sind dabei versicheret, daß die Tödtungsart des Herrn B. mittels eines, dem Insekte in die Brust zu stoßenden, und glühend zu machenden Drathes, weit barbarischer sei, als wenn man den Schmetterling von selbst absterben läßt. Seitdem wir öftere Beispiele gehabt, daß sich bei uns angespießte Schmetterlinge samt den Nadeln losgearbeitet, und zusammen begattet haben, beobachten wir immer leztere Methode, und verhindern nur durch einen mäßigen Druk gegen die Flügelgelenke, daß das Insekt durch starkes Flattern seine Federchen nicht verstäuben kann. Es stirbt alsdann an den Folgen einer Verschmachtung oder Kraftlosigkeit, seiner natürlichen Todesart, die es auch im Freien erwartet, wenn es seinen Feinden nicht vor der Zeit in die Hände fällt. Anderer Betrachtungen müssen wir uns, um die Gränzen einer Rezension nicht zu überschreiten, enthalten.

Seite

Seite 15. Note (21.) wird mit Recht die Jablonskische Methode bei dem Ausbreiten der Schmetterlinge verworfen. Was zu sehr zusammengesetzet ist, tauget nichts, und einen solchen Vorwurf verdienet diese Methode ohne Widerspruch.

Die zwote Abtheilung der Einleitung hat den Herrn Borkhausen zum Verfasser, und bestehet in einer ausführlichen, und mit großem Fleiße ausgearbeiteten Erklärung der in der Lepidopterologie vorkommenden Kunstwörter.

Die dritte Abtheilung enthält die eigentliche Einleitung zu den Schwärmern. Nach vorausgesetzten allgemeinen Kenntnissen kömmt endlich Herr B. zu der sistematischen Eintheilung, nach welcher dieser Theil bearbeitet ist. Im Ganzen ist hier zwar Linne's Sistem, verbunden mit dem Wiener Verzeichnisse, die Grundlage geblieben: allein Herr B. scheinet die Winke benutzet zu haben, welche Dr. Römer in Fueßly's neuem Magazine 2. B. S. 303. bei Gelegenheit der Rezension des Jablonskyschen Natursistems, zu einer, der Natur mehr angemessenen Klassifikation der Sphinxe gegeben hat; indessen hat aber Herr B. das Verdienst, daß er bei seiner Eintheilung die Römersche Kassifizirung weit hinter sich gelassen hat, und der Natur um vieles näher gekommen ist. Wir haben diese Eintheilung ausführlicher anzuzeigen.

A. Erste

A. **Erste Horde oder Phalanx**: Unächte Schwärmer mit abgerundeten Flügeln, Bastard-sphinxe, beigerechnete Arten, papilionenartige Phalänen (Sphinges illegitimae, adscitae, Papiliones phalaenoides). (Warum nicht lieber Familie, statt Horde? Es hat uns längst mißfallen, daß man die Gattungsabtheilungen dieser gutmüthigen und friedlichen Thierchen mit den wilden Schwärmen räuberischer Tartarn und Kalmuken in Vergleichung stellen mochte).

Ihre Kennzeichen sind:

1) Die Körper sind phalänenartig.

2) Die Bartspitzen klein, zurückgebogen, und sehr haarig.

3) Die Fühlhörner groß und gewunden, oder abgerundet, und beinahe gleichbreit.

4) Sie sind sehr träge, sitzen fast den ganzen Tag auf Blumen; ihr Flug ist langsam und schwer, rühret man sie an, so fallen sie wie todt hin.

Man kann sie füglich in zwo Klassen eintheilen:

a) Fleckige Schwärmer (*Sphinges maculatae*).

Ihre Kennzeichen sind:

α) Keilförmige Fühlhörner, die sich bei manchen vorne zuspitzen.

ß) Weiß, roth, oder schwarzgeflekte Flügel, und zuweilen ein Ring auf dem Hinterleibe.

γ) Die Raupen haben einen kleinen kugeligen Kopf, den sie in das nächste Gelenk zurücke ziehen können, und einen walzenförmigen sehr dicken, und mit vielen Reihen feiner Haare besezten Körper. Hierher kommen folgende Arten:

1) *Sph.* Phegea, 2) Schaefferi, 3) Cloelia, 4) Coronillae, 5) Aeacus, 6) Trigonellae, 7) Ephialtes, 8) Lavandulae, 9) Filipendulae, 10) Transalpina, 11) Peucedani, 12) Onobrychis, 13) Lonicerae, 14) Achilleae, 15) Bellis, 16) Scabiosae, 17) Pilosellae, 18) Trifolii, 19) Loti, 20) Polygalae, 21) Fausta, 22) Flaveola. (und in den Supplementen: Veronicae, Serpilli, Sedi, Chrysanthemi und Millefolii).

b) Ungeflekte Schwärmer (*Sphinges concolores*).

Ihre Karaktere sind:

α) Fast fadenförmige, in der Mitte sehr wenig verdikte, und (bei den Männchen) gefiederte Fühlhörner.

ß) Sehr dünne ungeflekte Flügel.

γ) Die Raupen gleichen den Schildraupen der Tagschmetterlinge, haben einen kleinen kugeligen Kopf, welchen sie nebst den Füßen einziehen können, ihr Rücken ist mit kleinen Schildchen bedecket.

Zu

Zu dieser Abtheilung werden gezählet:

23) Sph. infausta, 24) Statices, 25) Pruni, 26) Appendiculata.

B. **Zwote Horde:** Unächte Schwärmer mit durchsichtigen Flügeln; glasflügeligte Schwärmer (Sphinges illegitimae alis hyalinis (fenestratis) Sphinges hyalinae).

Ihre Karaktere sind:

1) Ein walzenförmiger Körper mit einem Afterbüschgen.

2) Fühlhörner, die mit jenen der Tagfalter einige Aehnlichkeit haben, doch sind sie mehr zugespitzzet, und etwas gebogen.

3) Zugespizte, zurükgebogene, und über den Kopf hervorragende Bartspitzen.

4) ausserordentlich schmale, am Innenrande ein wenig hohl eingeschnittene Vorderflügel. Diese sind bei den meisten, die hinteren aber bei allen glasartig durchsichtig.

5) Die Füße sind sehr groß und gedornt.

6) Sie haben nicht den schwebenden Flug der ächten Sphinxe, sind sehr träge, besuchen um die Mittagszeit die Blumen, kriechen darauf umher, und lassen sich leicht mit der Hand fangen.

7) Die Raupen leben im Holze.

Hiers

Hierher gehören:

1) Sph. Muscaeformis, 2) Empiformis, 3) Formicaeformis, 4) Tipuliformis, 5) Vespiformis, 6) Culiciformis, 7) Tenthrediniformis, 8) Chrysidiformis, 9) Oestriformis, 10) Cynipiformis, 11) Conopiformis, 12) Spheciformis, 13) Ichneumoniformis, 14) Asiliformis, 15) Tabaniformis, 16) Apiformis, 17) Sireciformis, 18) Tenebrioniformis. (In den Supplementen) Myopaeformis, Ichneumoniformis Fabricii, Scoliaeformis und Tiphiaeformis. (Hier würden wir auch die Sphinx fenestrina, welche Hr. B. als ein zweifelhaftes Insekt zu seiner seiner Familien gezogen hat, einschalten, wozu uns eine Menge guter Gründe, die hier zum Anzeigen zu weitläuftig fallen, vorzüglich aber die Raupe, welche nach neueren Entdeckungen (Fueßly neues Magaz. 2. B. S. 372.) in den jährigen Zweigen des Holders (Sambucus nigra L.) und in den holzartigen Stielen der großen Klette lebt, bewegte).

C. Dritte Horde: Aechte Schwärmer mit breiten Leibern und bärtigen Hintern; bartleibige Schwärmer (Sphinges legitimae, abdomine latiori barbato, Sphinges caudiberbes).

Ihre Kennzeichen sind:

1) Starke, keilförmige, etwas wenig zugespitzte Fühlhörner.

2) Ein

2) Ein wenig zurückgebogene, eirunde, sehr dicht mit Schuppen besetzte Bartspitzen.

3) Die Flügel nach dem Verhältnisse des Körpers klein, die vorderen zugespitzet. Der Raum zwischen dem Vorder- und Hinterwinkel ist größer, als zwischen diesem und der Wurzel.

4) Der Hinterleib ist breit, mit büschelweise beisammen stehenden verlängerten Schuppen besetzt.

5) Der Flug ist jenem der wahren Schwärmer gleich, sie fliegen im Tage, doch auch bisweilen in der Abenddämmerung.

6) Die Raupen sind geschmeidig, mit einem kleinen kugeligen Kopfe, und einem Horne oder augigen Flecken auf dem eilften Ringe; sie verwandeln sich über der Erde in einem leichten Gewebe.

1) Sph. Fuciformis, 2) Bombyliformis, 3) Stellatarum, 4) Oenotherae.

D. Vierte Horde: Aechte Schwärmer mit ungezakten Flügeln und unzertheilten Hintern (Sphinges legitimae alis integris, ano simplici.

Ihre Karaktere sind:

1) Der Bau ihrer Leiber und Flügel ist geschmeidig.

2) Die

2) Die Fühlhörner des Männchens sind fast gleich dik: jene des Weibchens aber mehr keilförmig.

3) Die Bartspitzen sind ein wenig zurücke gebogen, eiförmig, und stark behaaret.

4) Die Augen groß, im Dunkeln glänzend.

5) Die Rollzungen lang.

6) Die verlängerten Schuppen des Afters schließen sich in eine Spitze zusammen.

7) Die Vorderflügel sind schmal und lang, der Vorderwinkel endiget sich meist in eine scharfe Spitze.

8) Sie fliegen in der Abend- und Morgendämmerung; ihr Flug ist schnell, und mit einem Gesumse begleitet.

Diese Horde theilen die Hrn. Verfasser nach Anleitung des Wiener systematischen Verzeichnisses in drei Familien, nämlich:

a) Erste Familie: Spizleibige, ungeringelte Schwärmer (Sphinges caudacutae, non fasciatae).

Sie unterscheiden sich durch Folgendes:

α) Die Leiber sind entweder einfärbig, oder haben Längsstreifen.

β) Der Hintern ist stark zugespitzet.

γ) Die Rollzungen sind kleiner als bei den übrigen Familien.

δ) Die

δ) Die Vorderflügel sind am Innenrande etwas hohl ausgeschnitten.

ε) Die Raupen haben einen kleinen kugelichen Kopf, den sie in das nächste Gelenk einziehen können; zu beiden Seiten des Kopfes einen, oder mehrere Augenflecken, eine nakte Haut, und ein Horn. Die Verwandlung geschiehet auf der Erde mit über sich gesponnenen Blättern.

1) Sph. Porcellus, 2) Elpenor, 3) Celerio, 4) Celaeno, 5) Nerii.

b) **Zwote Familie: Halbringleibige Schwärmer** (Sphinges semifasciatae).

Ihre Karaktere sind:

α) Die Rollzungen sind schmäler und kürzer, als bei der folgenden Horde, hingegen stärker, breiter, und länger als bei der vorhergehenden.

β) Die Vorderflügel sind wie bei der vorhergehenden Familie.

γ) Der Hinterleib wechselt mit schwarzen und weissen Querstreifen (Binden) ab, welche aber weder auf dem Rücken, noch auf dem Bauche zusammen laufen.

δ) Die Raupen haben kleine kugeliche Köpfe, eine bloße glatte Haut, ein Horn über dem Hintern, und blasse Seitenmackeln. Sie verwandeln sich wie die vorhergehenden.

6)

6) Sph. Euphorbiae, 7) Galii, 8) Koechlinii, (9 Vespertilio.

   d) **Dritte Familie: Ringleibige Schwärmer** (Sphinges fasciatae).

Sie unterscheiden sich durch Folgendes:

α) Sie haben (die Sph. Atropos ausgenommen) sehr starke und lange Rollzungen.

β) Lanzenförmige langgestrekte Flügel.

γ) Auf dem Leibe wechseln durchaus zu beiden Seiten helle und dunkle ringförmige Mackeln (Binden) ab.

δ) Die Raupen haben plattgedrükte eirunde Köpfe, eine nakte glatte Haut, und ein ziemlich starkes Horn. Die Verwandlung geschiehet unter der Erde. Die Puppen haben eine nasenförmige Saugrüsselscheide.

1) Sph. Atropos, 2) Ligustri, 3) Convolvuli, 4) Pinastri.

   E) **Fünfte Horde: Phalänenartige Schwärmer** (Sphinges phalaenoides) zahnflügeliche Sphinxe (Sphinges alis dentatis, vel potius angulatis).

Ihre Kennzeichen sind:

1) sehr kleine Köpfe, wie bei der ersten Horde der Phalänen, und meistens versteckt.

2) Eirunde, mit dichten Haaren besezte und wenig hervorstehende Bartspizen.

Xx 2

3) Kurze

3) Kurze Sauger, welche kaum zwischen den Bart-spitzen hervorragen.

4) Krumm gebogene, und vorne in einen Hacken gekrümmte Fühlhörner.

5) Entweder gezähnte, oder bogig ein- und aus-geschnittene Flügel, welche breiter sind, als bei den übrigen Sphinxen. Das Weibchen hat die vorderen schmäler als das Männchen.

6) Ihr Flug ist gleich jenem der Phalänen träge und langsam, sie erscheinen erst in späterer Nacht, und setzen sich fest auf die Blumen.

7) Die Raupen haben einen an der Stirne zu-gespizten, fast dreieckigen Kopf, eine nakte aber rauhe Haut, bleiche Queerstreifen in den Seiten, und ein Horn über dem Hintern. Die Verwandlung geschie-het in einer Höhle unter der Erde.

1) Sph. occellata, 2) Populi, 3) Quercus, 4) Tiliae.

Man kann aus dieser scharfsichtigen, und der Natur der Schwärmergattungen so genau entspre-chenden Klassifikation schon auf den innern Gehalt des übrigen schließen; wirklich ist der Text ganz in dem Geiste eines Espers verfaßt, kurz, präzis, und voll wichtiger Beobachtungen; es sind nicht blos trokne Beschreibungen, sondern Hr. B. liefert zu-gleich bei jeder einzelnen Art, was von ihrer Natur-

geſchichte entweder durch andere, oder durch ihn
ſelbſt bis hieher entdecket worden iſt, ſo, daß wir
hier das Nämliche zu wiederholen haben, was
ſchon oben über den erſten Theil dieſes Werkes
(man ſehe unſrer Biblioth. I. St. S. 22.) geſagt
worden iſt. Wer die Verwirrung kennt, welche
zeither, beſonders in Betref der Afterſphinxe geherr-
ſchet, und die Hr. B. ſo glüklich ins Reine gebracht
hat, der wird die geſchikte Arbeit deſſelben am Be-
ſten zu ſchätzen wiſſen. Wir haben nur einige kurze
Anmerkungen zu machen.

Seite 9. iſt es eben nicht allgemein, daß die
Sph. Trigonellae nur 5 Flecken auf den Oberflügeln
habe. Wir beſitzen ein weibliches Exemplar dieſes
Schwärmers, welches mit ſechs deutlichen Flecken
bezeichnet iſt, und glauben überhaupt, daß blos
die Zahl der Flecken, ohne andere Merkmahle, eben
kein ſicheres karakteriſtiſches Kennzeichen abgebe,
wovon wir häufige Beiſpiele anführen könnten. So
ſoll unter andern Sph. Ephialtes 6 Flecken auf den
Oberflügeln haben, und wir beſitzen ein Exemplar,
das, ſo wie das Fueßlyſche, nur 5 Flecken hat;
es ſtehet nämlich nur ein Flecken am Auſſenrande,
nicht durch einen Zuſammenfluß, wie Hr. B. von
der Fueßlyſchen Abbildung muthmaßet, ſondern
durch den unverkennbaren Mangel des einen Flek-
kens. Sonſt ſtimmen wir aber, durch Originale

überzeuget, mit Hrn. B. darinn überein, daß der
Esper'sche Schwärmer tab. 33. fig. 8. keine Varietät, sondern das Männchen des Trigonellenschwär-
mers sey.

Seite 19. ändert die Sph. Onobrychis nicht allein in der weissen Einfassung der Flecken, und dem
rothen Bauchringe, sondern auch in der Grundfarbe der Oberflügel ab, die man wie bei der Sph. Filipendulae bald grün, bald blauglänzend, ohne
Rücksicht auf den Unterschied des Geschlechtes (Sexus)
findet, auch selbst die Verbindung der Flecken ist
verschieden. Wir können Exemplare aufzeigen, wo
bald die zwei vorderen, und bald die vier hinteren
Flecken durch den weissen, die Grundfarbe fast ver-
drängenden Nimbus, verbunden sind. Ungrische
Exemplare, die wir von diesem Schwärmer besitzen,
sind — welches zu bewunderen ist — viel kleiner
als die hieländischen; sonst ist die Einfassung der
Flecken breiter, und der Bauchring ausserordentlich
deutlich und fast zinnoberroth.

Die Raupe dieses Schwärmers ist uns noch nie
weißlich, sondern immer grünlich vorgekommen;
auch gleichet (S. 20.) nicht die Chrysalide, sondern
nur das Gespinst einem pergamentnen Eichen.

Von der Sph. Lonicerae besitzen wir Exemplare,
bei denen die drei oberen Flecken beinahe wie bei
der Sph. Bellis zusammengeflossen sind; es zeiget
sich

ſich aber ſowohl durch die zwei kürzeren Wurzelflek-
ken, als auch durch die dicht beſtaubten Ober- und
breitgerandeten Unterflügel, daß ſie zu jenem Schwärmer nicht gehören können. Sie ſind aus der Gegend von Frankfurt, und vielleicht gar wieder eine
eigne Art.

Auch die Gegenden um Mainz zeugen (S. 22.)
die ſeltne Sph. Achilleae; wir haben ſie ſelbſt ſchon
in den daſigen Feſtungswerkern unter einer Menge
Hahnenkopfſchwärmer, aber nicht auf der Schaf-
garbe, ſondern an den Blüten des Wohlgemuths
(origanum vulgare L.) gefangen.

Sph. Veſpiformis (S. 38.) iſt nicht der ächte
Fabriziuſiſche und Wiener Schwärmer dieſes Namens. Der von Herrn Borkhauſen hier beſchriebene Schwärmer gehöret eben ſo, wie der Eſperſche (tab. 15. fig. 2.) zur Sph. Ichneumoniformis.
Hr. Borkh. hat zwar in den Supplementen (S.
172.) die ächte Sph. Ichneumoniformis eingeführet,
allein die hieher gehörige Synonimie nicht verbeſſert. Allem Anſehen nach ward er durch Hrn. Eſper zu dieſem Irrthum verleitet. Die ächte Veſpiformis des Syſtems (Fabr. Mant. Inſ. 2. 101.
20.) iſt ein ganz anderer Schmetterling, den wir
auch beſitzen, auf ihn aber keine von des Hrn. B.
Beſchreibungen paſſend finden.

Mit

Mit Recht werden (S. 52. und 55.) die Schwär=
mer Fuciformis und Bombyliformis von den Glas=
sphinxen getrennet, und mit den Schwärmern
Stellatarum und Oenotherae in eine Familie ge=
bracht; der Bau, und die Lebensart der Raupen,
auch selbst des Schmetterlinges rechtfertigen diese
Anordnung. Gleiche Beschaffenheit hat es zum
Theile auch mit der Sph. Oenotherae.

Auch wir haben schon öfters wie Hr. B. (S.
69.) Raupen der Sph. Elpenor auf Weidenbäu=
men gefunden, die aber immer im Begriffe waren,
sich zu verhäuten; sie wollten nachher diese Pflanze
nie anrühren, folglich waren sie nur durch Zufälle
an dergleichen Stellen gekommen. Der Stand
solcher Bäume, welcher jederzeit an Wassergräben
war, wo sich viel Schotenweiderich (Epilobium
hirsutum L.) befand, bestätiget diese Vermuthung.
Ob übrigens der Esper sche Schwärmer tab. 27.
fig. 3. wirklich eine Varietät der Sph. Elpenor sey,
darüber steiget uns noch mancher Zweifel auf: als
sein hier ist zu dergleichen Untersuchungen die Stelle
nicht.

Daß (S. 70.) die Sph. Celerio in dem Aus=
maaße dem Ligusterschwärmer gleichkommen solle,
dünkt uns etwas zu viel gesagt; wenigstens haben
wir noch kein Exemplar von einer solchen Größe ge=
sehen.

ſthen. Man vergleiche auch Eſper n (II. Th. pag.
84.).

Nicht allein oft, ſondern faſt immer entwickel-
ten ſich bei uns die Todtenkopfsſchwärmer (S. 94.)
noch vor Winter, und die zurükgebliebenen, welche
wir in einem geheizten Zimmer, jedoch in einiger
Entfernung von dem Ofen aufbehielten, kamen
ohne irgend einen anderen künſtlichen Apparat im
künftigen Sommer glüklich und wohlgebildet aus;
dahingegen hatten wir ſie auch in ihren Höhlen ange-
ſtöret ruhen laſſen, und die im Freien verpup-
ten, durch eine ſchikliche Decke für Staub und dem
allzuſtarken Zutritte äuſſerer Luft bewahret.

Daß (S. 108.) die Puppe des Pappelnſchwär-
mers (Sph. Populi) jener des Weidenſchwärmers
(Sph. occellata) völlig ähnlich ſey, ſcheint Hr. B.
dem Hrn. Prof. Eſper nachgeſchrieben zu haben.
Allein wir für unſeren Theil können dieſe völlige
Aehnlichkeit nicht finden. Die Puppe des Pappeln-
ſchwärmers ſcheinet uns viel plumper geformt zu
ſeyn, als jene des Weidenſchwärmers; denn erſtere
iſt beinahe ſchwarz, mit rauher düſterer Oberfläche, leztere aber von einem glänzenden, auf Röth-
lich ziehenden Braun, das zwiſchen den Ringen
noch heller ausfällt. Dies ſind, unſeres Dünkens,
doch Unterſchiede, die verdienten angemerkt zu werden. Hr. Eſper hat freilich das, was Hr. B.

hier

hier ſagt, in dem zweiten Theile ſeiner Schmetterlinge (S. 37.) ebenfalls einigermaßen zu verſtehen
gegeben, und daher die Puppe des erſteren Schwärmers nicht abgebildet: allein wir wiſſen auch, daß
ihm, oder vielmehr dem Verleger, ſchon Fueßly
in dem alten Magazine (I. B. S. 293.) Vorwürfe
gemacht, und dieſes Verfahren geradezu für eine
eigennützige Buchhändlerſpekulation erkläret hat.

Ueber das, was der Hr. Verfaſſer (S. 113.)
von der Sph. feneſtrina ſagt, haben wir oben unſre
Meinung ſchon geäuſſert. Uebrigens ſcheinet uns
das angegebene Ausmaas, nämlich, daß dieſer
Schwärmer in der Größe kaum einer großen Fliege
gleiche, etwas zu unbeſtimmt: denn wollte man
ſich hier nur die umbekannte Schmeißfliege (Muſca
carnaria L.) zur Vergleichung denken, ſo würde
man ſchon zu weit gegangen ſeyn. Alle Exemplare,
welche wir von dieſem Schwärmer geſehen haben,
auch jene, die wir ſelbſt beſitzen, erreichen nicht einmal die Größe einer mittelmäßigen Stubenfliege.

Sehr wohl hat Hr. Borkhauſen gethan, daß
er die Litteratur von den Beſchreibungen, oder die
Kritik von der Naturgeſchichte getrennt hat: allein
wir hätten doch hierbei zu wünſchen, daß Hr. B.
etwas genauer darauf geſehen hätte, daß keine Drukfehler in die Nummern eingeſchlichen wären, die
das Nachſchlagen auf eine ſehr verdrießliche Art

erschwehren. Beispiele hievon findet man bei Sph. Lonicerae bis appendiculata, bei Sph. Culiciformis bis Tenebriqniformis, bei Sph. Roechlini, bei Sph. Atropos, und bei Sph. Ligustri bis Pinastri. Auch haben wir den Hrn. B. im Verdachte, daß er bei Sammlung seiner Synonimie meistens sein Vertrauen auf das Esper sche Werk gesetzet, und nicht überall selbst nachgeschlagen habe. An sich ist es zwar Niemanden zu verdenken, wenn man sich seine Arbeit leicht zu machen suchet: allein man darf sich nur dabei nicht zu sehr auf fremde Authoritäten verlassen. Wir halten uns verpflichtet, den Grund unseres Verdachtes durch einige Beispiele zu rechtfertigen.

Bei der Sph. Phegea hat Hr. B. in seiner Synonimie (S. 117.) die Beschreibung und Abbildung der Raupe und Puppe, Naturforscher 18. St. S. 219. tab. V. fig. 5. 6. wie auch ebendesselben 19. St. S. 214. n. 135. übergangen; die nämliche Zitate vermissen wir auch bei Esper.

Ebendaselbst ist bei der Sph. Schaefferi das zehnte Stük des Naturforschers Seite 122. angezogen; auf diese nämliche Seitenzahl beruft sich auch Esper in der von Hrn. B. angeführten Note c; allein nicht S. 122, sondern S. 95. beschreibet Hr. Pastor von Scheben den genannten Schwärmer.

Seite 132. vermiſſen wir bei Sph. Apiformis die Anzeige der Abbildung der Raupe und Puppe dieſes Schwärmers im Naturforſcher 18. St. S. 122. tab. V. fig. 7. 8. Auch Eſper hat dieſes Zitat nicht.

Seite 133. ſind bei Sph. Fuciformis Sulzers Kennzeichen übergangen; wir finden ſie auch nicht bei Eſpern angeführet.

Bei der Sph. Atropos (S. 143.) vermiſſen wir durchaus die Zitate aus dem Naturforſcher, wo doch von dieſem Schwärmer ſo oft Meldung geſchiehet, z. B. IX. St. S. 93. XIII. St. S. 176. XVI. St. S. 73. XVII. St. S. 196. tab. IV. fig. 25. XX. St. S. 173. etc. Auch Eſper hat kein einziges derſelben, und konnte keines haben, weil die hier angezeigten Stücke viel jünger, als ſein zweiter Theil ſind: dies war nun aber bei Hrn. B. der Fall nicht, ſondern bloſes Zutrauen auf Eſpern iſt wahrſcheinlicherweiſe, die Urſache, warum von dieſen neuern Nachrichten kein Gebrauch gemacht worden; wenigſtens wird man uns nicht verdenken können, wenn wir unter den angegebenen Umſtänden einen ſolchen Schluß faſſen. — Sonſt wäre in der Synonimie hier und da noch einiges zu berichtigen und nachzutragen übrig.

Z. E. iſt S. 118. bei der Sph. Coronillae, vermuthlich durch einen Schreibfehler ein irriges Zitat

des

des Esper schen Werkes eingeschlichen: denn auf
der dort angezeigten Tafel XIII. fig. 2. ist nicht der
genannte Schwärmer, sondern die Raupe der Sph.
Stellatarum abgebildet; die Abbildung der Sph. Coronillae hingegen auf der drei und dreißigsten Tafel
fig. 2. gelieferet worden.

S. 132. ist bei der Sph. Fuciformis aus Rösels
IV. Theile die Raupe nachzutragen.

S. 134. ist das Röselsche Zitat bei der Sph.
Bombyliformis gewiß ein Versehen.

Bei der Sph. Oenotherae ist (S. 135.) Jueßly's
neues Magazin (2. B. S. 210.) und die Abbildung
dieses Schwärmers auf dem Tittelblatte des Wiener
Verzeichnisses nachzuholen; hier und da ist auch
Esper übergangen worden, z. B. S. 118. bei Sph.
Ephialtes. S. 132. vermissen wir die Raupe, Puppe und das Ei der Sph. Apiformis tab. 36. fig.
1 — 3, 8. S. 134. bei der Sph. Stellatarum die
Varietäten der Raupe, tab. cit. fig. 5. 6. Ueberhaupt sind die auf der genannten Tafel abgebildeten
Eier nirgends zitiret. Indessen sind wir aber weit
davon entfernt, dem Hrn. B. hierüber Vorwürfe
machen zu wollen; wer aus eigner Erfahrung das
Mühsame der Zusammentragung einer guten Synonimie kennen gelernet hat, wird dergleichen Tadel billig für unbescheiden erkennen müssen; wir hielten es blos für unsre Pflicht, Vorstehendes aus Lie-

be

be zur Wahrheit und Unpartheilichkeit anzeigen zu müssen.

Die der Litteratur nachfolgende Supplemente enthalten theils Berichtigungen, theils einige neue, dem Hrn. Verfasser erst in der Folge bekannt gewordene Arten; diese sind:

Zu der ersten Horde, Abtheilung a).

Sphinx Chrisanthemi, der Wucherblumenschwärmer, der Schwarzflek.

Nigro-cyanea; alae anticae nigro-cyaneae; maculis sex nigris; alae posticae nigro-fuscae; limbo tenuissimo cyaneo. (Von Stralsund.)

Sphinx Millefolii. Tausendblattschwärmer.

Alis anticis obsolete virentibus; maculis quinque rubris; posticis rubris viridi marginatis, anguloque exteriori dilute viridi; abdomine viridi cyaneo, cingulo rubro interrupto; pedibus subtus luteis. (Die Grundfarbe unseres Exemplars, dieses äusserst seltenen Schwärmers, ist nicht grünlich, sondern bläulich; sein Vaterland ist Gallizien; der hier beschriebene kam aus Wien).

Zu der zwoten Horde.

Sphinx Scoliaeformis, der Sandwespenschwärmer, der Rothbart.

Alis fenestratis, anticis in medio macula magna rotunda nigro-cyanea; abdomine fulvo barbato;

an-

antennis a medio usque ad apicem albis. (Von Stettin).

Sphinx. Typhiaeformis, der Raupenstecherschwärmer.

Alis fenestratis, nigro - cyaneo marginatis; anticis fascia nigro - cyanea; abdomine cingulis duobus fulvis, antennis prope apicem albo annulatis. (Aus Italien).

Ferner sind hier angehänget: Supplemente zu dem ersten Theile, welche theils der erst in der Folge erschienene zweite Theil der Fabriziusischen Mantisse, theils verschiedne eigne und fremde Entdeckungen, Berichtigungen ꝛc. veranlaßten. Auch hier finden wir viel Wichtiges und verschiedene Verwirrungen glücklich, und mit vieler Einsicht gehoben; inzwischen können wir doch (S. 176.) bei der Sph. Bombyliformis mit dem Hrn. Verfasser in seinem Zweifel nicht übereinstimmen; ob nämlich dieser Schwärmer vielleicht ursprünglich eine durch das Klima bewirkte, und hernach in eignen Racen fortgepflanzte Varietät von der Sph. Fuciformis sey? Denn, nicht zu gedenken, daß eine ständige gleichförmige Fortpflanzung den Begriffen einer Varietät schon von selbst widerspreche, so ist die Verschiedenheit beider Schwärmerarten, im Körperbaue, in den Fühlhörnern, in dem Zuschnitte der Flügel so beträchtlich, daß sich allein hierdurch schon

schon eine selbstständige Art der ersteren karakterisi-
ret. Wie viel Arten müsten wir nicht als Bastarde
erklären müssen, wenn es möglich wäre, daß sich
ein solcher Zweifel bestätigen könnte.

Der Falter F. album (S. 187.) ist nicht allein
Rußland eigen, sondern auch ein Einwohner der
Mainzer Staaten, wie uns ein Kenner vom ersten
Range (der durch des Hrn. Fabrizius Mantisse
bekannte Hr. Daldorf) welcher ihn selbst einmal
nicht weit von Göttingen an den Gränzen des Eichs-
feldes fieng, mündlich versicherte.

Mit Recht erkennet (S. 216.) Hr. B. den Knochischen Pap. W. album für eine eigne Art; wir
haben diesen Falter, eben wie die P. P. Pruni und
Ilicis schon einigemale aus den Raupen aufgezogen
und den Unterschied dieser 3 Arten durch alle Gestalten bestätiget gefunden.

Die diesem Theile beigefügte Kupfertafel stellet
die Sphinxen Chrysanthemi, Scoliaeformis und
Typhiaeformis, dann denn Falter Medon von beiden Geschlechtern und Seiten, nebst zwo Varietäten
des Pap. Delia vor. Der Stich selbst ist ziemlich
sauber, auch die Zeichnungen sind gut und natürlich ausgefallen, nur ist unser Exemplar einem
Schmierer vom Illuministen unter die Hände gerathen, welcher den größten Theil der Figuren er-
bärmlich verhunzet hat.

Wir

Wir hoffen übrigens, daß uns die Herren Verfasser die Strenge, mit welcher wir ihr Werk beurtheilet haben, nicht für gehässige Tadelsucht auslegen werden. Schon aus unseren Anmerkungen werden sie sich überzeugen können, daß wir dasselbe nicht blos durchgeblättert, sondern mit Aufmerksamkeit Blatt für Blatt durchgelesen haben, welches ihnen allein schon für unsern ganzen Beifall bürgen muß. Wir sehen es für ein Buch an, welches für den nicht genugsam Bemittelten, folglich größtentheil den Naturforscher klassisch werden muß, und diese Rüksicht allein erfoderte schon, daß dasselbe, so viel möglich, von den geringsten Unvollkommenheiten, von denen kein Menschenwerk frei ist, gereiniget werde; wir hielten es daher für Pflicht, zu dieser Vervollkommnung das Unsrige beitragen, und dasjenige, was wir mit unsern Erfahrungen, Grundsätzen und Bemerkungen nicht übereinstimmend fanden, aufrichtig anzeigen zu müssen.

LXXII.

Erſte Lieferung der Pflanzenthiere, in Abbildungen nach der Natur mit Farben erleuch-
tet, nebſt Beſchreibungen von Eugenius
Johann Chriſtoph Eſper. Nürnberg
in der Raſpiſchen Buchhandlung 1788. 4.

Der Pflanzenthiere zweite Lieferung 1788. 4.

Die erſte Lieferung enthält 5 Bogen Druk
und 24 Tafeln. Die zweite Lieferung 7
Bogen Druk und 38 Tafeln.

Herr Eſper hat ſich ſchon durch andere vortrefliche naturhiſtoriſche Werke große Verdienſte ge-
ſammelt, vermehrt ſie aber gewiß durch gegenwärtige Arbeit um ſehr vieles, denn es mangelt uns
noch ein Werk über die Pflanzenthiere, wie es uns
Herr Eſper zu liefern verſpricht. Noch haben
wir bis izt die vollſtändigſten Verzeichniſſe nach angegebenen Beſchreibungen Linne und Pallas
allein zu danken.

Herr Eſper liefert hier von jeder Art, oft
auch von merkwürdigen Varietäten, genaue Beſchreibungen und Abblildungen nach der Natur;
und wo es ihm nöthig ſcheint, ſollen auch die ka-
rakteriſtiſchen Theile, beſonders die Sterne, die
Poren,

Peren, die äussersten Spitzen und kleinsten Zweige
nach hinreichender Vergrößerung beigefügt werden.
Mancher Leser könnte hier vielleicht auf die Vermuthung kommen, daß das Werk zu sehr mit Abbildungen überhäuft, und der Preis desselben unnöthig vertheuert würde. Wenn wir aber die schon
bekannten Abbildungen der von ihm angeführten
Schriften mit den vorliegenden vergleichen, so haben leztere ohnstreitig bei weitem den Vorzug; und
in einem Theile der Thiergeschichte, in welchem die
Beschreibungen so schwer, und der Verwirrung noch
so viele ist, kann es dem wahren Forscher nicht zu
viel seyn, für getreuere und bessere Abbildungen ein
Paar Groschen mehr zu zahlen. Wenn sich übrigens Herr Esper in alle Variationen einer Art
hätte einlassen wollen, so wäre freilich der Abbildungen
kein Ende geworden, indem man unter 30 Stücken
einer Art immer mancherlei Verschiedenheiten entdecken wird. Zur Probe wollen wir bei der Anzeige
der einzelnen Arten einige merkwürdigere Verschiedenheiten anführen, deren Herr Esper im Texte
nicht gedacht hat.

An ein genaues Sistem bindet sich Herr Esper
nicht: doch sollen allezeit die Arten einer Gattung
beisammen erscheinen, so wie sie auch durch die fort-
laufenden Seitenzahlen der Tafeln, mit einander

ver-

verbunden werden. Am Ende verspricht Herr E.
die sistematische Ordnung besonders anzugeben.

Nachdem die VIte Klasse des Thierreichs, die
Gewürme in 5 Ordnungen gebracht sind, wird von
den zwei leztern insbesondere geredet. Diese sind
Steinpflanzen und Thierpflanzen. Die Erste
zerfällt wieder in 4 Gattungen. 1. Tubipora.
2. Madrepora, 3. Millepora, 4. Cellepora. Die
Thierpflanzen begreifen 15 Gattungen. 1. Isis,
2. Gorgonia nebst Anthipathes, 3. Alcionium,
4. Spongia, 5. Flustra, 6. Tubularia, 7. Coralli-
na, 8. Sertularia, 9. Verticella, 10. Hydra. 11.
Pennatula, 12. Taenia, 13. Volvox, 14. Furia,
15. Chaos.

Bei Beschreibung der einzelnen Arten hat Herr
Esper in gegenwärtigen zween Heften Isis und
Madrepora durchgenommen.

Isis hipuris findet sich in den ostindischen Gewässern sowohl als in der Gegend von Island.
Ihrer Gebrechlichkeit wegen erhält man sie selten
unbeschädigt aus der Tiefe des Meeres. — Wenn
wir die Natur mit der Beschreibung und Abbildung
t. 1. vergleichen, so finden wir die Beschreibung ge-
treuer als die Abbildung. An unserem Exemplar,
welches ein Ast von 6 Zollen ist, sind die Glieder
weiß, durchsichtig, der Länge nach gefurcht; der

horn-

hornartige Theil aber, welcher die Glieder verbindet, ist glatt, am Anfange oder untersten Ende
des Astes braun, auf beiden Seiten roth eingefaßt,
an den äussersten Enden des Astes aber völlig roth;
überhaupt genommen sind aber die Gelenke nicht so
groß, als sie in der Abbildung angegeben sind.
Herr Esper vermuthet, diese seien die erste Anlage des Körpers.

Isis ocheracea t. 4. Die knotige edle Koralle,
aus dem ostindischen Ocean. Sie erreicht unter den
edlen Korallen die beträchtlichste Stärke, und ihre
Gelenke bestehen ganz aus steinerner Materie; diese
sind verdikt, die Glieder aber verdünnt.

Isis dichotoma t. 5. Linne zitirt bei ihr Petiviers Gazoph. t. 3. f. 10. S. 7. und Seba
III. t. 106. Diese beiden Abbildungen sind aber
sehr verschieden. Die hier beschriebene kömmt mit
Petiviers Zeichnung überein, da Sebas eben
erwähnte Abbildung die Isis elongata ist, welche
hier t. 6 vorgestellt wird.

Isis nobilis t. 7. 8. Wir stimmen ganz mit
Hrn. E. Meinung überein, daß sie eine eigene Gattung auszumachen scheine. Man bemerkt keinen
gegliederten Bau; der Stamm und die Aeste sind
im Zusammenhange gleichlaufender Flächen miteins
ander verbunden; noch weniger ist etwas hornartiges

Dd 3

daran

daran zu sehen; nur haben wir die helle Farbe t. 7. an keinem unserer Exemplare bemerkt.

Diese vorgenannte Arten von Isis hat schon Pallas bis auf Isis elongata beschrieben: in der 12ten Ausgabe des Linneischen Natursistems besinden sich aber noch 2 Arten, nämlich I. asteria und entrocha. Wenn Herr Esper Abbildungen ihrer Originale erhalten wird, so werden auch diese der Fortsetzung einverleibt werden.

Madrepora fungites, ist von den übrigen ihrer Gattung so verschieden, daß sie selbst eine eigene auszumachen scheint; man findet mehrere Abänderungen von ihr nach der Verschiedenheit ihres äussern Umrisses. Da wo die Lamellen in der Mitte zusammenlaufen, bilden sie eine Vertiefung, die in der Abbildung nach der Breite läuft; an 2 aber 6 Zoll großen Exemplarien, die unten sehr confav sind, laufen diese Vertiefungen der Länge nach, also gerade den entgegengesezten Weg der Abbildung.

M. echinata. Bei Linne wird diese Art nicht angeführt; er scheint sie für eine Abänderung gehalten zu haben.

Madrepora labyrinthiformis. M. meandrites. Man beschuldigt Linne, er habe diese zwei Arten nicht deutlich vor einander beschrieben. Der ganze Unterschied ist aber durch ein einziges Merkmahl

sehr

sehr wesentlich bestimmt. M. labyrinth. bildet ihre blättrichen Erhöhungen in stumpfe oder in der Mitte ausgehöhlte Spitzen; dies nannte Linne sutura obtusa. Im Gegentheile sind bei M. meand., die zwar gleiche Gänge hat, die Lamellen in eine Spitze vereint; und so war der karakteristische Unterschied durch sutura acuta ungemein bezeichnend angegeben.

M. areola t. 4. 5. hat mehrere Abänderungen. Wir haben 3 Exemplare, von beinahe einem Schuhe groß, vor uns liegen, finden aber an der Mitte des Bodens, wo die Lamellen zusammenlaufen, keine erhöhte Kanten. Was die äussere Form betrift, so sind sie eben so sehr wieder von einander verschieden. Eine von 10 Zoll ist zirkelförmig rund, und auf der Oberfläche völlig flach. Die beiden andern sind länglicht, und von ihnen bildet die eine auf der Oberfläche einen stehenden halben Zirkelbogen, die andere aber hat die Spitze von der Form eines Eies.

M. Pileus t. 6. haben wir versteinert vor uns, und dieser Fall ist nicht sehr gemein. In der Natur erscheint sie in mancherlei Formen, und nach diesen wurden ihr auch verschiedene Namen beigelegt. Insgemein bildet sie einen ablangrunden und erhabenen Körper von dünner Schale mit ausgehöhlter Unterseite.

M. angulosa t. 7. Nach vorliegenden Exem‑
plarien finden wir die äussern Erhöhungen bald ge‑
zahnt, wie sie abgebildet sind, theils aber auch
völlig glatt. Sie findet sich bei L i n n e nicht, und
M ü l l e r hält sie nach Anleitung des Herrn H o u t‑
t u i n mit der M. lacera für eine Abänderung der
M. fastigiata, die hier t. 8. abgebildet ist, mit de‑
ren Beschreibung sich hier der Bogen M. schließt.
Sie ist am natürlichen Exemplar nicht so dunkel,
als sie in der Abbildung erscheint. Die Aeste sind
auf der äussern Seite gestreift, da wo sie aber zu‑
sammenlaufen, sind sie glatt.

LXXIII.

Chemische Annalen für Freunde der Naturleh‑
re, Arzneigelahrtheit, Haushaltungskunst
und Manufakturen, von L o r e n z C r e l l
1788. St. VII — XII.

St. VII.

H err M o r e l berichtet in einem Briefe an den
Herausgeber, daß er ohnweit Bern ein natürliches
Mineralalkali, das mit Glaubersalz gemischt ist,
gefunden habe: dies ist allerdings ganz merkwür‑
dig, weil man viel darüber gestritten hat, ob es
Bergsalz, Bittersalz oder Glaubersalz sei. Was
Herr S t o r r vom Alpensalze und Hr. H ö p f n e r
vom

vom Bitterfleine sagt, ist allerdings richtig und gegründet, und es ist von vielen dieser Salze völlig
wahr, daß sie aus einer mit Vitriolsäure gesättig-
ten Bittererde bestehen: aber daraus folgt nicht, daß
Andreä, Haller u. a. m. irren, die das Alpen-
salz als ein Glaubersalz beschrieben: denn viele
Walliser sammeln und verkaufen ein wahres Glaubersalz aus den Gebirgen.

St. VIII.

Herr Licentiat **Ehrmann** in Strasburg machte die lezten Versuche des Herrn **Lavoisier** über
den Diamantspath nach. Die pulverisirte Probe
schmolz mit, aus Ilmenauer Braunstein gewonne-
ner Feuerluft, in weniger als einer Minute, zu
einer schwarzbraunen, mit weißlichen Flecken unter-
mengten Kugel, welche auf dem Wasser in einer
Entfernung von 3—4 Linien vom Magnete angezogen ward. Der Stein selbst folgte demselben vor
dem Schmelzen noch williger in einer Weite von
4—5 Linien.

Herr **Heyer** in Braunschweig untersuchte den
schlesischen Chrysopras und die grüne Erde vom Ko-
semüher Berge, und fand die nämlichen Resultate,
welche **Klaproth** im 2ten Stücke des 8ten Bandes der Schriften zu Berlin angegeben hat, nur
daß ersterer 12. p. C. mehr Nickelkalk aus der Erde

                    erhielt,

erhielt, welches aber gewiß zufällig ist; denn er
wählte dazu diejenige von mehreren Proben, die
das dunkelste Grün hatte.   Der Schillerspath,
welcher auf der Paste im Harzburger Forst gefunden
wird, bricht in Serpentin. Zerlegt enthält Serpentin in 100 Theilen 54½ Kiesel, 33½ Bittererde,
6¼ Kalk, $\frac{3}{16}$ Allaunerde, 14 Gran Eisen, das vom
Magnete gezogen wird, und etwa ¼ Gran Salz,
welches vermuthlich salzsaure Bittererde ist.   Der
Schillerspath selbst besteht aus 52 Kiesel, 23½ Allaunerde, 17½ Eisenkalk, 7 Kalk und 6 Bittersalzerde; leztere rührt wohl, so wie das viele Eisen
von angehängtem Serpentin her. — Das Mineral,
welches in Zweibrücken bei den Agaten bricht, und
für Wasserblei gehalten wird, ist nichts als ein fetter Thon mit Eisenglanz vermischt.

St. IX. Untersuchung der Schwerspathe,
  besonders der schwedischen Arten, von
  Herrn Prof. Afzelius Arvidson in
  Upsala.

Schon im vorigen Jahrhundert war man auf
die besonderen Eigenschaften dieses Steins, den
man in Italien fand, und den bononiensischen
Stein nannte, aufmerksam.   In der Mitte dieses
Jahrhunders hatte Marggraf in verschiedenen Orten Deutschlands, diesem gleichartige Steine ge-
funs

funden, und darinn die Vitriolſäure als einen Beſtandtheil entdekt, der mit einer Erde verbunden
war. Nachdem aber S ch e e l e im Braunſtein und
in Gewächsaſchen eine neue Gattung Erde gefunden hatte, die, mit Vitriolſäure verbunden, ſich wie
Schwerſpath verhielt: ſo fieng man an zu glauben,
daß auch dieſe neue Erde der andere Beſtandtheil
des Schwerſpaths ſei. Herr H a h n ſezte dieſes
auſſer allen Zweifel und B e r g m a n n brachte die
Kenntniſſe der Eigenſchaften dieſer Erde und ſeiner
Verbindungen mit Säuern zu größerer Vollkommenheit. Nach dieſer kurzen Geſchichte werden
hier 13erlei Arten und Abarten des Schwerſpaths
beſchrieben mit der Anzeige ihrer chemiſchen Beſtandtheile.

Entdeckung eines neuen Mineralalkali ohn-
weit Schwarzburg im Kanton Bern und
Freiburg von Herrn Morell.

Immer bleibt es für den Naturferſcher wichtig,
wenn er einfache Naturprodukte auf ſeinen Nachfor-
ſchungen antrift, die ſo ſelten ſind, weil ſie ſtets
Gelegenheit finden, ſich zu verbinden. Unter dieſe
gehört allerdings das Mineralalkali. Es iſt mir
nicht bekannt, ſagt Herr M o r e l l, daß dieſes Salz
bisher in der Schweiz in feſter Geſtalt gefunden
worden ſei; auch wurde es bisher in Europa nirs-
gends,

gends, als in einigen Mineralquellen entdeckt. (Hinter Ofen in Ungarn findet man es auf der berühmten Retskemiter Heide bei Debreczin in sumpfigen Orten, doch mit thoniger Erde vermischt). Er fand es in zwei Höhlen eines verwitterten Felsen, der aus Sandstein und Nagelflöhe zusammengesezt war. Die eine dieser Höhlen ist 12 Schuh hoch, bei 14 Schritte tief, und die Oeffnung 17 Schritte weit; der Boden der Höhle war mit feinem Sande bedekt, auf dessen Oberfläche lauter Blättchen dieses Salzes lagen; die Seitenwände und Decke sind ganz trocken; doch allenthalben mit diesen Salzblättchen bedekt, die sich in der chemischen Untersuchung als wahres Mineralalkali zeigten.

Herr Hofrath Herrmann in Cathrinenburg berichtet von einer wieder eröffneten Grube im Altaischen Gebirge an dem Ulba, welche den Namen Filipofckoi-Rudnik erhalten hat, es finden sich dort unter andern reichen Erzen

1. löchericher Quarz mit Hornerz und gelbem Ocher in Pude Erz 85—159 Sol. sehr goldhaltiges Silber und 1½ Pfund Bley.

2. Quarz mit Schwerspath und rothem Ocher, 2—12 Sol. Silber und 3—7 Pf. Bley.

3. Gel-

3. Gelben, zuweilen verhärteten, Ocher, mit
wenig oder gar keinem Quarz ½ — 11 Sol.
Silber und 2 — 16 Pf. Bley.

Der grüne Schillerspath, von dem er neulich
Erwähnung that, bricht eigentlich in der Ufimöli-
schen Statthalterschaft, 12 Werste von der Vestung
Tschebankulsk im Granitgebirge, wo beträchtliche
Massen davon, kluftweise durch den Granit und
Gneus setzen. Er schillert nicht durchgängig, son-
dern nur an den flachen Seiten der Blätter.

St. X.

Herr Hofrath Herrmann aus Catharinenburg
erzählt folgende merkwürdige Geschichte:

Bei den hiesigen Goldgruben ist unlängst bei
Bearbeitung eines Wasserstollens ein verwitterter
Elephantenzahn in einer Teufe von 2 Arschinen,
2 Wersch. gefunden worden. Die oberste Erblage
war schwarze Sumpferde, 1 Arsch. mächtig. Darunter folgt ein bläulicher Letten 12 Wersch. dik,
und endlich Wellsand mit Letten gemischt, in welchem der Zahn noch 1 Arsch. tief lag. Er war in
der Erde schon so sehr verwittert und zerbröckelt,
daß es unmöglich war, ihn ganz zu erhalten. Das
festeste Stük, welches ich erhielt, ist ungefehr 1
Arsch. lang und 3 Wersch. dik. Es war in seiner
Lagerstätte ganz feucht und weich, hat sich aber an
der

der Luft verhärtet. Sein Aeusseres hat ein klüfti-
ges graues, sein Inneres aber ein schneeweisses,
kalzinirtes Ansehen, ist bis auf den innersten Kern
ganz gebröckelt und in die natürlichen Ringe des
Knochens zertheilt. — So viel Elephantenknochen
auch in Sibirien ausgegraben werden, so ist dieses
im Uralischen Gebirge meines Wissens doch das erste Beispiel, daß man dergleichen Ueberbleibsel aus
der Vorzeit so hoch im Gebirge gefunden hat; und
überdies noch gerade über den edlen Gängen, und
in einer Gegend, in welcher nicht die minbeste Spur
von Versteinerungen, oder andere Merkmahle zu
entdecken sind, woraus zu schließen wäre, daß sie
einst von mit Meeresbrut versehenem Gewässer bedekt gewesen sei. Das Daseyn dieser Knochen bleibt
also wohl noch immer ein Problem.

St. XI.

Herr Herrmann erwähnt eines schönen
Porphyrs aus den Altaischen Gebirgen. Sein
Grund ist ein harter Jaspis von einer sehr angenehmen, etwas blassen, mehr oder weniger ins Purpurrothe spielenden Violetfarbe, bald mit gelblichen
oder grünlichen, meistens aber mit weissen kleinen
Feltspathkörnern. Man fand ihn am Bache Ko-
rinsch, der in die Jena fällt und an mehreren Orten. — Auch fände sich in hiesigen Goldgruben seit

einem

einem Jahre ein schöner grüner Bleispath in ganz feinen Nadeln.

St. XII.

Herr Leibmedikus Brükmann in Braun-schweig berichtet, daß man in Lissabon nicht nur sehr große Stücke von dem biegsamen Steine besitze, sondern auch dort bekannt sei, er komme aus Brasilien.

LXXIV.

Drei Briefe mineralogischen Inhaltes an Frei-herrn von Racknitz, geschrieben von J. J. Ferber. Berlin bei Mylius. 1789. 4½ Bogen.

Wir berühren aus diesen zunächst für den Mine-ralogen geschriebenen Briefen nur das, was näher in den Bezirk dieser Bibliothek gehört. Der erste Brief liefert einen wichtigen Beitrag zur Bergs und Erdkunde der Schweiz, vornehmlich des Staats von Bern. Zunächst um die Hauptstadt bestehet die niedrige Bergkette aus Sandstein, mit dessen Schichten hin und wieder Schichten von Nagel-fluth abwechseln; auch die Kette der hohen Schwei-zerischen und Wallisischen Kalkberge bestehen nicht überall vom Fuße bis an die Spitze aus Kalkstein, son-

sonbern, dieſer ſizt auf Gneus oder Thonſchiefer auf;
überhaupt haben ſie auch andere Eigenſchaften, von
Flözgebirgen, nämlich Kohlenflöze und Eiſenſtein-
lager und Salzquellen; nach den Bemerkungen eines
Rebaul ſeien auch die Pyrenäen eben ſo gebaut, als
andere bisher mit Genauigkeit beobachtete europäiſche
Gebirgsketten: der ſogenannte Geisberger Stamm ſeie
häufiger Gneus als Gränit; in ihm brechen auſſer Quarz
rothe bis izt noch nicht genug bekannte Strahlen, und
ein grober Amiant, der von ſeinem Vaterlande, dem
valle Tremola, Tremiolit heißt und in 100. Theilen 65. (nicht wie es hier durch einen Drukfehler
heißt 56.), Kieſelerde, 18. Theile Kalkerde, 10. Theile
Bittererde und nebſt einer Spur Eiſen $6\frac{1}{2}$. Luft und
Waſſer enthält. Der 2te Brief giebt von den pari-
ſer Mineralienſammlungen Nachricht und Urtheil;
in der Sammlung des Herrn Beſſon ſchwarze Lava mit aufgetropftem Schwefel am Mont d'or in
Auvergnien; aus eben dieſem Lande vulkaniſcher Tuff
mit Erdharz, Calcedon und ſublimirtem Eiſen in
glänzenden Blättchen, und calcedon in lava, den
Frankfurtiſchen ganz ähnlich; feine Sanderde in
Kriſtallen; in der Förſteriſchen Sammlung Reißblei und Braunſtein in achtſeitigen Kriſtallen, ein
natürliches Gemiſch aus Kupfer und Zinn; das mit
Arſenikſäure vererzte Kupfer (nicht wie es durch
einen Drukfehler heißt, Zinn) welches Hr. Pr. Klap-
reth

roth beschrieben hat, gediegenes Queksilber aus
der Gegend von Appleby in Westmoreland; der
elastische Stein findet sich in Brasilien zwischen den
Gold- und Diamantengruben. Der dritte Brief beschreibt die Rükreise des Verf. nach Berlin, und die
Merkwürdigkeiten, die ihm dabei vorgekommen sind;
der kalkartige Tuff bei Paris wird bald durch Sandstein verdrängt, der bis Tormont anhält, wo viele
Feuersteine vorkommen, und bald darauf Kreide
und ein lockerer weisser Kalkstein, der bis hinter
Chalon anhält. Bei Dachstuhl eine Braunsteingrube,
welche die parisische Scheidekünstler versorgt. Allerdings wird das Schießpulver, das in Essan so vieles Unglük angerichtet hat, aus Kohlen, Schwefel
und einem Mittelsalze bereitet, das aus Pottasche
und der über Braunstein abgezogenen Salzsäure besteht, und auf Kohlen weit heftiger verpuft als Salpeter. Der Marq. von Bullion macht Ansprüche
auf diese Endeckung.

Der 1774. angefangene Dreikönigszug bei Potz-
berg in Zweibrücken liefert allein jährlich gegen 20000
Pfund Queksilber. Die griechischen Berge sind lange nicht so hoch, als die europäischen Alpen, und
bestehen aus körnigem oder dichtem Kalkstein, der
keine Versteinerung enthält, und sind auf Granit
Gneus oder Glimmerschiefer aufgesezt.

LXXV.

Der Naturforscher. Vier und zwanzigstes
Stük. Halle 200 Seiten in gr. 8.

I. Einige seltene Insecten, beschrieben von
G. W. F. Panzer.

Lucanus Tarandus aus ten österreichischen Alpen: sattschwarz, glatt, mit vorrazenden, einmal
in der Mitte gezähnten Kiefern, zween eingegrabe-
nen Puncten auf dem Rückenschilde, und gestreiften
Flügeldecken, das Weibchen. Scarabaeus bimaculatus Fab. Scar. quadrimaculatus Fab. Scarab.
quadripunctatus Uddm. Scar. seniculus Fab.
Scar. Lemur Fab. Scar. Vitulus Fab. Scar. nutans
Fab. Scar. furcatus Fab. Melolontha ruricola.
Fab. *Melolontha minuta* aus Italien. Oben grün,
unten silberschuppig glänzend; die Füße einklauig.
Dermestes Catta von Nürnberg: länglicht, sammet-
artig, tiefschwarz und aschengrau neblicht, am Bauche weiß. Dermestes sanguinicollis Fab. *Dermestes hemipterus* von Nürnberg: eiförmig, schwarz,
zottig; die Fühlhörner und Füße schwärzlicht muschelbraun, die Flügeldecken abgekürzt. Melyris
viridis Fab. *Ptinus sexpunctatus* von Nürnberg:
zottig, gelbgrau mit gewölbtem Rückenschilde, auf
den schwarzen Flügeldecken, drei (auf jeder) milch-

weisse

weiſſe Punkte. Tritoma bipuſtulata Fab. Ips qua-
dripuſtulata Fab. Opatrum gibbum Fab. Chryſomela coccinea Linn. Chryſ. quadrimaculata
Linn. Cryptocephalus octopunctatus Fab. Crypt.
Scopolinus Fab. Crioceris Phellandrii Fab. Curculio Cynarae Fab. Curc. anguinus Linn. *Curculio lateralis* aus Italien: langrüßlich, walzenförmig; roſtbraun; am Rückenſchild beiderſeits ein
Randſtreif, und am Auſſenrande jeder Flügeldecke
zween Puncte aſchengrau. *Curc. grammicus* aus
Italien: kurzrüßlich; ein Seitenſtreif am Rückenſchilde und am Grunde jeder Flügeldecke ein Punct
aſchgrau. *Curc. tigrinus* von Nürnberg: kurzrüßlich,
länglicht, ſchwarz; auf den Flügelbecken verſchränk-
te zottigaſchgraue Binden; auf dem Hinterleibe
und den Füßen glatte tiefſchwarze Puncte. Curc.
glaucus Fab. Curc. raucus Fab. *Curc. viridipen-*
nis aus Deutſchland: kurzrüßlich, ſchwärzlicht; die
Seiten des Rückenſchildes blaß, die Flügelbecken
ſteifborſtig, die Flügel grün. Spondylis ceramboi-
des Fab. Cerambyx faſciculatus Fab. Cer. hiſpidus Fab. Lamia funeſta Fab. Saperda vireſcens
Fab. Callidium liciatum Fab. Callidium aulicum
Fab. *Callid. curiale* von Nürnberg: der Rückenſchild glatt, glänzend; der Körper ſchwarz, glanzlos, die Flügelbecken kaum geſtreift, mit einem ſei-
denähnlichen grauen Weſen am Grunde; die Fühl-

 hörner

hörner kurz. *Callid. arvenfe* von Nürnberg: der
Rückenschild zarthärig, höckerig, die Flügeldecken
tief muschelbraun, gestreift, am Grunde mit einem
gelblichten zarthärigen Wesen. Leptura virens.
Linn. Lampyris marginata Linn. (von hier an
muß man in den Abbildungen um eine Nummer
mehr zählen als im Texte, weil daselbst Fig. 43,
was eine Leptora ist, vergessen worden). Pyrochroa minuta Fab. Elater fafciatus Fab. Elater
germanus Fab. Buprestis novemmaculata Linn.
Carabus fefquiftriatus von Nürnberg: mit herzförmigem Rückenschilde, schwarz, der Rand der Flügeldecken und ein Streischen am Grunde nebst den
Füßen gelb. *Tenebrio cruciatus* aus Deutschland,
zinnoberroth, ein Kreuz über die Flügeldecken nebst
den Fühlhörnern und Füßen schwarz. Die Abbildungen sind sehr gut.

II. Beiträge zur Naturgeschichte der Insecten von Johann Gottfried Hübner.

Chryfomela vittata Fab. Chryf. Adonidis
Fab. Chryf. dorfalis Fab. die drei Chryf. Adonidis, dorfalis, trilineata seien blos Abänderungen.
Chryf. rhois Forft. Chryf. nobilitata Fab. Chryf.
Königii. Fab. Chryf. cincta Fab. Chryf. abdominalis Fab. Chryf. palliata Fab. *Zonitis Mabia*
aus Ungarn: schwarz; der Rückenschild und die

Flügel-

Flügeldecken gelblichtbraun. Zon. angulata Fab. Curculio Mangiferae. Fab. Iloria testacea Fab. Cicindela grossa Fab. Cicin. capensis Linn. Cicin. catena. Fab. Cicind. carolina Fab. Chalcis sispes Fab. Chalcis clavipes Fab. Chalcis podagrica Fab. Chalcis pusilla Fab. Die Abbildungen sind recht gut. Der Verf. fügt die Nachricht bei, daß er um Halle neun neue einheimische Arten von Fulgora entdekt habe, Fulgora minuta nicht mitgerechnet.

III. Entomologische Beobachtungen von Franz von Paula Schrank.

Scarabaeus lunaris *Enum. inf. Scar. Unicornu:* geschildet, muschelbraun, der Rückenschild vorne mit zwei Grübchen, mit vier Höckern; das Kopfhorn abgestuzt. *Scar. colon* aus Desterreich: muschelbraun; auf dem Kopfe zween kleine Höcker in einer Querlinie; beiderseits am Rückenschilde ein schwarzer Punct. *Scar. brevicornis* aus Destereich: geschildet, schwarz; der Rückenschild unbewaffnet; auf dem Kopfschilde ein kurzes Horn zwischen zween Höckern; die Flügeldecken muschelbraun, eine Seitenmackel und der Bauch roth. Scar. sordidus Herbst. Nicrophones germanicus Fab. *Bostrichus perforans* aus Destereich: die Flügeldecken reibeisenförmig, am Ende schief

abgeſtumpft und zweizähnig; der Rückenſchild fug;
lich, von Zähnchen rauh. *Dermeſtes cylindri-
cornis* aus Deſterreich: pechſchwarz, weiſſe Puncte
auf den Flügeldecken, das Kölbchen der Fühlhör;
ner walzenförmig. Derm. teſſellatus. Fab. Silpha quadripunctata L. Silpha ferruginea L. Chryſomela Adonidis, ſey im Leben zinnoberroth, und
Chryſ. dorſalis nur eine Spielart. *Chryſom. octo-
vittata* aus Deſterreich: ſchwarz veilenblau, auf
jeder Flügeldecke vier feuerglänzende Streife. *Chryſ.
bivittata* aus Deſterreich: eiförmig, ſchwarz vei;
lenblau; auf dem Rückenſchilde drei, auf den Flü;
geldecken zween grüne Streife. Chryſ. Betulae L.
Chryſ. goettingenſis L. *Chryſ. luctuoſa* aus Deſterreich: ſchwarz, mit einem veilblauen Glanze; die
Puncte der Flügeldecken unordentlich; unten tief;
ſchwarz. *Chryſ. polygoni* L. *Clytra perſicariae:*
eiförmig länglicht, himmelblau, der Rückenſchild
und die Schenkel roth; die Fühlhörner kurz, ſäge;
zähnig. *Cryptocephalus Schaefferi:* ſatt himmel;
blau, die Spitze der Flügeldecken, der Grund der
Fühlhörner, und die Füße gelbroth. Crypt. obſo-
letus (Chryſ. ferruginea β. *Enum.* inſ.). Altica
ferruginea. *Enum. inſ. Altica aethiopiſſa* aus
Deſterreich: länglicht, durchaus ſchwarz: der Grund
der Fühlhörner röthlicht. *Bruchus capſularius:*
ſchwarz, auf den Flügeldecken zerſtreute graue Pünct;
chen.

chen. Attellabus populi (Curc. Populi *Scop.*)
Curculio inaccessus aus Oesterreich: kurzrüßlich, mit
einfachen Schenkeln, schwarz, flügellos; die Flügeldecken mit länglicht viereckigen Puncten punctirt.
Curcul. quadripunctatus (Curc. Colon L a i c h.
Curc. palustris S c o p. Curc. Colon L i n n. *Curc.
coloniformis*: langrüßlich, die Vorderschenkel gezähnt; graulicht, am Rückenschilde beiderseits eine
Linie, auf der Hinterhälfte der Flügeldecken ein
Punct weiß. *Curc. Salviae*: kurzrüßlich, die Schenkel kaum gezähnt, aschengrau, etwas feinhaarig;
die Flügeldecken punctstreifig: zwischen den Streifen
weiß und schwarzbunte Längslinien; keine Flügel.
Curc. oblongus *Enum. inf.* Curc. quinquepunctatus
L.*Cerambyx pubicornis* aus Oesterreich: der Rückenschild dornig; muschelbraun, eine Binde und die
Spitze der Flügeldecken aschengrau; die Fühlhörner
lang, an der inneren Seite gebartet. *Saperda
rufimana*: blau, der Rückenschild walzenförmig,
unbewaffnet; an den Vorderfüßen die Schenkel und
der Grund der Schienbeine orangengelb. *Sap. angulata* aus Oesterreich: der Rückenschild uneben
walzenförmig; grünblau; die vier Vorderschenkel
kolbenförmig ; am Bauche eine goldene Binde.
Callidium ruficrus aus Oesterreich: sattschwarz,
glanzlos; die Schenkel keulenförmig, zusammengedrükt, roth. Pyrochroa purpurata *Enum. inf.*

Zi 4

Elater

Elater picipes (Elater fofcus major Retz).
Elater inaequalis Retz. *Elater rufipalpis* aus
Oesterreich: schwarz; die Freßspitzen, Schienbeine,
und ein Querstrich am Bauche rothbraun. Elater
rufus Retz. Elater haematodes Fab. Elater
linearis L. Bupreftis mariana L. kömmt auch tief=
schwarz und ohne Metallglanz vor. Bupr. octo-
guttata L. *Bupr. 9 maculata* aus Oesterreich: tief=
schwarz, die Flügeldecken vollkommen ganz, gegen
die Spitze fein sägezähnig: drei Flecken, die Stirne,
und der Rand des Rückenschildes gelb. *Bupr.
Silphoides* aus Oesterreich: blaulichtschwarz, die
Flügeldecken ganz, gegen die Spitze fein, sägezähnig,
mit drei aufgeworfenen Strichen, und vierzehn gel=
ben Puncten. *Bupr. 16 punctata*: schwarz; die
Flügeldecken ganz, schwarzblaulicht mit 16 gelben
Puncten. Bupr. rutilans Fab. *Bupr. fulminans*
aus Oesterreich; kupferblau, auf dem Rückenschilde
zwo schwarze Linien; die Flügeldecken ganz, fein=
sägezähnig, mit wellenförmiger feurigkupferfarbe=
ner Randeinfassung. *Bupr. fulgurans* aus Oester=
reich: goldgrün; zwo schwarze Linien auf dem
Rückenschilde nebst eben so vielen Grübchen; der
Rand der Flügeldecken feurigroth. *Bupr. fenicula*,
wollig, rothgülden; der Rückenschild grünlicht mit
zwo rothgolbnen Linien, die schwärzlichten Flügel=
decken rothgolden eingefaßt. Carabus cephalotes
L. Ca-

L. Carab. crux major L. wo einige Irrungen berichtiget werden. Dytiscus marginalis L. Lytta
syriaca Fab. *Mordella larvata*: muschelbraun, die
Mundgegend, ein Flek auf den Flügeldecken, die
Platten der Brust und des Hinterleibes sattschwarz,
die Fühlhörner sägezähnig.

IV. Herrn Johann Stephan Capieur Beiträge zur Naturgeschichte der Insecten,
fünftes Stük.

1) Naturgeschichte der Baumwurzeule. Die
Raupe sehr ähnlich der Raupe von Ph. Verbasci,
aber langsam, und die Flecken stehen weiter auseinander; die Blüthen und Knospen der Braunwurz
ihr Futter. Der Schmetterling selbst ist ganz dem
von Noctua Verbasci gleich. Gelegenheitlich äussert der Verf. die Vermuthung, ob nicht die bisher
bekannten schwarzen und gelben Raupen von Sphinx
Atropos, die freilich einerlei Schmetterling geben,
nicht wirklich verschiedene Arten seien. Er hatte drei
schwarzbraune Raupen dieser Art auf Lycium gefunden und damit genährt; sie nahmen Kartofel-
kraut nicht an; er erhielt zwo männliche und eine
weibliche Puppe, und hatte im Sinne, sie sich, wann
sie Schmetterlinge seyn würden, begatten zu lassen,
um zu sehen, was die Raupen für eine Farbe haben würden, aber die Männchen kamen zu frühe
aus, und lebten nicht mehr, als das Weibchen aus-

Zi 5

kroch.

kroch. 2) Raupe und Puppe der Noctua favillacea. Die Raupe lebt auf Eberschen (Sorbus aucuparia) im September, ist blaßgelbgrün, und hat längs des ganzen Rückens einen breiten gelbbraunen Streif, und allenthalben einzelne Haare; der Kopf ist roth‑braun.

V. Beschreibung einiger neuen Eingeweide‑würmer von Joseph Aloysius Frölich.

Der Verf., ein noch junger Naturforscher hatte sich seit zwei Jahren auf das Studium der Einge‑weidewürmer verlegt, und diesem Zweige der Naturgeschichte seine Erholungsstunden gewidmet; gegenwärtig legt er vor dem Publikum die Rech‑nung über seine Bemühungen ab, die so ausgefallen ist, daß gewiß jeder, der diese Abhandlung liest, Hrn. Frölich recht viele Unterstützung zu Fortfüh‑rung seiner naturhistorischen Studien wünschen, und der Naturgeschichte Glük wünschen wird, daß sie in so gute Hände gekommen. In Gänsen fand er den lanzettförmigen Bandwurm, den trichterför‑migen Bandwurm, den Kentenkratzer, vermuthliche Hahnenrundwürmer, und dann zwo neue Arten, das Warzendoppelloch, und den seidenborstigen Bandwurm. Ersteres characterisirt er:

Länglicht eiförmig, flach; die Mündungen sehr nahe an einander; die Unterfläche mit zwo Reihen entgegengesezter Warzen. Fasciola verrucosa.

Beim seitenborstigen Bandwurme bemerkt er, daß er vom Franzenbandwurme gewiß verschieden sei, denn er ist bandförmig, die Franzen sind walzenförmig, viel schmäler als die Glieder, was beim Franzenbandwurm anders ist; er giebt also von diesen beiden Bandwürmern folgende Kennzeichen an:

Taenia villosa. Gefranzter Bandwurm: durchaus fadendünne; der Körper der Länge nach einseitig gefranzet: die Franzen sehr breit, und lang, zugespizt.

Taenia setigera. Seitenborstiger Bandwurm. Bandförmig; der Körper der Länge nach einseitig borstig: die Borsten sehr kurz und fein, walzenrund, abgestumpft.

Im schwarzen Molche (Salamandra atra Laurent.) fand er eine Abart des Landkrötenbandwurms, und zwo neue Arten Eingeweidewürmer, davon wir nur die Karaktere angeben wollen.

Sichelförmiger Krätzer. Echinorhynchus falcatus. Der Rüssel lang, walzenrund, halslos, nach der Länge mit Hackenreihen besezt; am hintern Ende ein heller Punkt; am Vorderende ein länglichter, durchsichtiger Fleck.

Molchendoppelloch. Fasciola Salamandrae.

Längs

Länglicht, flach, faſt gleichbreit, in der Bewegung bouteillenförmig; die Mündungen von
einander entfernt, und (ſetzen wir hinzu) glatt.

Wir glaubten dieſen Zuſaz machen zu müſſen,
weil auch das Kaulbarſchdoppelloch in der Bewegung bouteillenförmig ausſieht, und daher von Hrn.
Braun den Namen Planaria lagena erhalten hat.
Im Zwölffingerdarme des Renken (Salmo Wart-
manni) fand er einen Bandwurm, dem er von
dieſem Fiſche den Namen giebt; aber wir glauben,
daß er vom rundgliedrigen, den Bloch im Aland
gefunden hat, nicht verſchieden ſei. In der Lachs-
forelle fand er ſehr häufig ein Doppelloch, welches
den Maſtdarm bewohnte, und das folgende Kennzeichen hat:

Länglicht, flach; hinter der untern Mündung
zwei helle, runde, weiſſe Flecke.

In eben dieſem Fiſche ward die Leber von einem
Blaſenwurme bewohnt, der ſehr häufig war, und
wovon oft zween bis vier in ebenderſelben Blaſe
beiſammen wohnen.

Bei der Zergliederung eines Fuchſes fand Herr
F. verſchiedene artige Würmer, Rundwürmer,
Bandwürmer von zweierlei Arten, Haarwürmer,
und einen ganz neuen, in der That ſonderbaren,
Wurm. Die Rundwürmer kommen ſehr mit denen

aus

aus der Katze überein, weichen aber doch davon, und standhaft ab; daher er nöthig fand auch für die leztern bessere Kennzeichen anzugeben; er sezt sie folgendermaßen auseinander:

Ascaris Cati. An den Seiten des Kopfendes zwei hervorstehende, durchsichtige, gegen hinten stumpf abgerundete Membranen.

Ascaris Vulpis. An den Seiten des Kopfendes zwei hervorstehende, durchsichtige, hinten allmählig verschmälerte Membranen; vor der Hinterspitze eine ausgezalte Oeffnung.

Der Fuchshaarwurm, der ebenfalls neu ist, hat den Kopf etwas zugespizt, ohne Knötchen; den Hals in die Quere gestreift, mit einseitigen Bläschen; das Weibchen am Schwanzende eine Oeffnung.

Das merkwürdigste Thier war wohl das, was Herr F. zu Ende der dicken Gedärme, nahe am Mastdarme fand, dessen Bau so sonderbar war, daß er sich gedrungen sah, eine neue Gattung des Hackenwurms (Uncinaria) zu errichten, deren Kennzeichen dann sind:

Ein fadenähnlicher, elastischer Wurm; der Kopf mit einem undeutlichen Knötchen, gemündet; die Mündungslippen häutig, eckig.

Das

Das Männchen am Schwanzende mit zween kiel
spizigen Hacken, in einer durchsichtigen Blase.

Das Weibchen am Schwanzende nadelförmig zu
gespizt.

Er nimmt in diese Gattung ausser dem Hacken
wurm des Fuchses den Gözischen Dachswurm
auf, den Müller und Schrank unrichtig zu ei
nem Pallisadenwurm gemacht haben; diese beiden
Würmer unterscheidet er nun so:

Dachsh. Das Weibchen fast gerade; die Blase
des Männchens rundlich: die Hacken nahe an
einander.

Fuchsh. Das Weibchen winkelhackenförmig ge
krümmet; die Blase des Männchens herzför
mig, zweilappig; die Hacken von einander ent
fernt, vierspizig.

Bei Zergliederung eines Haasen fand er in der
Substanz der Lunge einige Würmer, die er anfäng
lich ihrer Gestalt wegen für Doppellöcher hielt, aber
sie hatten mehr als zwo Mündungen, und gerade
die, welche bei den Doppellöchern die zweite ist,
fehlte. Die Würmer selbst waren sehr flach, eiför
mig, feinsägezähnig; neben der vordern Mündung,
die sonst die Doppellöcher haben, saßen zu beiden
Seiten noch zwo andere. Er macht eine neue Gat

tung

tung daraus, die er Linguatula (Zungenwurm) nennt, und giebt als Kennzeichen an:

Ein flacher, länglichter Wurm; die Hauptmün‍dung am Vorderende, mit vier Nebenmündun‍gen umgeben.

Bis hieher hat diese Gattung nur eine Art, den sägezähnigen Zungenwurm, unter sich.

Als eine Zugabe zu dieser reichhaltigen Abhand‍lung liefert der Verf. noch einen Rundwurm aus einem grünen Papagey (Psittacus Aestivus L.), der eben so seltsam als selten ist. Er ist ein wah‍rer Zwitter, und vereinigt beide Geschlechter in sich, das ist, er hat die beiden Hacken unweit sei‍nes Hinterendes, und sein Leib ist mit Eiern ange‍füllt.

VI. **Merkwürdigkeiten aus dem Mineral‍reiche von Herrn Pastor Meinecke.**

1. Von Mannsfeldschen Kupferschiefern. Unter die‍ser Aufschrift beschreibt Hr. M. 1) einen stänglichten Kupferkies, der in Steknabelähnlichen kleinen Stan‍gen angeschossen, und aussen ganz grün ist, inwen‍dig aber seinen metallischen Glanz hat; dann 2) einen andern, der in regelmäsigere Kristallen ange‍schossen ist. Auch hat er einen Bandschiefer gese‍hen, darinn dünne Schichten schwarzen Schiefers, gelben Kieses, und weissen Spathes übereinander

liegen. Auch Kobalt kömmt in diesem Bergwerke mit fast allen seinen verschiedenen Verbindungen vor. Nächst diesem stellt der Verf. eine kurze
Klassifikation aller ihm bekannt gewordenen Abänderungen der Kupferschiefer auf, die sich freilich
noch sehr vermehren ließe, wie es überall bei Körpern der Fall ist, die blos aus Vermischung und
Vermengung bestehen, und, wie es die Alten nannten, per iuxta positionem wachsen. Man kam
einmal bei Absenkung eines Schachtes in 3½ Lachter Teufe auf gegrabenes Holz, das allem Ansehen
nach bearbeitetes Eichenholz ist; in eben dieser Teufe fand man zerbrochene Schalen von Helix nemo-
ralis, kalcinirte Röhrenknochen, und Fragmente
einer Urne. Ferner erzählt er, daß er um Oberwie-
derstedt viele alte Schlackenhalden gefunden habe;
im J. 1788. wurden sie bei Gelegenheit eines aus-
zugrabenden Kanals durchgraben, und da fand
man sie in einer Teufe von einem Lachter und darüber so ergiebig, daß sie werth geachtet wurden, von
neuem aufgesucht und ausgeschmolzen zu werden.
II. Von andern auswärtigen Stein- und Erzarten.
1) Eine Nachricht von den bei Kosemüz noch neben
dem Chrysopras brechenden Steinarten, die man
nun auch in Gerhards Abhandlung über die Verwandlung der Mineralkörper hat. 2) Bei Blan-
kenburg fand Herr M. einen magnetischen Eisenstein.

ſtein. Am Ende beſchreibt er ein paar Verſteine-
rungen.

VII. Nachricht von einem inländiſchen ſogenannten Labrador- oder ſich verwan-
delnden Steine von J. G. Geißler.

Es hat jemand in Oberlauſitz bei Löbau einen
Stein gefunden, ihn angeſchliffen, und, ohne zu
wiſſen, was er habe, in ſeine Sammlung gelegt,
und nun findet ſichs, daß es ein Labradorſtein ſei.

VIII. Lithologiſche Bemerkungen. Beitrag
zur Geſchichte der ſchillernden Steine, am
Ende unterſchrieben: Schreber.

Herr S. beſchreibt ſehr genau einen Stein von
einer anſehnlichen Härte, der beim erſten Anblik
viele Aehnlichkeit mit dem Labradorſteine hat, aber
eigentlich unter die Steine mit dem beweglichen
ſechsſtrahligen Sterne gehört, obgleich der ganze
Stern niemals zu ſehen war. Ein anderer Stein,
der faſt ganz undurchſichtig, an der flachen Seite
von faſt berggrüner Farbe, welche ſich bei andern
Wendungen in Roth verliert, einen Streif ausgenommen, der ſeine Farbe behält. Auf der konvexen Seite iſt er ſchwarzgrün, und ſchillert in die
Farbe des rothen Kupferglaſes. Er hat keinen beweglichen Stern. Ein Herr Fränkl beſitzt einen
apfelgrünen Stein, der weicher als Chryſopras iſt,

für

für was man ihn halten würde, und einen weissen,
aber blassen Schiller hat.

LXXVI.

Versuch einer Abhandlung zur Erlangung mi-
neralogischer Kenntnisse für junge Bergmänner auf Eisen, von Johann Adelbert
Prevenhuber. Gräß 1788. 138 Seiten in 8.

Herr Prevenhuber redet im ersten Abschnitte
von Metallen überhaupt und ihrer Entstehung, im
2ten von den Erzen überhaupt und ihren Kennzeichen, im 3ten von den Lagerstätten der Erze, im
4ten von der Art, wie die Erze in der Erde und besonders in Gebirgen vorkommen. Und nach diesen
Erinnerungen folgt erst S. 55. die eigentliche Abhandlung über Eisen, die er aber eben so, wie die
ersteren Abschnitte aus Kronsted, Kirван, Fibig, Delius und andern zusammengeschrieben,
aber doch dabei ihre Schriften anzuführen nicht vergessen hat. Ueberhaupt läßt sich im ganzen Werkchen nichts Neues suchen, wie Herr P. sehr wohl
selbst erinnert. Das hätte er auch einsweilen zu
seinem Zwecke nicht nöthig gehabt, denn er will
Bergmännern, welche auf Eisenwerke arbeiten, nur
eine

eine Anleitung in die Hände geben, diese Produkte
kennen zu lernen.   Aber in dieser Absicht hätten wir
doch etwas mehr Ausführlichkeit erwartet, als man
in Compendien findet, indem hier der Bergmann
nicht den mündlichen Unterricht genießt, der doch
noch nöthig wäre, um dabei ins Helle zu kommen.
Die innere Beschaffenheit der Erze und ihrer Na=
tur angemessene Vorbereitung, daß sie mit Vortheil
zu Eisen können geschmolzen werden, behält sich der
Verf. in der Abhandlung vom Schmelzprozesse zu
beschreiben vor.

LXXVII.

Magazin für das Neueste aus der Physik und
Naturgeschichte, zuerst herausgegeben vom
Legationsrath Lichtenberg, fortgesezt von
Joh. Heinr. Voigt, Prof. zu Gotha.
Fünften Bandes II. III. Stük. Gotha 1788.
8. und IV. St. 1789. 8.

Stük II.

Im Anfange des zweiten Stückes befinden sich:
Beiträge zur Naturgeschichte, von dem ver=
storbenen B. Friedr. von Wurmb, aus dem
Holländischen übersezt von L. v. W.

     I. Vom

I. Vom Weibchen des großen Orangutangs.

II. Vom langgeschwanzten Affen von Mus-
kate.

III. Vom Philander.

IV. Vom Ziegenmelker.

V. Von der kleinen Sorneule.

VI. Vom Vogel Botok.

VII. Vom Vogel Maloe von Makaffar.

VIII. Genauere Umstände von der merkwürdigen Fortpflanzungsweise der weiblichen
Beutelratte. (Didelphis marsupialis) von
Cheval. d'Aboville (f. Voy de M. le
Marquis de Chastelloux dans l'Amerique
septentrionale. Paris 1786. Vol. II. p. 333.
u. f.)

Nach der Begattung zeigte sich von Zeit zu Zeit
eine merkliche Veränderung an dem Zitzenbeutel einer weiblichen Beutelratze; 10 Tage nachher waren
die Ränder des Sackes ein wenig aufgeschwollen,
welches sich in der Folge immer merklicher zeigte,
nebst dem, daß sich der Sak erweiterte, und seine
Oeffnung ausgedehnter war, als vorher. 14 Tage
nach der Paarung verschloß sich der Sak so gänzlich, daß nur am Boden einer Vertiefung, die einem Nabel ähnelte, eine kleine Oeffnung zu sehen
war, die, so wie die Haare um die gemeinschaftliche

Mün-

Mündung des Afters und der Geburtstheile herum
feucht war. Am 15ten Tage fühlte man auf dem
Boden des Sackes ein kleines rundes Körperchen;
den 17ten Tag 2 dergleichen. Am 25ten Tage fühlte
man, wie sich die Jungen bewegten, und 2½ Monat nach der Paarung öffnete sich der Sak von selbst
so weit, daß man die Jungen sehen konnte. Es
waren 6, deren jedes mittels eines Kanals, der
ihm ins Maul trat, an der Mutter hieng.

Eigentlich hat die Beutelratte einen weit auf-
gespaltenen Rachen: aber so lange die Jungen im
Zitzensacke der Mutter stecken, sind Ober- und Unterkiefer bis auf die vordere Oeffnung zum saugen,
noch mit einer Haut verbunden, die erst dann trok-
net und schwindet, wenn sie ohngefähr 3 Monate
alt sind, da sie dann anfangen zu laufen und zu
fressen.

Stük III.

I. Beschreibung der Bäume oder Jungfern-
grotte zu St. Bauzilla bei Ganges in den
Cevennen. Aus d. Franz. des Hrn. Mar-
follier. (s. Recueil amusant de Voyages
T. IX. und Espr. de Journ. 1787.)

II. Fortsetzung der Nachrichten von verschiedenen Seebeobachtungen des Herrn Spal-
lanzani (s. Journ. de Physique. April
1786.)

Aaa 3   III. Ei-

III. **Einige Nachrichten von der neuesten Reise um die Welt, unter Kommando des Hrn. de la Peyrouse und de L'angle, welche den 1ten August 1785. zu Brest unter Segel giengen.**

Die drei Naturhistoriker, welche nebst mehreren andern Gelehrten die Reise antraten, waren die Hrn. de la Martiniere, de Fresne und Moneron. Der erstere theilte in einem Briefe, der von Macao den 9ten Jenner 1787. datirt war, einige beträchtliche naturhistorische Nachrichten mit. Von der Reise seie ohngefähr die Hälfte des Weges zurückgelegt, nachdem die Gesellschaft von Zeit zu Zeit an verschiedenen Orten, nämlich auf der Insel Madera, Teneriffa, St. Katharina, Brasilien, Conception, Chili, Osterinseln, Sandwichsinseln, auf der Nordwestküste und zu Monteray in Californien, Rasttag gehalten hätten. Er beschreibt hierauf die Pflanzen, die er an den bereits zurückgelegten Orten gesehen, und unter denen, die er auf Madera angetroffen, nennt er als eine, die anfienge sehr selten zu werden, den Dracoenia Draco. Der Begriff, den man sich nach den kümmerlichen Exemplarien, die in unsern Gewächshäusern gewartet werden, von diesem Baume macht, ist sehr weit unter dem, den man bekommt, wenn man Gelegenheit hat, ihn in seinem Vaterlande zu sehen.

Herr

Herr de la M. hat besonders 3 derselben gesehen, die einen Stamm von 6—7 Fuß Höhe und fünfthalb bis 5 Fuß im Durchmesser hatten. Die vornehmsten Zweige, deren an der Zahl 12—15 sind, und etwa die Größe eines Menschen haben, gehen etwas schief aus dem Stamme hervor, theilen sich gewöhnlich in zwei, selten in drei Theile, und diese erstrecken sich bis auf eine Höhe von 40—50 Fuß, den 7 Fuß hohen Stamm mit eingerechnet.

Von Madera nahm die Reisegesellschaft ihren Weg nach der Insel Teneriffa, und Herr de la M. beobachtete zwischen dem Hafen von Orotara, und dem obersten Gipfel des Piks von Teneriffa 5 verschiedene Pflanzenarten. Er hat Grund zu glauben, daß diese Verschiedenheit blos von der mehr oder mindern Verwitterung der Basalte, die sich dadurch in Gartenerde verwandeln, (?) herrühre. Auf solche Art darf man sich auch nicht wundern, wenn man die Ebene von Orotara ganz mit Weinstöcken und Obstbäumen bedekt sieht, weil das Regens und Schneewasser die feinste und fruchtbarste Gartenerde dahin schwemmt.

Die Staude, welche unter dem Namen Spartium supranalium bekannt, und in Linn. suppl. genau beschrieben ist, ist die lezte, die man nahe am Gipfel des Berges antrift. Sie wächst so außer

serordentlich frisch, daß man nicht selten welche fin;
det, deren gesamte Zweige auf 80 Fuß im Umkreise
haben, und dies bei einer Höhe von 7 — 8 Fuß.
Sie trägt unglaubliche Menge Bläthen, welche na;
türlicher Weise die Bienen an sich locken müssen, wie;
wohl die Höhe für solche schwache Geschöpfe be;
trächtlich ist.

In verschiedenen Oeffnungen auf der Höhe des
Berges findet man nadelförmig kristallisirten Schwe;
fel; das flüchtige Alkali scheint hier seine vollkomm;
ne natürliche Durchdringlichkeit zu haben.

Bei der Rückkehr nahm die Gesellschaft ihren
Weg nach der kleinen Stadt Gouima, wo Herr de
la M. Gelegenheit fand, noch mehrere kleine Vul;
kane und verschiedene Pflanzen zu bemerken, die er
in andern Gegenden nicht antraf; z. B. cytissus
proliferus, cistus monspeliensis, cistus villosus,
erica arborea etc. Da er die Bemühungen des
Herrn Dombey zu Chili noch nicht kannte, so
machte er sich ein Geschäfte daraus, die Irrthümer,
die der Pater Feuille in seiner Hist. medicinale
des plantes verbreitete, zu berichtigen.

Von Chili gieng die Reise nach den Osterinseln.
Diese sind durchaus vulkanisch. In einer andern
Abhandlung beschreibt Herr de la M. auch einige
Insekten, die er auf seiner Reise beobachtet hat.

1. Ein

1. Eins von der Gattung, die mit Linn. Oniscus sehr nahe verwandt ist.

2. Ein Insekt, das in einem kleinen Gehäuse in Gestalt eines dreieckigen Prisma wohnt, welches die Consistenz und Farbe eines lockeren Eises hat.

3. Ein Insekt, das fast die Gestalt eines Uhrglases hat, an einem Theile seines Umkreises eingeschnitten, und von knorpelicher Consistenz ist.

4. Eine Art von Pennatula, die einen eignen Charakter zu haben schien.

IV. Etwas von der physischen Beschaffenheit Egyptens; aus Volneys Reisen durch Egypten und Sirien. (Die Urschrift hat den Titel: Voyage en Syrie et en Egypte, pendant les années 1733. 84. 85. avec deux cartes geographiques et deux planches gravées, p. M. C. F. Volney 1787. T. I. II. 8. Paris. Die Uebersetzung kam zu Jena 1788. heraus.

V. Beiträge zur Naturgeschichte des Delphins oder Dämmerungschmetterlings, von Herrn Ritter *le Febure des Hayes.* (Journ. de phys. Jun. 1786.

VI. Beschreibung des Doppelblatts (Bifeuille) eines von Herrn Abt Dicquema-

re

re entdekten Seepolipen (Journ. de phyf. Jun. 1786.

Stük IV.

I. Beschreibung des *Puy de Dome* aus einem im Jahr 1788. erschienenen Werke des Herrn *le Grand*.

II. Nachricht von einer Reise des Herrn Bourrit, von Chammouni nach Piemont durch das Eisthal des Montanvert, am 28. Aug. 1787. (enthält nichts Naturhistorisches.)

IV. Beiträge zur Naturgeschichte der Gegend von *Santa - Fee de Bogota.* Aus einer franz. Abhandlung des Herrn D. Leblond. (f. Journ. de phyf. May 1786.)

V. Beobachtungen aus den Marmorbrüchen von Carrara, von A. Spalanzani (f. Journ. de phyf. Jul. 1786.

IX. Ueber den Acaju; *Anacardium occid.* Linn. Dieser schöne und dikbuschige Baum wächst bis zu einer Höhe von 20 — 30 Fuß; seine Blätter haben viel Aehnlichkeit mit den Lorbeerblättern; er blüht zu Anfang des Frühlings, und die Blüthen erhalten sich mehrere Monate lang. Gleich im ersten Jahre, nachdem der Baum gesäet wird, trägt er schon Blüthen und Früchte. Zwischen dem Kern

und

und seiner Hülse sitzt ein dickes braunes, ätzendes, sehr flüchtiges Oehl; das Holz nimmt eine gute Politur an, und ist von weisser Farbe. Man muß indeß dieses Acajuholz nicht mit demjenigen verwechseln, welches im Handel gewöhnlich diesen Namen führt, aber eigentlich das Mahagonyholz ist.

LXXVIII.

Leipziger Magazin zur Naturkunde und Oekonomie, herausgegeben von einer Gesellschaft von Gelehrten. Leipzig 1788. 8. I. II. Stük.

S. 73. J. G. Schneiders neue Beiträge zur Naturgeschichte des Rochengeschlechts, nebst Beschreibung von ein Paar neuen Arten und Zeichnungen.

Seit der Zeit, als Hr. Schneider seine Anmerkungen über die allgemeinen charakteristischen Kennzeichen des Rochengeschlechts in diesem Magazin (1783) niedergeschrieben hatte, sind von mehreren gelehrten Naturforschern Beobachtungen gesammelt und bekannt gemacht worden, welche unsere Kenntnisse von dieser Thiergattung allerdings dem großen Zwecke der Naturgeschichte etwas näher fortgerükt haben, obgleich im Ganzen sich daraus noch nicht die ganze Menge von Schwierigkeiten heben und

auf

auflößen läßt, womit die Klaſſifikation der einzelnen
Arten verbunden iſt. Vieles hat Hr. Dr. Bloch zur
Kenntniß der einheimiſchen Arten beigetragen.
Auſer ihm hat aber noch faſt zu derſelben Zeit der
nun verstorbene große Naturforſcher Du Hamel
ſehr ſchäzbare, obgleich nur faſt allein hiſtoriſche
Beiträge geliefert, in einem Werke, welches man in
Deutſchland nach dem im Schauplaz der Künſte
uud Handwerke überſezten Anfange zu beurtheilen
ſcheint, und das wenigſtens nicht ſo allgemein bekannt geworden iſt, als es zu ſeyn verdiente. Seitdem die Ueberſetzung des Schauplatzes aufgehört
hat, ſcheint man das Werk (Traité des Pêches)
ganz vergeſſen zu haben; viele ſonſt gelehrte Männer, welche es anführen, ohne vielleicht die Folge
geſehen zu haben, beurtheilen es ganz falſch, und
die allermeiſten gelehrten Anzeigen haben der einzelnen Fortſetzungen kaum erwähnt. Hr. Dr. Bloch
hatte bei ſeiner Naturgeſchichte der Fiſche den Theil,
welcher die Rogen abhandelt, nicht zur Hand, um
ſeine Kenntniſſe damit zu vergleichen: alſo ſind bis
izt gewiſſe Nachrichten und Verbeſſerungen ungenuzt
geblieben, weil man nicht Gelegenheit hatte, ſie
mit der Maſſe der allgemein bekannten zu verbinden, und daraus Folgerungen und Aufſchlüſſe zu
ziehen. — Daher hat Hr. Schneider, der ſich
ſchon ſo viele Verdienſte um die Naturgeſchichte der

Am

Amphibien erworben hat, eine wahrhaft nützliche Arbeit unternommen, daß er hier einen Auszug aus der weitläufigen Abhandlung des Du Hamel liefert.

S. 90. J. G. Schneider, von den jährlichen Wanderungen der Heringe, von John Gilpin (aus Americ. Philosoph. Society Transact. Vol. p. 236. 1886. ausgezogen).

S. 185. Zweiter Beitrag zur Naturgeschichte der Schildkröten nebst einer Kupfertafel von J. G. Schneider.

Hr. S. hebt hier das Merkwürdigste aus dem Werk des Grafen de la Cepede aus, was dieser über Schildkröten geschrieben hat. Am Ende zeigt er uns an, in was für neueren Schriften Nachträge zur Geschichte der Amphibien geliefert wurden. Auch fand derselbe in der Sammlung des Herrn Baron von Bloch in Dresden eine Schildkröte, die mehr als eine bloße Varietät unserer gemeinen zu seyn scheint.

S. 216. Allgemeine Betrachtungen über Eintheilung und Kennzeichen der Schlangen von J. G. Schneider.

Die Linneische Klassifikation der kriechenden Thiere beruht, wie bekannt, auf dem Unterschiede der Schuppen am Rücken, Bauche, und Schwanre. Hr. Weigel hat nebst vielen andern das Unvollkommne dieser Eintheilung gezeigt.

Prof. Merrein lieferte neulich Beschreibungen von Schlangen, bei welchen er die Gestalt der Schuppen und Schilder und ihre Bildung zu Hülfe genommen.

Klein wollte auf den Unterschied der Zähne seine Klassifikation bauen, aber sein Specimen Herpetrologiae ist nur ein elender Versuch. -

Hr. Schneider hält diese bisher vorgeschlagenen Mittel zur richtigen Bestimmung der Schlangenarten unzulänglich, und trüglich, sowohl einzeln, als zusammengenommen; und besteht darauf, daß man, um die ganze Klasse richtig und nach der Ordnung der Natur (nicht allein nach einem ganz willführlich gemachten System) zu stellen, und die Gattungen von einander zu unterscheiden, außer den bereits angezeigten Kennzeichen, noch vorzüglich auf den ganzen Bau des Kopfs, die Zusammenfügung der Kinnladen, die Gestalt und Anzahl der gewöhnlichen Zähne, (außer den Giftzähnen) und endlich auf den ganzen innern Bau der weichen Theile sowohl, als insonderheit der Knochen zu sehen habe. —

LXXIX.

LXXIX.

Museum Leskeanum, regnum animale, quod ordine systematico disposuit atque descripsit D. L. Gust. Karsten. Vol. II. Pars secunda. Cum iconibus pictis. Lipsiae 1789. 8. Hat auch den Titel.

Des Herrn Nathanael Gottfried Leske hinterlassenes Mineralienkabinet, systematisch geordnet und beschrieben, auch mit vielen wissenschaftlichen Anmerkungen und mehreren äußern Beschreibungen der Fossilien begleitet von D. L. G. Karsten II. Band Leipzig 1789. 8.

Wir haben uns bei der Anzeige des Iten Bandes länger aufgehalten, als wir es bei gegenwärtigem thun, und zwar weil wir hier weniger zu erinnern finden. Der Leser aber wird ihn mit mehr Nutzen, der schönen Bemerkungen wegen, lesen, die Hr. Karsten hier und da eingeschoben hat. Das einzige, was uns bei dem IIten Bande auffällt, ist, daß Hr. K. die Geburtsörter größtentheils mit so vieler Gewißheit angiebt, die doch nur selten bei den Stücken selbst, aufgezeichnet waren.

LXXX.

LXXX.

Der Schmetterlinge XXXVIII. Heft. Tom.
IV. Tab. CXXXIV. Noct. 55. bis Tab.
CXXXIX. Noct. 60. Bog. T. und U. Erlangen, im Verlage Wolfgang Walthers.
1788.

Dieses Heft enthält den vollständigen Text zu den
Eulenphalänen Fimbria, Subsequa, Janthina, Paranympha, Nymphaea und Nymphagoga.

Der hundert fünf und achtzigste europ. Nachtschmetterling.

Die acht und vierzigste Eulenphaläne.

Noctua Spiriling. crist. (laev.) Fimbria.

Gelbe Bandphaläne mit breitem Saum. Die
Saumphaläne. Tab. CIII. Noct. 24.

Dem Herrn Hofrath Schreber haben wir die
Entdeckung dieser Phaläne zu verdanken, der sie bereits vor sieben und zwanzig Jahren auf das genaue-
ste beschrieben und abgebildet hat. Die Raupe wird
auf den Primeln und Aurikeln, gemeiniglich in Gesellschaft jener der Ph. Pronuba angetroffen; auch
hat sie Hr. Esper öfters an den Erdäpfeln (Solanum
tuberosum L.) deren Knollen sie zu durchlöchern
pflegt, gefunden, und damit genähret. Bei Tage
ruhet sie entweder unter faulenden Blättern, oder

ist

ist bei lockerem Boden in die Erde vergraben. Sie
überwintert in dieser Gestalt, und wird im Frühjahre erwachsen angetroffen. Uebrigens zeiget Hr.
Esper, daß diese Phaläne, und nicht der Wiener
Janthina die Rottenburgische Domiduca sey, wo-
von auch Rezensent überzeuget ist. Daß aber Hr.
Fabrizius in seiner Mantissa Insectorum aus die-
ser Phaläne zwo Arten gemacht, und die eine, bei
welcher er sich auf das IX. St. des Naturforschers
Tab. 1. Fig. 3. beziehet, mit dem Namen der Phal.
Solani bezeichnet hat, davon meldet Hr. E. nichts.
Vermuthlich waren aber die zu diesem Hefte gehöri-
gen Bögen schon abgedrukt, ehe der 2te Band der
Mantisse erschien.

Der hundert und sechs und achzigste europ.
Nachtschmetterling.

Die neun und vierzigste Eulenphaläne.

Noctua spirilinguis laevis subsequa.

Die kleine Bandphaläne. Tab. CIV Noct. 25.
Viele Aehnlichkeit mit der Phal. Pronuba, doch
um vieles kleiner. Rezensent hat die Raupe einmal
zu Anfange des Frühlings auf Brennnesseln gefunden,
und damit erzogen; sie war grün, der übrigen Kennzeichen aber erinnert er sich nicht mehr.

Der hundert und sieben und achzigste europ.
Nachtschmetterling.

Die funfzigste Eulenphaläne.

Bbb

Noctua

Noctua Spiriling. crist. Janthina.

Grünlichgraue Bandphaläne. Tab. CIV. Noct.25.

In Franken wird diese Phaläne nach dem Berichte des Hrn. Espers nicht gefunden. Sie kam anfänglich aus der Gegend von Wien; nunmehr hat man sie aber auch in Sachsen, besonders um Halle und Leipzig entdecket. In der Gegend von Mainz finden wir sie ebenfalls, doch gehöret sie unter die Seltenheiten. Hr. Notar. Hübner in Halle hat die Raupe zuerst in dem Archiv der Insektengeschichte bekannt gemacht; er fand sie zu Ende des Aprils auf dem Arum maculatum L. und erzog sie damit. Man wird sie selten gewahr, da sie sich nach dem Genuß der Speise gleich den vorhergehenden Arten zu verbergen pflegt. Der Schmetterling erscheinet im Junius.

Der hundert und acht und achtzigste europ. Nachtsschmetterling.

Die ein und funfzigste Eulenphaläne.

Noctua Spiril. crist. Paranympha.

Die Paranympha. Gelbe Bandphaläne mit zwei gerundeten Binden. Tab. CV. Noct. 26.

Von dieser Phaläne hat Rösel die erste Abbildung geliefert; sie ist deswegen merkwürdig, weil derselbe selbst meldet, daß er diese Phaläne vor allen andern am genauesten getroffen habe, und also die meisterhafteste Abbildung seines ganzen Werkes sey.

Die

Die Raupe kömmt in dem schlanken Körperbau, den franzenförmigen Auswüchsen an den Seiten, und den rothbraunen Flecken des Unterleibes, mit den Raupenarten der rothen Bandphalänen beinahe überein. Ihr kenntlichstes Merkmahl ist, ein sehr verlängerter fleischerner Höcker auf dem achten Ringe. Sie erscheinet sehr frühe im Mai, und fast gemeiniglich bei der Blüthe der Zwetschenbäume. Man findet sie mehrentheils an den niedern Aesten starker Bäume, durch deren Erschütterung sie leicht herabgebracht wird. Die Verwandlung geschiehet gewöhnlich in einem dünnen Gewebe zwischen Blättern. Die Phaläne entwickelt sich in drei bis vier Wochen, und wird im Freien zu Ende des Junius, oder bis in die Mitte des Julius gefunden.

Der hundert und neun und achtzigste europ. Nachtschmetterling.

Die zwei und funfzigste Eulenphaläne.

Noctua Spiril. crist. Nymphaea.

Die Nymphäa. Gelbe Bandphaläne mit zwei zackigen Binden. Tab. CV. Noct: 26.

Aus Italien und dem südlichen Frankreich. Sie hat viel Aehnlichkeit mit der vorhergehenden, unterscheidet sich aber von derselben hauptsächlich durch die zwei zackigen Binden der Unterflügel, wie schon in der Benennung bemerket worden ist.

Der hundert und neunzigste europ. Nachtschmetterling.

Die

Die drei und funfzigste Eulenphaläne.

Noctua Spiril. crist. Nymphagoga.

Die Nymphagoga. Selbe Bandphaläne mit gerader Binde Tab. CV. Noct. 26.

Sie hat mit der vorhergehenden einerlei Vater-land, und zum Hauptkennzeichen eine gerade Binde durch die Unterflügel.

Die auf dem zu diesem Hefte gehörigen 6. Ku-pfertafeln abgebildeten Phalänenarten sind folgende:

Tab. CXXXIV. Noct. 55. Fig. 1. Noct. affinis L. 144. Fig. 2. Noct. Diffinis. L. 146. Fig. 3. Noct. Per-spicillaris L. 148. Fig. 4. Noct. Conspicillaris L. 149.

Fig. 5. 6. Varietates ejusd. Spec. Nach Rezen-sentens Dünken dörften aber die hier abgebildeten zwo Phalänen, doch wohl mehr, als bloße Spiel-arten der Phal. conspicillaris fig. 4. seyn: schon der Rückenschopf ist in den drei Abbildungen sehr merk-lich verschieden; dann trift man auch nach Rezen-sentens vieljähriger Erfahrung nur die Eule fig. 5. in der Gegend um Mainz an, die Conspicillaris ist noch nie gefunden worden, eben so wenig auch die fig. 6. abgebildete Eule. Dieser Umstand möchte al-so hier nicht ganz ungegründete Zweifel erregen: denn sollte fig. 5. eine bloße Spielart seyn, so müste man doch auch einmal die Art fig. 4. entdecket haben, wovon aber Rezensenten, der die Eule fig. 5. sehr oft aus der Puppe gezogen hat, kein Beispiel be-kannt ist.

Tab.

Tab. CXXXV. Noct. 56. Fig. 1. Noct. Conſpicillaris var. Tab. anteced. (Hier hätte Rezenſent das Erſtgeſagte wieder zu erinnern). Fig 2. Noct. Florentina.

Fig. 3. Noct. Alchymiſta. Rezenſent hält dieſe Phaläne nicht für die N. Alchimiſta des Wiener Verzeichniſſes, ſondern für die Noct. Leucomelas Linn. benn die Karakteriſtik der erſten Phaläne, welche Hr. Fabrizius in ſeiner Mantiſſe nach den Schiefermüllerſchen Exemplaren gelieferet hat, trift mit dem hier abgebildeten Schmetterlinge nicht überein, um ſo beſſer aber die Linneiſche Beſchreibung in der Fauna Suecica und dem Syſtema naturae, nebſt dem, was Schiefermüller ſelbſt in dem Wiener Verzeichniſſe S. 150. geſagt hat. Auch die natürlichen Exemplare, welche Rezenſent von beiden Phalänen vor ſich hat, beſtättigen dieſes auf das pünktlichſte.

Fig. 4. mas, fig. 5. foem. Noct. Coruſca. Tab. CXXXVI. Noct. 27. Fig. 1. mas, fig. 2. foem. fig. 3. maris varietas, Noct. W. latinum. Fig. 4. Noct. marmoroſa. Fig. 5. fig. 6. Noct. Primulae. Tab. CXXXVII. Noct. 58. Fig. 1 — 3. Noct. Umbratica L. 150. Mit Raupe und Puppe. Fig. 4 — 6. Noct. Lactucae. Mit Raupe und Puppe. Tab. CXXXVIII. Noct. 59. Fig. 1 — 3. Noct. Exfoleta L. 151. Mit Raupe und Puppe. Durch ein Verſehen des Zeichners iſt bei dieſer Raupe der

 eilfte

eilfte Ring von dem Afterringe nicht getrennet worden, wodurch also diese Raupe nur mit eilf Ringen
wider die Natur erscheinet.   Fig. 4. mas, fig. 5.
foem. Noct. Putris I. 152.   Tab. CXXXIX. Noct.
60. Fig. 1.— 4. Noct. Verbasci I. 153.   Mit Raupe und Puppe.   Fig. 5. Noct. Heliconia L. 112.

LXXXI.
Vermischte Nachrichten.

Herr Abt Schiefermüller befindet sich nicht
mehr in Linz, sondern ist nach Aufhebung des dortigen Gymnasii als Pfarrer nach Weizenfeld in eine
steinigte wilde Gegend, 6 Stunden hinter Linz,
versetzet worden.

Von Herrn Schäffern haben wir nächstens
über seine Regensburger Insekten einen Kommentar,
welcher bereits fertig ist, und woran er nur noch
die letzte Feile legen will, zu erwarten.

Herr Pfarrer Scriba und Herr Borkhausen
werden folgende zwo periodische Schriften in Gesellschaft herausgeben:

1. Ento-

a) **Entomologisches Journal** in 8vo; es enthält.

1) Verzeichniſſe von Inſekten aus beſonderen Gegenden, mit Anmerkungen und Berichtigungen der Synonimie;

2) Entdekte neue Theile von Inſekten;

3) Verbeſſerte Syſteme;

4) Berichtigung der Synonimie anderer Entomologen;

5) Auszüge aus anderen Werken, worinn von Inſekten zerſtreuet gehandelt wird;

6) Rezenſionen neuer Inſektenwerke;

7) Nutzen und Schaden einzelner Inſekten;

b) **Beiträge zur Entomologie** in 4to. mit illuminirten Kupfern;

Dieſe enthalten Abbildungen neuer oder nicht gut abgebildeter Inſekten mit Beſchreibungen.

Von Erſterem hat jenes Heft 6 Bogen, und von Lezterem 6 Kupfertafeln mit ſo viel Text als dieſe erfodern. Die Herren Herausgeber ſuchen bei dieſem Unternehmen keinen anderen Vortheil, als die Erweiterung und Berichtigung der Inſektengeſchichte; und wir wünſchen daher, daß ſich bald ein

Ver-

Verleger dazu verstehen möge, den Absaz dieser beiden nüzlichen Schriften zu übernehmen, damit dieselbe um so balder in den Buchhandel gebracht, und
gemeinnüziger gemacht werden. Von dem Journal hat schon das erste Stük die Presse verlassen,
und wird in dem nächsten Stücke unsrer Bibliothek
angezeiget werden.

Von dem ersten Stücke der Beiträge sind schon
die Kupfertafeln fertig, und nach derselben Anlage
wird dasselbe enthalten: 1) Abbildung und Naturgeschichte der Phal. Noct. Megacephala von Hrn.
Liz. Brahin in Mainz. 2) Abbildung und Naturgeschichte der Phal. Noct. Euphorbiae der Wiener
von ebendemselben. 3) Abbildung und Beschreibung der Pyralis sanguinalis. L. von ebendemselben. 4) Abbildung und Naturgeschichte der Phal.
Bomb. franconica, von Hrn. Borkhausen.
5) Abbildung und Naturgeschichte der Phal. Noctua Or von ebendemselben. 6) Beschreibung
und Abbildung einiger seltenen Laufkäfer von ebendemselben. 7) Abbildung und Naturgeschichte der
Phal. Bomb. Phoebe, von Hrn Kandidat Siebert
in Darmstadt. 8) Abbildung und Beschreibung einiger seltenen Dungkäfern von Herrn Pfarrer
Scriba.

Hr.

Hr. Dr. Bloch wird seine Naturgeschichte der Fische fortsetzen. Nächste Ostern soll das Werk wieder seinen Anfang mit drei Heften nehmen, so daß alle Jahre 6 Hefte oder ein Band herauskommen.

Herr Panzer wird das Müllerische Werk: des Ritters von Linne vollständiges Natursystem (doch nur das Thierreich) fortsetzen.

Nächstkünftige Ostermesse wird der IIte Theil der bairischen Flora des Hrn. Prof. Schrank herauskommen, der noch um ⅓ Pflanzen mehr enthält als der erste.

Prof. Roufeaus chemisch-mineralische Erinnerungen an seine Zuhörer, werden nächstens die Presse verlassen.

Herr Rath Lehmann wird nächstens seine Grundsätze einer Mineralogie dem Drucke übergeben.

Von Herrn Hofrath Suckow haben wir ebenfalls ein mineralogisches Handbuch zu erwarten.

Herr Prof. Klaproth in Berlin hat in der sächsischen Pechblende ein neues Halbmetall entdeckt, welches er Uranites nennt.

Der 5te Band des Helvetischen Magazins von Herrn Höpfner ist unter der Presse und wird unter andern die Analyse und äusere Beschreibung der 5 neuen Fossiliengattungen des Gotharts enthalten.